Monte Carlo Simulations and Their Statistical Analysis

몬테칼로 시뮬레이션 및 통계적 결과분석

이효남 지음

자유아카데미

머리말

이 책은 몬테칼로 시뮬레이션(Monte Carlo simulation) 방법을 사용하고 싶은 사람들을 위한 것이다. 몬테칼로 시뮬레이션이란 컴퓨터를 이용해서 문제를 푸는 확률적 기법이다. 이 기법은 과학, 공학, 경제, 사회 등 거의 모든 영역에서 우리가 직면하고 있는 문제를 푸는 데 적용될 수 있다. 이 강력한 계산 기법과 관련된 지식을 독자들에게 전달하는 것이 이 책의 목적이다. 이 책은 몬테칼로 방법이 무엇이고, 어떻게 작동하는지, 어떻게 해서 복잡한 문제들을 푸는 데 사용될 수 있는지를 구체적으로 보여 줄 것이다.

이 책을 읽으려면 미적분, 수치해석, 확률과 통계에 대한 기본 지식과 프로그래밍 능력이 필요하지만 미리 걱정할 필요는 없다. 정통적인 확률 이론을 공부하지 않았거나 수학적 지식 또는 프로그래밍 능력이 다소 부족한 독자들이라도 누구나 쉽게 이해할 수 있도록 내용을 구성하였기 때문이다. 책이란 지식과 정보의 전달을 위한 도구이다. 따라서 읽는 사람들이 그 내용을 쉽게 이해할 수 있도록 써야 한다고 믿는다. 저자는 이 정의에 최대한 충실하려고 노력하였다. 그래야만 전달된 지식과 정보들이 또 다른 새로운 가치를 만들어내는 데 올바르게 사용될 수 있기 때문이다. 저자는 어려운 수식들로만 도배된 많은 책들을 보아왔다—특히, 몬테칼로 방법을 다루는 대부분의 책이 그렇다. 이것이 이 책을 쓰게 된 동기이다.

이런 측면에서 가능한 한 그림으로 설명하려고 노력하였다. 백 마디 말보다는 한 장의 그림이 훨씬 낫다고 생각하기 때문이다. 하지만 개념 설명만으로는 부족하다. 그것이 어디에, 어떻게 쓰이는지를 아는 것이 이해에 더 보탬이 될 수 있다. 이를 위해서 충분한 예제를 실었다. 이것만으로는 부족할 수도 있다. 눈으로 이해한 지식은 실제 체험해 보지 않으면 쉽게 잊게 된다. 뿐만 아니라 어디를 잘못 이해했는지 확인할 방법도 없다. 실제로 시뮬레이션을 수행해서 결과를 확인하는 것이 가장 확실한 방법이다. 이를 위해 본문의 중요 개념 설명이나 예제 풀이를 위해 프로그램을 덧붙였다—아주 훌륭하게 짜인 것은 아니지만. 이들은 C/C++ 언어로 되어 있으나, 다른 프로그램 언어 사용자를 위해 알고리즘도 병행해서 제시하였다. 독자 여러분들은 키보드를 통해 한 줄 한 줄 제시된 프로그램을 입력하고 그 실행 결과를 확인해 보기 바란다. 오류 없는 책을 만들기 위해 노력하였으나 부족한 점이 있으리라 생각한다. 출간 후에라도 수정사항이 있을 경우에는 자유아카데미 홈페이지(www.freeaca.com) 자료실에 제공할 예정이다.

마지막으로, 이 책이 다양한 현실 세계의 문제들을 풀려고 하는 독자들에게 조금이라도 보탬이 되기를 바란다.

2017년 1월

저자

차례

1장

시뮬레이션과 몬테칼로 방법

이 책에서는 시뮬레이션(simulation)의 의미를 '컴퓨터상에서 이루어지는' 가상 실험 또는 모의실험으로 국한한다. 컴퓨터가 만들어지기 전까지만 해도 우리의 머릿속에 있는 생각을 확인해 보려면 많은 비용과 노력들이 필요했다. 하지만 이제는 우리의 생각을 쉽게 확인해 볼 수 있다. 더군다나 많은 비용이 들어가지도 않는다. 컴퓨터를 통한 시뮬레이션 덕분이다. 이러한 가상실험은 실제 실험에 소요되는 비용과 노력을 크게 줄일 뿐만 아니라 현실 세계에서 불가능한 극한의 영역에서도 수행될 수 있다. 그 유용성을 더 이상 논하는 것은 가치 없는 일이다.

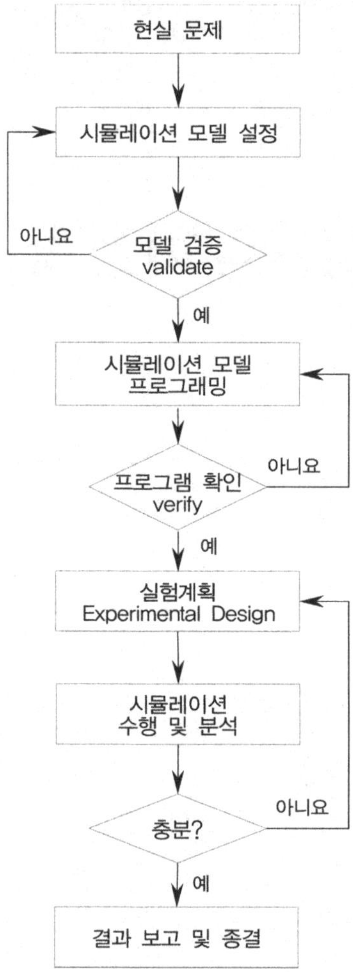

[그림 1.1] 시뮬레이션 절차 요약

계(또는 시스템)란 관심 또는 문제의 대상이다. 계는 추상적인 것일 수도 있고 실존하는 것일 수도 있다. 공통적인 특징은 여러 가지 요소들로 구성된다는 점이다. 따라서 구성요소의 특성에 변화가 생기면 계의 상태도 변화하게 된다. 뿐만 아니라, 계가 처해 있는 환경적 요소에 변화가 생겨도 계의 상태에 변화가 생길 수 있다. 시뮬레이션이란 이와 같은 여러 가지 요소들의 변화에 따라 계의 상태가 어떻게 변화하는지를 추적하는 것이다. 일반적인 시뮬레이션 과정은 그림 1.1과 같이 요약할 수 있을 것이다.

시뮬레이션을 위해서는 먼저 계 또는 문제의 대상에 대한 이해가 필요하다. 그래야만 문제가 추상화된 모델로 발전할 수 있다. 모델은 계를 표현하기 위한 수단이다. 모델은 구성요소의 변화가 입력되면, 내부에서 논리 또는 수학적 계산을 통해 계의 상태 변화를 결과로 내놓는 역할을 한다. 따라서 모델은 계를 정확히 모사할 수 있도록 만들어져야 한다. 그러면서도 가능한 한 간단한 형태이어야 한다. 모델의 정확성은 계에 대한 이해의 정도에 따라 달라질 수 있다.

시뮬레이션 모델이 계를 정확히 반영하는지 검증과정(validation)을 거쳐야 한다. 만약 충분치 않다면 모델은 다시 만들어져야 한다. 이 과정이 끝나기 전에 시뮬레이션 입력에 필요한 데이터들을 어떻게 수집할지도 생각해야 한다. 물론 이 데이터들은 구성요소의 변화 또는 외부 환경요소의 변화에 관한 것들이다.

이 대목에서 시뮬레이션을 두 가지로 분류할 필요가 있다(그림 1.2). 하나는 확정론적 시뮬레이션이고, 다른 하나는 확률론적 시뮬레이션이다. 그 구분은 입력 변수의 형태에 의존한다. 하나의 모델에는 하나 이상의 입력변수가 필요하다. 확정론적 시뮬레이션의 경우에는 하나의 입력변수에 하나의 값만 사용된다. 이 값은 확정적이라서 다른 값이 선택될 여지가 없다. 반면에, 확률론적 시뮬레이션의 경우에는 하나의 입력변수에 하나의 값이 사용되는 것은 같지만 그 값이 확률분포로부터 임의로 선택된 값이라는 점이 다르다.

두 종류 시뮬레이션 모두, 한 번의 모델 계산에서 하나의 결과만 만들어낸다. 우리가 모델 계산을 반복한다면, 확정론적 시뮬레이션의 경우에는 언제나 같은 결과가 얻어지지만 확률론적 시뮬레이션에서는 매번 다른 값이 얻어진다. 동일한 입력 변수에 매번 다른 값이 사용되기 때문이다.

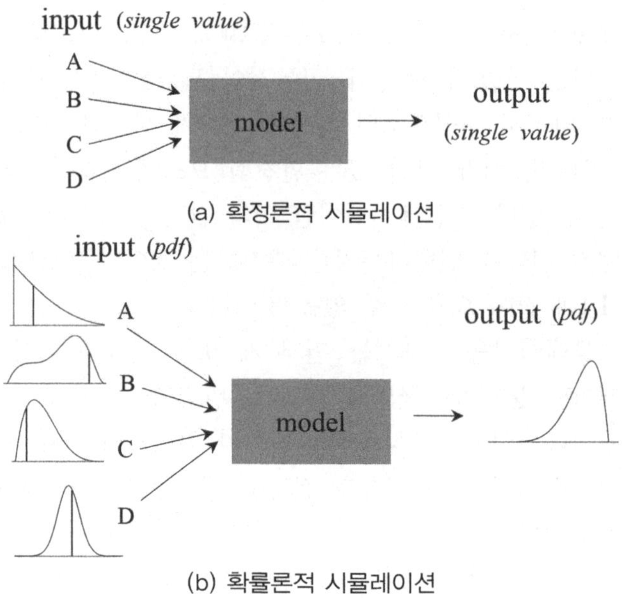

[그림 1.2] 시뮬레이션 방법론 분류

현실 세계에서 변수는 하나의 값만 갖지 않는다. 변수에는 확률변동이 포함되기 마련이다. 이는 변수가 때에 따라서 어떤 값을 갖게 될지 불확실하다는 의미이다. 변수가 어떤 값을 가질 가능성을 정의한 것이 바로 확률분포이다. 따라서 어떤 변수의 특성을 정확히 예측할 수 없다면, 반복적인 관찰을 통해 얻은 확률분포로부터 그 특성을 평균하는 것이 좋을 것이다. 이런 과정을 통해서 입력에 포함된 불확실성은 모델을 거쳐서 결과로 전파된다.

확률분포로부터 임의추출된 어떤 값을 입력으로 사용해서 계의 상태를 계산하여 결과를 만들고, 이를 반복하면 존재 가능한 결과들의 집합, 즉 확률분포를 얻을 수 있다. 이것이 몬테칼로 방법(Monte Carlo method)의 핵심이다.

몬테칼로 시뮬레이션에서, 계는 최소 수천 번에서 수백만 번 이상 모사된다. 매 한 번의 모사는 계의 실제 변화에 상응한다. 시뮬레이션 결과로부터 얻어진 확률분포가 계의 상태변화를 정확히 반영하려면 표본이 많아야 한다. 많은 표본으로 이루어진 확률분포가 정확한 정보를 담을 수 있기 때문이다. 많은 표본을 얻는다는 것은 시뮬레이션 반복횟수를 늘린다는 의미이다. 현실적으로 반복횟수는 유한할 수밖에 없다. 따라서 이 방법으로 얻어진 결과는 통계적 추정을 통해서 근사치의 형태로 구해진다.

근사치의 특성을 갖는 데도 불구하고, 이 방법에 의한 결과는 확정론적 방법에 비해 우수하다. 시뮬레이션 결과로부터 어떤 판단을 내릴 때, 확정론적 방법에 의한 결과는 하나의 값만 가지기 때문에 정성적인 판단만 가능하다(예로서, 어떤 조건에서 압력용기가 터질 수 있다). 하지만 몬테칼로 시뮬레이션에 의한 결과는 모델에 포함된 불확실성을 확률분포로부터 알 수 있기 때문에 정량적인 판단이 가능하다(예로서, 어떤 조건에서 압력용기가 터질 가능성은 45%이다). 이제 다시 시뮬레이션 과정에 대한 일반적인 논의로 돌아가자.

시뮬레이션 모델은 실행을 위해서 컴퓨터 언어로 프로그래밍되어야 한다. 프로그램이 모델에서 의도한 결과를 만들어 내는지에 대한 확인과정(verification)이 있어야 한다. 이 과정에는 모델의 극한 또는 경계 영역에서도 컴퓨터가 의도한 대로 작동하는지, 사용된 가정들은 타당한지 확인되어야 한다. 이런 과정은 원래 시뮬레이션하려는 것보다는 별도의 소규모의 프로그램을 작성해서 수행하는 것이 더 효과적일 수 있다.

프로그램 확인이 끝나면, 시뮬레이션 결과에 영향을 주는 입력변수들의 종류나 확률변수의 범위 등을 어떻게 조절할 것인지 결정해야 한다. 실험계획법(design of experiment)을 적용하면 시뮬레이션 시간을 줄이면서도 계의 상태변화를 효과적으로 파악할 수 있다.

이제는 본격적인 시뮬레이션을 수행하고 결과를 분석할 차례이다. 시뮬레이션 결과 얻어진 확률분포로부터 결론이나 판단을 내리면 된다. 만약 원하는 정밀도에 이르지 못했다면, 반복횟수를 늘리거나 분산을 줄이는 방법을 써서 다시 시뮬레이션을 수행하면 된다.

이 책은 크게 세 부분으로 나눌 수 있다. 우선 1 ~ 5장에서는 확률과 통계(2장), 여러 가지 분포에 대한 이해(3장, 4장), 결과를 추정하는 방법(5장) 등의 기초를 다루고 있다. 이런 내용에 익숙한 독자들은 바로 두 번째 부분부터 시작해도 좋다.

6 ~ 9장에서는 이 책의 핵심 주제를 다루고 있다. 무작위 표본추출을 위한 난수생성 방법(6장, 7장), 기본 또는 원시 몬테칼로 방법(8장), 분산을 줄이는 방법(9장) 등이다. 그 내용은 초보적인 것으로 대부분은 정적분을 푸는 과정에서 몬테칼로 방법의 개념을 설명하는 데 할애되고 있다. 현실에서는 다양한 응용 분야, 여러 가지 알고리즘, 효율을 높이기 위한 변형된 시뮬레이션 방법들이 사용되고 있지만, 그 근간은 여기서 설명하는 기본 몬테칼로 방법에 있음을 알아야 한다.

마지막으로 10장과 11장은 데이터를 잘 나타내는 분포를 찾는 방법(10장), 찾아진 분포가 통계적으로 타당한지 검증하는 방법(11장) 등을 다루고 있다. 부록은 시뮬레이션 영역의 한계와 관련해서, 컴퓨터에서 실수를 표현하는 방식과 그 한계 등을 다루고 있다.

2장 확률과 통계 기초

2.1 표본공간과 확률변수

2.1.1 표본공간

표본공간이란 '모든 가능한 결과들의 집합'을 말한다. 보통 S로 표현한다. 가능한 결과들 중에서 특정한 하나를 표본점이라고 한다. 주사위 던지기를 예로 들자.

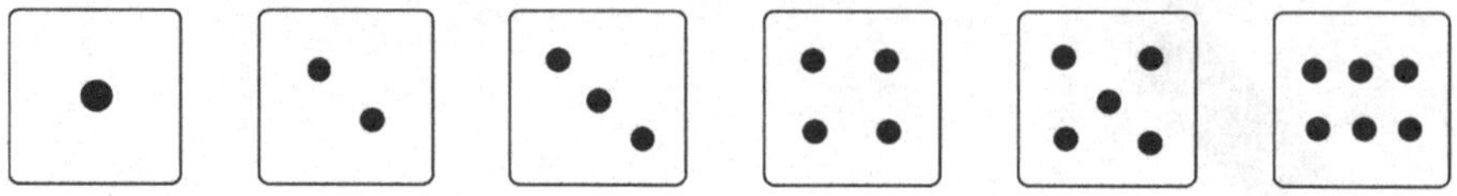

[그림 2.1.1] 1개의 주사위를 던질 때 생길 수 있는 표본공간

이 경우, 표본공간은 6개의 표본점으로 구성된다. 수식으로는 $S=\{1,2,3,4,5,6\}$으로 표현된다. 여기서 { }는 '~으로 이루어진 집합'을 의미한다. 표본공간의 크기는 그 집합을 구성하는 원소(또는 표본점)들의 개수로 정의된다. 이를 $m(\bullet)$을 사용해서 표현하면, 하나의 주사위를 던지는 경우의 표본크기는 $m(S)=6$이다.

사건이란 가능한 결과 그 자체 또는 그들끼리의 조합을 말한다. 예를 들어, 주사위를 한 번 던져서 4가 나올 사건은 한 가지뿐이다. 즉, $m(4)=1$이다. 짝수가 나타날 사건을 A라고 하면, 그 표본공간은 표본점 2, 4, 6으로 구성되고 $m(A)=3$이다. 마찬가지로 홀수가 나타날 사건을 B라고 하면, 표본점 1, 3, 5로 구성되고 $m(B)=3$이 된다. 모든 표본점들이 나타날 가능성이 동등하다면, 어떤 사건 A의 가능성 또는 확률 A를 구하는 것은 전체 S에 대한 사건 A의 크기를 비교하는 것과 같다.

$$\Pr(A)=\frac{m(A)}{m(S)} \tag{2.1.1}$$

예를 들어, 4가 나올 가능성은 $\frac{m(4)}{m(S)}=\frac{1}{6}$ 이다. 짝수가 나올 확률은 $\frac{m(A)}{m(S)}=\frac{3}{6}=0.5$ 이다. 1 ~ 6 사이의 어떤 수 하나가 나올 확률은 $\frac{m(S)}{m(S)}=\frac{6}{6}=1$ 이다. 0이나 7이 나올 사건을 C라고 하면, 이 확률은 $\frac{m(C)}{m(S)}=\frac{0}{6}=0$ 이다. 확률을 구하려면 전체 표본공간의 크기를 아는 것이 중요하다.

표본공간에서 표본점들이 나타날 가능성이 모두 동등하지 않다면, 위와 같은 계산방식을 적용할 수 없다. 특정 표본점이 나타날 가능성이 다른 표본점들보다 높다면, 그 표본점의 발생 가능성은 상대적으로 가중되어야 한다. 예를 들어 다음 표와 같이 숫자 5가 다른 숫자들에 비해 2배 더 자주 나오는 비정상적인 주사위의 경우를 보자.

[표 2.1.1] 특정 사건의 발생 가능성이 동등하지 않은 경우

눈금	i	1	2	3	4	5	6	$\sum \Pr(i)$
정상적인 주사위	$\Pr(i)$	$\frac{1}{6}$	$\frac{1}{6}$	$\frac{1}{6}$	$\frac{1}{6}$	$\frac{1}{6}$	$\frac{1}{6}$	$\frac{6}{6}=1$
5가 자주 나오는 주사위	$\Pr(i)$	$\frac{1}{7}$	$\frac{1}{7}$	$\frac{1}{7}$	$\frac{1}{7}$	$\frac{2}{7}$	$\frac{1}{7}$	$\frac{7}{7}=1$

정상적인 주사위에서 각 사건의 가능성은 $\frac{1}{6}$로 모두 동등하다. 하지만 비정상적인 주사위는 숫자 5가 나오는 사건에 2배의 가중치를 적용해야 한다. 어떤 표본점에 가중치를 적용할 때는 표본점들의 발생확률을 더하면 그 총합이 1이 되도록 조절해야 한다. 위의 표에서 분모가 7로 바뀌어 있음을 보라.

표본공간은 2차원, 그리고 그 이상일 수 있다. 이번에는 주사위를 연이어 두 번 던지는 경우를 보자. 표본공간은 다음 그림과 같고 그 크기는 $m(S)=6^2=36$ 이다.

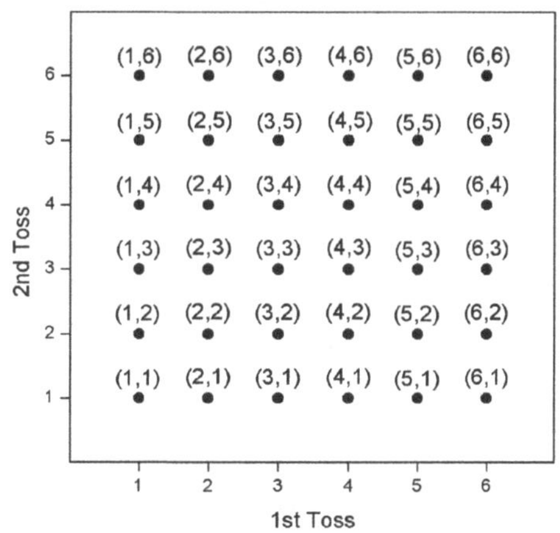

[그림 2.1.2] 주사위를 두 번 던질 때 생길 수 있는 표본공간

그림에서 괄호 안의 첫 번째 숫자는 첫 번째 던져서 나온 눈금수, 두 번째 숫자는 두 번째 던져서 나온 눈금수이다. 표본공간은 이처럼 '순차적으로 생길 수 있는 모든 결과들'로 구성된다.

$$S = \{(1,1), (1,2), \cdots, (6,5), (6,6)\}$$

2.1.2 확률변수

확률변수(random variable 또는 variate)란 표본공간에서 정의되는 함수이다. 어떤 실험에서 나올 수 있는 결과는 한 가지 이상일 수 있다. 어떤 결과가 나올지는 예측할 수 없다. 확률변수란 이와 같이 예측 불가능한 실험결과에 숫자를 지정하기 위한 것이다. 확률변수는 기호로 표현된다. 확률변수의 이름은 보통 대문자로 표현한다. 예를 들면, 1개의 주사위를 던져서 나오는 결과를 확률변수 X로 정의할 수 있다. 물론 다른 어떤 기호라도 쓸 수 있다. 이 확률변수 X는 여러 가지 값들을 가질 수 있다. 예를 들어 주사위 실험에서 확률변수값들은 1, 2, 3, 4, 5, 6이다. 이와 같은 확률변수값을 표현할 때는 확률변수의 이름에 대응되는 소문자를 쓰는 것이 보통이다. 예를 들어 위의 주사위 실험결과로 3이 나왔다면 $x = 3$으로 표현한다.

주사위를 두 번 던지는 경우의 예를 들자. Y를 다음과 같이 주사위를 두 번 던져서 나온 눈금수를 더한 결과로 정의하였다.

$$Y = t_1 + t_2 \tag{2.1.2}$$

여기서 t_1은 첫 번째에서 얻어진 눈금수이고 t_2는 두 번째에서 얻은 눈금수이다. Y는 확률변수인가? 그렇다. 표본공간에서 표본점을 함수로 정의했기 때문이다. 확률변수 Y는 확률변수값 y를 가진다. 식 (2.1.2)로 확률변수가 정의된 경우, 표본점들과 확률변수와의 관계를 살펴보자. 다음의 표 2.1.2를 보라.

표에서 알 수 있듯이, 표본점은 36개이지만 확률변수는 2, 3, 4, 5, 6, 7, 8, 9, 10, 11, 12로 11가지의 다른 값을 가질 수 있다. 확률변수 Y가 $y = 2$의 값을 갖는 경우는 표본점 (1, 1)에 하나뿐이지만, $y = 3$의 경우에는 2개의 표본점 (1, 2)와 (2, 1)이 존재한다. 이처럼 동일한 확률변수값에 여러 개의 표본점들이 할당될 수 있다.

[표 2.1.2] 표본점들과 확률변수와의 관계(주사위 두 번 던지기에서)

표본점	확률변수값	표본점	확률변수값	표본점	확률변수값
(1, 1)	2	(3, 1)	4	(5, 1)	6
(1, 2)	3	(3, 2)	5	(5, 2)	7
(1, 3)	4	(3, 3)	6	(5, 3)	8
(1, 4)	5	(3, 4)	7	(5, 4)	9
(1, 5)	6	(3, 5)	8	(5, 5)	10
(1, 6)	7	(3, 6)	9	(5, 6)	11
(2, 1)	3	(4, 1)	5	(6, 1)	7
(2, 2)	4	(4, 2)	6	(6, 2)	8
(2, 3)	5	(4, 3)	7	(6, 3)	9
(2, 4)	6	(4, 4)	8	(6, 4)	10
(2, 5)	7	(4, 5)	9	(6, 5)	11
(2, 6)	8	(4, 6)	10	(6, 6)	12

이번에는 확률변수 Z를 주사위를 두 번 던져서 얻어진 눈금수의 평균으로 정의한 경우를 보자.

$$Z = \frac{t_1 + t_2}{2} \tag{2.1.3}$$

이 확률변수는 1, 1.5, 2, 2.5, 3, 3.5, 4, 4.5, 5, 5.5, 6의 11가지 값을 가질 수 있다.

첫 번째 던진 주사위의 눈금수를 확률변수 X로 정의하고, 두 번째 던진 주사위의 눈금수를 확률변수 Y로 정의한다면, 확률변수 Z는 두 확률변수의 합으로 표현할 수도 있다.

$$Z = \frac{X + Y}{2} \tag{2.1.4}$$

이처럼 확률변수끼리의 합이나 곱과 같은 연산, 또는 확률변수와 상수의 연산, 또는 확률변수를 포함한 함수의 연산 결과 모두 확률변수이다. 확률변수 자체가 무작위한 특성을 갖기 때문에 그것을 포함한 모든 조작들도 당연히 확률변수가 된다.

지금까지의 예들은 생길 수 있는 경우 또는 사건의 수가 한정적이었지만, 그 수가 무한히 많은 경우도 있다. 그 수에 상관없이 이론적으로 $x_1, x_2, \cdots, x_n$ 처럼 하나씩 셀 수만 있다면 '이산(discrete)' 사건이라고 하고 이와 관련된 확률변수를

'이산형 확률변수'라고 한다. 예로서 하루 동안 내가 휴대폰으로 통화한 횟수나 어떤 게임에서 이긴 횟수를 들 수 있다.

이와 구별되는 '연속형(continuous) 확률변수'가 있다. 확률변수가 서로 다른 값들을 무한히 많이 갖기 때문에 셀 수 없는 경우이다. 예를 들면, 0~1 사이의 모든 실수들이 여기에 해당한다. 또 다른 예로 어떤 건전지가 방전되는 데까지 걸린 시간 30.00010008...을 들 수 있다.

2.2 확률밀도함수와 누적분포함수

2.2.1 확률밀도(질량)함수

앞 절의 주사위를 두 번 던지는 실험을 상기해 보자(그림 2.1.2와 표 2.1.2). 확률변수 Y가 두 번 던져서 나온 주사위 눈금수를 더한 것이라고 하면, 확률변수가 $y=2$가 되는 표본공간은 (1, 1)의 한 가지뿐이다. 하지만 확률변수가 $y=3$인 표본공간은 (1, 2)와 (2, 1)의 두 가지이다. 이는 $y=3$인 사건이 $y=2$인 사건보다 더 자주 일어날 수 있음을 의미한다. 이 예에서 $y=3$일 확률은 $y=2$일 확률보다 2배 더 높다.

이처럼 확률변수가 가질 수 있는 여러 값들 중에서 특정한 어떤 값이 발견될 빈도 또는 가능성 또는 확률이 다를 수 있다. 이를 정의하는 함수가 있는데, 확률변수의 특성에 따라 다르게 불린다. 이산형 확률변수의 경우는 확률질량함수(probability mass function, pmf)라고 하고 보통 $p_X(x)$으로 표기한다. 연속형 확률변수의 경우는 확률밀도함수(probability density function, pdf)라고 하고 $f_X(x)$으로 표기한다. 보통은 확률변수의 이름을 나타내는 아래 첨자 X를 떼고 간단하게 $p(x)$ 또는 $f(x)$으로 표현한다. 특별한 경우를 제외하고는 확률변수가 이산형인지 연속형인지를 구분하지 않고 확률밀도함수 또는 밀도함수라고 한다.

먼저, 이산형 확률변수의 경우를 보자. 확률변수 X가 여러 가능한 값들 중에서 특정한 값 x_i일 확률 $p(x_i)$는 다음과 같이 정의된다.

$$p(x_i)=\frac{x_i\text{인 표본의 수}}{\text{전체 표본의 수}}=\Pr(X=x_i), \qquad i=0,1,2,\cdots \tag{2.2.1}$$

예를 들어, 1개의 주사위를 던지는 실험에서 3이 나올 확률은 $\Pr(X=3)$ 또는 $p(3)$으로 표현할 수 있다. 확률함수 $p(x_i)$는 다음과 같은 특징을 갖는다.

1. $p(x)=\begin{cases}1, & X=x_i \\ 0, & \text{otherwise}\end{cases}$
2. $p(x)\geq 0$
3. $\sum_{i=1}^{\infty} p(x_i)=1$ (2.2.2)

여기서 $\sum$ 기호는 $p(x_1)+p(x_2)+\cdots$식으로 모두를 더하는 것을 의미한다. X가 어떤 값을 가질 확률은 확률밀도함수 $p(x)$로부터 구할 수 있다. 예를 들어, 확률변수 X가 구간 a에서 b 사이의 값을 가질 확률은 다음과 같이 정의된다.

$$\Pr[a\leq X\leq b]=\sum_{a\leq x_i\leq b} p(x_i) \tag{2.2.3}$$

여기서 $\sum_{a\leq x_i\leq b}$ 는 a에서 b 사이의 값들 각각이 가지는 확률을 모두 더한다는 의미이고, $\Pr[a\leq X\leq b]$은 X가 구간 a와 b 사이에 속할 확률을 의미한다.

이해를 위해 다음 예를 보자. 주사위 1개를 굴리는 실험에서 확률변수 X의 표본공간은 모두 6가지이다(그림 2.1.1). 이 중에서 숫자 3이 나올 가능성은 한 가지뿐이므로 $p(3)=1/6$이다[식 (2.1.1) 또는 식 (2.2.1)]. 숫자 4가 나올 확률은 얼마일까? 똑같이 $p(4)=1/6$이다. 이 실험에서 생길 수 있는 모든 결과들은 동일한 확률을 가진다.

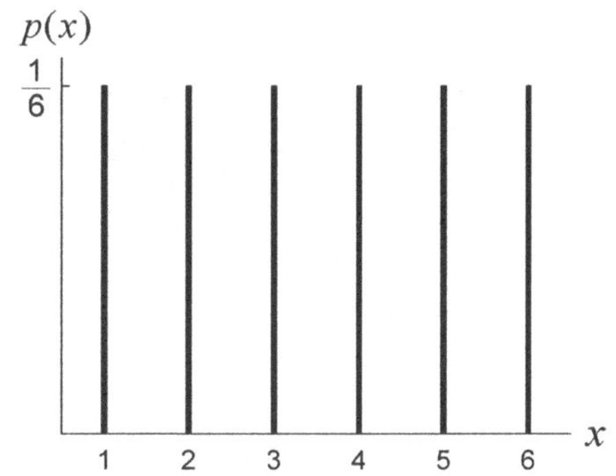

[그림 2.2.1] 주사위 1개를 굴리는 실험에서 확률변수값들의 빈도

이 실험에서 모든 가능한 결과들의 확률을 더하면 1이 된다. 식 (2.2.2)에 의해,

$$\sum_{i=1}^{6} p(x_i) = \sum[p(1)+p(2)+p(3)+p(4)+p(5)+p(6)] = \frac{1}{6}+\frac{1}{6}+\frac{1}{6}+\frac{1}{6}+\frac{1}{6}+\frac{1}{6} = 1$$

그렇다면 숫자 3 또는 숫자 4가 나올 확률은 얼마일까? 식 (2.2.3)에 의해,

$$\Pr[3 \le X \le 4] = \sum[p(3)+p(4)] = \frac{1}{6}+\frac{1}{6} = \frac{1}{3}$$

주사위를 두 번 던지는 실험으로 돌아가 보자. 두 숫자를 더한 확률변수 Y의 표본공간은 36가지이다. 즉, 확률변수 Y는 36가지 값들 중 어느 한 가지일 수 있다. 확률변수가 $y=2$일 경우는 한 가지뿐이므로, 그 확률은 $p(2)=1/36$이다. 마찬가지로 $y=12$일 확률도 $p(12)=1/36$이다. 같은 이유로 확률변수가 7일 확률은 $p(7)=6/36$으로 계산된다. 이 실험에서 가장 자주 나타나는 값, 즉 발생 확률이 가장 높은 것은 7이고, 가장 드물게 나타나는 수는 2 또는 12이다.

y	2	3	4	5	6	7	8	9	10	11	12
$p(y)$	$\frac{1}{36}$	$\frac{2}{36}$	$\frac{3}{36}$	$\frac{4}{36}$	$\frac{5}{36}$	$\frac{6}{36}$	$\frac{5}{36}$	$\frac{4}{36}$	$\frac{3}{36}$	$\frac{2}{36}$	$\frac{1}{36}$

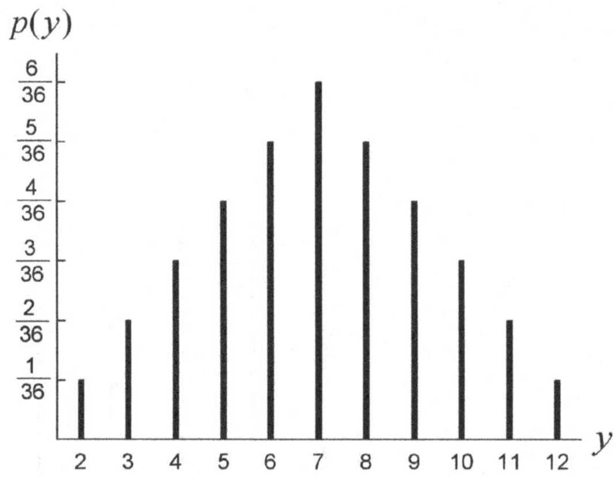

[그림 2.2.2] 주사위를 두 번 던지는 실험에서 확률변수값의 빈도

하지만 여기서도 모든 경우의 확률을 더하면 마찬가지로 1이다.

$$\sum_{all} p(y_i) = \sum[p(2)+\cdots+p(7)+\cdots+p(12)] = \frac{1}{36}+\cdots+\frac{6}{36}+\cdots+\frac{1}{36} = 1$$

확률변수가 9와 12 사이의 값을 가질 확률을 구하면

$$\Pr[9 \le Y \le 12] = \sum[p(9) + p(10) + p(11) + p(12)] = \frac{4}{36} + \frac{3}{36} + \frac{2}{36} + \frac{1}{36} = \frac{10}{36}$$

이번에는 연속형 확률변수를 살펴보자. 연속형 확률변수 X가 어떤 특정한 값을 가질 확률은 0이다. 이는 연속형 확률변수는 어떤 특정한 값과 일대일 대응이 불가능하기 때문이다. 따라서 이산형 확률변수와 같은 방법으로 확률함수를 정의할 수 없다. 대신에 확률변수 X가 어떤 두 값 사이에 놓여 있을 확률로 정의함으로써 식 (2.2.2)와 동일한 특징을 부여할 수 있다.

1. $f(x) \ge 0$
2. $\int_{-\infty}^{\infty} f(x)dx = 1$ (2.2.4)

X가 구간 a와 $b(=a+\Delta x)$ 사이에 있을 확률은 다음과 같다.

$$\Pr[a < X < b] = \int_a^b f(x)dx \tag{2.2.5}$$

이 식에서 $\Pr[a < X < b]$는 그림 2.2.3에서 빗금친 부분을 의미한다. 따라서 구간을 구분하는 선의 포함여부는 문제가 되지 않는다.

$$\Pr[a < X < b] = \Pr[a \le X < b] = \Pr[a < X \le b] = \Pr[a \le X \le b]$$

식 (2.2.4)와 식 (2.2.5)의 조건을 만족하는 함수 $f(x)$를 확률함수 또는 확률밀도함수 또는 간단히 밀도함수라고 한다.

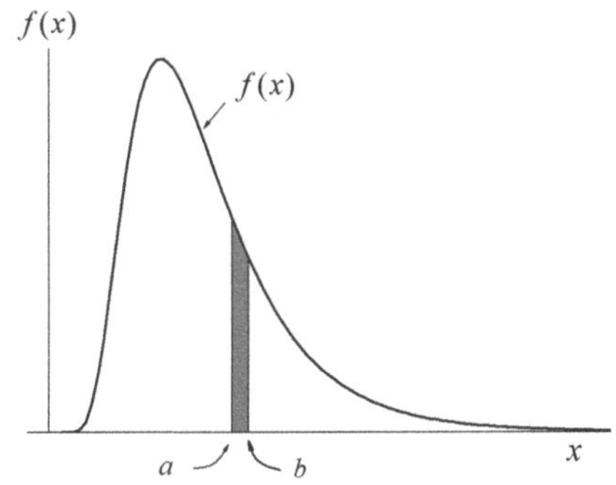

[그림 2.2.3] 확률밀도함수 f(x)의 의미

이해를 위해 다음 예제를 보자. 연속형 확률밀도함수가 다음과 같을 때, 상수 c와 $\Pr[1 < X < 2]$을 구하라.

$$f(x) = \begin{cases} \dfrac{cx}{2}, & 0 < x < 2 \\ 0, & \text{otherwise} \end{cases}$$

확률밀도함수의 상수 c는 식 (2.2.4)에 의해 다음과 같이 구할 수 있다.

$$\int_{-\infty}^{\infty} f(x)dx = \int_0^2 \frac{cx}{2}dx = \left.\frac{cx^2}{4}\right|_0^2 = c = 1$$

따라서 확률밀도함수에 $c=1$을 대입하면 $f(x) = \dfrac{x}{2}$를 얻을 수 있다. 확률변수 X가 1과 2 사이에 존재할 확률은 식 (2.2.5)에 의해 다음과 같이 계산된다.

$$\Pr[1 < X < 2] = \int_1^2 \frac{x}{2}dx = \left.\frac{x^2}{4}\right|_1^2 = \frac{3}{4}$$

2.2.2 누적분포함수

확률변수 X의 누적분포함수(cumulative distribution function, CDF) $F(x)$는 식 (2.2.6)과 같이 정의된다.

$$F(x) = \Pr[X \le x] = \sum_{x_i < x} p(x_i), \qquad -\infty < x < \infty \tag{2.2.6}$$

간단히 '분포함수'라고도 한다. 이 함수는 실험이 행해졌을 때 X가 x 이하의 어떤 값을 가질 확률을 의미하는 것으로, 식의 오른쪽은 $x_i < x$인 값들을 전부 더하라는 뜻이다. 분포함수는 확률밀도함수로부터 얻을 수 있고 그 반대도 가능하다. 분포함수의 중요한 특징은 다음과 같다(뒤에서 예제를 통해 자세히 설명될 것이다).

$$\begin{cases} F(-\infty) = 0 \\ F(\infty) = 1 \\ F(x) \ge 0, \quad \text{i.e., non-decreasing} \end{cases} \tag{2.2.7}$$

확률변수가 이산형일 때 분포함수는 다음과 같이 정의된다.

$$F(x)=\begin{cases} 0 & -\infty < x < x_1 \\ f(x_1) & x_1 \le x < x_2 \\ f(x_1)+f(x_2) & x_2 \le x < x_3 \\ \vdots & \vdots \\ f(x_1)+\cdots+f(x_n) & x_n \le x < \infty \end{cases} \tag{2.2.8}$$

앞의 주사위 1개를 던지는 실험의 경우로 예를 들어보자.

$$F(x)=\begin{cases} 0, & -\infty < x < 1 \\ \frac{1}{6}, & 1 \le x < 2 \\ \frac{1}{3}, & 2 \le x < 3 \\ \frac{1}{2}, & 3 \le x < 4 \\ \frac{2}{3}, & 4 \le x < 5 \\ \frac{5}{6}, & 5 \le x < 6 \\ 1, & 6 \le x < \infty \end{cases}$$

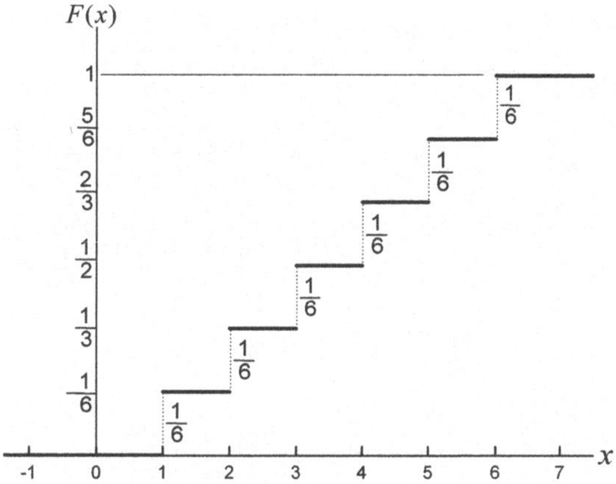

[그림 2.2.4] 이산형 확률변수의 누적분포함수의 예

연속형 확률변수의 경우, 분포함수는 다음과 같이 정의된다.

$$F(x)=\Pr[X \le x]=\Pr[-\infty < X \le x]=\int_{-\infty}^{x} f(u)du \tag{2.2.9}$$

$$\Pr[a < X < b]=\int_{a}^{b} f(u)du = F(b)-F(a) \tag{2.2.10}$$

여기서 u는 적분을 위한 임시 변수이다.

누적분포함수 $F(x)$를 미분하면 확률밀도함수 $f(x)$를 얻을 수 있다.

$$F'(x)=\frac{dF(x)}{dx}=f(x) \tag{2.2.11}$$

다음 예제를 보자. 확률밀도함수가 다음과 같이 주어졌을 때, 누적분포함수 $F(x)$와 $\Pr[1 < X \le 2]$을 구하고, 그 분포함수를 미분하여 주어진 밀도함수와 같음을 확인하라.

$$f(x) = \begin{cases} \dfrac{x}{2}, & 0 < x < 2 \\ 0, & \text{otherwise} \end{cases}$$

먼저 확률밀도함수가 의미를 갖는 구간, $x < 0$, $0 \le x < 2$, $2 \le x$으로 쪼개어 생각해 볼 수 있다. 식 (2.2.7) 및 식 (2.2.9)에 의해,

$$F(x) = 0, \;\; \text{if } x < 0$$

$$F(x) = \Pr[0 \le X < 2] = \int_0^x f(u)du = \int_0^x \frac{u}{2}du = \frac{x^2}{4}, \;\; \text{if } 0 \le x < 2$$

$$F(x) = \Pr[2 < X] = \int_0^2 f(u)du + \int_2^x f(u)du = \int_0^2 \frac{u}{2}du + \int_2^x 0du = 1, \;\; \text{if } 2 \le x$$

식 (2.2.10)에 의해,

$$\Pr[1 \le X \le 2] = F(b) - F(a) = F(2) - F(1) = \frac{2^2}{4} - \frac{1^2}{4} = \frac{3}{4}.$$

식 (2.2.11)에 의해,

$$f(x) = F'(x) = 0, \qquad x < 0$$

$$f(x) = F'(x) = \frac{d}{dx}\left(\frac{x^2}{4}\right) = \frac{x}{2}, \qquad 0 \le x < 2$$

$$f(x) = F'(x) = \frac{d}{dx}(1) = 0, \qquad 2 \le x.$$

이 확률밀도함수와 누적분포함수의 관계는 그림 2.2.5과 같다.

이 그래프의 의미를 더 따져 보자. 식 (2.2.9)에서 적분기호는 주어진 구간 내 확률밀도함수 $f(x)$ 아래의 면적을 의미한다. 즉, 특정한 값 x_i 까지의 면적이 바로 분포함수 $F(x)$이다. 확률변수는 $-\infty < x < \infty$ 구간 내의 실수이므로, 식 (2.2.2) 또는 식 (2.2.4)에 의해 확률밀도함수의 총면적은 1이다. 따라서 분포함수의 최댓값도 1이 된다. 다시 말하면, 확률변수값 x_i 의 증가에 따른 면적을 계속 누적시키면 1에 가까워진다는 의미이다.

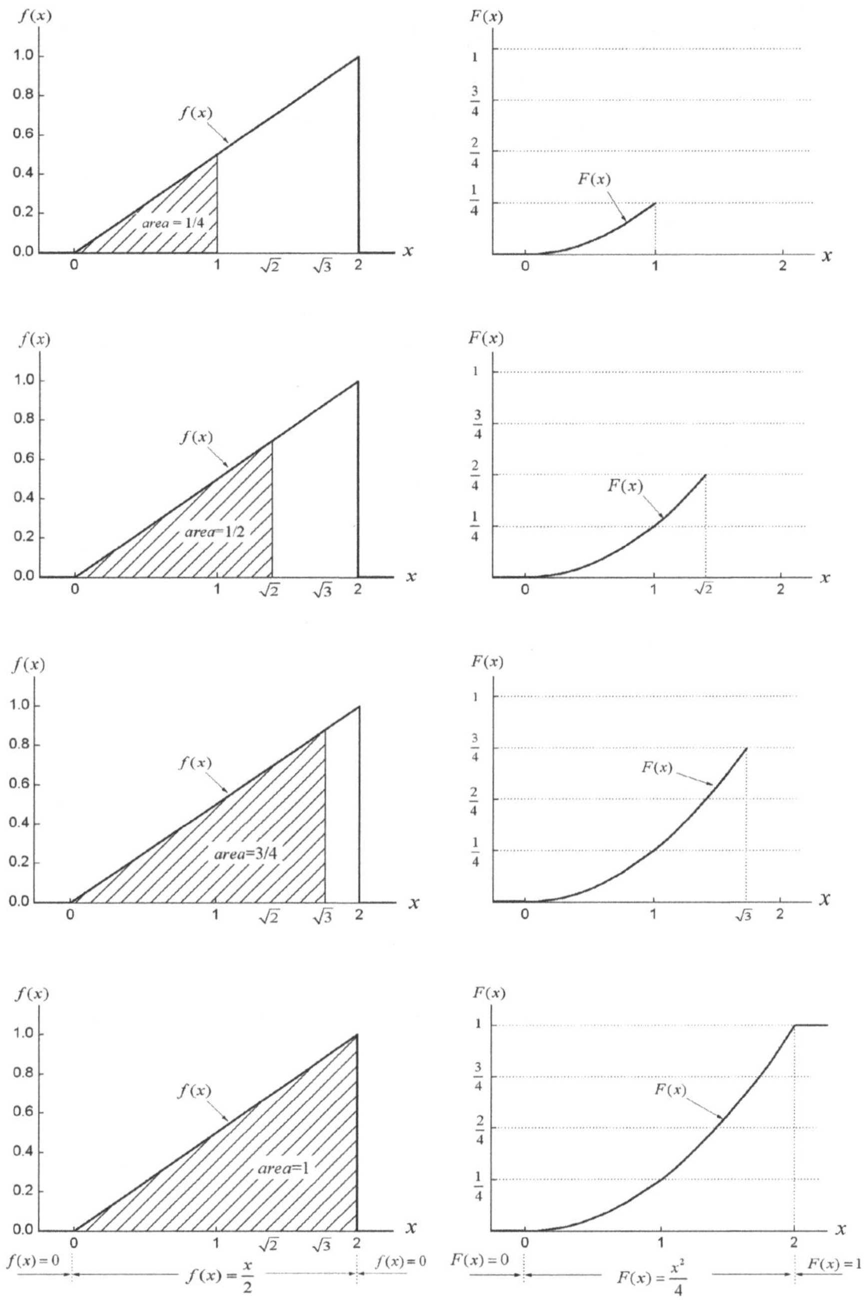

[그림 2.2.5] 확률밀도함수와 누적분포함수의 관계

그림 2.2.5의 첫 번째 그래프에서 $x=1$을 밑변으로 하는 빗금친 삼각형의 면적은 확률밀도함수가 갖는 총면적(전체 삼각형의 면적)의 1/4 에 해당한다. 이 값이

아래 분포함수 그래프의 높이이다. 확률변수값이 $x=\sqrt{2}$로 증가하면, 그 삼각형의 면적은 총면적의 1/2에 해당한다. 이 값은 다시 두 번째 분포함수 그래프의 높이가 된다. 이런 방식으로 면적에 해당하는 만큼 아래 그래프의 높이를 누적시키면 결국 1에 도달하게 된다. 높이 증가의 궤적이 바로 누적분포함수 $F(x)$이다. 따라서 $F(x)$는 0에서 1까지 구간에서 단조증가함수이다(기울기가 항상 0보다 큰). 이 함수는 확률변수값이 $-\infty$이면 $F(x)=0$이고, ∞이면 $F(x)=1$으로 변하면서 결코 감소하지 않는다.

지금까지의 정의 및 계산의 예에서 놓치지 말아야 할 점은 확률변수의 범위가 지정되고 있다는 것이다. 즉, 확률을 언급할 때는 확률변수가 갖는 값의 범위를 분명히 해야 한다. 확률변수의 범위에 따라서 확률이 달라지기 때문이다.

자주 쓰이는 두 가지 확률분포(아직 다루지 않았지만)를 이용하여 확률밀도함수와 누적분포함수의 관계를 알아보기로 하자.

다음과 같이 정의되는 확률밀도함수를 균등분포라고 한다. 먼저 이것부터 살펴보자.

$$f(x)=\begin{cases}1, & 0\le x\le 1\\ 0, & \text{otherwise}\end{cases}$$

확률밀도함수가 의미를 가지는 구간으로 나누어 식 (2.2.9)로 분포함수를 구하면,

$$\begin{aligned}
&F(x)=0,\ \text{if}\ x<0\\
&F(x)=\Pr[0\le X\le 1]=\int_0^x f(u)du=\int_0^x 1du=x,\ \text{if}\ 0\le x\le 1\\
&F(x)=\Pr[1<X]=\int_0^1 f(u)du+\int_1^x f(u)du=\int_0^1 1du+0=1,\ \text{if}\ 1<x.
\end{aligned}$$

식 (2.2.10)으로 확률변수값이 0과 1 사이에 존재할 확률을 구하면,

$$\Pr[0\le X\le 1]=F(b)-F(a)=F(1)-F(0)=1.$$

이 균등분포 확률밀도함수와 누적분포함수의 관계는 그림 2.2.7과 같다.

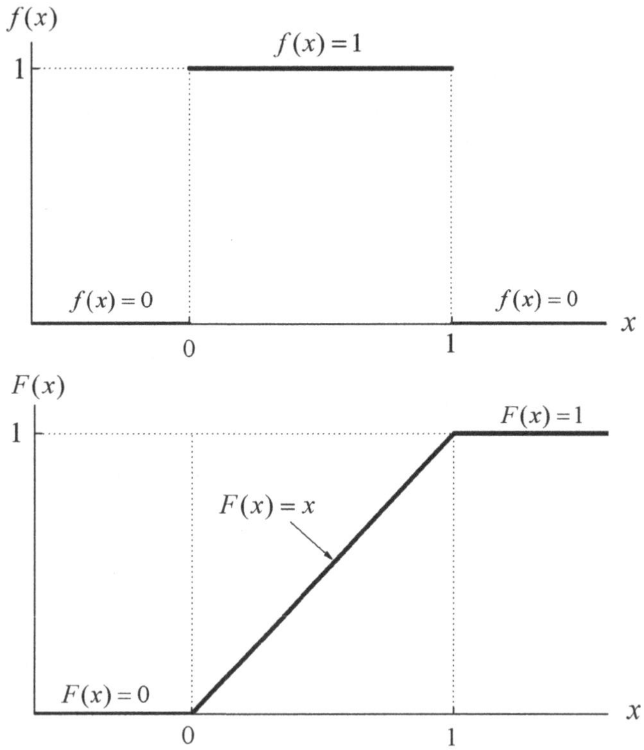

[그림 2.2.6] 균등분포 확률밀도함수(0~1 사이)와 누적분포함수의 관계

다음은 지수분포인 확률밀도함수를 살펴보자.

$$f(x) = \frac{1}{\beta}\exp\left(-\frac{x}{\beta}\right), \qquad 0 \le x$$

누적분포함수는 식 (2.2.9)에 의해 다음과 같이 구해진다.

$$F(x) = \Pr[0 \le X] = \int_0^x \frac{1}{\beta}\exp\left(-\frac{t}{\beta}\right)dt = -\exp\left(-\frac{t}{\beta}\right)\Big|_0^x = 1 - \exp\left(-\frac{x}{\beta}\right)$$

이 확률밀도함수와 누적분포함수의 관계는 그림 2.2.7과 같다($\beta = 2$ 일 때).

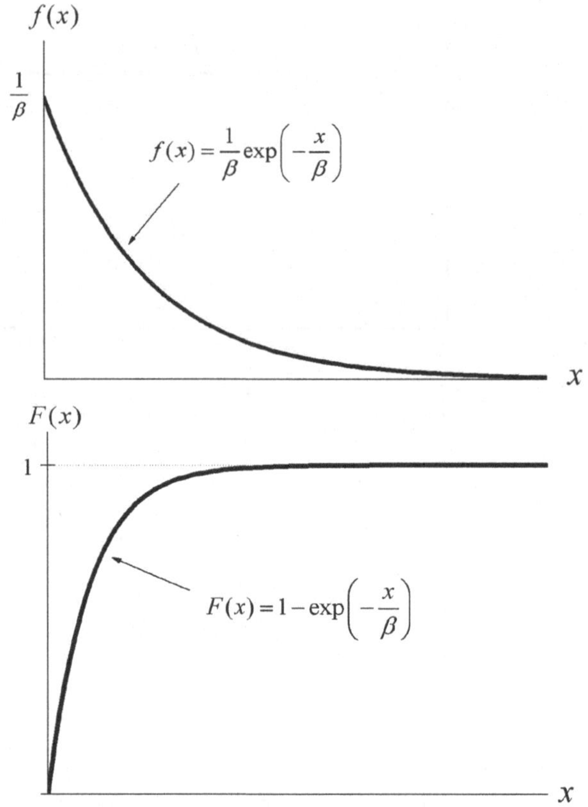

[그림 2.2.7] 지수분포 확률밀도함수와 누적분포함수의 관계

2.3 기댓값과 분산

2.3.1 기댓값과 분산의 정의

기댓값

확률변수는 여러 가지 값을 가질 수 있다. '어떤 확률변수가 평균적으로 갖는 값이 얼마일까?'에 관심이 있다면, 실험을 충분히 반복해서 얻어진 확률변수값들의 평균을 구하면 될 것이다. 기댓값(expected value 또는 expectation)이란 확률변수값들의 가중(그 값이 발생할 빈도에 의해) 평균이다. 기호는 $E(\cdot)$ 을 사용한다. 기댓값은 확률변수 X 의 모평균 μ_X 에 해당한다.

$$E(X) = \mu_X = \begin{cases} \sum_{all\ x} x_i\, p(x_i), & \text{이산형 확률변수} \\ \int_{-\infty}^{\infty} x\, f(x) dx, & \text{연속형 확률변수} \end{cases} \tag{2.3.1}$$

이 식은 확률변수값에다 그 발생확률을 곱하고, 이 과정을 모든 확률변수값 또는 모든 표본공간에 대해 적용한 다음 모두 더하라는 의미이다. 물론 이 정의는 확률변수가 포함된 함수나 확률변수의 수가 2개 이상인 경우에도 적용된다.

먼저, 예를 통해 가중평균의 의미를 알아보자. 2개의 주사위가 있다. 주사위 A는 모든 숫자가 발생할 확률이 동일한 공평한 주사위이고, 주사위 B는 숫자 6의 발생확률이 0.5로 다른 숫자들에 비해 자주 나오게 한 편향된 주사위이다.

어떤 주사위이든 확률변수의 산술평균은 다음과 같다.

$$\overline{X} = \frac{x_1 + \cdots + x_n}{n} = \frac{1+2+3+4+5+6}{6} = 3.5$$

그러나 기댓값은 각각의 주사위마다 다르다.

공평한 주사위 A의 기댓값:

주사위눈금	1	2	3	4	5	6
x_i	1	2	3	4	5	6
$p(x_i)$	1/6	1/6	1/6	1/6	1/6	1/6

$$\begin{aligned} E(X) &= x_1 p(x_1) + \cdots + x_n p(x_n) \\ &= 1\left(\frac{1}{6}\right) + 2\left(\frac{1}{6}\right) + 3\left(\frac{1}{6}\right) + 4\left(\frac{1}{6}\right) + 5\left(\frac{1}{6}\right) + 6\left(\frac{1}{6}\right) = \frac{21}{6} = 3.5 \end{aligned}$$

편향된 주사위 B의 기댓값:

주사위눈금	1	2	3	4	5	6
x_i	1	2	3	4	5	6
$p(x_i)$	0.1	0.1	0.1	0.1	0.1	0.5

$$\begin{aligned} E(X) &= x_1 p(x_1) + \cdots + x_n p(x_n) \\ &= 1(0.1) + 2(0.1) + 3(0.1) + 4(0.1) + 5(0.1) + 6(0.5) = 4.5 \end{aligned}$$

공평한 주사위 A는 모든 확률변수값의 발생확률이 동일하기 때문에 산술평균과 같은 기댓값을 가진다. 반면에 편향된 주사위 B의 경우, 확률변수값 6이 발생확률만큼 다른 숫자들보다 가중되어 평가되기 때문에 기댓값이 높아지게 된다. 이로써 기댓값은 확률변수값들의 가중평균임을 알 수 있을 것이다.

이번에는 기댓값과 모평균과의 관계를 알아보자. 공평한 주사위를 12번 던졌을 때 얻어진 결과가 {1, 1, 1, 1, 2, 2, 3, 4, 4, 5, 5, 6}이라고 하자. 이 경우의 표본평균은

$$\overline{X} = \frac{x_1 + \cdots + x_n}{n} = \frac{1+1+1+1+2+2+3+4+4+5+5+6}{12} = 2.75$$

기댓값 3.5와는 다른 결과가 얻어졌다. 그 이유는 위 실험결과가 모집단의 확률변수값의 발생빈도를 정확히 따르지 않았기 때문이다. 크기가 유한한 표본이 모집단의 확률을 정확히 대표하기 힘든 것은 당연하다. 만약, 12번의 실험결과가 모집단의 발생빈도를 정확히 따라 {1, 1, 2, 2, 3, 3, 4, 4, 5, 5, 6, 6}으로 얻어졌다면(모든 확률변수값들의 발생빈도가 동일하게), 이때의 표본평균은 기댓값과 동일하게 된다.

$$\overline{X} = \frac{x_1 + \cdots + x_n}{n} = \frac{1+1+2+2+3+3+4+4+5+5+6+6}{12} = 3.5$$

표본의 결과가 모집단의 발생확률을 정확히 따르려면 표본의 숫자가 많아져야 한다. 따라서 실험을 '충분히' 반복한다면, 기댓값은 모평균과 같아질 것이다.

지금까지 기댓값은 오랫동안 실험을 반복했을 때 얻어지는 평균적인 확률변수값임을 보였다. 그 의미를 예를 통해 알아보자.

주사위 A 및 B의 실험에서, 주사위 숫자에 따라 그 숫자에 대응되는 돈(원)을 받을 수 있고 각각의 실험이 1,000번씩 반복된다고 하자. 주사위 A의 실험에서 받을 수 있는 돈은 약 $3.5 \times 1000 = 3500$원인 반면에, 편향된 주사위 B의 실험에서는 약 $4.5 \times 1000 = 4500$원을 받을 수 있게 된다.

이번에는 다른 예를 보자. 편향된 주사위 B의 실험에서 1 ~ 5 사이의 숫자가 나오면 그 숫자에 상응하는 돈을 받고, 6이 나올 경우 상대에게 그 숫자에 상응하는 돈을 주어야 한다면 이때의 기댓값은 어떻게 계산될까? 이 경우 확률변수값은 {1, 2, 3, 4, 5, −6}이다. 따라서

$$\begin{aligned} E(X) &= x_1 p(x_1) + \cdots + x_n p(x_n) \\ &= 1(0.1) + 2(0.1) + 3(0.1) + 4(0.1) + 5(0.1) + (-6)(0.5) \\ &= -1.5 \end{aligned}$$

실험을 계속할수록 상대방에게 지불해야 되는 돈이 불어나 언젠가는 파산하고 말 것이다.

기댓값은 기하학적으로도 설명할 수 있다. 기댓값은 확률밀도함수가 만드는 면적의 무게중심이다. 즉, 확률밀도함수의 원점(1차 모멘트)에 해당한다. 그림 2.3.1은 앞의 주사위 실험의 확률밀도함수와 기댓값을 나타낸 것이다. 확률함수의 모양과 기댓값의 위치를 확인해 보라.

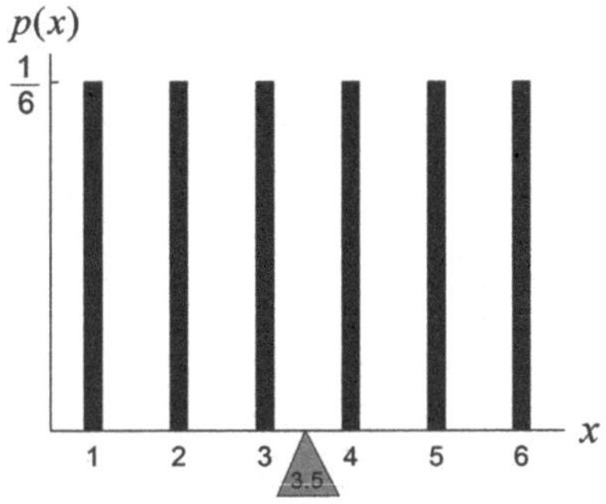

(a) 주사위 A 실험

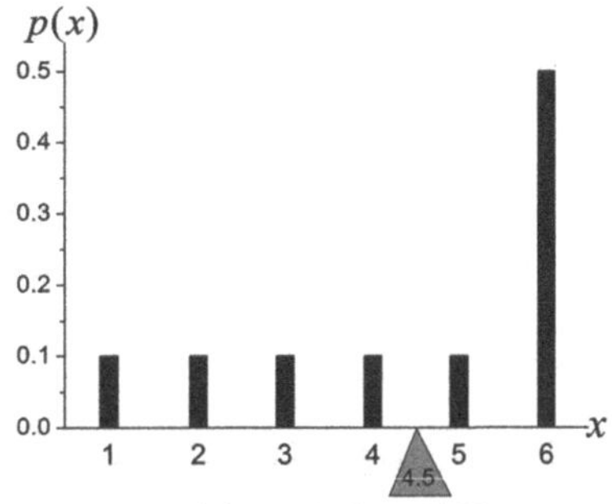

(b) 주사위 B 실험

[그림 2.3.1] 이산형 확률밀도함수와 기댓값

기댓값의 의미는 확률변수가 연속형일 경우에도 동일하다.

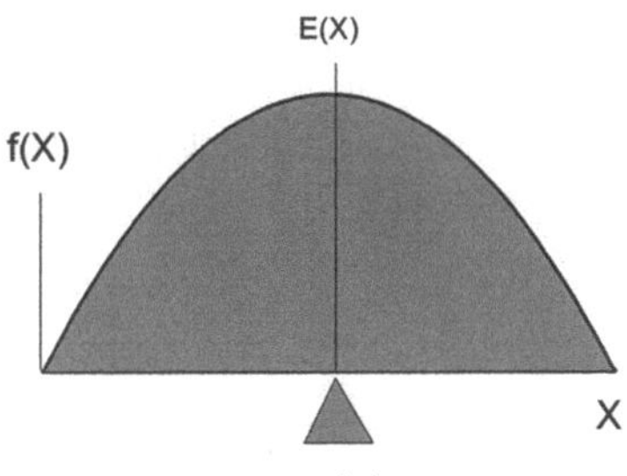

(a)

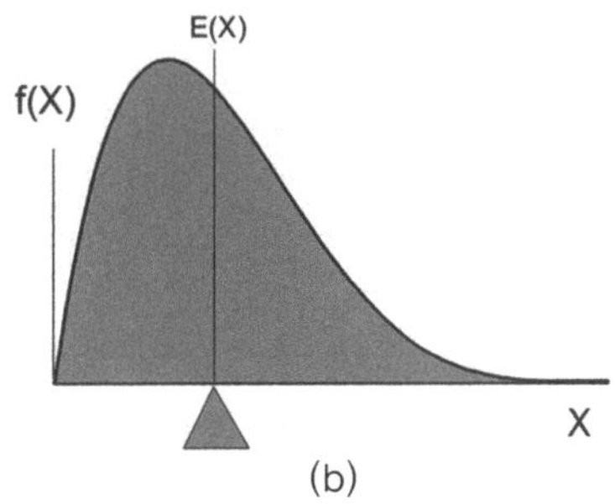

(b)

[그림 2.3.2] 연속형 확률밀도함수와 기댓값

즉, 얇은 판재로 확률밀도함수와 가로축이 만나는 도형을 만들고, 받침점을 기댓값의 위치에 둔다면 이 도형은 균형이 유지될 것이다. 기댓값은 확률밀도함수의 무게중심의 위치에 해당한다.

기댓값 계산 규칙

$$E(c)=c \tag{2.3.2}$$

$$E(cX)=cE(X) \tag{2.3.3}$$

$$E\left[cg(x)\right]=cE\left[g(x)\right] \tag{2.3.4}$$

$$E(X+Y)=E(X)+E(Y) \tag{2.3.5}$$

$$E(XY)=E(X)E(Y) \tag{2.3.6}$$

$$E\left(\sum_{i=1}^{n}X_i\right)=\sum_{i=1}^{n}E(X_i) \tag{2.3.7}$$

분산

분산(variance)이란, 확률변수 X의 값 x들이 평균 μ_X을 중심으로 어느 정도 퍼져 있는가를 나타내는 척도이다. 즉, 평균과 확률변수값과의 차이를 말한다. 이 차이는 부호가 양(+)일 수도 있고 음(−)일 수도 있다. 때문에 단순히 더하기만 하면 0이 되어 의미가 없어지므로 이를 보완하기 위해 제곱을 취해서 모두 더한다. 따라서 확률변수 X의 분산 $Var(X)$는 다음과 같이 정의된다. 이는 모분산 σ^2에 해당한다.

$$Var(X)={\sigma_X}^2=\begin{cases}\displaystyle\sum_{all\ x}(x_i-\mu_X)^2\,p(x_i), & \text{이산형 확률변수}\\ \displaystyle\int_{-\infty}^{\infty}(x-\mu_X)^2 f(x)dx, & \text{연속형 확률변수}\end{cases} \tag{2.3.8}$$

분산은 확률변수의 변동의 기준이 된다. 확률변수값이 평균 근방에 집중되어 있으면 '분산이 작다'라고 하고, 넓게 퍼져 있으면 '분산이 크다'라고 표현한다.

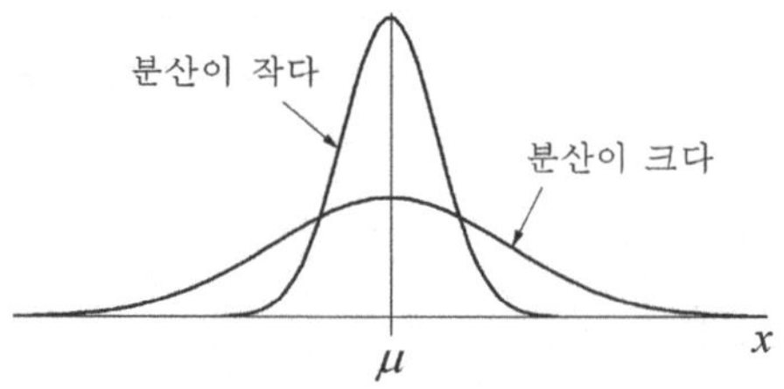

[그림 2.3.3] 평균이 같고 분산이 다른 2개의 분포 비교

분산 계산 규칙

분산은 확률변수값에서 평균을 빼서 제곱한 것에 대한 기댓값이다. 다음 식은 확률변수가 서로 독립적일 때만 성립한다.

$$\begin{aligned}\sigma^2 = Var(X) &= E\left[(X-\mu)^2\right] \\ &= E[X^2 - 2X\mu + \mu^2] \\ &= E(X^2) - 2\mu E(X) + E(\mu^2) \\ &= E(X^2) - 2\mu^2 + \mu^2 \\ &= E(X^2) - \mu^2\end{aligned} \tag{2.3.9}$$

위 식은 $\mu = E(X)$으로 표현을 바꿔서 다음 형태로 사용하는 것이 일반적이다.

$$\sigma^2 = Var(X) = E(X^2) - (E(X))^2 = \sum_{i=1}^{n} x_i^2 p(x_i) - \left(\sum_{i=1}^{n} x_i p(x_i)\right)^2 \tag{2.3.10}$$

$$Var\left(\sum_{i=1}^{n} X_i\right) = \sum_{i=1}^{n} Var(X_i) \tag{2.3.11}$$

확률변수가 2개 이상인 경우의 덧셈 규칙은 다음과 같다.

$$\begin{aligned}Var(X+Y) &= E\left[(X+Y-\mu_X-\mu_Y)^2\right] \\ &= E\left[(X-\mu_X)^2 + (Y-\mu_Y)^2 + 2(X-\mu_X)(Y-\mu_Y)\right] \\ &= E\left[(X-\mu_X)^2\right] + E\left[(Y-\mu_Y)^2\right] + 2E\left[(X-\mu_X)(Y-\mu_Y)\right] \\ &= Var(X) + Var(Y) + 2Cov(X,Y)\end{aligned} \tag{2.3.12}$$

$$Var(X-Y) = Var(X) + Var(Y) - 2Cov(X,Y) \tag{2.3.13}$$

위 식에서 본 것처럼 분산의 계산은 기댓값의 경우에 비해 간단하지 않다. 이는 기댓값이 단순히 확률변수들을 더한 것인 데 반해, 분산은 확률변수를 제곱해서 더한 것이기 때문이다. 따라서 분산은 각 확률변수들 간의 상관관계에 의존하게 된다. 이러한 상관관계를 '공분산'이라고 하는데 식 (2.3.12) 또는 식 (2.3.13)에서 맨 오른쪽 항에 해당한다. 만약 확률변수들이 서로 독립적이어서 상관관계가 없다면, 즉 $Cov(X,Y) = 0$이라면 위 식들은 다음과 같아진다.

$$Var(X+Y)=Var(X)+Var(Y) \tag{2.3.14}$$

$$Var(X-Y)=Var(X)+Var(Y) \tag{2.3.15}$$

확률변수가 상수와 조합된 경우에는 다음 계산 규칙을 따른다.

$$Var(aX+b)=a^2Var(X) \tag{2.3.16}$$

$$Var[aX+bY]=a^2Var(X)+b^2Var(Y)+2abCov(X,Y) \tag{2.3.17}$$

$$Var[ag(X)+bh(Y)]=a^2Var[g(X)]+b^2Var[h(Y)] \tag{2.3.18}$$

분산의 곱셈은 다음과 같이 이루어진다.

$$Var(XY)=Var(X)Var(Y) \tag{2.3.19}$$

$$Var\left(\frac{X}{Y}\right)=\frac{Var(X)}{Var(Y)} \tag{2.3.20}$$

표준편차

분산은 제곱을 취한 양이기 때문에 원래의 확률변수와 단위가 일치되지 않는다. 이런 불편을 없애기 위해 분산에다 양의 제곱근을 취해 또 다른 기준으로 삼는다. 이것이 표준편차(standard deviation)이다.

$$\sigma_X=\sqrt{Var(X)}=\sqrt{\sigma_X^2} \tag{2.3.21}$$

변동계수

변동계수(COV: Coefficient of Variance)는 다음과 같이 정의된다.

$$\delta_X=\frac{\sigma_X}{\mu_X} \tag{2.3.22}$$

표준편차는 확률변수값과 단위가 동일하기 때문에 표준편차 그 자체의 값만으로는 분포의 분산이 얼마나 큰지를 판단하기 힘들다. 이를 해결하기 위해서 다음과 같이 표준편차를 중앙값으로 나누어 무차원화시킨 것이 변동계수이다. 변동계수가 작으면 분포의 분산이 작은 것으로 받아들이면 된다.

예제 2.3.1

1개의 주사위를 던지는 실험에서, 확률변수의 기댓값, 분산, 표준편차, 변동계수를 구하라.

풀이 +

주사위눈금	1	2	3	4	5	6
x_i	1	2	3	4	5	6
$p(x_i)$	1/6	1/6	1/6	1/6	1/6	1/6

$$E(X) = x_1 p(x_1) + \cdots + x_n p(x_n)$$
$$= 1\left(\frac{1}{6}\right) + 2\left(\frac{1}{6}\right) + 3\left(\frac{1}{6}\right) + 4\left(\frac{1}{6}\right) + 5\left(\frac{1}{6}\right) + 6\left(\frac{1}{6}\right) = \frac{21}{6}$$
$$= 3.5$$
$$Var(X) = (x_1 - \mu_X)^2 p(x_1) + \cdots + (x_n - \mu_X)^2 p(x_n)$$
$$= \left(1 - \frac{21}{6}\right)^2 \left(\frac{1}{6}\right) + \cdots + \left(6 - \frac{21}{6}\right)^2 \left(\frac{1}{6}\right) = \frac{1}{6}\left(\frac{630}{36}\right)$$
$$\approx 2.92$$

또는 식 (2.3.10)으로부터

$$Var(X) = E(X^2) - (E(X))^2 = \left(\frac{91}{6}\right) - \left(\frac{21}{6}\right)^2 = \frac{35}{12} \approx 2.92$$

$$\because E(X^2) = 1^2\left(\frac{1}{6}\right) + 2^2\left(\frac{1}{6}\right) + \cdots + 6^2\left(\frac{1}{6}\right) = \frac{91}{6}$$

$$(E(X))^2 = \left(\frac{21}{6}\right)^2$$

$$\sigma_X = \sqrt{Var(X)} \approx \sqrt{2.92} \approx 1.71$$

$$\delta_X = \frac{\sigma_X}{\mu_X} = \frac{1.71}{3.5} \approx 0.488$$

예제 2.3.2

편향된 주사위 B를 던지는 실험에서(본문의 예 참조), 확률변수의 기댓값, 분산, 표준편차, 변동계수를 구하라.

풀이 +

주사위눈금	1	2	3	4	5	6
x_i	1	2	3	4	5	6
$p(x_i)$	0.1	0.1	0.1	0.1	0.1	0.5

$$E(X) = x_1 p(x_1) + \cdots + x_n p(x_n)$$
$$= 1(0.1) + 2(0.1) + 3(0.1) + 4(0.1) + 5(0.1) + 6(0.5) = 4.5$$
$$Var(X) = (x_1 - \mu_X)^2 \ p(x_1) + \cdots + (x_n - \mu_X)^2 \ p(x_n)$$
$$= (1-4.5)^2(0.1) + (2-4.5)^2(0.1) + \cdots + (6-4.5)^2(0.5) = 5.45$$

또는 식 (2.3.10)으로부터

$$Var(X) = E(X^2) - (E(X))^2 = (22.5) - (3.5)^2 = 10.25$$

$$\because E(X^2) = 1^2(0.1) + 2^2(0.1) + \cdots + 6^2(0.5) = 22.5$$

$$\sigma_X = \sqrt{Var(X)} = \sqrt{22.5} \approx 4.74$$

$$\delta_X = \frac{\sigma_X}{\mu_X} = \frac{22.5}{3.5} \approx 6.43$$

앞의 예제에 비해 분산이 커지고, 그에 따라 변동계수가 달라졌음을 확인해 보라.

예제 2.3.3

확률변수 X의 확률밀도함수가 다음과 같을 때 X의 기댓값과 분산을 구하라(참고로, 이 확률밀도함수는 난수를 만드는 데 기본이 되는 표준균등분포이다).

$$f(x) = \begin{cases} \dfrac{1}{b-a}, & a < x \le b, \ \ a=0, b=1 \\ 0, & otherwise \end{cases}$$

풀이 +

$$E(X) = \int_{-\infty}^{\infty} xf(x)dx$$
$$= \int_{a}^{b} x\left(\frac{1}{b-a}\right)dx = \left(\frac{1}{1-0}\right)\frac{x^2}{2}\Big|_0^1 = \frac{1}{2}$$
$$Var(X) = \int_{-\infty}^{\infty} (x-\mu_X)^2 f(x)dx$$
$$= \int_{-\infty}^{\infty}\left(x-\frac{1}{2}\right)^2\left(\frac{1}{1-0}\right)dx = \left(\frac{x^3}{3}-\frac{x^2}{2}-\frac{x}{4}\right)\Big|_0^1 = \frac{1}{12}$$

또는

$$Var(X) = E(X^2) - E^2(X)$$
$$= \int_0^1 x^2 f(x)dx - E^2(X) = \frac{x^3}{3}\Big|_0^1 - \left(\frac{21}{6}\right)^2 = \frac{1}{12}$$

이 예제에서 확률변수값 x_i 는 구간 $a \sim b$ 에서 동일한 발생확률 $\frac{1}{b-a}$ 를 갖는다(그림 2.2.6 참조). 따라서 그 기댓값은 단순히 산술평균인 $(1+0)/2 = 1/2$ 이다. 하지만 확률변수값의 발생확률이 고르지 않은 경우에는 가중평균이 사용되어야 한다. 다음 예제를 보자.

예제 2.3.4

확률변수 X 의 확률밀도함수가 다음과 같을 때 X 의 기댓값과 분산을 구하라(참고로, 이 확률밀도함수는 평균이 β 인 지수분포이다).

$$f(x) = \begin{cases} \frac{1}{\beta}e^{-\frac{x}{\beta}}, & 0 < x < \infty \\ 0, & otherwise \end{cases}$$

풀이 +

$$E(X) = \int_{-\infty}^{\infty} xf(x)dx$$
$$= \int_0^{\infty} x\frac{1}{\beta}e^{-\frac{x}{\beta}}dx = \left[-e^{-\frac{x}{\beta}}(\beta+x)\right]_{x=0}^{x=\infty} = \beta$$

$$
\begin{aligned}
Var(X) &= E(X^2) - E^2(X) \\
&= \int_0^{\infty} x^2 \frac{1}{\beta} e^{-\frac{x}{\beta}} dx - E^2(X) = \left[-e^{-\frac{x}{\beta}} (2\beta^2 + 2\beta x + x^2) \right]_{x=0}^{x=\infty} - \beta^2 \\
&= 2\beta^2 - \beta^2 = \beta^2
\end{aligned}
$$

이 예제의 확률변수값 x_i는 구간 $0 \sim \infty$에서 발생확률이 다르다(그림 2.2.7).

예제 2.3.5

확률변수 X가 구간 $0 \sim \pi$에서 균등분포할 때, 함수 $g(x) = \cos x$의 기댓값을 구하라(이 예제는 확률변수가 포함된 함수의 기댓값 계산도 확률변수의 경우와 동일하게 적용된다는 점을 보이기 위한 것이다).

$$
f(x) = \begin{cases} \dfrac{1}{\pi}, & 0 \le x \le \pi \\ 0, & otherwise \end{cases}
$$

풀이 +

$$
\begin{aligned}
E[g(x)] &= \int_0^{\pi} g(x) f(x) dx \\
&= \int_0^{\pi} \cos x \left(\frac{1}{\pi} \right) dx = \frac{1}{\pi} (-\sin \pi - \sin 0) = 0
\end{aligned}
$$

예제 2.3.6

두 확률변수 X와 Y의 결합확률밀도가 다음과 같다.

$$
f(x, y) = \begin{cases} \dfrac{xy}{96}, & 0 < x < 4,\ 1 < y < 5 \\ 0, & otherwise \end{cases}
$$

$E(X)$, $E(Y)$, $E(XY)$, $E(2X + 3Y)$, $E(X^2)$, $E(Y^2)$, $Var(X)$, $Var(Y)$, $Var(X+Y)$를 구하라. 단, 변수들 간에 상관관계는 없다(이 예제는 확률변수가 여러 개일 경우에도 동일한 계산 규칙이 적용된다는 점을 보이기 위한 것이다).

풀이 +

$$E(X)=\int_{-\infty}^{\infty}\int_{-\infty}^{\infty}xf(x,y)dxdy=\int_{1}^{5}\int_{0}^{4}x\left(\frac{xy}{96}\right)dxdy=\frac{8}{3}$$

$$E(Y)=\int_{-\infty}^{\infty}\int_{-\infty}^{\infty}yf(x,y)dxdy=\int_{1}^{5}\int_{0}^{4}y\left(\frac{xy}{96}\right)dxdy=\frac{31}{9}$$

$$E(XY)=\int_{-\infty}^{\infty}\int_{-\infty}^{\infty}(xy)f(x,y)dxdy=\int_{1}^{5}\int_{0}^{4}xy\left(\frac{xy}{96}\right)dxdy=\frac{248}{27}$$

또는 $E(XY)=E(X)E(Y)=\left(\frac{8}{3}\right)\left(\frac{31}{9}\right)=\frac{248}{27}$

$$E(2X+3Y)=\int_{-\infty}^{\infty}\int_{-\infty}^{\infty}(2x+3y)f(x,y)dxdy=\int_{1}^{5}\int_{0}^{4}(2x+3y)\left(\frac{xy}{96}\right)dxdy=\frac{47}{3}$$

또는 $E(2X+3Y)=2E(X)+3E(Y)=2\left(\frac{8}{3}\right)+3\left(\frac{31}{9}\right)=\frac{47}{3}$

$$E(X^2)=\int_{-\infty}^{\infty}\int_{-\infty}^{\infty}x^2f(x,y)dxdy=\int_{1}^{5}\int_{0}^{4}x^2\left(\frac{xy}{96}\right)dxdy=8$$

$$E(Y^2)=\int_{-\infty}^{\infty}\int_{-\infty}^{\infty}y^2f(x,y)dxdy=\int_{1}^{5}\int_{0}^{4}y^2\left(\frac{xy}{96}\right)dxdy=13$$

$$Var(X)=E(X^2)-\mu_X^2=8-\left(\frac{8}{3}\right)^2=\frac{8}{9}$$

$$Var(Y)=E(Y^2)-\mu_Y^2=13-\left(\frac{31}{9}\right)^2=\frac{92}{81}$$

$$Var(X+Y)=Var(X)+Var(Y)=\frac{8}{9}+\frac{92}{81}=\frac{164}{81}$$

2.3.2 공분산과 상관관계

다변량과 상관관계

표본공간을 1차원으로 한정할 필요는 없다. 우리는 이미 그림 2.1.2에서 표본공간이 2차원으로 정의된 경우를 보았다. 주사위를 두 번 던지는 실험에서 첫 번째 나온 숫자를 가로축에, 두 번째 나온 숫자를 세로축에 표현한다면 2차원 공간상에 1개의 점으로 표현할 수 있고, 이를 반복하면 36개의 점으로 이루어진 표본공간을 얻을 수 있다. 공학적 측면에서 이와 비슷한 상황은 얼마든지 있다. 예를 들어, 어떤 복잡한 부품은 전기적으로 또는 기계적으로 또는 이 둘이 복합적으로 작용해서 고장이 일어날 수 있다. 설계에서 어떤 강재를 선택할 때 그 소재의 기계적 강도, 연신율, 충격치, 경도 등의 여러 가지 확률변수들을 고려해야 한다. 이처럼 2개 이상의 변수로(각각의 변수마다 밀도함수와 분포함수가 존재한다) 동시에 정의되는 표본공간의 변수를 '다변량(mulivariate)'이라고 한다. 편의상, 논의를 이변량의 경우로 한정하겠다.

두 변수를 2차원 평면에 표현하면 산점도(散點度, scatter plot)를 얻을 수 있다. 예로서 임의 계량된 화약량을 x 좌표에, 대응되는 압력을 y 좌표에 표시하면 2차원 좌표의 한 점이 된다. 화약량을 바꿔 가면서 이런 조작을 반복하면 여러 개의 점들을 얻을 수 있는데, 이를 산점도라고 한다. 그림 2.3.4의 예를 보라.

상관관계(correlation)란 두 변수가 연관되어 있는 정도를 말한다. 즉, 2차원 평면에서 점들이 모여 있는 경향이다. 그림 2.3.4의 산점도에서 볼 수 있듯이, 두 변수가 서로 연관되어 있다면 어떤 한 변수에 대한 특성을 아는 것은 나머지 다른 변수에 대한 특성을 예측하는 데 보탬이 될 수 있다. 그 예로서 화약량과 압력의 관계를 들 수 있다. 주어진 공간에 많은 화약이 많이 들어갈수록 연소 시 형성되는 압력이 높아질 거라고 예측할 수 있다.

상관관계의 정도는 상관계수(correlation coefficient)로써 나타낼 수 있다. 이는 보통 ρ 또는 r로 표현되는데 -1에서부터 +1 사이의 값을 갖는다. 그림 2.3.4(a)에서 점들은 좌측하단에서 우측상단 방향으로 하나의 직선상에 집중되어 있다. 이런 집중 정도는 +1의 완벽한 상관관계를 나타내는 것이다. 그림 2.3.4(b)는 음의 방향으로 완벽한 상관관계인 -1의 값을 갖는다. 그림 2.3.4(c)와 같이 +0.9면 어느 정도 양(+)의 상관관계가 있다는 의미이다. 상관관계가 약할수록 점들은 흩어지는 경향을 보인다. 그림 2.3.4(e)와 같이 상관계수가 0이면 서로 완전히 무관한 것이다. 상관계수는 0이지만 그림 2.3.4(f)와 같이 분명한 상관관계를 갖는 경우도 있다. 단지 상관관계가 직선이 아닐 뿐, 상관관계가 없는 것은 아니다. 이런 경우가 비선형 상관관계이다.

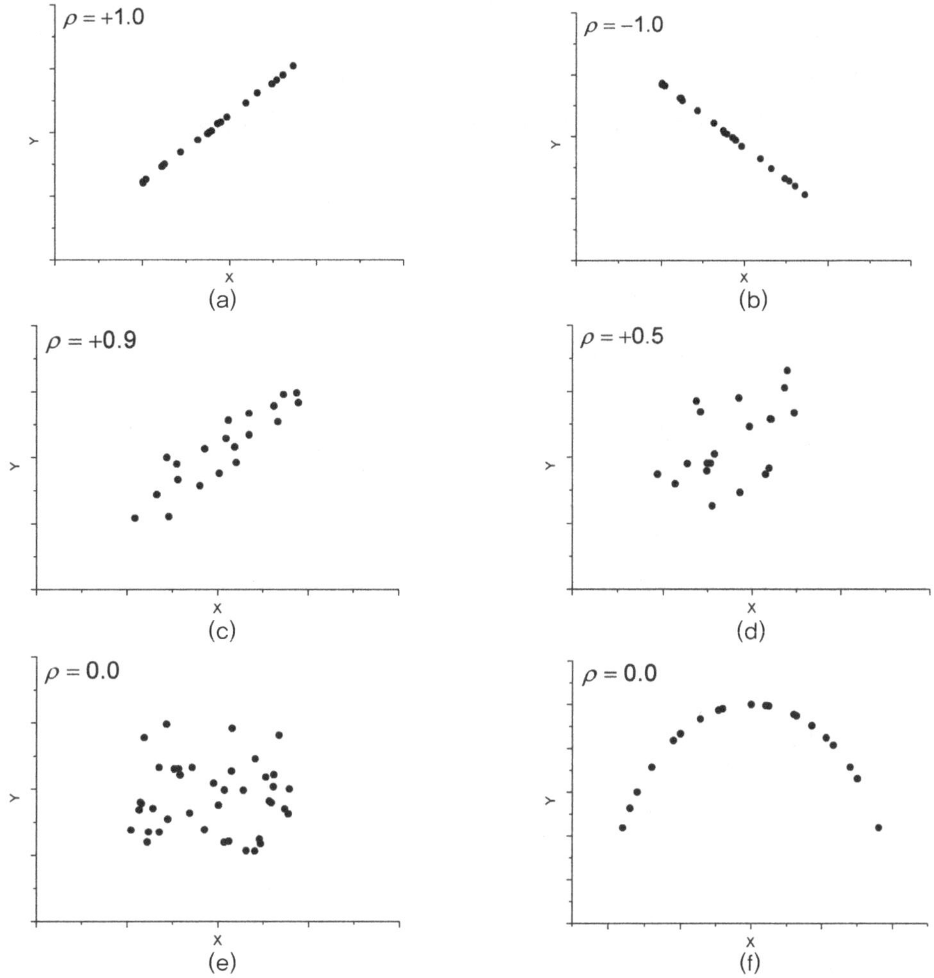

[그림 2.3.4] 상관관계 및 상관계수

공분산과 상관관계

두 확률변수들 간의 선형관계의 척도인 공분산은 다음 식으로 표현된다. $\mu_X = E(X)$이고 $\mu_Y = E(Y)$이라면,

$$\begin{aligned}\sigma_{XY} = Cov(X,Y) &= E\left[(X-\mu_X)(Y-\mu_Y)\right] \\ &= E(XY - X\mu_Y - \mu_X Y + \mu_X\mu_Y) \\ &= E(XY) - E(X)\mu_Y - \mu_X E(Y) + \mu_X\mu_Y \\ &= E(XY) - \mu_X\mu_Y \\ &= E(XY) - E(X)E(Y)\end{aligned} \tag{2.3.23}$$

또는

$$\sigma_{XY} = Cov(X,Y) = \int_{-\infty}^{\infty}\int_{-\infty}^{\infty}(x-\mu_X)(y-\mu_Y)f_{XY}(x,y)\,dxdy \qquad (2.3.23')$$

공분산의 계산 규칙은 다음과 같다.

$$Cov(X,X) = Var(X) \qquad (2.3.24)$$

$$Cov(X,Y) = Cov(Y,X) \qquad (2.3.25)$$

$$Cov(a+X, b+Y) = Cov(X,Y) \qquad (2.3.26)$$

$$Cov(aX,Y) = aCov(X,Y) \qquad (2.3.27)$$

$$Cov(aX,bY) = abCov(X,Y) \qquad (2.3.28)$$

$$Cov(X,c) = 0\,,\ c = \text{상수} \qquad (2.3.29)$$

$$Cov^2(X,Y) \le Var(X)Var(Y) \qquad (2.3.30)$$

$$Cov(X,Y+Z) = Cov(X,Y) + Cov(X,Z) \qquad (2.3.31)$$

$$Cov(X+Y,Z) = Cov(X,Z) + Cov(Y,Z) \qquad (2.3.32)$$

식 (2.3.24)는 다음으로부터 얻어진 것이다.

$$\begin{aligned} Cov(X,X) &= E\left[(X-\mu_X)(X-\mu_X)\right] \\ &= E(X-\mu_X)^2 \\ &= Var(X) \end{aligned}$$

X와 Y가 서로 독립적인 경우에는 $E(X,Y) = E(X)E(Y)$ 이므로 $Cov(X,Y) = 0$ 이다. 독립적이지 않은 경우에는 - 또는 + 값을 갖는데, 그 단위는 '평균의 제곱'과 같은 형태이다. 공분산은 단위가 있기 때문에 불편할 수 있다. 이를 무차원화 시키기 위해 상관계수를 사용한다. 상관계수는 $-1 \le \rho(X,Y) \le 1$ 의 범위를 갖는데, 다음 식으로 표현된다.

$$\rho(X,Y)=\frac{Cov(X,Y)}{\sigma(X)\cdot\sigma(Y)}$$
$$=\frac{n\sum XY-\sum X\cdot\sum Y}{\sqrt{\left[n\sum X^2-\left(\sum X\right)^2\right]\left[n\sum Y^2-\left(\sum Y\right)^2\right]}} \tag{2.3.33}$$

또는 다음 식을 통해서도 구할 수 있다.

$$\rho=\frac{1}{n}\sum_{i=1}^{n}Z_{X_i}\cdot Z_{Y_i}$$
$$Z_{X_i}=\frac{X_i-\overline{X}}{s_X},\ s_X=\sqrt{\frac{1}{n}\sum_{i=1}^{n}\left(X_i-\overline{X}\right)^2},\ Z_{Y_i}=\frac{Y_i-\overline{Y}}{s_Y},\ s_Y=\sqrt{\frac{1}{n}\sum_{i=1}^{n}\left(Y_i-\overline{Y}\right)^2} \tag{2.3.34}$$

예제 2.3.7

화약량과 압력과의 상관계수를 구하기 위해, 무게가 다른 5가지 화약량을 선정하고, 각각을 주어진 공간에서 연소시키면서 압력을 측정하였다. 화약량을 확률변수 X로, 압력을 확률변수 Y로 정의하였다.

시험번호	X_i (mg)	Y_i (kgf/cm^2)	Z_{X_i}	Z_{Y_i}	$Z_{X_i}\cdot Z_{Y_i}$
1	172	63	−0.59	−0.73	+0.43
2	165	57	−1.48	−1.46	+2.16
3	177	70	+0.05	+0.12	+0.01
4	188	80	+1.46	+1.34	+1.96
5	181	75	+0.56	+0.73	+0.41
평균	$\overline{X}=176.6$	$\overline{Y}=69.0$			+0.994
표준편차	$s_X=7.81$	$s_Y=8.22$			

1. 먼저, 데이터 쌍에서 각 확률변수들의 평균과 표준편차를 구한다.

$$\overline{X}=(172+165+177+188+181)/5=176.6$$
$$s_X=\sqrt{\frac{1}{n}\sum_{i=1}^{n}\left(X_i-\overline{X}\right)^2}$$
$$=\sqrt{\frac{1}{5}\left\{(172-176.6)^2+(165-176.6)^2+\cdots+(181-176.6)^2\right\}}=7.81$$

$$\overline{Y} = (63+57+70+80+75)/5 = 69.0$$

$$s_Y = \sqrt{\frac{1}{n}\sum_{i=1}^{n}\left(Y_i - \overline{Y}\right)^2} = \sqrt{\frac{1}{5}\left\{(63-69)^2 + (57-69)^2 + \cdots + (75-69)^2\right\}} = 8.22$$

2. 각 확률변수들을 표준화변수로 변환한다. 즉, $X_i \rightarrow Z_{X_i}$, $Y_i \rightarrow Z_{Y_i}$ 이다. 시험번호 2의 경우를 예로 들면 다음과 같다.

$$Z_{X_2} = \frac{X_2 - \overline{X}}{s_X} = \frac{165-176.6}{7.81} = -1.48\,,\ Z_{Y_2} = \frac{Y_2 - \overline{Y}}{s_Y} = \frac{57-69}{8.22} = -1.46$$

Z 값이 $-$이면 원래의 확률변수가 평균보다 낮고, +이면 평균보다 높다는 것이다.

3. 각 데이터 쌍의 표준화변수의 곱에 대한 평균을 구한다.

$$\begin{aligned}\rho &= \frac{1}{n}\left(Z_{X_1}\cdot Z_{Y_1} + Z_{X_2}\cdot Z_{Y_2} + \cdots + Z_{X_n}\cdot Z_{Y_n}\right) = \frac{1}{n}\sum_{i=1}^{n} Z_{X_i}\cdot Z_{Y_i} \\ &= \frac{1}{5}(0.43 + 2.16 + 0.01 + 1.96 + 0.41) \\ &= 0.994\end{aligned}$$

표준화변수로 변환된 데이터 쌍을 서로 곱한 값들의 부호는 각 확률변수의 부호에 의존한다. 예를 들어, Z_{X_i}와 Z_{Y_i}가 모두 +(1사분면)이거나 모두 $-$(3사분면)이면 서로 곱한 값은 +가 된다. 둘의 부호가 서로 다르면(2사분면 또는 4사분면) 곱한 값은 $-$가 된다. 그림 2.3.5를 보라.

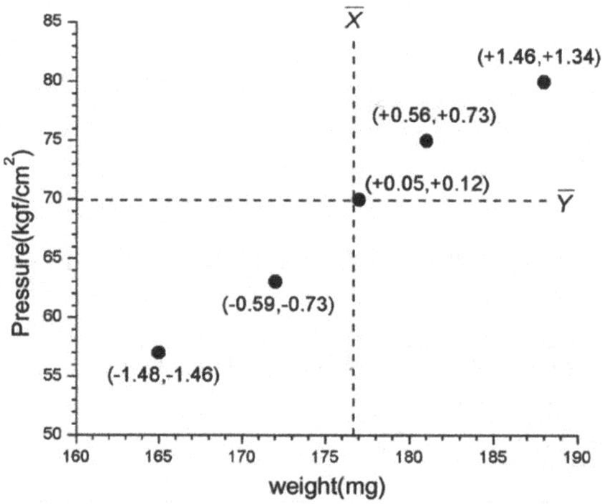

[그림 2.3.5] 원래의 확률변수를 Z로 변환하여 표현한 데이터 쌍

만약 상관계수가 +이면 그림처럼 $Z_{X_i} \cdot Z_{Y_i}$이 +인 경우가 많을 것이고, 상관계수가 −이면 $Z_{X_i} \cdot Z_{Y_i}$이 −인 데이터 쌍이 상대적으로 많을 것이다. 상관관계가 0이라면 +와 −인 경우가 산발적으로 흩어져 있을 것이다.

2.4 조건부확률

2.4.1 결합확률 및 주변확률

지금까지는 한 가지 확률변수만을 다루어 왔지만, 여기서는 두 가지 이상의 확률변수를 다룬다. 편의상 두 가지만으로 국한한다. 결합확률(joint probability), 주변확률(marginal probability), 조건부확률(conditional probability)의 개념 설명을 위한 예를 하나 들기로 하자. 어떤 어부가 잡아온 물고기의 마릿수를 날씨와 파도 상황에 따라 정리하니 다음과 같았다.

		파도(waves) Y			계
		잔잔함 (Low)	적당함 (Moderate)	높음 (High)	
날씨 X	맑음 (Sunny)	40	60	20	120
	흐림 (Cloudy)	20	50	10	80
계		60	110	30	200

각각의 칸에 있는 숫자는 고기가 잡힐 확률로 해석할 수 있다. 즉, 날씨가 맑고 파도가 적당히 있는 날이면 고기가 잡힐 확률이 가장 높고(60마리), 흐리면서 파도도 높은 날에는 고기가 잡힐 확률이 가장 낮다(10마리). 모든 확률을 더하면 1이어야 하므로, 통계적 표현을 위해서는 각 숫자들을 200으로 나누어야 한다. 날씨를 확률변수 X로, 파도 상황을 확률변수 Y로 정의하고, 각 확률변수의 조건을 영문 대문자로 표현하면 다음의 분할표로 다시 쓸 수 있다.

[표 2.4.1] 분할표(날씨와 파도 상황에 따라 고기가 잡힐 확률)

X,Y		Y			$p_X(x)$
		L	M	H	
X	S	0.2	0.3	0.1	0.6
	C	0.1	0.25	0.05	0.4
$p_Y(y)$		0.3	0.55	0.15	1.0

결합확률은 두 가지 사건이 동시에 일어날 확률이다(즉, 두 사건의 교집합이다). 위 표에서 중앙 2×3칸에 있는 각각의 숫자를 말한다. 예로서, 맑고 파도가 적당한 날에 고기가 잡힐 확률은 0.3이다. 보통은 다음과 같이 표현한다.

$$\Pr(S \text{ and } M) = 0.3 \quad \text{또는} \quad \Pr(S \cap M) = 0.3 \quad \text{또는} \quad \Pr(S, M) = 0.3$$

만약 $\Pr(C \cap H) = 0.05$이면, 흐리고 파도가 높은 날에 고기가 잡힐 확률이 0.05라는 의미이다. 이산형 변수의 결합확률밀도함수는 다음 수식으로 표현된다.

$$p(x,y) = p_{X,Y}(x,y) = \Pr(X = x \text{ and } Y = y) \tag{2.4.1}$$

따라서 앞의 예들은 각각 $p_{X,Y}(X = S, Y = M) = 0.3$과 $p_{X,Y}(X = C, Y = H) = 0.05$ 또는 간단히 $p(S,M) = 0.3$과 $p(C,H) = 0.05$로 쓸 수 있다. 연속형 변수의 결합확률밀도함수는 다음과 같이 정의된다.

$$\begin{aligned} f(x, y) = f_{X,Y}(x, y) &= Pr(x_1 < X < x_2 \text{ and } y_1 < Y < y_2) \\ &= \int_{y_1}^{y_2} \int_{x_1}^{x_2} f(x, y)dxdy \end{aligned} \tag{2.4.1$'$}$$

이는 구간 $x_1 \sim x_2$과 구간 $y_1 \sim y_2$의 기둥이 밀도함수 $f(x, y)$ 표면과 만나서 이루는 부피를 의미하는데(그림 2.4.3을 보라), 상세한 내용은 예제 2.4.2에서 다루겠다.

주변확률은 두 변수 중의 하나가 특정한 값으로 고정될 때 다른 나머지 변수의 확률을 정의하는 함수이다. 앞의 표에서 테두리의 숫자들을 보라(영단어 margin에는 '주변' 또는 '테두리'의 뜻도 있다). X의 주변확률은 맨 우측 열을, Y의 주변확률은 맨 하단 행을 가리킨다. 예를 들어, 맑은 날에 고기가 잡힐 확률은 $\Pr(X = S) = 0.6$이고, 수식으로는 $p_X(X = S) = 0.6$ 또는 $p(S) = 0.6$으로 표현된다. 이 확률 0.6은 다음과 같이 얻어진 것이다.

$$p_X(S) = \Pr(X = S) = p_{X,Y}(S,L) + p_{X,Y}(S,M) + p_{X,Y}(S,H) = 0.2 + 0.3 + 0.1 = 0.6$$

마찬가지로, $\Pr(Y = M) = p_Y(M) = p(M) = 0.55$은 파도가 적당한 날에 고기가 잡힐 확률을 나타낸다. 이는 다음의 계산으로부터 얻어진 것이다.

$$p_Y(M) = \Pr(Y = M) = p_{X,Y}(S,M) + p_{X,Y}(C,M) = 0.3 + 0.25 = 0.55$$

주변확률밀도함수를 수식으로 정리하면 다음과 같다.

$$\begin{cases} p(x) = p_X(x) = \Pr(X = x) = \sum_{all\ y} p_{X,Y}(x, y_i) \\ p(y) = p_Y(y) = \Pr(Y = y) = \sum_{all\ x} p_{X,Y}(x_i, y) \end{cases} \tag{2.4.2}$$

즉, X에 대한 주변확률을 얻으려면 Y의 모든 경우를 더하면 되고, Y에 대한 주변확률은 X의 모든 경우를 더하면 된다. 연속형 변수의 경우에는 더하기 기호를 적분 기호로 바꾸면 된다.

$$\begin{cases} f(x) = f_X(x) = \int_y f_{X,Y}(x, y)dy \\ f(y) = f_Y(y) = \int_x f_{X,Y}(x, y)dx \end{cases} \tag{2.4.2'}$$

X의 주변확률밀도함수란, X의 확률밀도함수와 완전히 동일한 의미이다. 따라서 '주변'이라는 용어는 어떤 의미에서는 불필요하다. 단지, 두 가지 이상의 확률변수가 포함된 결합확률을 다루기 때문에, 확률변수가 1개인 경우와 구분하기 위해서 붙이는 것뿐이다.

결합확률에서 두 변수가 서로 독립적인 경우에는 다음 등식이 성립한다.

$$\begin{cases} p_{X,Y}(x,y) = p_X(x) \cdot p_Y(y) \\ f_{X,Y}(x,y) = f_X(x) \cdot f_Y(y) \end{cases} \tag{2.4.3}$$

한편, 결합확률밀도함수의 분포함수는 다음과 같이 정의된다.

$$\begin{cases} F(x, y) = \Pr(X \le x, Y \le y) = \sum_{X \le x} \sum_{Y \le y} p(x, y), & discrete \\ F(x, y) = \int_{-\infty}^{y} \int_{-\infty}^{x} f(x, y)dxdy, & continuous \end{cases} \tag{2.4.4}$$

즉, 이산형의 경우에는 X가 x 이하이고 Y가 y 이하일 확률을 모두 더한 것이고, 연속형의 경우에는 구간의 하한치로부터 x와 y까지 적분한 것이다. 참고로 결합분포함수의 총합은 1이어야 한다(앞의 표에서 1로 만들기 위해 200으로 나누었던 것을 기억해 보라).

$$\begin{cases} \sum_{all\ x} \sum_{all\ y} p(x_i, y_i) = 1, & discrete \\ \int_{-\infty}^{\infty} \int_{-\infty}^{\infty} f(x, y)dxdy, & continuous \end{cases} \tag{2.4.5}$$

예제 2.4.1

이산형 확률변수 X와 Y의 결합확률밀도함수가 다음과 같다.

$$p(x, y) = \begin{cases} \dfrac{xy}{90}, & x = 2, 3, 4 \text{ and } y = 1, 2, 3, 4 \\ 0, & \text{otherwise} \end{cases}$$

1) $X = 3$, $Y = 2$ 일 때 결합확률밀도함수, 2) $X = 3$, $Y = 3$ 일 때 결합분포함수, 3) $X = 4$, $Y = 4$ 일 때 결합분포함수를 구하라.

풀이 + 먼저 주어진 결합확률밀도함수를 분할표와 그림으로 나타내 보자. 그림에서 각 막대의 높이가 결합확률이다. 모든 확률의 총합은 1이므로 이들 높이는 각각의 비율에 따라 가중되어야 한다(이 문제에서는 분모에 90이 있어 가중치를 적용하지 않아도 총합은 1이다).

[표 2.4.2] 결합확률밀도 $p_{X,Y}(x, y) = \frac{xy}{90}$ 의 분할표

X \ Y	1	2	3	4	$p_X(x)$
2	$\frac{2}{90}$	$\frac{4}{90}$	$\frac{6}{90}$	$\frac{8}{90}$	$\frac{20}{90}$
3	$\frac{3}{90}$	$\frac{6}{90}$	$\frac{9}{90}$	$\frac{12}{90}$	$\frac{30}{90}$
4	$\frac{4}{90}$	$\frac{8}{90}$	$\frac{12}{90}$	$\frac{16}{90}$	$\frac{40}{90}$
$p_Y(y)$	$\frac{9}{90}$	$\frac{18}{90}$	$\frac{27}{90}$	$\frac{36}{90}$	$\frac{90}{90}$

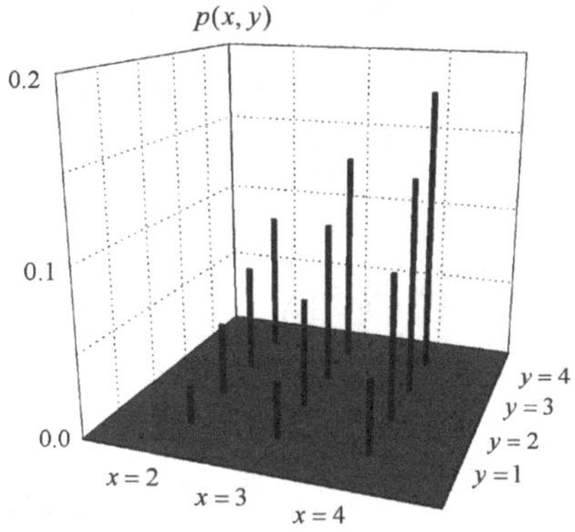

[그림 2.4.1] 이산형 확률변수의 결합확률밀도함수

풀이 1 $X=3$, $Y=2$ 일 때의 결합확률은

$$p(3,2)=\Pr[X=3, Y=2]=\frac{3\times 2}{90}=\frac{6}{90}$$

이는 그림에서 $X=3$ 이고 $Y=2$ 인 지점의 막대 높이이다. 이 경우는 특별히 분모가 90이기 때문에 총합이 1이 되지만, 그렇지 않은 경우에는 결합확률을 모두 더했을 때 총합이 1이 되도록 상대적 크기에 따라 가중치를 적용해야 한다.

풀이 2 $X=3$, $Y=3$일 때 결합분포함수는

$$F(3,3)=\Pr[X\le 3, Y\le 3]=\left(\frac{2\times1+2\times2+2\times3}{90}\right)+\left(\frac{3\times1+3\times2+3\times3}{90}\right)=\frac{30}{90}$$

이는 그림 2.4.1에서 $X=3$이고 $Y=3$에 사이에 위치한 모든 막대들의(6개) 높이를 더한 값이다.

풀이 3 $X=4$, $Y=4$일 때 결합분포함수는

$$F(4,4)=\Pr[X\le 4, Y\le 4]=\left(\frac{2\times1+2\times2+2\times3+2\times4}{90}\right)+\left(\frac{3\times1+3\times2+3\times3+3\times4}{90}\right)+\left(\frac{4\times1+4\times2+4\times3+4\times4}{90}\right)=\frac{90}{90}=1$$

이는 그림 2.4.1의 모든 막대들의 높이를 더한 값이다.

예제 2.4.2

연속형 결합확률밀도함수가 다음과 같다.

$$f(x, y) = \begin{cases} 6xy(2-x-y), & 0 < x < 1,\ 0 < y < 1 \\ 0, & \text{otherwise} \end{cases}$$

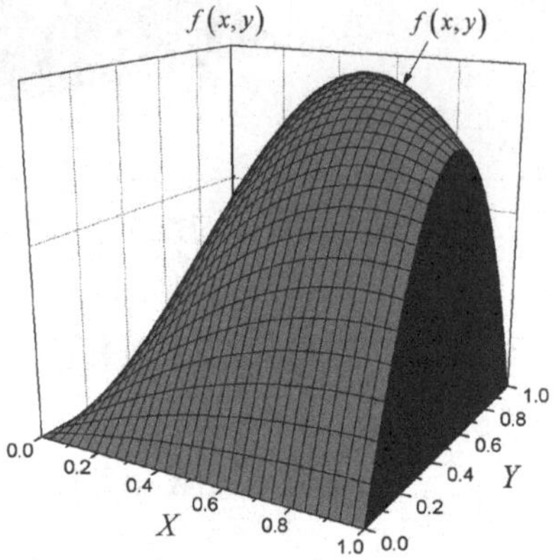

[그림 2.4.2] 연속형 확률변수의 결합확률밀도함수

풀이 1 $\Pr\left(\frac{6}{10} < x < \frac{8}{10},\ \frac{2}{10} < y < \frac{4}{10}\right)$ 일 확률은?

$$F(x, y) = \int_{y_1=\frac{2}{10}}^{y_2=\frac{4}{10}} \int_{x_1=\frac{6}{10}}^{x_2=\frac{8}{10}} 6xy(2-x-y)dxdy = \int_{y_1=\frac{2}{10}}^{y_2=\frac{4}{10}} \left(\frac{136}{125}y - \frac{21}{25}y^2\right)dy = \frac{31}{625}$$

풀이 2 $\Pr\left(x > \frac{1}{2}\right)$ 일 확률은?

$$\Pr\left[X > \frac{1}{2}\right] = f_X\left(\frac{1}{2}\right)$$

$$= \int_{y_1=0}^{y_2=1} \int_{x_1=\frac{1}{2}}^{x_2=1} 6xy(2-x-y)dxdy = \int_{y_1=0}^{y_2=1} \left(\frac{11}{4}y - \frac{9}{4}y^2\right)dy = \frac{5}{8}$$

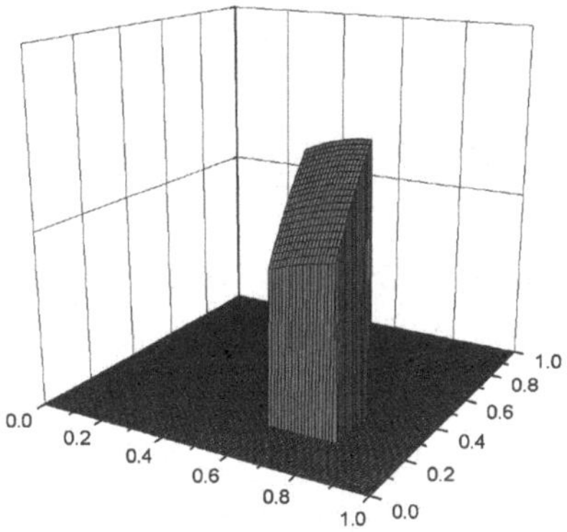

$\Pr\left(\frac{6}{10} < x < \frac{8}{10},\ \frac{2}{10} < y < \frac{4}{10}\right)$

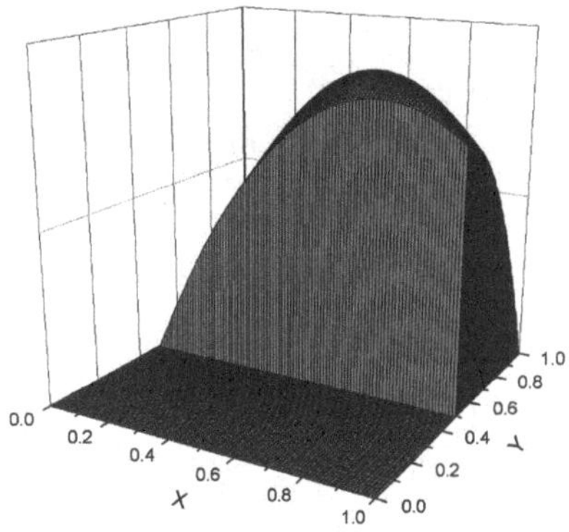

$\Pr\left(x > \frac{1}{2}\right)$

[그림 2.4.3] 연속형 확률변수의 결합분포함수(예제 2.4.2에서)

2.4.2 조건부확률

조건부확률은 상관관계에 있는 변수들 중에서 어느 한 변수의 조건이 정해진 이후 다른 나머지 변수의 확률밀도를 정의한다. 조건부확률은 $\Pr(B \mid A)$ 으로 표현된다. 기호 "$\bullet \mid A$"는 'A가 조건부로 주어지면'을 뜻한다. 따라서 $\Pr(B \mid A)$ 은 변수가 A로 고정된 조건에서(또는 사건 A가 이미 관찰된 조건에서), 변수 B(또는 사건 B)의 확률을 정의한다.

조건부확률은 앞 절에서 다룬 두 종류의 확률과 다음의 관계를 갖는다.

$$\text{조건부확률} = \frac{\text{결합확률}}{\text{주변확률}}$$

즉, 조건부확률은 결합확률을 주변확률로 나눈 것이다. 이를 일반화된 수식으로 표현하면 다음과 같다.

$$\begin{cases} p_{X|Y}(x|y) = \dfrac{p_{X,Y}(x,y)}{p_Y(y)} = \dfrac{p_{X,Y}(x,y)}{\sum_{all\ x} p_{XY}(x,y)}, & discrete \\ f_{X|Y}(x|y) = \dfrac{f_{X,Y}(x,y)}{f_Y(y)} = \dfrac{f_{X,Y}(x,y)}{\int_{-\infty}^{\infty} f(x,y)dx}, & continuous \end{cases} \tag{2.4.6}$$

Y가 주어졌을 때 X의 조건부분포함수는 다음과 같이 정의된다.

$$F(x|y)=\begin{cases}\sum_{X\le x} p(x|y), & discrete\\ \int_{-\infty}^{x} f(x|y)dx, & continuous\end{cases} \tag{2.4.6'}$$

사건 A가 발생하더라도 사건 B의 발생 가능성에는 전혀 영향을 주지 못하는 경우가 있다. 이런 경우, "사건 B는 사건 A에 독립적(independence)이다"라고 한다. 서로 독립적인 경우, 사건 A가 주어졌을 때 사건 B의 조건부확률은 사건 B 그 자체의 확률이 된다. 그 반대의 경우도 가능하다.

$$\Pr(B|A)=\Pr(B) \quad \text{또는} \quad \Pr(A|B)=\Pr(A)$$

이를 일반화된 수식으로 표현하면 다음과 같이 쓸 수 있다.

$$p_{X|Y}(x|y)=\Pr(X=x)=p_X(x) \quad \text{또는} \quad p_{Y|X}(y|x)=\Pr(Y=y)=p_Y(y) \tag{2.4.7}$$

표 2.4.1로 돌아가 보자. 예를 들어, $\Pr(Y=M\,|\,X=S)$는 변수가 $X=S$로 고정된 조건에서 다른 변수가 $Y=M$인 날의 확률이다. 즉, 날씨가 맑은 날만을 대상으로 했을 때 파도가 적당한 날의 확률을 의미한다. 이 확률은 식 (2.4.6)에 분할표의 확률값을 대입하면 다음과 같이 계산된다.

$$\Pr(Y=M|X=S)=\frac{\Pr(X=S \text{ and } Y=M)}{\Pr(X=S)}=\frac{0.3}{0.2+0.3+0.1}=\frac{0.3}{0.6}=0.5$$

이번에는 $\Pr(X=S\,|\,Y=M)$인 경우를 살펴보자. 앞의 표현과 비슷해 보이지만 의미는 전혀 다르다. 이는 파도가 적당한 날만을 대상으로 했을 때 날씨가 맑은 경우의 확률이다. 이 확률은 다음과 같이 계산된다.

$$\Pr(X=S|Y=M)=\frac{\Pr(X=S \text{ and } Y=M)}{\Pr(Y=M)}=\frac{0.3}{0.3+0.25}=\frac{0.3}{0.55}=0.545\cdots$$

이 예에서 보는 것처럼, 조건부확률은 교환법칙이 성립되지 않는다. 즉,

$$\Pr(Y=M|X=S)\neq\Pr(X=S|Y=M)$$

따라서 조건부확률을 다룰 때는 표본공간의 크기 변화에 주의해야 한다. 사전 조건에 따라서 표본공간의 크기가 줄어들기 때문이다. 예를 들어, 결합확률 $\Pr(X=S \text{ and } Y=M)$은 전체 표본공간에 대한 비율이기 때문에 0.3/1.0으로 계산되

지만, 조건부확률의 경우에는 그렇지 않다. 위 계산에서 보듯이, 조건이 $X=S$ 이면 0.6, 조건이 $Y=M$ 이면 0.55로 표본공간의 크기가 1.0보다 작아진다. 다시 한 번 강조하지만, 조건부확률은 사전 사건에 의해 만들어진 새로운 표본공간 내에서 확률규칙을 따라야 한다. 즉, 새로운 공간 내에서 일어나는 모든 사건들의 확률을 더하면 1이 되어야 한다(2.4.3절의 전확률법칙 참조). 예를 들어, 변수 X의 조건이 S로 정해졌을 경우,

$$\Pr(Y=L|X=S)=\frac{\Pr(X=S \text{ and } Y=L)}{\Pr(X=S)}=\frac{0.2}{0.2+0.3+0.1}=\frac{0.2}{0.6}$$

$$\Pr(Y=M|X=S)=\frac{\Pr(X=S \text{ and } Y=M)}{\Pr(X=S)}=\frac{0.3}{0.2+0.3+0.1}=\frac{0.3}{0.6}$$

$$\Pr(Y=H|X=S)=\frac{\Pr(X=S \text{ and } Y=H)}{\Pr(X=S)}=\frac{0.1}{0.2+0.3+0.1}=\frac{0.1}{0.6}$$

나머지 변수 Y에 해당하는 모든 사건 (L, M, H) 발생확률의 총합은

$$\sum_i \Pr(Y_i \mid X)=\Pr(L \mid S)+\Pr(M \mid S)+\Pr(H \mid S)=\frac{0.2}{0.6}+\frac{0.3}{0.6}+\frac{0.1}{0.6}=0.3+0.5+0.2=1$$

이를 수식으로 표현하면,

$$\begin{cases} \sum_y p_{Y|X}(y_i)=1, & discrete \\ \int_{-\infty}^{\infty} f_{Y|X}(y)dy=1, & continuous \end{cases} \tag{2.4.8}$$

이러한 조건부확률의 계산규칙은 그림 2.4.4의 트리구조를 사용하면 더 쉽게 이해할 수도 있다. 그림(a) 또는 그림(b), 어느 변수가 조건부가 되는지와 상관없이, 트리구조의 매 단계에서 확률의 총합은 각각 1임을 보라.

식 (2.4.6)으로부터 결합확률을 구하는 데 유용한 곱하기 법칙을 얻을 수 있다.

$$p_{X,Y}(x,y)=p_{X|Y}(x \mid y)\cdot p_Y(y) \text{ 또는 } p_{X,Y}(x,y)=p_{Y|X}(y \mid x)\cdot p_X(x)^{1)} \tag{2.4.9}$$

1) $(X \text{ and } Y)=(Y \text{ and } X)$

이 계산법칙은 그림 2.4.4의 트리구조에서도 확인할 수 있다. 만약 두 변수가 서로 독립이면 위 식은 식 (2.4.7)에 의해서 다음과 같이 간단하게 된다[식 (2.4.3) 참조].

$$p_{X,Y}(x,y) = p_X(x) \cdot p_Y(y) \text{ 또는 } p_{X,Y}(x,y) = p_Y(y) \cdot p_X(x) \tag{2.4.3'}$$

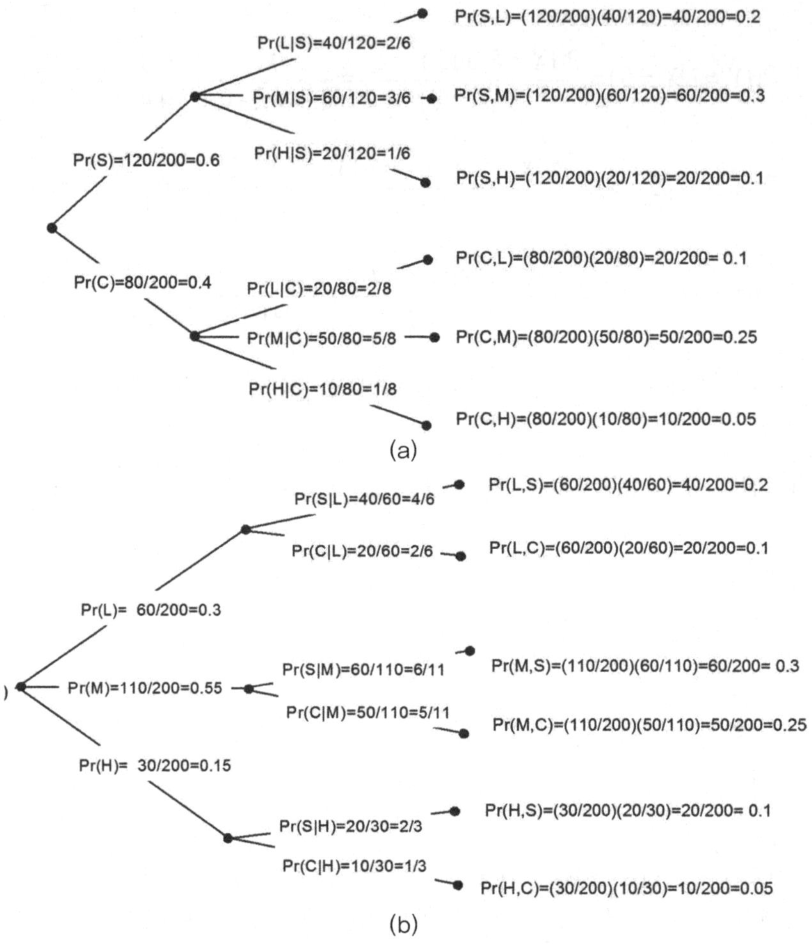

[그림 2.4.4] 조건부확률의 트리구조(표 2.4.1)

2.4.3 전확률법칙(Law of total probability)

그림 2.4.5처럼 사건 A가 $A_1, A_2, \cdots, A_n$로 여러 가지 발생가능성을 가진다면, 사후사건 B의 확률은 어떻게 정의되어야 할까?

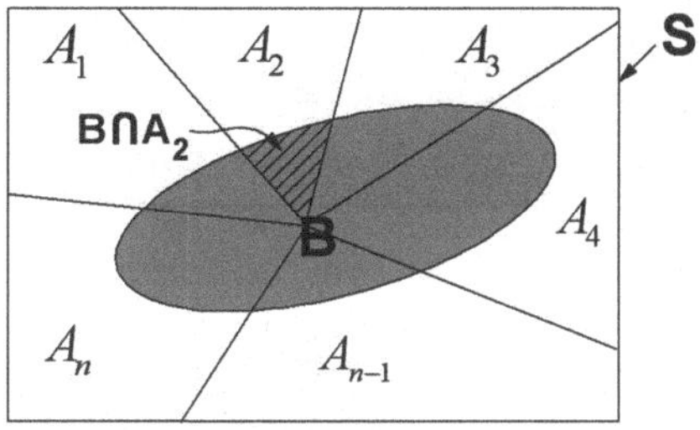

[그림 2.4.5] 사전사건 A의 발생가능성이 여러 가지일 때(전확률법칙)

서로 독립적인 n개의 사전사건들 A_i의 표본공간이 서로 겹치지 않는다면, 즉 배반사건이라면[2)] 표본공간 $A_1 \cup A_2 \cup \cdots \cup A_n = S$를 형성한다. 이는 사전사건들이 생길 확률 $\Pr(A_1), \Pr(A_2), \cdots, \Pr(A_n)$를 모두 더하면 $\sum_{i=1}^{n} \Pr(A_i) = 1$이라는 의미이다(exhaust events). 이 표본공간 S에서 사건 B는 다음과 같이 정의된다.

$$\begin{aligned} B &= B \cap S \\ &= B \cap (A_1 \cup A_2 \cup \cdots \cup A_n) \\ &= (B \cap A_1) \cup (B \cap A_2) \cup \cdots \cup (B \cap A_n) \end{aligned}$$

여기서 $(B \cap A_i)$들 역시 배반사건에 속한다.

$$\begin{aligned} \Pr(B) &= \sum_{i=1}^{n} \Pr(B \text{ AND } A_i) \\ &= \Pr(B \text{ AND } A_1) + \Pr(B \text{ AND } A_2) + \cdots + (B \text{ AND } A_n) \end{aligned} \tag{2.4.10}$$

여기에 식 (2.4.9)의 확률의 곱하기 법칙을 적용하면

$$\begin{aligned} \Pr(B) &= \sum_{i=1}^{n} \Pr(B|A_i) \Pr(A_i) \\ &= \Pr(B|A_1)\Pr(A_1) + \Pr(B|A_2)\Pr(A_2) + \cdots + \Pr(B|A_n)\Pr(A_n) \end{aligned} \tag{2.4.10$'$}$$

이 공식을 전확률법칙이라고 한다.

2) 배반사건(disjoint and mutually exclusive events)의 의미는 '사건들이 서로 겹치는 부분이 없다'라는 것으로 수학적으로는 $\Pr(A \text{ AND } B) = \phi$로 표현된다. '사건들이 독립적이다'라는 것과 구별되어야 한다.

예제 2.4.3

표 2.4.1의 분할표를 표본공간으로 나타내고, 전확률법칙을 적용해 보라.

풀이 +

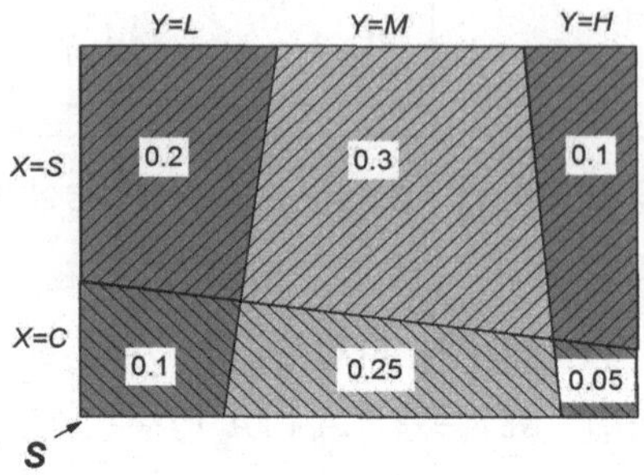

[그림 2.4.6] 표본공간(표 2.4.1)

먼저 변수 X에 대해서 식 (2.4.10)의 전확률법칙을 적용해 보면,

$$\begin{aligned} p_X(S) &= \sum_{j=1}^{3} p_{X,Y}(X,Y_j) \\ &= p_{X,Y}(S,L) + p_{X,Y}(S,M) + p_{X,Y}(S,H) \\ &= 0.2 + 0.3 + 0.1 \\ &= 0.6 \end{aligned}$$

$$\begin{aligned} p_X(C) &= \sum_{j=1}^{3} p_{X,Y}(X,Y_j) \\ &= p_{X,Y}(C,L) + p_{X,Y}(C,M) + p_{X,Y}(C,H) \\ &= 0.1 + 0.25 + 0.05 \\ &= 0.4 \end{aligned}$$

또는 식 (2.4.10′)을 적용해서

$$\begin{aligned} p_X(S) &= \sum_{j=1}^{3} p_{X|Y}(X \mid Y_j)\, p_Y(Y_j) \\ &= p_{X|Y}(S \mid L)\, p_Y(L) + p_{X|Y}(S \mid M)\, p_Y(M) + p_{X|Y}(S \mid H)\, p_Y(H) \\ &= \left(\frac{0.2}{0.2+0.1}\right)(0.2+0.1) + \left(\frac{0.3}{0.3+0.25}\right)(0.3+0.25) + \left(\frac{0.1}{0.1+0.05}\right)(0.1+0.05) \\ &= 0.6 \end{aligned}$$

$$
\begin{aligned}
p_X(C) &= \sum_{j=1}^{3} p_{X|Y}(X \mid Y_j)\, p_Y(Y_j) \\
&= p_{X|Y}(C \mid L)\, p_Y(L) + p_{X|Y}(C \mid M)\, p_Y(M) + p_{X|Y}(C \mid H)\, p_Y(H) \\
&= \left(\frac{0.1}{0.2+0.1}\right)(0.2+0.1) + \left(\frac{0.25}{0.3+0.25}\right)(0.3+0.25) + \left(\frac{0.05}{0.1+0.05}\right)(0.1+0.05) \\
&= 0.4
\end{aligned}
$$

따라서 $p_X(S)+p_X(C)=0.6+0.4=1$이다. 마찬가지로, 변수 Y에 대한 전확률법칙은 다음과 같이 계산된다.

$$
\begin{aligned}
p_Y(L) &= \sum_{i=1}^{2} p_{X,Y}(X_i, Y) \\
&= p_{X,Y}(S,L) + p_{X,Y}(C,L) \\
&= 0.2+0.1 \\
&= 0.3
\end{aligned}
$$

$$
\begin{aligned}
p_Y(M) &= \sum_{i=1}^{2} p_{X,Y}(X_i, Y) \\
&= p_{X,Y}(S,M) + p_{X,Y}(C,M) \\
&= 0.3+0.25 \\
&= 0.55
\end{aligned}
$$

$$
\begin{aligned}
p_Y(H) &= \sum_{i=1}^{2} p_{X,Y}(X_i, Y) \\
&= p_{X,Y}(S,H) + p_{X,Y}(C,H) \\
&= 0.1+0.05 \\
&= 0.15
\end{aligned}
$$

또는

$$
\begin{aligned}
p_Y(H) &= \sum_{i=1}^{2} p_{Y|X}(Y \mid X_i)\, p_X(X_i) \\
&= p_{Y|X}(L \mid S)\, p_X(S) + p_{Y|X}(L \mid C)\, p_X(C) \\
&= \left(\frac{0.2}{0.2+0.3+0.1}\right)(0.2+0.3+0.1) + \left(\frac{0.1}{0.1+0.25+0.05}\right)(0.1+0.25+0.05) \\
&= 0.3
\end{aligned}
$$

$$
\begin{aligned}
p_Y(M) &= \sum_{i=1}^{2} p_{Y|X}(Y \mid X_i)\, p_X(X_i) \\
&= p_{Y|X}(M \mid S)\, p_X(S) + p_{Y|X}(M \mid C)\, p_X(C) \\
&= \left(\frac{0.3}{0.2+0.3+0.1}\right)(0.2+0.3+0.1) + \left(\frac{0.25}{0.1+0.25+0.05}\right)(0.1+0.25+0.05) \\
&= 0.55
\end{aligned}
$$

$$
\begin{aligned}
p_Y(H) &= \sum_{i=1}^{2} p_{Y|X}(Y \mid X_i)\, p_X(X_i) \\
&= p_{Y|X}(H \mid S)\, p_X(S) + p_{Y|X}(H \mid C)\, p_X(C) \\
&= \left(\frac{0.1}{0.2+0.3+0.1}\right)(0.2+0.3+0.1) + \left(\frac{0.05}{0.1+0.25+0.05}\right)(0.1+0.25+0.05) \\
&= 0.15
\end{aligned}
$$

따라서 $p_Y(L) + p_Y(M) + p_Y(H) = 0.3 + 0.55 + 0.15 = 1$ 이다.

예제 2.4.4

전기저항들이 있다. 그 중 60%는 납품업체 1에서, 40%는 납품업체 2에서 만들어진 것이다. 납품업체 1에서 만든 저항은 97%가, 납품업체 2에서 만든 저항은 95%가 양품이다. 저항 1개를 무작위로 뽑았을 때 납품업체 1에서 만든 것이 선택될 확률과 그것이 불량품일 확률은 얼마인가? 납품업체에 상관없이 저항 하나를 뽑았을 때 불량품일 확률을 구하라.

풀이 +

A_1 = 납품업체 1에서 만든 저항이 선택될 가능성
A_2 = 납품업체 2에서 만든 저항이 선택될 가능성
B_1 = 양품이 선택될 가능성
B_2 = 불량품이 선택될 가능성
$B_1|A_1$ = 납품업체 1에서 만든 저항이고 양품이 선택될 가능성

$$
\begin{aligned}
&\Pr(A_1) = 0.60 && \Pr(A_2) = 0.40 \\
&\Pr(B_1|A_1) = 0.97 && \Pr(B_2|A_1) = 0.03 \\
&\Pr(B_1|A_2) = 0.95 && \Pr(B_2|A_2) = 0.05
\end{aligned}
$$

납품업체 1에서 만들었고 불량품일 확률은 식 (2.4.9)에 따라서

$$\Pr(A_1, B_2) = \Pr(A_1)\Pr(B_2|A_1) = (0.60)(0.03) = 0.018$$

납품업체 2에서 만들었고 불량품일 확률은

$$\Pr(A_2, B_2) = \Pr(A_2)\Pr(B_2|A_2) = (0.40)(0.05) = 0.020$$

불량품이 선택될 확률은 납품업체와는 상관없이 독립적이므로, 식 (2.4.10)에 따라서 위의 두 결합확률을 더하면 된다.

$$\begin{aligned}\Pr(B_2) &= \Pr(A_1, B_2) + \Pr(A_2, B_2)\\ &= 0.018 + 0.020 = 0.038\end{aligned}$$

예제 2.4.5

앞의 예제에서 저항 1개를 선택했을 때 그것이 불량품일 확률은? 단, 결합확률 대신 조건부확률을 사용하라.

풀이 + 조건부확률 $\Pr(B_2|A_1) = 0.03$과 $\Pr(B_2|A_2) = 0.05$로 계산한다면, 식 (2.4.10)에서 정의된 것처럼 각 사건 A_i의 확률 $\Pr(A_1) = 0.60$와 $\Pr(A_2) = 0.40$만큼 가중시켜야 한다.

$$\begin{aligned}\Pr(B_2) &= \sum_{i=1}^{n}\Pr(B_2|A_i)\Pr(A_i)\\ &= \Pr(B_2|A_1)\Pr(A_1) + \Pr(B_2|A_2)\Pr(A_2)\\ &= (0.03)(0.60) + (0.05)(0.40)\\ &= 0.038\end{aligned}$$

2.4.4 베이즈 정리(Bayes' Theorem)

전확률법칙의 특성을 이용해서, 실험결과 얻어진 사후사건 B의 확률정보로부터 거꾸로 사전사건 A_i들의 확률을 알아낼 수 있다. 예제 2.4.4에서 사건 B의 발생가능성은 A_i에 의존하는 조건부확률 $\Pr(B|A_i)$이다. 불량품이 발견될 확률 B

는 $\Pr(B|A_1)=0.03$와 $\Pr(B|A_2)=0.05$이었다. 이 정보로부터 불량품이 어떤 회사로부터 만들어진 것인지를 알아낼 수 있다. 즉, $\Pr(A_i|B)$를 구할 수 있다. 이를 위해 식 (2.4.9)를 여기에 다시 쓰면,

$$\Pr(B \text{ AND } A_i)=\Pr(A_i|B)\Pr(B)=\Pr(B|A_i)\Pr(A_i)$$

이를 $\Pr(A_i|B)$로 정리하면[식 (2.4.6)과 비교해 보라],

$$\Pr(A_i|B)=\frac{\Pr(B \text{ AND } A_i)}{\Pr(B)}=\frac{\Pr(B|A_i)\Pr(A_i)}{\Pr(B)} \tag{2.4.11}$$

여기에 전확률법칙인 식 (2.4.10)을 대입하면,

$$\Pr(A_i \mid B)=\frac{\Pr(B \mid A_i)\Pr(A_i)}{\sum_i^n \Pr(B \mid A_i)\Pr(A_i)} \tag{2.4.12}$$

이를 베이즈(Bayes) 정리 또는 베이즈 공식이라고 한다. 이 정리는 아주 유용하다. $\Pr(A \mid B)$를 알면, 역확률인 $\Pr(B \mid A)$를 알아낼 수 있기 때문이다.

예제 2.4.6

앞의 예제에서 선택된 저항 1개가 불량품으로 판정됐을 경우 그 사실에 근거해서 선택된 부품이 납품업체 1로부터 만들어졌을 확률을 구하라.

풀이 + 식 (2.4.12)의 베이즈 공식을 사용해서,

$$\begin{aligned}\Pr(A_1|B_2)&=\Pr(A_1)\frac{\Pr(B_2|A_1)}{\Pr(B_2|A_1)\Pr(A_1)+\Pr(B_2|A_2)\Pr(A_2)}\\&=0.60\frac{0.03}{(0.03)(0.60)+(0.05)(0.40)}\\&=0.47\end{aligned}$$

예제 2.4.7

어떤 공장에서 생산된 볼트의 20%, 30%, 50%는 각각 기계 A, B, C로부터 만들어졌다. 이 기계들에서 불량 볼트가 만들어질 확률은 각각 10%, 2%, 1%이다. 하나의 볼트를 뽑았을 때 불량(D)일 확률을 구하고, 그것이 기계 A에서 만들어졌을 확률을 구하라.

풀이 +

$\Pr(A)=0.2 \qquad \Pr(B)=0.3 \qquad \Pr(C)=0.5$

$\Pr(D|A)=0.10 \qquad \Pr(D|B)=0.02 \qquad \Pr(D|C)=0.01$

$$\begin{aligned}\Pr(D) &= \Pr(D|A)\Pr(A)+\Pr(D|B)\Pr(B)+\Pr(D|C)\Pr(C)\\ &=(0.10)(0.2)+(0.02)(0.3)+(0.01)(0.5)\\ &=0.031\end{aligned}$$

$$\Pr(A|D)=\frac{\Pr(D|A)\Pr(A)}{\Pr(D)}=\frac{(0.10)(0.2)}{0.031}=0.645$$

$$\Pr(B|D)=\frac{(0.02)(0.3)}{0.031}=0.194$$

$$\Pr(C|D)=0.161$$

이 결과는 불량품이면 기계 A에서 만들어졌을 가능성이 높다는 것을 말한다. 다른 기계들보다 기계 A가 불량 확률이 높았었음을 생각해 보라. 사전확률 $\Pr(A)=0.2$ 는 시험에서 얻은 정보를 이용해서 사후확률 $\Pr(A|D)=0.645$ 로 보다 사실에 가깝게 개선될 수 있다.

2.4.5 조건부확률의 기댓값과 분산

기댓값

$X|Y=y$인 조건부확률분포의 기댓값 $E(X|Y=y)$은 다음과 같이 정의된다(이 식은 확률변수 X가 함수 $g(x)$일 때도 마찬가지로 적용된다).

$$E(X|Y=y)=\begin{cases}\sum_x x\cdot p_{X|Y}(x|y)=\sum_x x\dfrac{p_{XY}(x,y)}{p_Y(y)}, & \text{discrete}\\ \int_x x\cdot f_{X|Y}(x|y)dx=\int_x x\dfrac{f_{XY}(x,y)}{f_Y(y)}dx, & \text{continuous}\end{cases} \quad (2.4.13)$$

X와 Y가 독립적인 특별한 경우에 위 식은 다음과 같이 간단해진다.

$$E(X|Y=y)=E(X) \text{ 또는 } E(Y|X=x)=E(Y) \quad (2.4.14)$$

조건부확률의 기댓값 $E(X|Y=y)$은 확률변수 Y가 y로 고정되었을 때 확률변수 X가 가질 수 있는 x값들에 대한 평균이다. 따라서 조건부확률의 기댓값을 구하려면 $Y=y$로 주어진 표본공간에서의 X만 고려하면 된다.

분산

조건부확률이 일반 확률법칙을 따르므로 분산 역시 같은 방법으로 정의된다.

$$Var(X|Y)=\begin{cases}\sum_i [x_i-E(X|Y)]^2 p_{X|Y}(x|y)=\sum_i x_i^2 p_{X|Y}(x|y)-[E(X|Y)]^2\\ \int_x [x-E(X|Y)]^2 f_{X|Y}(x|y)dx=\int_x x^2 f_{X|Y}(x|y)dx-[E(X|Y)]^2\end{cases}$$

(2.4.15)

예제 2.4.8

성인 100명의 키와 몸무게 관계를 조사했더니 다음 분할표와 같았다. 조건부확률 $X|Y=60$kg 및 $X|Y=70$kg의 기댓값과 분산은?

[표 2.4.3] 분할표(키와 몸무게)

$p_{X,Y}(x,y)$		키(X,cm)			$p_Y(y)$
		160cm	170cm	180cm	
몸무게 (Y,kg)	60kg	0.2	0.3	0.1	0.6
	70kg	0.1	0.25	0.05	0.4
$p_X(x)$		0.3	0.55	0.15	1.0

풀이 + 식 (2.4.13)을 적용하면,

$X|Y=60$kg의 경우,

$$E(X|Y=60\,\text{kg})=\sum_i x_i \frac{p_{X,Y}(x,y)}{p_Y(Y=60\,\text{kg})}$$
$$=160\left(\frac{0.2}{0.6}\right)+170\left(\frac{0.3}{0.6}\right)+180\left(\frac{0.1}{0.6}\right)=168.3\,\text{cm}$$
$$Var(X|Y=60\,\text{kg})=\sum_i (x_i-E(X|Y))^2 p_{X|Y}(x_i|Y=60\,\text{kg})$$
$$=(160-168.3)^2\left(\frac{0.2}{0.6}\right)+(170-168.3)^2\left(\frac{0.3}{0.6}\right)+(180-168.3)^2\left(\frac{0.1}{0.6}\right)$$
$$=47.2\,\text{cm}^2$$

$X|Y=70$kg의 경우,

$$E(X|Y=70\,\text{kg})=\sum_i x_i \frac{p_{X,Y}(x,y)}{p_y(Y=70\,\text{kg})}$$
$$=160\left(\frac{0.1}{0.4}\right)+170\left(\frac{0.25}{0.6}\right)+180\left(\frac{0.05}{0.4}\right)=168.8\,\text{cm}$$
$$Var(X|Y=70\,\text{kg})=\sum_i (x_i-E(X|Y))^2 p_{X|Y}(x_i|Y=70\,\text{kg})$$
$$=(160-168.8)^2\left(\frac{0.1}{0.4}\right)+(170-168.8)^2\left(\frac{0.25}{0.4}\right)+(180-168.8)^2\left(\frac{0.05}{0.4}\right)$$
$$=35.9\,\text{cm}^2$$

$X|Y=60$kg인 조건부확률의 기댓값은, 몸무게 Y가 60kg인 사람들의 키 X의 평균 168.3cm를 의미한다. 몸무게 Y의 조건이 70kg으로 달라지면, 이때의 키 X의 기댓값은 168.8cm로 달라진다.

이 예제에서 중요한 점은 조건부확률에서 조건 $Y=y$가 달라지면 그 기댓값과 분산도 달라진다는 것이다. Y의 조건이 X에 대해 영향을 미치기 때문에 X의 평균에도 영향을 미치는 것은 당연하다. 이런 관점에서 조건부확률의 기댓값 $E(X|Y)$를 Y의 함수인 확률변수로 생각할 수 있다.

$$W=h(Y)=E(X|Y) \tag{2.4.16}$$

다음 그림 2.4.7은 조건부확률의 기댓값이 $Y=y$에 의존하는 하나의 확률변수라는 점을 강조하기 위한 것이다. 이 그림은 앞의 그림 2.4.2에 사용되었던 결합확률함수 $f(x,y)=6xy(2-x-y)$를 각각 $Y=0.2$와 $Y=0.6$인 조건으로 고정해서 나타낸 것이다. Y의 조건에 따라서 X의 조건부확률분포가 달라지고, 그 조건부

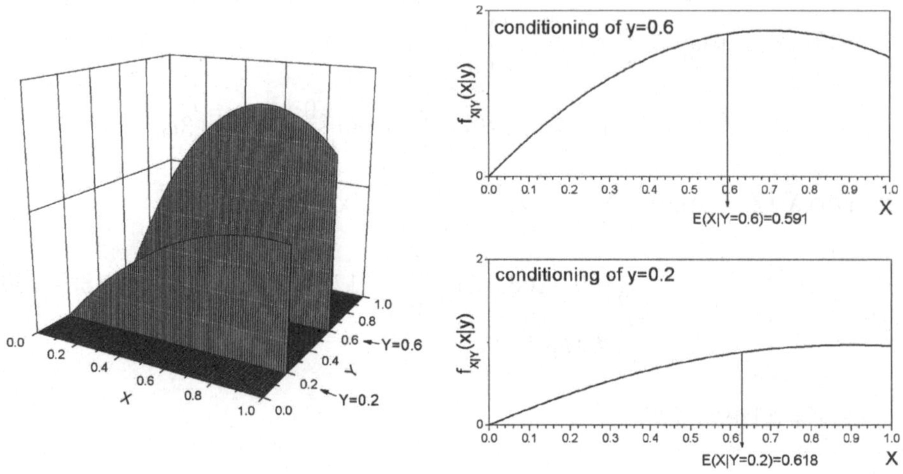

[그림 2.4.7] 조건부확률의 기댓값의 확률변수적 특성

확률의 기댓값도 달라지는 것을 볼 수 있다. $E(X|Y)$는 조건부확률 $f_{X|Y}(X|Y)$ 분포의 무게중심에 해당한다.

예제 2.4.9

X와 Y의 결합확률이 다음과 같을 때 각 확률변수의 1) 조건부확률을, 2) 조건부확률의 평균(기댓값)과 분산을 구하라.

$$f(x,y) = \begin{cases} 2, & 0 < y \le x < 1 \\ 0, & \text{otherwise} \end{cases}$$

풀이 1 조건부확률

먼저 주변확률부터 구하면,

$$f_X(x) = \int_y f(x,y)dy = \int_0^x 2dy = 2y\Big|_{y=0}^{y=x} = 2x$$

$$f_Y(y) = \int_x f(x,y)dx = \int_y^1 2dx = 2x\Big|_{x=y}^{x=1} = 2(1-y)$$

확률변수 Y의 조건부확률: $f_{Y|X}(y|x) = \dfrac{f_{XY}(x,y)}{f_X(x)} = \dfrac{2}{2x} = \dfrac{1}{x}$

확률변수 X의 조건부확률: $f_{X|Y}(x|y) = \dfrac{f_{XY}(x,y)}{f_Y(y)} = \dfrac{2}{2(1-y)} = \dfrac{1}{1-y}$

풀이 2 조건부확률의 평균

위의 조건부확률로부터

$$E(Y|X=x)=\int_y y\cdot f_{Y|X}(y|x)dy=\int_0^x y\left(\frac{1}{x}\right)dy=\frac{y^2}{2x}\bigg|_{y=0}^{y=x}=\frac{x}{2}$$

$$E(X|Y=y)=\int_x x\cdot f_{X|Y}(x|y)dx=\int_y^1 x\left(\frac{1}{1-y}\right)dx=\frac{x^2}{2(1-y)}\bigg|_{x=y}^{x=1}=\frac{1+y}{2}$$

풀이 3 조건부확률의 분산

$$\begin{aligned}Var(Y|X=x)&=\int_y\left[y-E(Y|X=x)\right]^2\cdot f_{Y|X}(y|x)dy\\&=\int_0^x\left(y-\frac{x}{2}\right)^2\left(\frac{1}{x}\right)dy=\frac{1}{x}\left(\frac{y^3}{3}-\frac{xy^2}{2}+\frac{x^2y}{4}\right)\bigg|_{y=0}^{y=x}=\frac{x^2}{12}\end{aligned}$$

$$\begin{aligned}Var(X|Y=y)&=\int_x\left[x-E(X|Y=y)\right]^2\cdot f_{X|Y}(x|y)dx\\&=\int_y^1\left(x-\frac{1+y}{2}\right)^2\left(\frac{1}{1-y}\right)dy=\frac{(1-y)^2}{12}\end{aligned}$$

예제 2.4.10

확률변수 Y의 확률이 $Y=\begin{cases}1 \text{ with } \Pr=1/8\\2 \text{ with } \Pr=7/8\end{cases}$ 일 때, X의 조건부확률은 다음과 같이 정의된다. 이 조건부확률의 기댓값을 구하라.

$$X|Y=\begin{cases}2Y \text{ with } \Pr=3/4\\3Y \text{ with } \Pr=1/4\end{cases}$$

풀이 + $Y=1$이면 $X|Y=\begin{cases}2 \text{ with } \Pr=3/4\\3 \text{ with } \Pr=1/4\end{cases}$ 이므로 기댓값은

$$E(X|Y=1)=2\left(\frac{3}{4}\right)+3\left(\frac{1}{4}\right)=\frac{9}{4}$$

Y = 2이면 $X|Y = \begin{cases} 4 \text{ with } \Pr = 3/4 \\ 6 \text{ with } \Pr = 1/4 \end{cases}$ 이므로 기댓값은

$$E(X|Y=2) = 4\left(\frac{3}{4}\right) + 6\left(\frac{1}{4}\right) = \frac{18}{4}$$

따라서

$$E(X|Y) = \begin{cases} 9/4, & y=1(\text{with } \Pr = 1/8) \\ 18/4, & y=2(\text{with } \Pr = 7/8) \end{cases}$$

예제 2.4.11

X와 Y의 결합확률밀도가 다음과 같을 때, 1) 확률변수 X의 조건부확률의 기댓값 $E(X|Y=y)$과, 2) $\Pr(X>1|Y=y)$을 구하라.

$$f(x,y) = \begin{cases} \frac{1}{y} e^{-\frac{x}{y}} e^{-y}, & 0 < x < \infty,\ 0 < y < \infty \\ 0, & \text{otherwise} \end{cases}$$

풀이 1 X의 조건부확률의 기댓값

주변확률 $f_Y(y) = \int_x f(x,y)dx$ 을 사용해서

$$f_{X|Y}(x|y) = \frac{f_{XY}(x,y)}{f_Y(y)} = \frac{f_{XY}(x,y)}{\int_x f(x,y)dx} = \frac{\frac{1}{y}e^{-\frac{x}{y}}e^{-y}}{\frac{1}{y}e^{-y}\int_0^\infty e^{-\frac{x}{y}}dx} = \frac{1}{y}e^{-\frac{x}{y}}$$

따라서

$$E(X|Y=y) = \int_x x\frac{1}{y}e^{-\frac{x}{y}}dx = \frac{1}{y}\int_0^\infty xe^{-\frac{x}{y}}dx = y$$

$$Var(X|Y=y) = \int_x \left[x - E(X|Y=y)\right]^2 \frac{1}{y}e^{-\frac{x}{y}}dx = \left[-e^{-\frac{x}{y}}\left(x^2+y^2\right)\right]_{x=0}^{x=\infty} = y^2$$

풀이 2 확률변수 X가 1보다 클 확률

X의 조건부확률의 pdf는 $f_{X|Y}(x|y)=\begin{cases}\frac{1}{y}e^{-\frac{x}{y}}, & 0<x<\infty,\ 0<y<\infty \\ 0, & \text{otherwise}\end{cases}$ 이므로

$$\Pr(X>1|Y=y)=\int_x f_{X|Y}(x|y)dx=\frac{1}{y}\int_1^{\infty}e^{-\frac{x}{y}}dx=e^{-\frac{x}{y}}\Big|_{x=1}^{x=\infty}=e^{-\frac{1}{y}}$$

조건부확률의 응용

$E(X|Y)$는 $Y=y$ 값에 따라서 달라지는 하나의 확률변수이다[식 (2.4.16)]. 따라서 y값에 따라 매번 달라지는 기댓값 $E(X|Y)$들의 기댓값 또는 평균을 구할 수 있다.

$$E(W)=E_Y[E(X|Y)]=E(X) \tag{2.4.17}$$

여기서 아래 첨자는 Y의 분포에 대해서 기댓값이 취해졌다는 의미이다. 식 (2.4.17)의 의미는 $E_Y\left[E(X|Y)\right]$도 $E(X)$의 불편추정치라는 것이다. 조건부확률을 이용한 확률변수 X의 기댓값과 분산은 다음과 같다.

$$E(X)=E\left[E(X|Y)\right]=\begin{cases}\sum_y E(X|Y=y)\Pr(Y=y), & \text{discrete} \\ \int_{-\infty}^{\infty}E(X|Y=y)f_Y(y)dy, & \text{continuous}\end{cases} \tag{2.4.18}$$

$$\begin{aligned}Var(X)&=E(X^2)-E^2(X)\\&=E\left[E(X^2|Y)\right]-E^2\left[E(X|Y)\right]\\&=\underbrace{E\left[E(X^2|Y)\right]-E\left[E^2(X|Y)\right]}_{E[Var(X|Y)]}+\underbrace{E\left[E^2(X|Y)\right]-E^2\left[E(X|Y)\right]}_{Var[E(X|Y)]}\\&=E\left[Var(X|Y)\right]+Var\left[E(X|Y)\right]\end{aligned} \tag{2.4.19}$$

이 공식들은 중요하다. 결합확률에서 확률변수 하나를 적당한 조건으로 고정하면 다른 확률변수의 기댓값을 쉽게 계산할 수 있기 때문이다. 즉, $h(Y)=E(X|Y)$이므로 확률변수 Y의 값을 관찰해서 X의 기댓값을 알 수 있다. 이런 방

법으로 구한 기댓값은 X를 직접 관찰해서 얻은 기댓값보다 분산이 작다. 따라서 더 좋은 추정치가 된다[식 (9.7.5) 참조].

예제 2.4.12

쥐가 미로에 갇혀 있다. 미로에는 3개의 문이 있는데 1번 문으로 나가면 2분 만에 탈출할 수 있고, 2번 문으로 나가면 3분 후에 다시 원위치로, 3번 문은 5분 후에 다시 원위치로 돌아온다고 하자. 모든 문으로 나갈 확률은 동일하고 쥐가 학습능력이 없다고 가정하면, 탈출하는 데 걸리는 평균 시간은?

풀이 +

$$\Pr(X|y=1)=1/3 \qquad E(X|y=1)=2$$

$$\Pr(X|y=2)=1/3 \qquad E(X|y=2)=3+E(X)$$

$$\Pr(X|y=3)=1/3 \qquad E(X|y=3)=5+E(X)$$

$E(X)=E\left[E(X|Y)\right]=\sum_y E(X|Y=y)\Pr(Y=y)$ 이므로

$$\begin{aligned}E(X)&=E(X|y=1)\Pr(y=1)+E(X|y=2)\Pr(y=2)+E(X|y=3)\Pr(y=3)\\&=2\left(\frac{1}{3}\right)+\left[3+E(X)\right]\left(\frac{1}{3}\right)+\left[5+E(X)\right]\left(\frac{1}{3}\right)\\&=\frac{10}{3}+\frac{2}{3}E(X)\end{aligned}$$

위 식을 정리하면 $E(X)-\frac{2}{3}E(X)=\frac{10}{3}$ 이므로, $E(X)=10$ 분이다.

앞의 기댓값 계산과 마찬가지로 한 확률변수의 조건을 고정하면 다른 확률변수의 확률을 쉽게 계산할 수 있다. A를 임의의 사건이라고 하고, 그 사건의 발생 여부를 나타내는 확률변수를 $I_{\{A\}}$ 라고 하면,

$$I_{\{A\}}=\begin{cases}1, & \text{if A}\\0, & \text{otherwise}\end{cases} \tag{2.4.20}$$

$E\left(I_{\{A\}}\right)=\Pr\left(I_{\{A\}}=1\right)=\Pr(A)$가 된다. 이 특성을 조건부확률의 기댓값의 경우로도 확장할 수 있다. Y를 임의의 확률변수라고 하면,

$$\Pr(A) = E\left(I_{\{A\}}\right) = E_Y\left[E\left(I_{\{A\}} \middle| Y\right)\right] \tag{2.4.21}$$

그런데,

$$\begin{aligned} E\left(I_{\{A\}} \middle| Y\right) &= \sum_{r=0}^{1} r \Pr\left(I_{\{A\}} = r \middle| Y\right) \\ &= 0 \times \Pr\left(I_{\{A\}} = 0 \middle| Y\right) + 1 \times \Pr\left(I_{\{A\}} = 1 \middle| Y\right) \\ &= \Pr\left(I_{\{A\}} = 1 \middle| Y\right) \\ &= \Pr(A|Y) \end{aligned}$$

이므로 식 (2.4.21)은 다음과 같이 바뀌 쓸 수 있다.

$$\Pr(A) = E_Y\left[E\left(I_{\{A\}} \middle| Y\right)\right] = E_Y\left[\Pr(A|Y)\right] = \begin{cases} \sum_y \Pr(A|Y=y)\Pr(Y=y), \text{discrete} \\ \int_{-\infty}^{\infty} \Pr(A|Y=y) f_Y(y)dy, \text{ contineous} \end{cases} \tag{2.4.22}$$

예제 2.4.13

X가 평균 1인 지수분포이고 Y가 평균 2인 지수분포이다. X와 Y는 서로 독립적이다. $\Pr(X<Y)$일 확률은?

$$Z = \begin{cases} 1, & \text{if } X < Y \\ 0, & \text{otherwise} \end{cases}$$

풀이 +

X의 확률밀도는 $f(x) = e^{-x}$ 이고, Y의 확률밀도는 $f(y) = \frac{1}{2}e^{-\frac{y}{2}}$ 이다. 여기서 $0 < x < \infty$ 이고 $0 < y < \infty$ 이다. 따라서

$$\begin{aligned} \Pr(X<Y) &= \int_y \Pr(X<Y|Y=y) f_Y(y)dy \\ &= \int_y \Pr(X<y) f_Y(y)dy \qquad \text{by indepedence [식 (2.4.7)]} \\ &= \int_y F_X(y) f_Y(y)dy \end{aligned}$$

여기서 $F_X(y) = \int_{-\infty}^{y} f_X(x)dx$ 이다. 먼저 $F_X(y)$ 부터 구해 보면
$F_X(y) = \int_0^y e^{-x}dx = 1 - e^{-y}$ 이므로

$$\Pr(X < Y) = \frac{1}{2}\int_y (1-e^{-y})e^{-\frac{y}{2}}dy = \frac{1}{2}\int_0^{\infty}(1-e^{-y})e^{-\frac{y}{2}}dy = \frac{2}{3}$$

2.5 분포에 대한 이해

2.2절에서 밀도함수와 분포함수, 즉 확률변수값이 나타날 빈도에 의해 정의되는 함수들을 다룬 바 있다. 아직 이론확률분포에 대해 다루지 않았지만(3장과 4장에서 다룰 예정), 확률분포 이해에 필요한 예비지식들을 다루고 넘어가기로 하자.

2.5.1 분포의 모수

확률분포는 그 함수를 구성하는 인자들에 의해 분포의 특징이 결정된다. 이러한 인자들을 특별히 모수(parameter)라고 하는데, 분포에 따라서 하나 또는 여러 개의 모수들이 존재할 수 있다. 모수는 분포에 미치는 영향에 따라 위치(location), 형태(shape), 척도(scale) 모수의 3가지로 구분할 수 있다. 여기서는 연속형 이론확률분포들을 예로 들어 모수에 따라 달라지는 분포의 특징 변화를 보이겠다.

위치모수(γ)

분포의 위치를 결정하는 인자이다. 이 값이 변하면 분포는 모양이나 형태의 변화 없이 가로축에서 왼쪽이나 오른쪽으로 이동하게 된다. 그림 2.5.1의 와이블(Weibull) 분포의 예를 보라. 밀도함수에 포함된 3개의 모수 α, β, γ 중에서 γ 가 위치모수에 해당한다. 위치모수가 $\gamma = 0$ 에서 $\gamma = 1$ 로 바뀜에 따라, 분포곡선이 오른쪽으로 그만큼 이동한 것을 볼 수 있다.

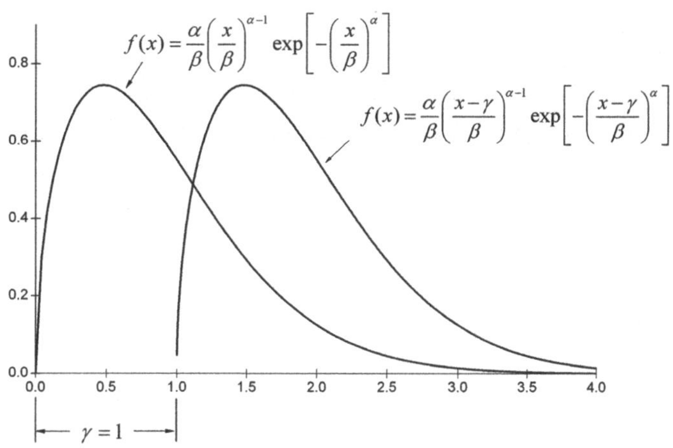

[그림 2.5.1] 위치모수: 와이블 분포에서 $\gamma=0$일 때와 $\gamma=1$일 때의 변화

척도모수(β)

분포의 크기를 결정한다. 척도모수가 변하면 분포의 기본 모양은 유지되면서 크기만 바뀌게 된다. 여기서 크기란 범위, 즉 확률변수의 최댓값에서 최솟값을 뺀 것이다. 따라서 척도모수가 커지면 분포의 폭이 넓어지게 되고, 그 반대이면 분포의 폭이 좁아지게 된다. 그림 2.5.2의 정규분포를 보라. 이 분포의 척도모수는 σ이다(참고로, μ는 위치모수이다). 척도모수에 따른 분포의 폭 변화를 확인해 보라.

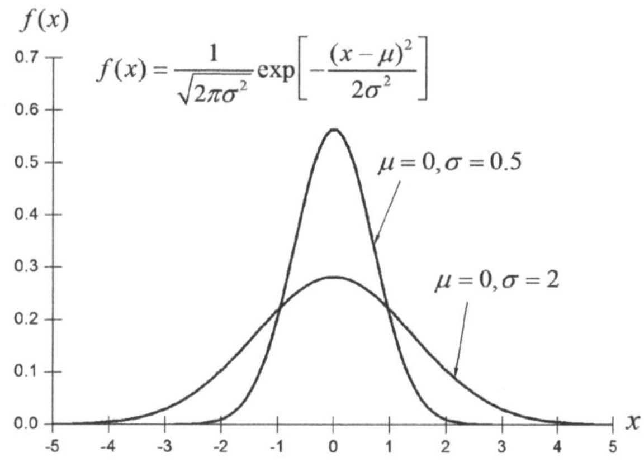

[그림 2.5.2] 척도모수: 정규분포에서 $\sigma=0.5$일 때와 $\sigma=2$일 때의 변화

형태모수(α)

분포의 모양을 정의한다. 이 값이 변하면 위치나 척도모수와는 다르게 분포의 모양 또는 형태가 변한다. 예를 들면, 한쪽으로 비스듬하게 기울거나 또는 뾰쪽한 정도가 달라진다. 그림 2.5.3의 베타(beta) 분포를 보면 동일한 분포인데도 형태모수의 변화에 따라 전혀 다른 분포처럼 모양이 달라진다. 정규분포나 지수분포처럼 형태모수가 없는 경우도 있지만 베타 분포처럼 2개씩 존재하는 경우도 있다.

$$f(x)=\frac{\Gamma(\alpha_1+\alpha_2)}{\Gamma(\alpha_1)\Gamma\alpha_2}x^{\alpha_1-1}(1-x)^{\alpha_2-1}$$

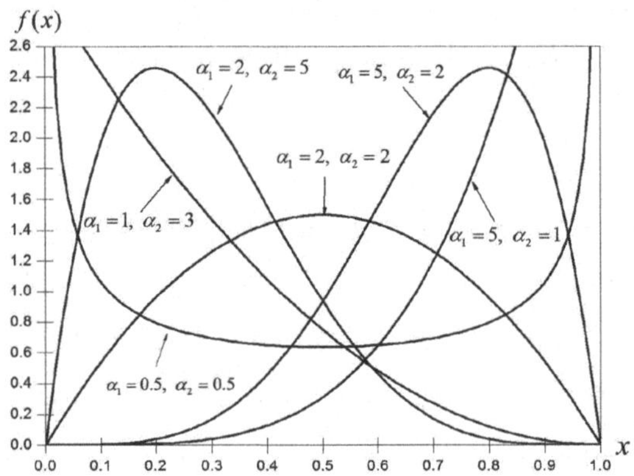

[그림 2.5.3] 형태모수에 따른 변화: 베타 분포에서 α_1, α_2 값에 따른 모양 변화

2.5.2 모멘트

데이터나 확률분포의 중심 경향, 퍼짐, 대칭성, 뾰쪽함 정도 등을 나타내는 데 '모멘트'가 유용하게 쓰일 수 있다. 모멘트는 확률변수 X의 k제곱에 대한 기댓값으로 정의된다.

$$\mu_k^r=E(X^k)=\begin{cases}\displaystyle\sum_{i=1}^{\infty}x_i^k\,p(x_i), & \text{이산형 분포}\\ \displaystyle\int_{-\infty}^{\infty}x^k f(x)dx, & \text{연속형 분포}\end{cases} \tag{2.5.1}$$

여기서 $k=0,1,2,\cdots$ 이고, 위 첨자 r은 고정점이 원점이라는 뜻이다. 기댓값은 고정점이 어디인가에 따라서 달라진다. 고정점이 원점일 때를 원시모멘트(raw moment)라고 한다. 만약 $k=0$이면, $\mu_0^r=1$이 된다. 즉 0차 원시모멘트는 확률밀도함수의 면적에 해당한다. $k=1$이면, 식 (2.5.1)은 앞절의 식 (2.3.1)의 기댓값과 같아진다.

$$\mu_1^r = E(X^1) = \mu \tag{2.5.2}$$

즉, 1차 원시모멘트는 기댓값(또는 평균)과 동일하고, 확률분포의 무게중심에 해당한다. 우리는 일반적으로 기댓값을 0의 위치에 놓기 때문에, 이에 따라 모멘트를 다시 정의할 필요가 있다. 이렇게 고정점을 원점으로부터 기댓값으로 이동시켜 놓은 모멘트를 특별히 중앙모멘트(central moment)라고 한다. 이 모멘트가 더 실용적이다.

$$\mu_k = E(X-\mu_1^r)^k = \begin{cases} \sum_{i=1}^{\infty}(x_i-\mu)^k\, p(x_i), & \text{이산형 분포} \\ \int_{-\infty}^{\infty}(x-\mu)^k\, f(x)dx, & \text{연속형 분포} \end{cases} \tag{2.5.3}$$

만약 $k=1$이면,

$$\mu_1 = E(X-\mu_1^r)^1 = E(X)-E(\mu_1^r) = \mu_1^r - \mu_1^r = 0 \tag{2.5.4}$$

즉, 평균에 대한 1차 중앙모멘트 μ_1은 평균 그 자체이다. $k=2$이면, 즉 2차 중앙모멘트는 다음과 같이 정의되고, 분산과 동일하다.

$$\begin{aligned} \mu_2 &= \int_{-\infty}^{\infty}(x-\mu_1^r)^2 f(x)dx \\ &= E(X-\mu_1^r)^2 = \mu_2^r - (\mu_1^r)^2 = Var(X) = \sigma_X^2 \end{aligned} \tag{2.5.5}$$

고차모멘트로 갈수록 $f(x)$에 대한 구체적인 정보를 포함한다. 3차 중앙모멘트 μ_3는 분포의 비대칭(왜도, skewness) 정도를 결정짓는다(그림 2.5.4 참조). 4차 중앙모멘트 μ_4는 분포의 뾰족함(첨도, kurtosis) 정도를 나타낸다(그림 2.5.5 참조). 보통 분포를 정의하는 데는 4차 모멘트까지만 있으면 충분하다.

$$\mu_3 = E(X-\mu_1^r)^3 = \mu_3^r - 3\mu_2^r\mu_1^r + 2(\mu_1^r)^3 \tag{2.5.6}$$

$$\mu_4 = E(X-\mu_1^r)^4 = \mu_4^r - 4\mu_3^r\mu_1^r + 6\mu_2^r(\mu_1^r)^2 - 3(\mu_1^r)^4 \tag{2.5.7}$$

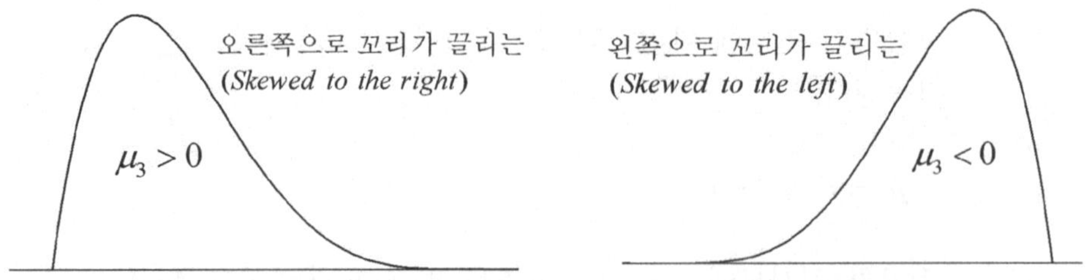

[그림 2.5.4] 분포의 비대칭성을 결정하는 3차 중앙모멘트의 영향

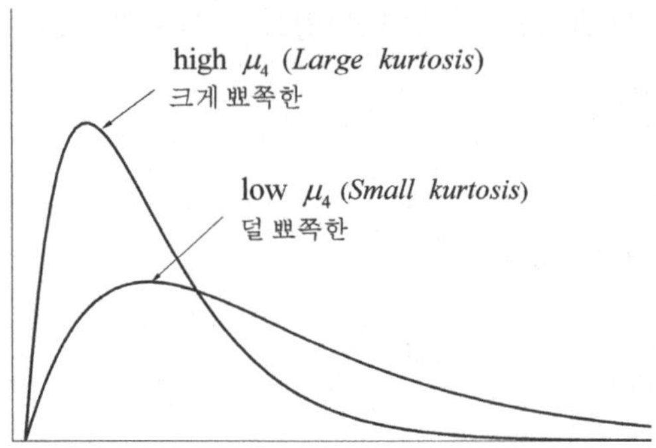

[그림 2.5.5] 분포의 뾰족함을 결정하는 4차 중앙모멘트의 영향

척도가 다른 두 분포의 왜도와 첨도를 비교하려면, 식 (2.5.5 ~ 2.5.7)을 이용해서 다음과 같이 무차원화시킬 필요가 있다. 이를 각각 왜도계수와 첨도계수라고 한다.

$$\alpha_3 = \frac{\mu_3}{\mu_2^{3/2}} = \sqrt{\beta_1} \tag{2.5.8}$$

$$\alpha_4 = \frac{\mu_4}{\mu_2^{2}} = \beta_2 \tag{2.5.9}$$

정규분포처럼 대칭인 분포는 $\alpha_3 = 0$이다. 만약 $\alpha_3 > 0$이면 꼬리가 오른쪽으로 길게 끌리고(positive skewness or skewed to the right), $\alpha_3 < 0$이면 꼬리가 왼쪽으로 길게 끌리는 비대칭인 분포이다. 첨도는 정규분포의 경우에 $\alpha_4 = 3$이다. 만약 $\alpha_4 < 3$이면 정규분포보다 덜 뾰족하고 $\alpha_4 > 3$이면 더 뾰족한 분포이다.

다음의 계산 예는 모멘트로부터 분포의 모양에 관한 정보를 얻는 과정을 보인 것이다. 사용된 확률분포는 지수분포로 $f(x) = \frac{1}{\beta}\exp\left(-\frac{x}{\beta}\right)$이다. 먼저 이 확률함수를 식 (2.5.1)에 대입해서 1~4차 원시모멘트를 구하면 다음과 같다.

$$\mu_1^r = E(X^1) = \int_0^\infty x\left[\frac{1}{\beta}\exp\left(-\frac{x}{\beta}\right)\right]dx$$

$$=\left[x\exp\left(-\frac{x}{\beta}\right)-\beta\exp\left(-\frac{x}{\beta}\right)\right]\Bigg|_0^\infty = \exp\left(-\frac{x}{\beta}\right)(x-\beta)\Bigg|_0^\infty = \beta$$

$$\mu_2^r = E(X^2) = \int_0^\infty x^2\left[\frac{1}{\beta}\exp\left(-\frac{x}{\beta}\right)\right]dx$$

$$=\left[\exp\left(-\frac{x}{\beta}\right)(x^2+2\beta x-2\beta^2)\right]\Bigg|_0^\infty = 2\beta^2$$

$$\mu_3^r = E(X^3) = \int_0^\infty x^3\left[\frac{1}{\beta}\exp\left(-\frac{x}{\beta}\right)\right]dx$$

$$=\left[\exp\left(-\frac{x}{\beta}\right)(x^3+3\beta x^2-6\beta^2 x-6\beta^3)\right]\Bigg|_0^\infty = 6\beta^3$$

$$\mu_4^r = E(X^4) = \int_0^\infty x^4\left[\frac{1}{\beta}\exp\left(-\frac{x}{\beta}\right)\right]dx$$

$$=\left[\exp\left(-\frac{x}{\beta}\right)(x^4+4\beta x^3-12\beta^2x^2+12\beta^3x-24\beta^4)\right]\Bigg|_0^\infty = 24\beta^4$$

이번에는 중앙모멘트를 구하기 위해 식 (2.5.3) 또는 식 (2.5.4~2.5.7)을 적용하면,

$$\mu_1 = 0$$

$$\mu_2 = \mu_2^r - \mu_1^{r2} = 2\beta^2 - (\beta)^2 = \beta^2$$

$$\mu_3 = \mu_3^r - 3\mu_2^r\mu_1^r + 2\mu_1^{r3} = 6\beta^3 - 3(2\beta^2)(\beta) + 2(\beta)^3 = 2\beta^3$$

$$\mu_4 = 24\beta^4 - 4(6\beta^3)(\beta) + 6(2\beta^2)(\beta)^2 - 3(\beta)^4 = 9\beta^4.$$

이로부터 왜도계수와 첨도계수를 구할 수 있다. 식 (2.5.8~2.5.9)에서

$$\alpha_3 = \frac{2\beta^3}{(\beta^2)^{\frac{3}{2}}} = 2$$

$$\alpha_4 = \frac{\mu_4}{\mu_2^{\ 2}} = \frac{9\beta^4}{\left(\beta^2\right)^2} = 9$$

이런 방식으로 모멘트들과 이들 계수로부터 분포의 정보를 얻는 것이 가능하다. 만약 표본 데이터를 이용할 수 있다면, 다음 식을 사용해서 모멘트와 계수들의 추정치를 구할 수 있다.

$$m_1^r = \frac{1}{n}\sum_{i=1}^{n} x_i = \bar{x} \tag{2.5.10}$$

$$m_1 = E\left[(X-\mu)^1\right] = E(X) - E(m_1^r) = m_1^r - m_1^r = 0 \tag{2.5.11}$$

$$m_2 = \frac{1}{n-1}\sum_{i=1}^{n}\left(x_i - \bar{x}\right)^2 \tag{2.5.12}$$

$$m_3 = \frac{1}{n}\sum_{i=1}^{n}\left(x_i - \bar{x}\right)^3 \tag{2.5.13}$$

$$m_4 = \frac{1}{n}\sum_{i=1}^{n}\left(x_i - \bar{x}\right)^4 \tag{2.5.14}$$

예제 2.5.1

다음 50개 데이터를 사용해서 분포의 특성을 파악해 보자.

[표 2.5.1] 모멘트 계산을 위한 표본 데이터

20	89	10	32	45
2	8	8	46	5
67	1	17	23	16
3	28	11	34	3
51	4	84	157	10
28	11	33	18	54
1	4	1	51	22
42	1	27	8	138
39	30	2	26	61
18	90	13	15	5

$$m_1^r = \bar{x} = \frac{1}{50}(20+2+67+\cdots+138+61+5) = 30.24$$

$$m_2 = \frac{1}{50-1}\left[(20-30.24)^2 + (2-30.24)^2 + \cdots + (61-30.24)^2 + (5-30.24)^2\right] = 1136.51$$

$$m_3 = \frac{1}{50}\left[(20-30.24)^3 + (2-30.24)^3 + \cdots + (61-30.24)^3 + (5-30.24)^3\right] = 72842.4$$

$$m_4 = \frac{1}{50}\left[(20-30.24)^4 + (2-30.24)^4 + \cdots + (61-30.24)^4 + (5-30.24)^4\right] = 8765600$$

$$\hat{\alpha}_3 = \frac{m_3}{\sqrt{m_2^{\ 3}}} = \frac{72842.4}{\sqrt{(1136.51)^3}} = 1.901$$

$$\hat{\alpha}_4 = \frac{m_4}{m_2^{\ 2}} = \frac{8765600}{(1136.51)^2} = 6.786$$

따라서 이 데이터 분포는 꼬리가 오른쪽으로 길게 끌리는 비대칭이고, 정규분포보다 더 뾰족한 분포라는 것을 알 수 있다. 컴퓨터 계산을 위한 다음 프로그램을 참고하기 바란다.

[프로그램 2.5.1] 데이터로부터 모멘트 추정하기

```
#include "file_include.h"
const int MAX =50;


int main( )
{
        // 데이터 파일 읽어들이기
        ifstream read_mydata("expdata", ios::in);

        int i =0, n = 0;
        double value = 0;
        double dv[MAX];

        while(!read_mydata.eof( ))
        {
                 read_mydata>>value;
                 dv[n] = value;
                 n++;
        }
        read_mydata.close( );

//모멘트 추정치 구하기
        double sum = 0, sum2 = 0, sum3 = 0, sum4 = 0;
        double m1 = 0, m2 = 0, m3 = 0, m4 = 0;
        double alpha3=0, alpha4=0;
```

```
        for(i=0; i<n; i++)
                sum += dv[i];
                m1 = sum/n;

        for(i=0; i<n; i++)
        {
                sum2 += pow((dv[i]-m1),2);
                sum3 += pow((dv[i]-m1),3);
                sum4 += pow((dv[i]-m1),4);
        }
        m2 = sum2/(n - 1);
        m3 = sum3/n;
        m4 = sum4/n;

        alpha3 = m3/pow(m2,(3.0/2.0));
        alpha4 = m4/pow(m2,2);

        cout<<"m1' = "<<m1<<",  m2 = "<<m2<<",  m3 = "<<m3<<",  m4 = "<<m4<<endl;
        cout<<"a3 = "<<alpha3<<",  a4 = "<<alpha4<<endl;

        return 0;
}
```

2.5.3 분포의 중심 경향(central tendency)

데이터나 분포의 중심 또는 가운데 부분에 해당하는 확률변수값은 여러 가지 관점에서 의미가 있을 수 있다. 그 정도는 기댓값 또는 평균(expectation, mean, arithmatic mean, or average), 중앙값 또는 중위수(median), 최빈값(mode) 등에 의해 정의할 수 있다.

기댓값(평균)이 어떤 데이터나 함수의 무게중심에 해당하는 것을 이미 2.3.1절에서 논의하였다. 편의를 위해 다시 쓰면,

$$E(X) = \mu_X = \begin{cases} \sum_{all\ x} x_i\, p(x_i), & \text{이산형 확률변수} \\ \int_{-\infty}^{\infty} x\, f(x) dx, & \text{연속형 확률변수} \end{cases} \tag{2.3.1}$$

이산형에서 확률 $p(x)$은 개별 데이터의 발생확률이다. 만약 각 데이터 값이 한 번씩만 나타난다면, 그 확률은 $p(x) = 1/N$ 이므로

$$E(x) = \sum_{all\ x} x_i\, p(x_i) = \frac{1}{N} \sum_{i=1}^{N} x_i = \overline{x} \tag{2.5.15}$$

즉, 식 (2.5.15)는 식 (2.3.1)의 특별한 경우에 해당한다. 그룹화 데이터의 평균을 구하는 방법은 참고문헌을 보라(Kececioglu, 1991).

중앙값(중위수)은 관찰된 데이터의 중간에 해당하는 값이다. 이산형의 경우, $x_1, x_2, \cdots, x_n$ 처럼 오름차순으로 정렬된 데이터를 2등분하는 지점의 데이터 값이다. n 개 데이터의 경우, 중앙값은 다음과 같이 구해진다.

$$\text{median} = \begin{cases} x_{\left(\frac{n+1}{2}\right)}, & n = \text{홀수} \\ \dfrac{1}{2}\left[x_{\left(\frac{n}{2}\right)} + x_{\left(\frac{n+2}{2}\right)}\right], & n = \text{짝수} \end{cases} \tag{2.5.16}$$

계산 예를 보자. 데이터가 $\{0,1,2\}$ 라면, $\dfrac{n+1}{2} = \dfrac{3+1}{2} = 2^{nd}$, 두 번째 데이터인 $x_{(2)} = 1$이 중앙값이다. 아래 첨자 (2)는 데이터의 두 번째를 의미한다. 만약 데이터 갯수가 $\{0,1,2,3\}$처럼 짝수라면, 중앙값은 두 번째와 세 번째 데이터를 더해서 2로 나눈 값 $\dfrac{1+2}{2} = 1.5$가 된다. 연속형의 경우, 중앙값은 다음 식을 만족시키는 m으로부터 구할 수 있다.

$$\int_{-\infty}^{m} f(x)dx = 0.5 \tag{2.5.17}$$

이 식은 m이 밀도함수 면적을 정확히 2등분하는 확률변수값이라는 의미이다. 확률변수가 비대칭일 때는 중앙값이 평균보다 중심 경향을 나타내는 데 더 유용하다. 그 이유는 평균은 극한 범위의 값(아주 작거나 아주 큰)들에 영향을 크게 받는 반면에, 중앙값은 그렇지 않기 때문이다. 다음은 평균이 β인 지수분포함수의 중앙값을 계산한 예이다.

$$0.5 = \int_{-\infty}^{m} f(x)dx = \int_{0}^{m} \frac{1}{\beta}\exp\left(-\frac{x}{\beta}\right)dx = -\exp\left(-\frac{x}{\beta}\right)\Big|_{0}^{m} = 1 - \exp\left(-\frac{m}{\beta}\right)$$

$$\therefore\ m = -\beta \ln 0.5$$

최빈값은 이산형의 경우 가장 자주 관찰되는 값이고, 연속형의 경우는 밀도함수가 최대인 지점의 확률변수값이다. 따라서 연속형 함수의 최빈값은 밀도함수의 미분을 통해서 구할 수 있다.

$$\frac{d}{dx} f(x) = 0 \qquad (2.5.18)$$

그림 2.5.6을 보라. 기댓값, 중앙값, 최빈값은 분포 모양에 따라 그 위치가 다를 수 있다. 단봉(single peak)인 대칭형 분포의 경우에는 이들 세 가지가 같은 값을 갖는다.

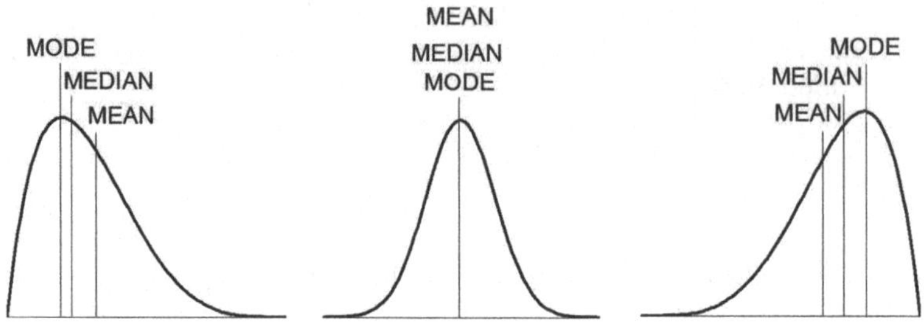

[그림 2.5.6] 분포의 중심 경향: 기댓값, 중앙값, 최빈값

2.5.4 분위수와 백분율점

분위수(fractile or quantile)란 크기순으로 정렬된 데이터를 분할할 때 또는 밀도함수의 면적을 분할할 때 각 분할점을 말한다. 분위수는 확률변수값 x_p이다. 아래 첨자 p는 분할된 조각이 전체에서 차지하는 분율 또는 확률이다. 이 확률을 어떻게 정의하느냐에 따라서 분위수를 여러 가지로 표현할 수 있다.

$$p^{th}\text{quantile} \equiv p\text{-fractile} \equiv 100\,p\text{-percentile}, \qquad 0 < p < 1 \qquad (2.5.19)$$

연속형의 경우, 분위수는 밀도함수나 분포함수를 이용해서 정의할 수 있다. 그림 2.5.7을 보라. 분위수는 이들 확률함수 곡선의 가로축의 어떤 한 지점이다. 그 지점은 해당 확률에 의해 결정된다. 즉, p-분위수는 $\Pr\left(X < x_p\right) = p$인 확률변수값이다. 분위수는 밀도함수 도표에서 곡선 아래의 면적이 빗금친 p만큼의 분율(또는 100 p%)이 되도록 하는 가로축의 위치이다. 분포함수 곡선에서는 세로축의 p에 상응하는 가로축의 위치 x_p이다.

결국 p-분위수를 알면 그 값보다 크거나 작은 값을 가진 데이터들의 분율을 알 수 있다. 만약 p-분위수가 x_p라면, 데이터들의 100 p%는 x_p보다 작은 값을, 100 $(1-p)$ %는 x_p보다 큰 값을 갖는다.

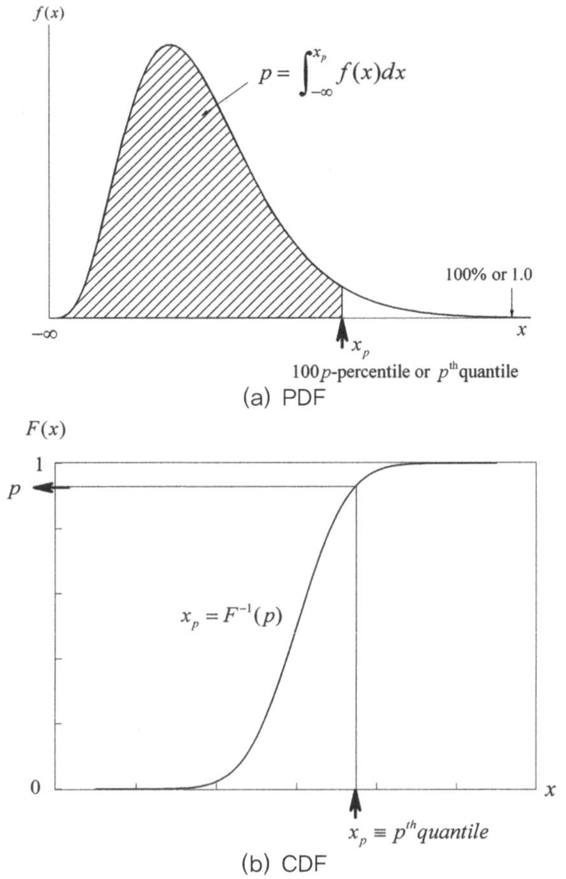

[그림 2.5.7] 분위수의 정의

이산형의 경우, 분위수는 '정렬된 데이터가 조각나 있을 때 몇 번째 데이터에 해당하는 값인가'로 볼 수 있다. 따라서 식 (2.5.16)을 확장하면 다음과 같이 일반적인 표현이 가능하다.

$$x_p = \begin{cases} x_{[p(n+1)]}, & \text{if } n \text{ is odd} \\ x_{(k)} + [p(n+1)-k](x_{(k+1)} - x_{(k)}), & \text{if } n \text{ is even} \end{cases} \qquad (2.5.20)$$

여기서 n은 전체 데이터의 개수, k는 $p(n+1)$에서의 정수부분이다. p는 분위수에 해당되는 분율 또는 확률이다.

데이터나 분포를 4등분했다면(그림 2.5.8) 이를 사분위수(quartile)라고 하고, 100등분했다면 백분위수(percentile)라고 한다.

첫 번째 사분위수 3.2가 차지하는 분율은 0.25, 두 번째 사분위수 5.3까지는 0.5, 세 번째 사분위수 7.8까지는 0.75가 될 것이다. 단지 분율 또는 확률이 등간격으로 나뉘었을 뿐, 분위수 x_p는 등간격이 아닐 수 있다는 점에 주의해야 한다. 첫 번째 사분위수는 25번째 백분위수에 상응한다.

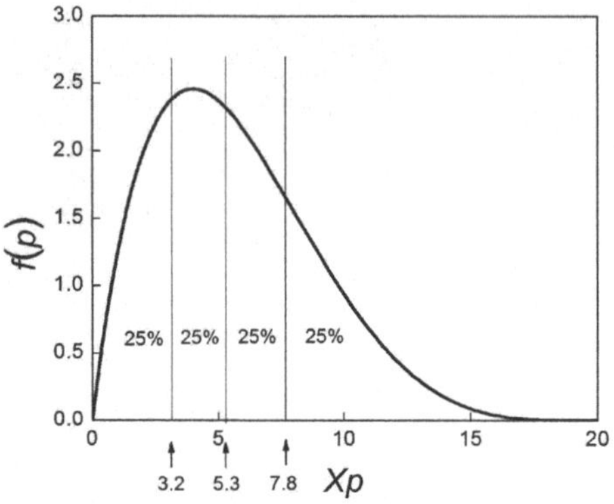

[그림 2.5.8] 사분위수

예제 2.5.2

다음 10개 데이터들의 사분위수를 구해 보자.

80	86	95	102	110	120	130	140	150	180
$x_{(1)}$	$x_{(2)}$	$x_{(3)}$	$x_{(4)}$	$x_{(5)}$	$x_{(6)}$	$x_{(7)}$	$x_{(8)}$	$x_{(9)}$	$x_{(10)}$

풀이 + 식 (2.5.20)의 $p(n+1)$를 먼저 구한다.

1) 1-사분위수(Q_1): $p=0.25$이므로 $p(n+1)=0.25(10+1)=2.75$, $k=2$.
   즉 우리는 2.75번째 데이터 값을 구해야 한다(2.75번째 데이터 값보다 작은 값들이 전체 데이터의 25%를 차지한다).

2) 데이터의 개수가 짝수이므로 식 (2.5.20)의 아래 식을 적용하면

$$Q_1 = x_{0.25} = x_{(2.75)} = x_{(2)} + [2.75-2](x_{(3)} - x_{(2)})$$
$$= 86 + (0.75)(95-86) = 92.75$$

3) 2-사분위수($Q_2 = median$): $p=0.5$이므로 $p(n+1)=0.5(10+1)=5.5$, $k=5$.

$$Q_2 = x_{0.5} = x_{(5.5)} = x_{(5)} + [5.5-5](x_{(6)} - x_{(5)})$$
$$= 110 + (0.5)(120-110) = 115$$

4) 3-사분위수(Q_3): $p=0.75$이므로 $p(n+1)=0.75(10+1)=8.25$, $k=8$.

$$Q_3 = x_{0.75} = x_{(8.25)} = x_{(8)} + [8.25-8](x_{(9)} - x_{(8)})$$
$$=140 + (0.25)(150-140) = 142.5$$

예제 2.5.3

오름차순으로 정렬된 100개의 무게 데이터가 있다. 90번째 데이터 값은 35.3kg이고, 91번째 값은 35.7kg이라고 한다. 0.9분위수를 추정하라.

풀이 + $p(n+1)=0.90(100+1)=90.9$, $k=90$, 데이터 개수가 짝수이므로

$$x_{0.9} = x_{(90.9)} = x_{(90)} + [90.9-90](x_{(91)} - x_{(90)})$$
$$=35.3 + (0.9)(35.7-35.3) = 35.66$$

이 데이터의 90백분위수 또는 0.9분위수는 35.66kg으로 추정된다.

다음과 같은 방법으로 간단하게 분위수를 계산할 수도 있다.

> 1. 데이터를 오름차순으로 정렬한다.
> 2. p가 주어지면, 전체 데이터의 개수 n을 이용해서 np를 계산한다.
> 3. np가 정수가 아니면, ceil(np) 을 계산하여 그에 해당하는 값 x_p로 결정하고, np가 정수 k이면, $x_p = \dfrac{x_k + x_{k+1}}{2}$로 결정한다.

※ ceil(np)은 자신이거나 그보다 더 큰 정수로 반올림하는 것을 의미한다.
예: ceil(2.3) = 3, ceil(3.8) = 4.

예제 2.5.4

데이터가 $\{3,4,5,6,7,8,9\}$ 일 때 0.25분위수, 즉 25백분위수를 구하라.

풀이 + $n=7$ 이므로 $7\times 0.25 = 1.75$, ceil(1.75) = 2 이다.

$$\{x_1=3,\ x_2=4,\ x_3=5,\ x_4=6,\ x_5=7,\ x_6=8,\ x_7=9\}$$

따라서 두 번째 데이터인 $x_2=4$가 25백분위수이다.

예제 2.5.5

지수분포에서 95백분위수를 구하라.

$$\int_0^{p(\alpha)} \frac{1}{\beta} \exp\left(-\frac{x}{\beta}\right) dx = 0.95$$

$$-\exp\left(-\frac{x}{\beta}\right)\Big|_0^{p(0.95)} = 1 - \exp\left(-\frac{p(0.95)}{\beta}\right) = 0.95$$

$$\therefore p(0.95) = -\beta \ln 0.05$$

참고로, 정렬된 n개의 데이터에서 i 번째 데이터는 몇 번째 분위수에 해당할까? 이는 다음 식을 통해서 구할 수 있다.

$$p = \frac{i - 0.5}{n} \quad \text{또는} \quad p = \frac{i}{n+1} \tag{2.5.21}$$

앞의 예제 2.5.4에서 6번째 데이터 $x_6 = 8$는 $p = \frac{6-0.5}{7} = 0.785$ 번째 분위수에 해당한다.

분위수는 확률변수값이다. 관측된 전체 데이터에서 특정한 확률변수값을 기준으로 그보다 크거나 작은 값을 가진 데이터들의 분율 p를 나타낸다. 예를 들면, 어떤 시험에서 68점보다 낮은 점수를 받은 학생이 전체의 몇 %에 해당하는지를 알 수 있게 해준다.

지금까지와는 반대로, 상위 20%에 해당하는 점수가 얼마인지 관심이 있을 수도 있다. 이때 사용되는 것이 백분율점(percentile point)이다. 백분율점은 백분율함수 또는 역분포함수(inverse CDF)에 의해 정의된다. 이 개념을 이용하면, 주어진 확률로부터 시작해서 그에 대응되는 확률변수값을 알 수 있다. 그림 2.5.9를 보라. 이는 그림 2.5.8 밀도함수의 역분포함수를 그린 것이다. 가로축의 주어진 확률로부터 그것에 해당되는 확률변수값을 세로축에서 얻는 과정을 나타낸 것이다. 역분포함수 도표는 분포함수 도표의 가로축과 세로축을 바꾸면 얻을 수 있다.

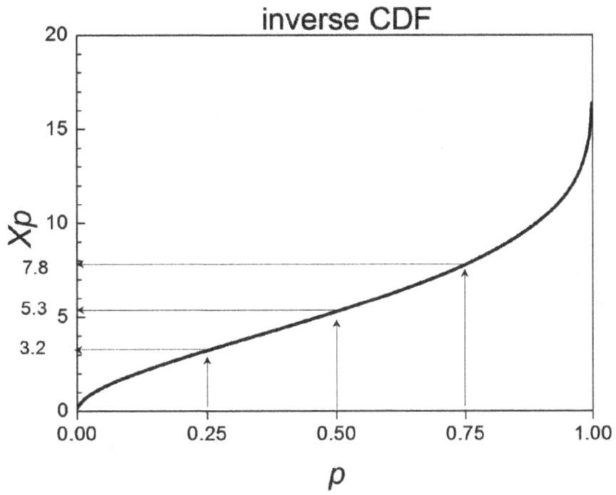

[그림 2.5.9] 분위수와 백분율점

3장 이산형 확률분포

확률분포란 특정 확률변수값들이 나타날 확률을 표현한 것이다. 실제 세계에서는 다양한 형태의 확률분포들이 존재하는데, 자주 쓰이는 분포들은 통계학자들에 의해 확률함수가 이미 도출되어 그 수학적 특성이 잘 알려져 있다. 이런 분포들을 이론분포라고 하는데, 이들은 다시 확률변수 또는 데이터의 특성에 따라 이산형과 연속형으로 나눌 수 있다. 이 장에서는 이산형 이론분포들 몇 가지를 다루겠다.

3.1 이산형 균등분포, $U(a,b)$

확률변수값들이 동등한 빈도로 나타나는 확률분포이다(균등분포는 이산형뿐만 아니라 연속형도 존재한다). 주사위 굴리기나 동전 던지기를 예로 들 수 있다. 확률변수값들이 최솟값 a와 최댓값 b의 사이에서 등간격으로 N개 존재할 때, 두 변수값 간의 간격은 $h=\frac{b-a}{N-1}$이 된다. 이 확률분포는 다음 특징을 갖는다.

가. 밀도함수

$$p(X=a+h(j-1))=\frac{1}{N}, \qquad j=1,\cdots,N \tag{3.1.1}$$

나. 모수: 위치모수: a, 척도모수: $N=b-a$

다. 범위: $a \le x \le b$

라. 평균: $E(X)=a+\frac{h(N-1)}{2}$

마. 분산: $Var(X)=\frac{h^2(N^2-1)}{12}$

바. 분포함수

$$F(x)=\begin{cases} 0, & x<a \\ \dfrac{\frac{1}{h}(x-a)+1}{N}, & a \le x \le b \\ 1, & b<x \end{cases} \tag{3.1.2}$$

확률변수 X를 $Y=1+\dfrac{X-a}{h}$으로 변환하면, Y를 최솟값 $a=1$, 최댓값 $b=N$, 간격 $h=1$인 $Y=1, 2\cdots, N$의 표준형으로 바꿀 수 있다. 이 경우, 위 식들은 다음과 같다.

밀도함수:

$$p(Y=j)=\frac{1}{N},\qquad j=1,\cdots,N \tag{3.1.1'}$$

평균: $E(Y)=\dfrac{N+1}{2}$

분산: $Var(Y)=\dfrac{N^2-1}{12}$

분포함수

$$F(Y\le j)=\frac{j}{N},\qquad j=1,\cdots,N \tag{3.1.2'}$$

예제 3.1.1

확률변수 X가 다음 값 1.5, 2.0, 2.5, 3.0, 3.5, 4.0으로 동등한 확률로 나타난다. 1) 밀도함수와 분포함수를 그리고, 2) 평균과 분산, 3) 3.5 이하의 값을 가질 확률을 구하라.

풀이 + 주어진 조건에서 $a=1.5,\ \ b=4.0,\ \ N=6,\ \ h=\dfrac{b-a}{N-1}=\dfrac{4.0-1.5}{6-1}=0.5$이다.

(1) $p(x), F(x)$

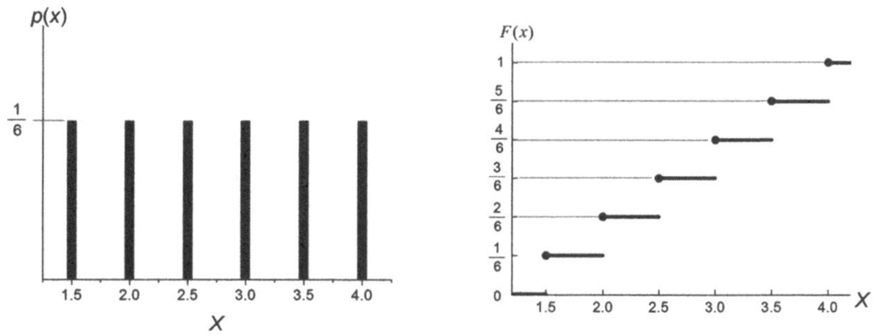

(2) $E(X)$, $Var(X)$

$$E(X) = a + \frac{h(N-1)}{2} = 1.5 + \frac{0.5(6-1)}{2} = 2.75$$
$$Var(X) = \frac{h^2(N^2-1)}{12} = \frac{0.5^2(6^2-1)}{12} \approx 0.73$$

(3) $F(x \le 3.5) = \Pr(x \le 3.5)$

$$F(x) = \frac{\frac{1}{h}(x-a)+1}{N} = \frac{\frac{1}{0.5}(3.5-1.5)+1}{6} = \frac{5}{6}$$

참고로, 확률변수를 $Y = 1 + \frac{X-a}{h}$ 으로 변환한 경우, 기댓값과 분산에 대해 풀어 보면,

X	1.5	2.0	2.5	3.0	3.5	4.0
Y	1	2	3	4	5	6

$$E(X) = \frac{N+1}{2} = \frac{6+1}{2} = 3.5$$
$$Var(X) = \frac{N^2-1}{12} = \frac{6^2-1}{12} \approx 2.92$$

3.2 베르누이 분포, Bernoulli(p)

대표적인 이산형 분포이다. 성공확률 p일 때, 결과가 성공이면 $X=1$이고 실패면 $X=0$으로 정의되는 확률변수 X의 분포이다. 실험이나 관찰의 결과가 두 가지만 존재하는 경우가 있다. 예를 들어, 어떤 부품의 작동이 성공인가 아니면 실패인가, 또는 어떤 문제의 답이 맞았는가 아니면 틀렸는가, 또는 동전을 던졌는데 앞면인가 아니면 뒷면인가 하는 경우다. 이 분포는 단 1회의 시도만으로 이루어진다.

가. 밀도함수

$$p(x) = \begin{cases} p, & x = 1 \\ 1-p, & x = 0 \end{cases} \tag{3.2.1}$$

이를 간단하게 다음과 같이 하나의 식으로 표현할 수도 있다.

$$p(x) = p^x(1-p)^{1-x} \tag{3.2.1'}$$

이 식에 $X=1$을 대입하면, 성공확률 $\Pr(\text{success}) = \Pr(X=1) = p(x) = p^1(1-p)^{1-1}$ $= p$ 이 얻어지므로 식 (3.2.1)과 같음을 알 수 있다.

나. 모수: $p \in 0,1$
다. 범위: 0,1
라. 평균: $E(X) = p$
마. 분산: $Var(X) = p(1-p) = pq$
바. 분포함수

$$F(x) = \begin{cases} 1, & 1 < x \\ 1-p, & 0 \le x \le 1 \\ 0, & x < 0 \end{cases} \tag{3.2.2}$$

예를 들어, 주사위를 굴리는 실험에서 3이 나오면 성공이라고 하자. 성공확률은 $p=1/6$ 이므로, $X=1$을 식 (3.2.1′)에 대입하면, $\Pr(X=1) = \left(\frac{1}{6}\right)^1\left(1-\frac{1}{6}\right)^{1-1} = \frac{1}{6}$, 실패확률은 $X=0$을 사용하면 $\Pr(X=0) = \left(\frac{1}{6}\right)^0\left(1-\frac{1}{6}\right)^{1-0} = \frac{5}{6}$ 또는 $p(0) = 1-p = \frac{5}{6}$ 이다. 이때의 확률분포는 그림 3.2.1(a)와 같다. 동전 던지기의 경우, 앞면이 나오는 경우[$= p(1/2)$]를 성공이라고 하면, 이때의 확률분포는 그림 3.2.1(b)와 같다.

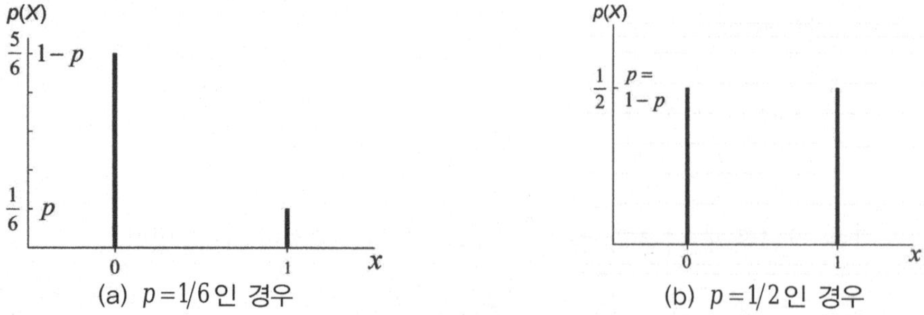

[그림 3.2.1] 베르누이 분포

3.3 이항분포, Bin(n, p)

n번의 시행에서 사건 x가 생길 가능성에 대한 분포이다. 단, 사건 x의 결과는 두 가지 종류만 존재해야 한다. 따라서 이 분포는 베르누이 시행을 n번 반복한 것과 동일하다. x가 가질 수 있는 값은 $x = 0, 1, 2, \cdots, n-1, n$ 이다. 사건 x가 생길 확률 p는 다음과 같이 정의된다.

$$p = \frac{x}{n} \tag{3.3.1}$$

따라서 p는 $0 \sim 1$ 사이의 값을 갖는다. 이항분포를 적용하기 위해서는 '매 베르누이 시행에서 확률 p가 같아야' 하는 조건을 만족해야 한다. p가 달라지는 예로, 자루 안의 구슬을 꺼내는 실험에서 구슬을 복원시키지 않는 경우를 들 수 있다.

가. 밀도함수

$$f(x) = \Pr(X = x \mid n, p) = \binom{n}{x} p^{x}(1-p)^{n-x}, \qquad x \in 0, 1, \cdots, n \tag{3.3.2}$$

$\binom{n}{x} = \frac{n!}{x!(n-x)!}$ 는 이항계수라고 한다. 이는 모든 가능한 경우의 수에서 사건 x가 생기는 경우의 수를 나타내는 분율이다. 분포함수의 총합을 1로 만드는 역할을 한다. 여러 가지 이항분포의 모양을 보자.

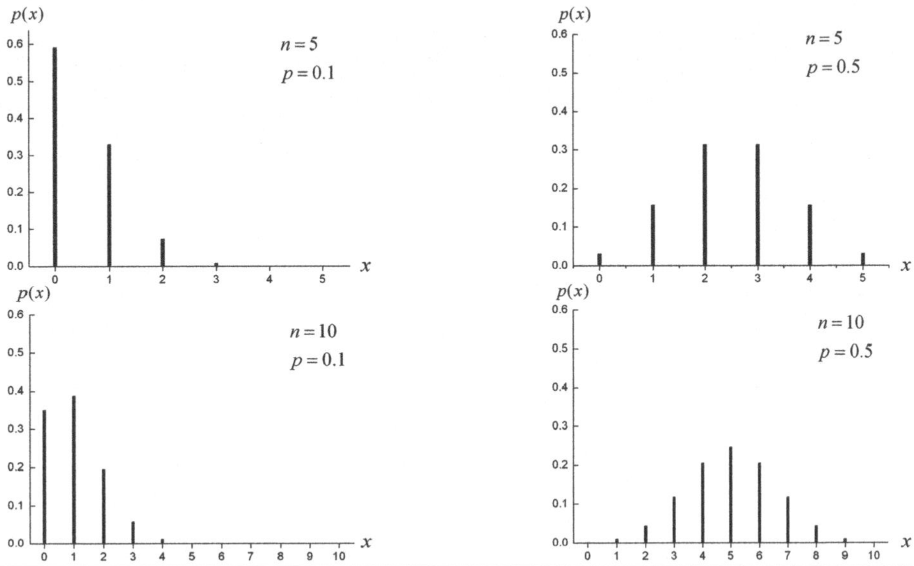

[그림 3.3.1] 이항분포

나. 모수: $n, \quad p \in 0,1$

다. 범위: $0,1,\cdots,n$

라. 평균: $E(X)=np$

마. 분산: $Var(X)=np(1-p)=npq$

만약 확률변수가 x가 아니고 p인 경우에는 다음과 같다.

$$E(p)=p$$

$$Var(p)=\frac{1}{n}p(1-p)$$

바. 분포함수

$$F(x)=\begin{cases} 0, & x<0 \\ \sum_{i=0}^{x}\binom{n}{i}p^{i}(1-p)^{n-i}, & 0\le x\le n \\ 1, & n<x \end{cases} \tag{3.3.3}$$

사. 특징

(1) $p=0.5$이면, 시행횟수 n에 상관없이 분포는 대칭이다.

(2) 시행횟수 n이 아주 크면 이항분포는 정규분포로 수렴한다.

(3) 시행횟수 n이 아주 크고($n\ge 100$), p가 아주 작은 경우($p\le 0.01$), 또는 $np\le 20$인 경우 이항분포는 포아송 분포로 수렴한다.

예제 3.3.1

4개의 로켓이 한 묶음으로 되어 작동하는 우주왕복선이 있다고 하자. 각 로켓들은 독립적으로 작동하는데 각각의 로켓이 고장 없이 작동할 확률은 모두 $p = 0.9$로 동일하다. 로켓이 3개만 작동할 확률을 구하라.

풀이 + 로켓이 작동하는 경우를 X라고 하면, 가능한 경우의 수는 $x = 0, 1, 2, 3, 4$의 5가지이다. 문제에서는 $x = 3$일 때의 확률을 묻고 있다. 먼저, 각 경우의 확률을 구해 보자.

$$\Pr(X = 0 \mid N = 4, p = 0.9) = \frac{4!}{0!(4-0)!}(0.9)^0 (0.1)^{4-0} = 0.0001$$

$$\Pr(X = 1 \mid N = 4, p = 0.9) = \frac{4!}{1!(4-1)!}(0.9)^1 (0.1)^{4-1} = 0.0036$$

$$\Pr(X = 2 \mid N = 4, p = 0.9) = \frac{4!}{2!(4-2)!}(0.9)^2 (0.1)^{4-2} = 0.0486$$

$$\Pr(X = 3 \mid N = 4, p = 0.9) = \frac{4!}{3!(4-3)!}(0.9)^3 (0.1)^{4-3} = 0.2916$$

$$\Pr(X = 4 \mid N = 4, p = 0.9) = \frac{4!}{4!(4-4)!}(0.9)^4 (0.1)^{4-4} = 0.6561$$

확률밀도함수를 그리면 다음과 같다.

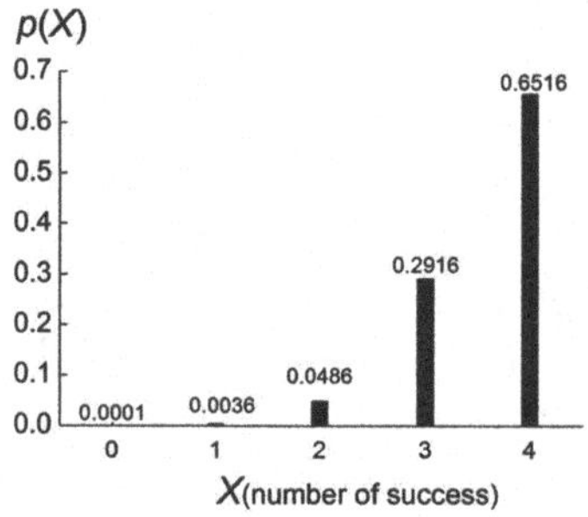

그림을 보면 로켓이 1개도 작동하지 않을 가능성은 아주 낮다(~ 0.0001). 3개가 작동할 확률 0.2916, 4개 모두 작동할 가능성도 0.6516이 된다. 3개 이상 작동할 확률은

$$\Pr(X \geq 3 \mid N=4, p=0.9) = \sum_{i=3}^{4}\binom{4}{i}(0.9)^i(1-0.9)^{4-i}$$
$$= \frac{4!}{3!(4-3)!}(0.9)^3(0.1)^{4-3} + \frac{4!}{4!(4-4)!}(0.9)^4(0.1)^{4-4}$$
$$= 0.2916 + 0.6561 = 0.9477$$

예제 3.3.2

모든 로켓의 작동 실패확률이 0.001로 동일하다고 하자. 20개를 발사할 경우 한 번도 실패하지 않을 확률을 구하라. 그리고 20개 발사에서 1개가 실패할 확률도 구해 보라.

풀이 + 이 경우에는 실패가 확률변수 X로 정의된다.

$$\Pr(X=0 \mid 20, 0.001) = \binom{20}{0}(0.001)^0(1-0.001)^{20-0}$$
$$= \frac{20!}{0!(20-0)!}(1-0.001)^{20}$$
$$\approx (1-0.001)^{20} = 0.980$$
$$\Pr(X=1 \mid 20, 0.001) = \binom{20}{1}(0.001)^1(1-0.001)^{20-1}$$
$$= \frac{20!}{1!(20-1)!}(0.001)^1(1-0.001)^{19}$$
$$\approx 0.020$$

예제 3.3.3

동전을 5번 던졌을 때 앞면이 4번 나올 확률과, 동전을 50번 던졌을 때 앞면이 40번 나올 확률을 구하라.

풀이 +

$$p = 0.5$$
$$\Pr(X=4 \mid 5, 0.5) = \binom{5}{4}(0.5)^4(0.5)^{5\text{-}4} \approx 0.156$$

$$\Pr(X=40\mid 50,0.5)=\binom{50}{40}(0.5)^{40}(0.5)^{50-40}\approx 0.00000912$$

예제 3.3.4

강선 5개를 꼬아서 만든 기중기용 케이블이 있다. 강선이 끊어지지 않을 확률은 0.95로 모두 동일하다. 강선 3개만 있어도 10톤의 물건을 들어 올리는 데 문제가 없다고 한다. 괜찮을 확률을 구하라.

풀이 +

$$p=0.95 \qquad r=3$$

$$F(x)=\Pr(r\le x\le n)=\sum_{i=r}^{n}\binom{n}{i}p^{i}(1-p)^{n-i}=\sum_{i=3}^{5}\binom{5}{i}(0.95)^{i}(1-0.95)^{n-i}$$

$$\begin{aligned}\Pr(3\le x\le 5)&=\binom{5}{3}(0.95)^{3}(0.05)^{2}+\binom{5}{4}(0.95)^{4}(0.05)^{1}+\binom{5}{5}(0.95)^{5}(0.05)^{0}\\&=0.02143+0.20363+0.77378\\&=0.99884\end{aligned}$$

다른 방법으로 계산해 보자. 강선 2개만 남으면 물건을 들어 올릴 수 없으므로

$$\begin{aligned}\Pr(r\le x\le n)&=1-\Pr(0\le x<r)\\&=1-\sum_{i=0}^{r}\binom{n}{i}p^{i}(1-p)^{n-i}=1-\sum_{i=0}^{2}\binom{5}{i}(0.95)^{i}(1-0.95)^{n-i}\end{aligned}$$

$$\begin{aligned}\Pr(r\le x\le n)&=1-\left[\binom{5}{0}(0.95)^{0}(0.05)^{5}+\binom{5}{1}(0.95)^{1}(0.05)^{4}+\binom{5}{2}(0.95)^{2}(0.05)^{3}\right]\\&=1-\left(0.05^{5}+0.00003+0.00113\right)=1-0.00116\\&=0.99884\end{aligned}$$

이항분포함수는 이항계수에 포함된 팩토리얼 때문에 계산이 간단치 않다. 다음 프로그램은 이항분포의 확률밀도와 분포함수를 계산하기 위한 것이다.

[프로그램 3.3.1] 이항분포의 확률함수 구하기

```
#include "file_include.h"

int main( )                      //이항분포 확률함수 구하기
{
        double BinCal(int _x, int _r);

        //출력용 데이터 파일 만들기
        char save_filename[30];
        cout<<"Enter New file name: ";
        cin>>save_filename;
        ofstream write_mydata(save_filename, ios::out);

        int n = 10;                              //베르누이 시행횟수
        double p=0.1, q= 1.0 - p;                //베르누이 시행의 성공확률
        double Prob = 0, Accum_prob = 0;

        for(int i = 0; i <= n; i++)
        {
                Prob = BinCal(n, i) * pow(p,i) * pow(q,(n - i));
                Accum_prob += Prob;
                cout<<i<<"    "<<Prob<<"    "<<Accum_prob<<endl;
                write_mydata<<i<<"    "<<Prob<<"    "<<Accum_prob<<endl;
                if(Accum_prob >= 0.999) break;
        }
        write_mydata.close( );

        return 0;
}


double BinCal(int _n, int _x)
{
        // (    ) = n!/[x!(n-x)!] 계산과정
        // log는 overflow 방지를 위해 취한 것, 나중에 다시 환원됨
        double snlog=0.0, snxlog=0.0;
        double cnlog=0.0, cn = 0;

        int x1 = _x + 1;      // n!/x! 계산 임시 변수, 예: 7!/3! = 4*5*6*7 -> (3+1)이 필요
        int nx = _n - _x;     //(n-x)! 계산 임시 변수, 예: (7-3)!= 1*2*3*4
        int fi, i;
        for(i=x1;i<=_n; i++)              // n!/x! 계산
        {
                fi=i;
                snlog=snlog+log(fi);    //log니까 더하기로 처리
        }

        for(i=1;i<=nx; i++)               //(n-x)! 계산
        {
                        fi=i;
```

```
                snxlog=snxlog+log(fi);
        }
        cnlog=snlog-snxlog;                    // = n!/[x!(n-x)!]
        cn=exp(cnlog);                         // log 환원

        return cn;
}
```

3.4 포아송 분포, Poisson(λ)

단위 시간 또는 공간에서 발생하는 사건수에 대한 분포이다. 예를 들면, 방사능 물질에서 1초 동안 방출되는 알파 입자들의 수는 포아송 분포로 나타낼 수 있다.

이 분포의 근원은 이항분포이다. n이 아주 크고 p가 매우 작을 경우, 이항분포는 포아송 분포가 된다. $\lambda = np$라고 하면, $p = \frac{\lambda}{n}$이므로 다음과 같이 이항분포 형태로로 나타낼 수 있다. 식 (3.3.2)를 보라.

$$Bin\left(X = x \middle| n, \frac{\lambda}{n}\right) = \binom{n}{x}\left(\frac{\lambda}{n}\right)^x\left(1-\frac{\lambda}{n}\right)^{n-x}$$

가. 밀도함수

$$f\left(x|\lambda\right) = \frac{\lambda^x}{x!}\exp(-\lambda), \quad x \in 0,1,\cdots \tag{3.4.1}$$

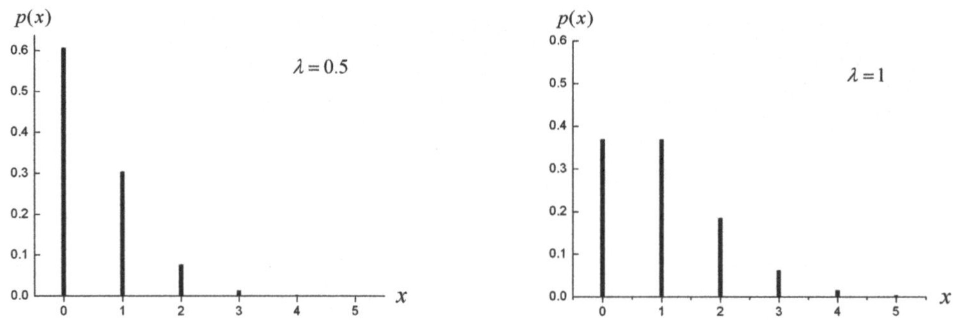

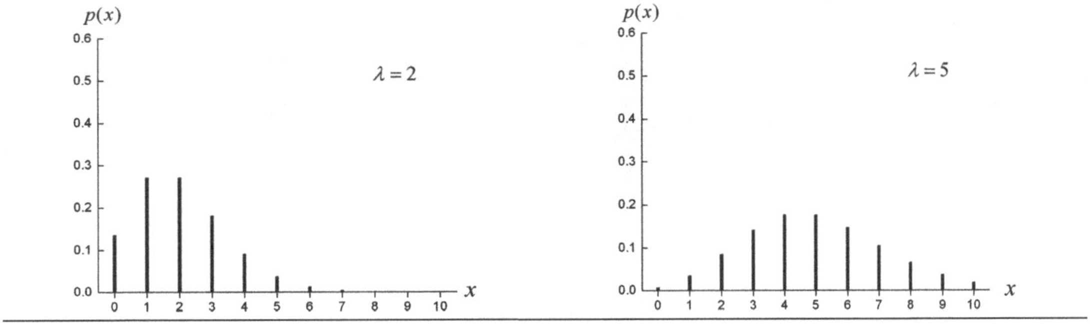

[그림 3.4.1] 포아송 분포

그림에서 λ 주변에 피크가 존재하고, λ가 커질수록 피크를 중심으로 대칭성이 나타나는 것을 볼 수 있다.

나. 모수: $\lambda = \nu t \geq 0$

다. 범위: $0, 1, \cdots$

라. 평균: λ

마. 분산: λ

바. 분포함수

$$F(x) = \begin{cases} 0, & x < 0 \\ e^{-\lambda} \sum_{i=0}^{x} \dfrac{\lambda^x}{x!}, & 0 \leq x \end{cases} \tag{3.4.2}$$

예제 3.4.1

$n = 500$, $p = 0.002$일 때, 포아송 분포와 이항분포의 확률밀도를 그려라.

[이는 n이 크고 p가 아주 작을 때 포아송 분포와 이항분포가 거의 같다는 것을 보이기 위한 것이다. 포아송분포의 경우는 프로그램 3.4.1을, 이항분포는 프로그램 3.3.1을 이용하라.]

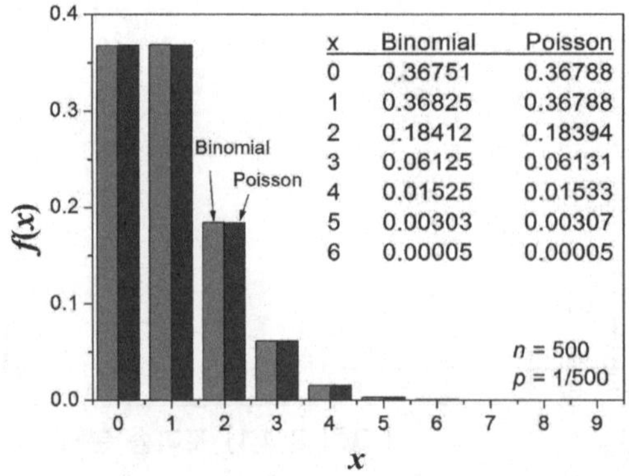

[그림 3.4.2] 포아송 분포와 이항분포의 비교(n이 크고, p가 작을 때)

[프로그램 3.4.1] 포아송 분포의 확률밀도 및 누적분포함수

```
#include "file_include.h"

int main( )                    //포아송 분포 확률질량함수 구하기
{
          int fact(int _x);

          //출력용 데이터 파일 만들기
          char save_filename[30];
          cout<<"Enter New file name: ";
          cin>>save_filename;
          ofstream write_mydata(save_filename, ios::out);

          int n = 100;
          double lamda = 2;
          double Prob = 0, Accum_prob = 0;

          for(int i = 0; i <= n; i++)
          {
                  Prob = exp(-lamda) * pow(lamda, i) / fact(i);
                  Accum_prob += Prob;
                  cout<<i<<"   "<<Prob<<"   "<<Accum_prob<<endl;
                  write_mydata<<i<<"   "<<Prob<<"   "<<Accum_prob<<endl;
                  if(Accum_prob >= 0.999) break;
          }
          write_mydata.close( );

          return 0;
}

int fact(int _x)
{
          //factorial x! 계산
```

```
        int x = _x;

        if( x <= 1 )
                return 1;
        else
                return x * fact( x - 1 );
}
```

3.5 기하분포, Geom(p)

사건 발생 확률이 p인 독립시행을 계속할 때, 어떤 사건이 처음 발생될 때까지의 시행횟수에 관심이 있을 수 있다. 예를 들면, "로켓 발사를 계속할 때, 첫 작동실패가 몇 번째 만에 생길 것인가?"하는 것이다. 사건이 처음 발생된 시행까지의 횟수를 확률변수 X로 정의하면, 그 확률변수는 기하분포(geometric)를 따른다.

$X = x$번째 시행에서 사건이 발생했다면, $x-1$번째 시행까지는 사건이 발생하지 않았다는 것과 같다. 사건 발생을 성공이라고 정의한다면, $X = x$일 확률은 $x-1$만큼의 실패 이후 x번째에 성공하는 것으로 해석할 수 있다(이와 다르게, 확률변수를 첫 번째 성공이 나오기 직전까지의 시행횟수, 즉 실패수($Y = x-1$)로 정의할 수도 있다. 이 경우 밀도함수, 범위, 평균, 분산 등은 다르게 표현되므로 주의해야 한다).

가. 밀도함수

$$f(x) = p(1-p)^{x-1}, \qquad x = 1, 2, \cdots \tag{3.5.1}$$

[Y(=사건 미발생)인 경우: $f(y) = p(1-p)^{y}, \qquad y = 0, 1, \cdots$]

나. 모수: 성공확률, $0 < p \le 1$

다. 범위: $1, 2, \cdots$ (Y인 경우: $0, 1, \cdots$)

라. 평균: $\dfrac{1}{p}$, $\left(Y\text{인 경우: } \dfrac{1-p}{p} \right)$

마. 분산: $\dfrac{1-p}{p^2}$, $\left(Y\text{인 경우: } \dfrac{1-p}{p^2} \right)$

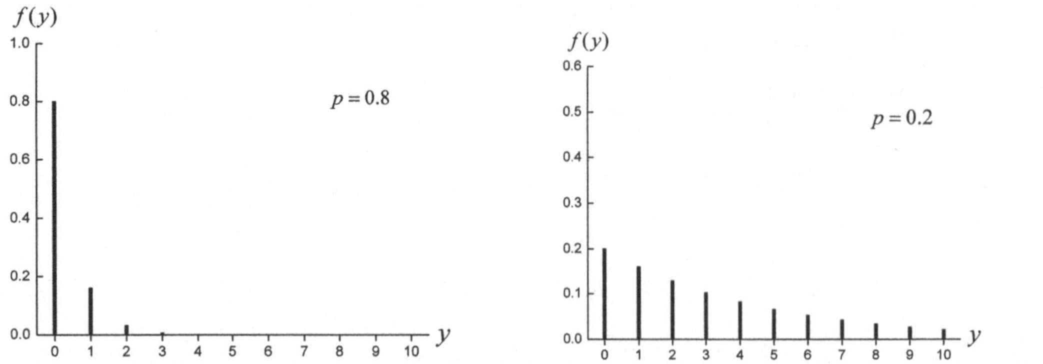

[그림 3.5.1] 기하분포

바. 분포함수

$$F(x) = \begin{cases} 1-(1-p)^x, & 1 \le x \\ 0, & otherwise \end{cases} \tag{3.5.2}$$

$$\left[Y\text{인 경우: } F(y) = \begin{cases} 1-(1-p)^{y+1}, & 0 \le y \\ 0, & otherwise \end{cases} \right]$$

사. 특징

이 분포는 음이항분포의 특별한 경우이다. 기하분포는 첫 번째 성공이 생길 때까지 필요한 시행의 수인 반면에, 음이항분포는 성공의 개수가 r개일 때까지 필요한 시행의 수이다. 즉, $r=1$ 인 음이항분포는 기하분포이다: Geom(p) = NegBin(1, p)

예제 3.5.1

작동 실패 확률이 $p=0.001$인 로켓을 연달아 발사할 때(예제 3.3.2 참조), 10번째 발사에서 작동 실패가 생길 확률을 구하라.

$$\begin{aligned} f(x) &= p(1-p)^{x-1} \\ &= (0.001)(1-0.001)^{10-1} = 0.00099 \end{aligned}$$

[프로그램 3.5.1] 기하분포의 확률밀도함수

```
#include "file_include.h"

int main( )         //기하분포 확률밀도함수 구하기
{
        //출력용 데이터 파일 만들기
        char save_filename[30];
        cout<<"Enter New file name: ";
        cin>>save_filename;
        ofstream write_mydata(save_filename, ios::out);

        int i;
        double p, fx = 0, fy = 0;
        cout<<"input p ?"<<endl;
        cin>>p;
        write_mydata<<"p = "<<p<<endl<<endl;

        //확률변수 X가 첫 번째 성공이 나올 때까지의 시행수인 경우
        cout<<"f(x)"<<endl;
        write_mydata<<"f(x)"<<endl;

        for(i = 1; i <= 20; i++)
        {
                fx= p * pow((1.0 - p),(i - 1.0));
                cout<<i<<"  "<<fx<<endl;
                write_mydata<<i<<"  "<<fx<<endl;
        }

        //확률변수 Y가 첫 번째 성공이 나오기 직전까지의 시행수(실패수)인 경우
        cout<<endl<<"f(y)"<<endl;
        write_mydata<<"f(y)"<<endl;

        for(i = 0; i <= 20; i++)
        {
                fy= p * pow((1.0 - p), i);
                cout<<i<<"  "<<fy<<endl;
                write_mydata<<i<<"  "<<fy<<endl;
        }
        write_mydata.close( );
        return 0;
}
```

3.6 음이항분포, NegBin(r, p)

확률 p인 독립적인 베르누이 시행을 계속할 때, 확률변수 X를 r번째 성공이 나올 때까지 필요한 시행횟수로 정의하면 이는 음이항분포(negative binomial distribution)를 따른다.

확률밀도가 어떻게 구해지는지 예를 들어 보자. 5번째 시도($X=5$)에서 2번째

$(r=2)$ 성공이 발견될 확률은? 5번째가 성공이므로 그 앞 4번째$(x-1)$ 시도까지는 성공이 1번$(r-1)$ 있어야 하고 실패는 3번$(x-r)$이 있어야 한다. 이를 수식으로 쓰면 $\binom{x-1}{r-1}pq^{x-r}$ 이다. 여기에다 5번째 시도에서 성공한 횟수를 감안해 주면, $\binom{x-1}{r-1}pq^{x-r}\cdot p=\binom{x-1}{r-1}p^{r}q^{x-r}$ 이다. 이것이 음이항분포의 밀도함수이다(이와 다르게 확률변수를 r 번째 성공이 나오기 직전까지의 시행횟수, 즉 실패수를 Y 로 정의하는 경우도 있다. 이 경우 밀도함수, 범위, 평균, 분산 등이 다르게 표현되므로 주의해야 한다).

가. 밀도함수

$$f(x)=\binom{x-1}{r-1}p^{r}(1-p)^{x-r},\qquad x=r,r+1,\cdots \tag{3.6.1}$$

$$\left(Y\text{의 경우: } f(y)=\binom{y+r-1}{y}p^{r}(1-p)^{y},\qquad y=0,1,\cdots\right)$$

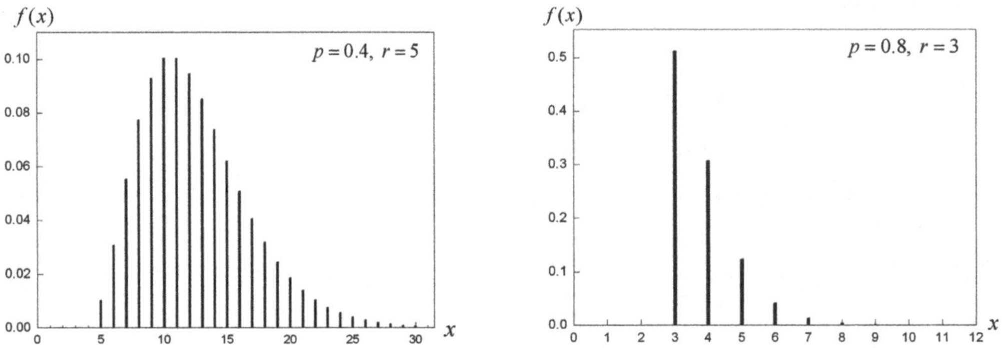

[그림 3.6.1] 음이항분포

나. 모수: r, $0\le p\le 1$

다. 범위: $1,2,\cdots,(Y$인 경우: $0,1,\ \cdots)$

라. 평균 : $\dfrac{r}{p}$, $\left(Y\text{인 경우: } \dfrac{r(1-p)}{p}\right)$

마. 분산 : $\dfrac{r(1-p)}{p^2}$, $\left(Y\text{인 경우: } \dfrac{r(1-p)}{p^2}\right)$

바. 분포함수

$$F(y) = I_p(r, y+1) \tag{3.6.2}$$

※ I_p : 표준화된 불완전베타함수(incomplete beta-function ratio)

사. 특징

1) $r=1$ 인 음이항분포는 기하분포와 동일하다: $\text{Geom}(p) = \text{NegBin}(1, p)$

2) $r \to \infty$ 이면, $\text{Poisson}(\lambda) = \text{NegBin}\left(r, \frac{r}{\lambda + r}\right)$ 이다.

예제 3.6.1

주사위를 계속 던질 때, 7번째까지의 시행에서 눈금 4가 2번 나올 확률을 구하라.

$$\Pr(X=7) = \binom{7-1}{2-1}(1/6)^2(5/6)^{7-2} = 0.0669$$

동전을 계속 던질 때, 5번째까지의 시행에서 앞면이 3번 나올 확률을 구하라.

$$\Pr(X=5) = \binom{4-1}{3-1}(1/2)^3(1/2)^{5-2} = 0.1875$$

[프로그램 3.6.1] 음이항분포의 확률밀도함수

```
#include "file_include.h"

int main( )        //음이항분포 확률질량함수 구하기
{
        double BinCal(int _x, int _r);

//출력용 데이터 파일 만들기
        char save_filename[30];
        cout<<"Enter New file name: ";
        cin>>save_filename;
        ofstream write_mydata(save_filename, ios::out);

        int upper, lower;
        int r = 3;                     // r 번째 성공수
        double p = 0.8, q = 1.0 - p; // 독립시행에서의 성공확률
        double Bin = 0, Prob = 0, Accum_prob = 0;
```

```
        //////////////////////////// 확률변수가 X인 경우
        int x = 100;  // 필요한 시행수

        for(int i = r; i <= x; i++)
        {
                upper = i - 1;
                lower = r - 1;
                Bin = BinCal(upper, lower);
                Prob = Bin*pow(p,r)*pow(q,i-r);
                Accum_prob += Prob;
                cout<<i<<"  "<<Prob<<endl;
                write_mydata<<i<<"  "<<Prob<<endl;
                if(Accum_prob >= 0.999) break;
        }
        /*
        //////////////////////////// 확률변수가 Y인 경우
        int y = 100;  // 필요한 시행수

        for(int i = 0; i <= y; i++)
        {
                upper = i + r - 1;
                lower = i;
                Bin = BinCal(upper, lower);
                Prob = Bin*pow(p,r)*pow(q,i);
                Accum_prob += Prob;
                cout<<i<<"  "<<Prob<<endl;
                write_mydata<<i<<"  "<<Prob<<endl;
                if(Accum_prob >= 0.999) break;
        }
        */
        cout<<endl<<"Accumulated Prob.= "<<Accum_prob<<endl;
        write_mydata<<"Accumulated Prob.= "<<Accum_prob<<endl;
        write_mydata.close();
        return 0;
}

double BinCal(int _n, int _x)
{
        프로그램 3.3.1 이항분포의 함수프로그램과 동일함
}
```

3.7 초기하분포, HypGeom(n, M, N)

N개로 이루어진 부품 모집단에 합격품이 M개 있다고 하자. 그러면 불량품은 $N-M$개이다. 비복원추출방법으로 n개의 표본을 뽑았을 때 그 안에 포함된 합격품의 수를 확률변수 X로 정의하면 이는 초기하분포(hypergeometric distribution)를 따른다.

가. 밀도함수

$$f(x) = \Pr(X = x) = \frac{\binom{M}{x}\binom{N-M}{n-x}}{\binom{N}{n}}, \quad 1 \le n \le N \tag{3.7.1}$$

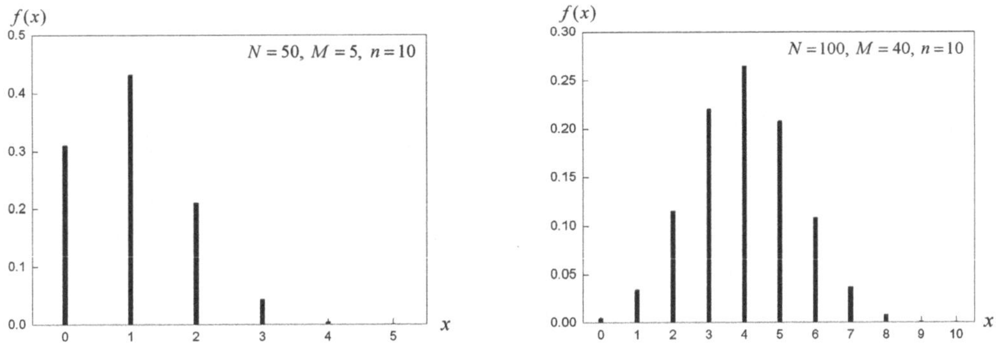

[그림 3.7.1] 초기하분포

나. 모수: $N \in 1, 2, \cdots,\ M \in 0, 1, 2, \cdots, N\ ,\ n \in 1, 2, \cdots, N$

다. 범위: $N - M \in \max\{0, n + M - N\}, \cdots, \min\{M, n\}$

라. 평균 : $n\dfrac{M}{N}$

마. 분산 : $n\dfrac{M}{N} \cdot \left(1 - \dfrac{M}{N}\right) \cdot \dfrac{N-n}{N-1}$

바. 특징

만약 복원추출의 경우라면, 1개의 표본을 뽑는 것은 베르누이 시행이고 그것이 합격품일 확률은 M/N 이다. 계속해서 복원추출로 n 개의 표본을 뽑는다면 그 안의 합격품 수는 이항분포를 따른다. 따라서 M/N 이 동일하게 유지되는 상태에서 N이 무한대로 증가하면 HypGeom(n, M, N) 은 Bin$\left(n, \dfrac{M}{N}\right)$과 동일하다.

이해를 위해 두 가지 예를 들어 보자. 흰 공 5개와 검은 공 45개가 들어 있는 자루가 있다. 10개의 구슬을 비복원 방법으로 뽑았을 때, 그중에 흰 공이 0, 1, 2,

3, 4, 5개 들어 있을 각각의 확률을 구하라. 최소한 3개 이상일 확률은 얼마인가?

$$f(x) = \Pr(X = x) = \frac{\binom{5}{x}\binom{50-5}{10-x}}{\binom{50}{10}}, \qquad x = 0,1,2,3,4,5$$

아래 표의 계산결과를 참고하라(이 표는 프로그램 3.7.1을 이용해서 구할 수 있다).

$$\Pr(3 \le x) = 1 - \Pr(x \le 2) = 1 - 0.9517 = 0.0483$$

x	Pr(X = x)	Pr(X ≤ x)
0	0.31056	0.3105
1	0.43134	0.7419
2	0.20984	0.9517
3	0.04418	0.9959
4	0.00396	0.9998
5	0.00012	1.0000

두 번째 예이다. 1,000개의 부품이 있다. 그중 100개를 뽑아 검사했더니 2개가 불량품이었다. 이런 결과가 가장 높은 확률로 얻어지려면 모집단 전체에 몇 개의 불량품이 들어 있어야 되겠는가?

$$n\frac{M}{N} = 100\left(\frac{M}{1,000}\right) = 2$$

따라서 $M = 20$개이다.

[프로그램 3.7.1] 초기하분포의 확률밀도함수

```
#include "file_include.h"

int main( )        //초기하분포 확률밀도함수 구하기
{
        double BinCal(int _x, int _r);

        //출력용 데이터 파일 만들기
```

```
        char save_filename[30];
        cout<<"Enter New file name: ";
        cin>>save_filename;
        ofstream write_mydata(save_filename, ios::out);

        int n = 10;         //표본 크기
        int M = 5;          //모집단 중 성공 갯수
        int N = 50;         //모집단 크기
        int x = 0;          //표본 중 성공 갯수

        double Prob = 0, Accum_prob = 0;

        for(int i = 0; i <= n; i++)
        {
              Prob = BinCal(M, i) * BinCal(N-M, n-i) / BinCal(N, n);
              if(i > M)
               break;
              Accum_prob += Prob;
              cout<<i<<"    "<<Prob<<"    "<<Accum_prob<<endl;
              write_mydata<<i<<"    "<<Prob<<"    "<<Accum_prob<<endl;
        }
        write_mydata.close( );
        return 0;
}

double BinCal(int _n, int _x)
{
        프로그램 3.3.1 이항분포의 함수프로그램과 동일함
}
```

복원추출의 경우, 초기하분포는 N이 무한대로 증가하면 이항분포와 같아진다.

$$\lim_{N\to\infty}[\text{HypGeom}(n, M, N)] \sim \text{Bin}\left(n, \frac{M}{N}\right)$$

이런 특성을 확인하기 위해 $n=5, p=0.5$ 인 경우의 이항분포와 초기하분포의 확률밀도함수를 비교해 보자. 이항분포와 초기하분포의 모수들은 $p=\frac{M}{N}$ 의 관계가 있으므로 초기하분포의 N을 변화시켜도 같은 확률을 유지할 수 있다. 비교를 위해 초기하분포는 다음과 같이 모집단의 크기를 바꾸었다.

경우 1: $n=5,\ M=5,\ N=10$
경우 2: $n=5,\ M=250,\ N=500$

그림 3.7.2는 이 두 경우에 대한 이항분포와 초기하분포의 확률밀도를 비교한

것이다(프로그램 3.3.1과 3.7.1을 사용해서 쉽게 계산할 수 있다). N이 증가할수록 초기하분포가 이항분포와 비슷해지는 것을 보라.

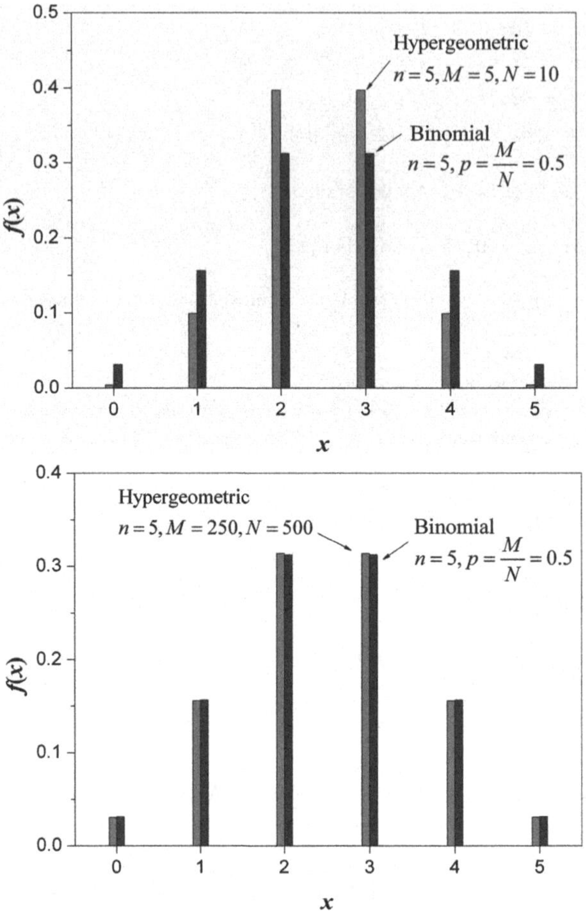

[그림 3.7.2] 초기하분포와 이항분포와의 관계

참고문헌

- Johnson. N.L., A.W. Kemp and S. Kotz(eds.), Univariate Discrete Distributions, John Wiley & Sons, NJ, (2005)
- Johnson. N.L., S. Kotz and N. Balakrishnan(eds.), Discrete Multivariate Distributions, John Wiley & Sons, NJ, (1997)
- Kececioglu, D.(ed), Reliability & Life Testing Handbook, Vol. 2, DEStech, PA, (2002)
- Kececioglu, D.(ed), Reliability Engineering Handbook, Vol. 2, Prentice-Hall, NJ, (1991)
- Ross, S.M.(ed), Introduction to Probability Models, Academic Press, Amsterdam, (2007)

4장

연속형 확률분포

확률변수는 특성에 따라 이산형과 연속형 두 가지로 나눌 수 있다. 여기서는 자주 쓰이는 연속형 확률변수들의 확률분포를 다룬다.

4.1 균등분포, U(a,b)

가. 밀도함수

$$f(x)=\frac{1}{b-a} \tag{4.1.1}$$

나. 모수: 위치모수 a,b

다. 범위: $a \le x \le b$

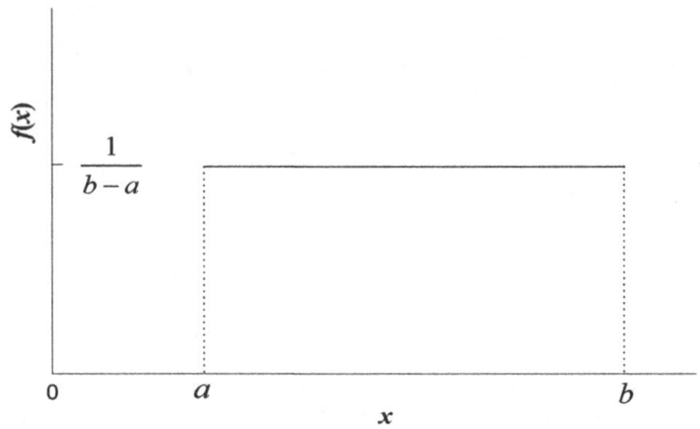

[그림 4.1.1] 균등분포

라. 분포함수

$$F(x)=\frac{x-a}{b-a} \tag{4.1.2}$$

마. 평균: $\frac{a+b}{2}$

바. 분산: $\frac{(b-a)^2}{12}$

사. 왜도: 0

아. 첨도: $\dfrac{9}{5}$

4.2 지수분포, Expo(β)

가. 밀도함수

$$f(x) = \frac{1}{\beta}\exp\left(-\frac{x}{\beta}\right) \tag{4.2.1}$$

나. 모수: 척도모수 β

다. 범위: $0 < x < \infty$

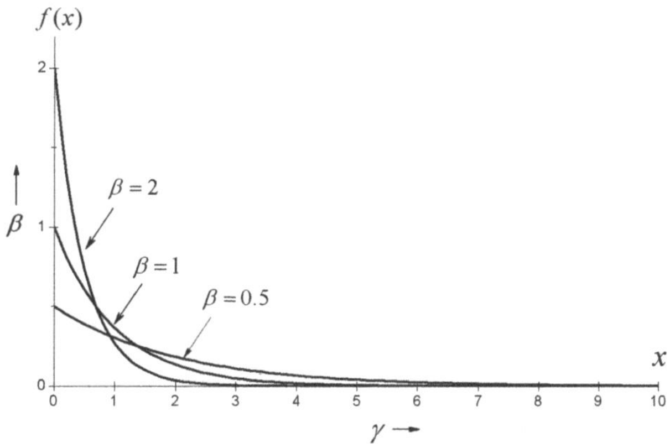

[그림 4.2.1] 지수분포

라. 분포함수

$$F(x) = 1 - \exp\left(-\frac{x}{\beta}\right) \tag{4.2.2}$$

마. 평균: β

바. 분산: β^2

사. 왜도: 2

아. 첨도: 9

자. 특징

1) 이 분포는 $\alpha = \beta = 1$인 감마분포와 와이블 분포와 동일하다.

$$\text{Expo}(\beta) = \text{Gamma}(1, \beta) = \text{Weibull}(1, \beta)$$

2) 지수분포인 확률변수[X~Exponential(β)]을 더하면, 즉 $X_1 + X_2 + \cdots + X_m$ 이면 Gamma(m, β) 분포가 된다. 이를 m-Erlang 분포라고 한다.

4.3 정규분포, N(μ, σ)

가. 밀도함수

$$f(x) = \frac{1}{\sqrt{2\pi\sigma^2}} \exp\left[-\frac{(x-\mu)^2}{2\sigma^2} \right] \tag{4.3.1}$$

나. 모수: 위치모수 μ(실수), 척도모수 $\sigma > 0$

다. 범위: $-\infty < x < \infty$

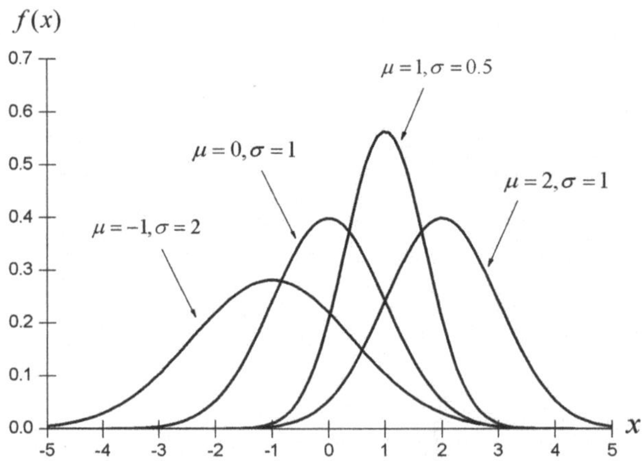

[그림 4.3.1] 정규분포

라. 분포함수

일반적인 경우에는 닫힌 형태가 존재하지 않는다.

마. 평균: μ

바. 분산: σ^2

사. 왜도: 0

아. 첨도: 3

자. 특징

1) $\mu = 0,\ \sigma = 1$이면 표준정규분포라고 한다.

2) X~N(0,1) 이면 로그정규분포와 동일하다: $N(0,1) = LogN(0,1)$.

4.4 로그정규분포, LogN(μ,σ)

가. 밀도함수

$$f(x) = \frac{1}{x\sigma\sqrt{2\pi}} \exp\left(-\frac{(\ln x - \mu)^2}{2\sigma^2}\right) \tag{4.4.1}$$

나. 모수: 위치모수: $-\infty < \mu < \infty$, 척도모수: $\sigma > 0$

다. 범위: $0 < x$

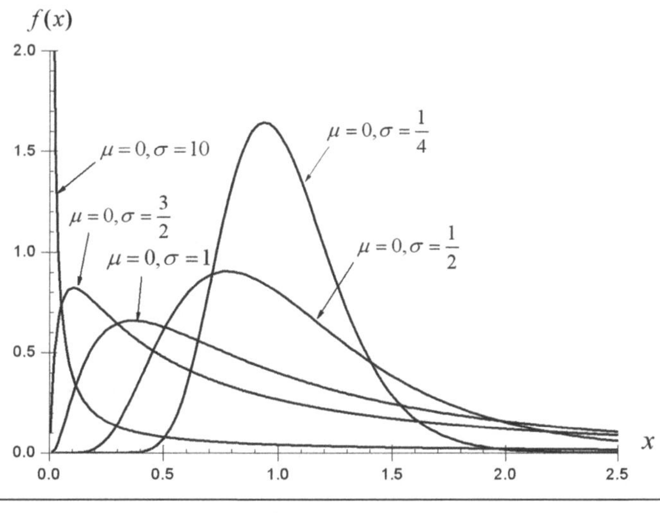

[그림 4.4.1] 로그정규분포

라. 분포함수

일반적인 경우에는 닫힌 형태가 존재하지 않는다.

마. 평균: $\exp\left(\mu+\frac{\sigma^2}{2}\right)$

바. 분산: $\left[\exp(\sigma^2)-1\right]\exp\left(2\mu+\sigma^2\right)$

사. 왜도: $\left[\exp(\sigma^2)+2\right]\sqrt{\exp(\sigma^2)-1}$

아. 첨도: $\exp(4\sigma^2)+2\exp(3\sigma^2)+3\exp(2\sigma^2)-6$

4.5 와이블 분포, Weibull(α, β)

가. 밀도함수

$$f(x)=\frac{\alpha}{\beta}\left(\frac{x}{\beta}\right)^{\alpha-1}\exp\left[-\left(\frac{x}{\beta}\right)^{\alpha}\right] \tag{4.5.1}$$

나. 모수: 형태모수 $\alpha>0$, 척도모수 $\beta>0$

다. 범위: $0<x$

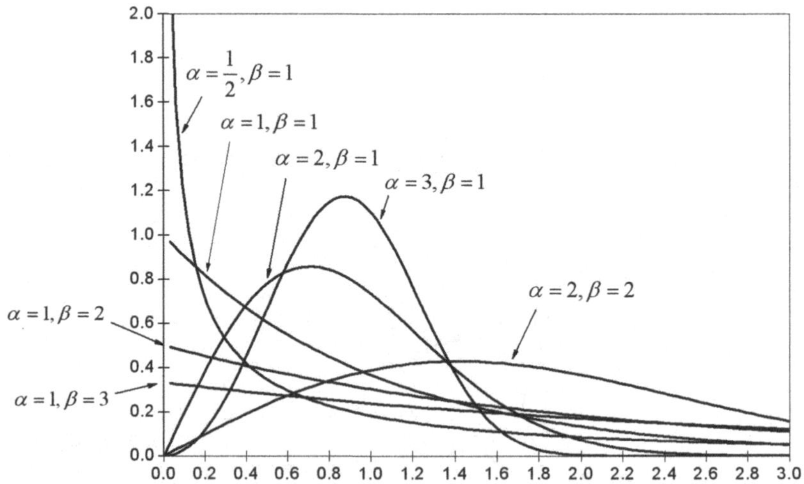

[그림 4.5.1] 와이블 분포

라. 분포함수

$$F(x) = 1 - \exp\left[-\left(\frac{x}{\beta}\right)^{\alpha}\right] \tag{4.5.2}$$

마. 평균: $\beta\,\Gamma\left(1+\frac{1}{\alpha}\right)$

바. 분산: $\beta^2\,\Gamma\left(1+\frac{2}{\alpha}\right) - \mu^2$

사. 왜도: $\dfrac{\beta^3\Gamma\left(1+\frac{3}{\alpha}\right) - 3\mu\sigma^2 - \mu^3}{\sigma^3}$

아. 첨도: $\dfrac{\beta^4\Gamma\left(1+\frac{4}{\alpha}\right) - 3\sigma^4 - 4m_3\sigma^3\mu - 6\sigma^2\mu^2 - \mu^4}{\sigma^4}$

자. 특징

1) $\alpha = 1$ 이면 지수분포(β)와 동일하다: $\text{Weibull}(1, \beta) = \text{Exponential}(\beta)$.
2) 와이블 분포 확률변수에 자연로그를 취하면 극단값분포가 된다.
3) $\alpha = 2$ 이면 레일리 분포(β)와 동일하다: $\text{Weibull}(2, \beta) = \text{Rayleigh}(\beta)$.

4.6 레일리 분포, Rayleigh(β)

가. 밀도함수

$$f(x) = \frac{x}{\beta^2}\exp\left[-\frac{1}{2}\left(\frac{x}{\beta}\right)^2\right] \tag{4.6.1}$$

나. 모수: 척도모수 $\beta > 0$

다. 범위: $0 < x$

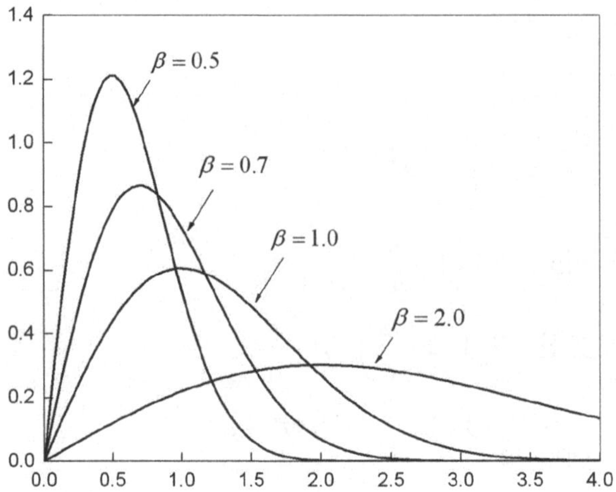

[그림 4.6.1] 레일리 분포

라. 분포함수

$$F(x) = 1 - \exp\left[-\frac{1}{2}\left(\frac{x}{\beta}\right)^2\right] \tag{4.6.2}$$

마. 평균: $\sqrt{\dfrac{\pi\beta^2}{2}}$

바. 분산: $\dfrac{4-\pi}{2}\beta^2$

사. 왜도: 0.63

아. 첨도: 3.26

자. 특징

1) $\text{Weibull}(2, \sqrt{2}\beta) = \text{Rayleigh}(\beta)$
2) $\text{Rayleigh}(\beta = 1) = \text{Chi-sq}(\nu = 2)$
3) 정규분포 $N(0,1)$에서 추출된 서로 독립적인 2개의 확률변수들 y_1, y_2가 $X = \sqrt{y_1^{\ 2} + y_2^{\ 2}}$로 정의되면, 이 새로운 확률변수 X는 다음 식으로 표현되는 레일리 분포를 따른다. 정규분포식과 비교해 보라.

$$f(x) = \frac{x}{\sigma^2}\exp\left[-\frac{1}{2}\left(\frac{x}{\sigma}\right)^2\right]$$

4.7 극단값분포, EVD(β)

어떤 표본들로부터 최댓값(또는 최솟값)을 뽑는 일을 반복해서 하나의 표본을 만들면, 원래의 분포가 무엇이었든 그 표본은 극단값분포(EVD: Extreme Value Distribution)를 따른다. 극단값분포는 제1종(TYPE I, Gumbel), 제2종(TYPE II, Frechet), 제3종(TYPE III, Weibull)의 3가지 종류가 있다. 여기서는 제1종 극단값분포만 논의하기로 한다. 자세한 내용과 응용 예는 참고문헌(Johnson et al., 1995)을 보기 바란다.

TYPE I EVD

가. 밀도함수

극댓값분포: $$f_{\max}(x) = \frac{1}{\beta_{\max}} \exp\left(-\frac{(x-\gamma_{\max})}{\beta_{\max}}\right) \exp\left[-\exp\left(-\frac{(x-\gamma_{\max})}{\beta_{\max}}\right)\right] \quad (4.7.1)$$

극솟값분포: $$f_{\min}(x) = \frac{1}{\beta_{\min}} \exp\left(\frac{x-\gamma_{\min}}{\beta_{\min}}\right) \exp\left[-\exp\left(\frac{x-\gamma_{\min}}{\beta_{\min}}\right)\right] \quad (4.7.2)$$

특히 $\gamma = 0$, $\beta = 1$이면 표준 굼벨(Gumbel) 분포라고 한다. 이 경우, 밀도함수는 다음과 같이 간단해진다.

$$f_{\max}(x) = \exp(-x)\exp[-\exp(-x)] \quad (4.7.1')$$

$$f_{\min}(x) = \exp(x)\exp[-\exp(x)] \quad (4.7.2')$$

나. 모수: 척도모수 $\beta > 0$, 위치모수 $-\infty < \gamma < \infty$

다. 범위: $-\infty < x < \infty$

라. 분포함수

$$F_{\max}(x) = \exp\left[-\exp\left(-\frac{(x-\gamma_{\max})}{\beta_{\max}}\right)\right] \quad (4.7.3)$$

$$F_{\min}(x) = 1 - \exp\left[-\exp\left(\frac{x-\gamma_{\min}}{\beta_{\min}}\right)\right] \quad (4.7.4)$$

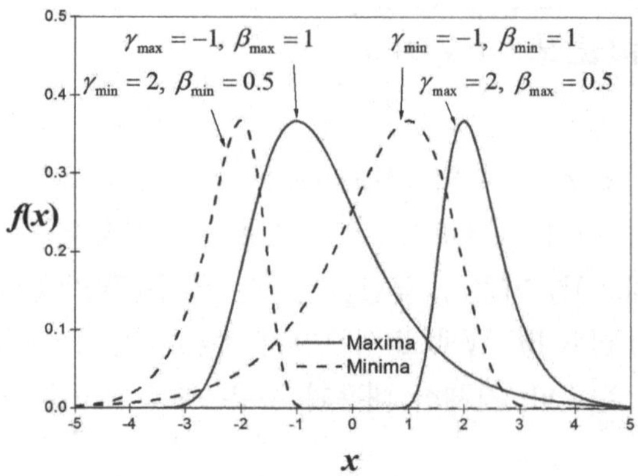

[그림 4.7.1] 극단값(극소)분포

$\gamma=0,\ \beta=1$일 때는 다음과 같이 줄어든다.

$$F_{max}(x)=\exp[-\exp(-x)] \tag{4.7.3'}$$

$$F_{min}(x)=1-\exp[-\exp(x)] \tag{4.7.4'}$$

마. 평균: $\mu_{max}=\gamma_{max}+0.5772\beta_{max}$,

$\mu_{min}=\gamma_{min}-0.5772\beta_{min}$ (0.5772는 Euler number)

바. 분산: $\sigma^2_{max}=\dfrac{\pi^2}{6}\beta^2_{max}$ (극대, 극소 동일)

사. 특징

극댓값분포는 꼬리가 오른쪽으로 끌리고(right-skewed), 극솟값분포는 꼬리가 왼쪽으로 끌린다(left-skewed). 모수들이 같을 때 극댓값분포와 극솟값분포는 대칭이다. 제1종 분포는 확률변수값의 상한, 하한의 경계가 없다.

4.8 감마분포, Gamma(α,β)

가. 밀도함수

$$f(x)=\frac{1}{\beta^{\alpha}\Gamma(\alpha)}x^{\alpha-1}\exp\left(-\frac{x}{\beta}\right) \tag{4.8.1}$$

나. 모수: 형태모수 α, 척도모수 β

다. 범위: $0 < x$

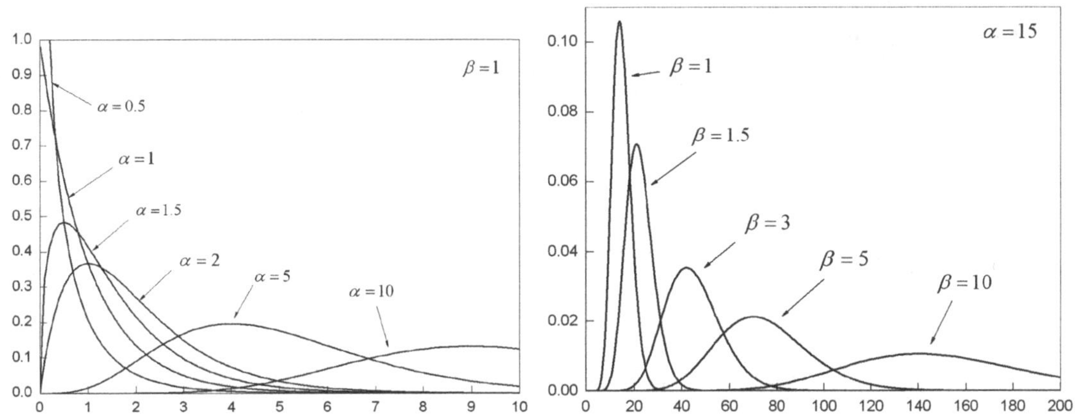

[그림 4.8.1] 감마분포

라. 분포함수

1) 일반적인 경우에는 닫힌 형태가 존재하지 않는다.

2) α가 정수이면 다음과 같다.

$$F(x) = 1 - e^{-\frac{x}{\beta}} \sum_{j=0}^{\alpha-1} \frac{\left(\frac{x}{\beta}\right)^j}{j!} \tag{4.8.2}$$

마. 평균: $\alpha\beta$

바. 분산: $\alpha\beta^2$

사. 왜도: $\dfrac{2}{\sqrt{\alpha}}$

아. 첨도: $3 + \dfrac{6}{\alpha}$

자. 특징

1) 이 분포는 α와 β에 따라 분포의 모양이 여러 가지로 변한다. $\beta=1$인 경우를 표준 감마분포라고 한다: Gamma(α,1).

2) $\alpha=1$이면 지수분포와 동일하다. Gamma(1, β) = Exponential(β)

3) $\alpha = \dfrac{\nu}{2}$이고 $\beta = 2$이면 자유도가 ν인 카이제곱(χ^2)분포와 동일하다.

4) α가 양의 정수이면 Erlang 분포라고 한다.

4.9 카이제곱분포, Chi2(ν)

가. 밀도함수

$$f(x) = \frac{1}{2^{\frac{\nu}{2}}\Gamma\left(\frac{\nu}{2}\right)} x^{\left(\frac{\nu}{2}-1\right)} \exp\left(-\frac{x}{2}\right) \tag{4.9.1}$$

나. 모수: 자유도 $\nu > 0$

다. 범위: $0 \le \chi^2$

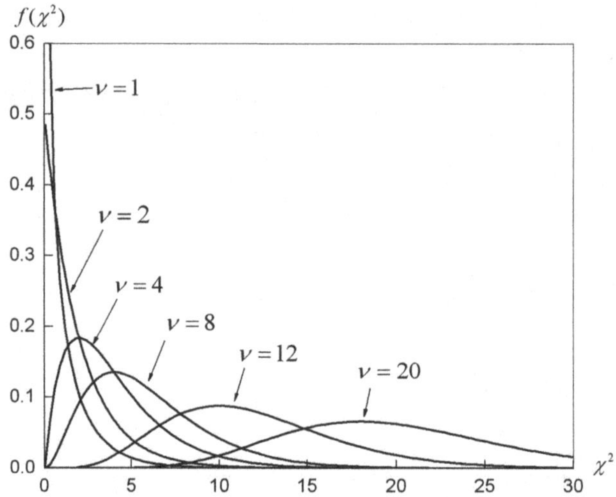

[그림 4.9.1] 카이제곱분포

라. 분포함수

1) $\frac{\nu}{2}$가 정수가 아니면 닫힌 형태가 존재하지 않는다.

$$F(x) = \int_0^{\frac{x}{2}} \frac{1}{\Gamma(\nu/2)} t^{\left(\frac{\nu}{2}-1\right)} e^{-t} dt \tag{4.9.2}$$

2) 정수이면 다음과 같다.

$$F(\chi^2)=1-\exp\left(-\frac{\chi^2}{2}\right)\sum_{j=0}^{\frac{\nu}{2}-1}\frac{\left(\frac{\chi^2}{2}\right)^j}{j!} \tag{4.9.2'}$$

마. 평균: ν

바. 분산: 2ν

사. 왜도: $2\sqrt{\frac{2}{\nu}}$

아. 첨도: $3+\frac{12}{\nu}$

자. 특징

1) 이 분포는 분산추정과 적합도검정에 자주 이용된다.
2) χ^2분포는 $\alpha=\frac{\nu}{2}$, $\beta=2$인 감마분포와 동일하다: $\text{Chi2}(\nu)=\text{Gamma}\,(\frac{\nu}{2},2)$.
3) $\nu=2$ 인 χ^2 분포는 $\beta=2$ 인 지수분포와 동일하다: $\text{Chi2}(2)=\text{Expo}(2)$.
4) 자유도 ν_1 인 $\chi_1{}^2$ 분포와 자유도 ν_2 인 $\chi_2{}^2$ 분포의 합은 자유도 $\nu=\nu_1+\nu_2$ 인 $\chi^2=\chi_1{}^2+\chi_2{}^2$ 분포를 보인다.
5) 서로 독립적인 표준정규분포($N(0,1)$) 확률변수 X의 제곱들을 더해서 만들어지는 새로운 확률변수 $Q=\sum_{i=1}^{n}X_i{}^2$ 는 $\chi_n{}^2$ 분포를 따른다. 아래첨자 n은 자유도이다. 만약 정규분포 확률변수들의 평균과 분산이 각기 다를 경우에는 다음과 같이 표준화 변수 $P=\sum_{i=1}^{n}\left(\frac{X_i-\mu_i}{\sigma_i}\right)^2$ 로 바꾸면 $\chi_n{}^2$ 분포로 변환할 수 있다.
6) 서로 독립적이고 각각 μ, σ^2인 n개의 정규분포 확률변수들인 경우, 새로운 확률변수 $\frac{(n-1)s^2}{\sigma^2}$는 자유도 $\nu=n-1$ 인 χ^2분포를 따른다.
7) 자유도 $\nu\to\infty$ 일수록 χ^2 분포는 $N(\nu,2\nu)$인 정규분포로 접근한다. 그러나 접근 정도가 아주 느리기 때문에, 정규분포로 근사시키기 위한 다음 2가지 방법들이 자주 사용된다. 하나는 χ^2을 $Y=\sqrt[3]{\frac{\chi^2}{\nu}}$ 로 변환시키는 것이다. 이 확률변수는 평균 $\mu_Y=1-\frac{2}{9}\nu$ 이고 분산 $\sigma_Y{}^2=\frac{2}{9\nu}$인 정규분포에

접근한다. 다른 하나는 χ^2을 $V=\sqrt{2\chi^2}$ 로 변환시키는 것이다. 이 변수는 평균 $\mu_V=\sqrt{2\nu-1}$ 이고 분산 $\sigma_V{}^2=1$ 인 정규분포에 접근한다. 이런 관계식들은 표에 나와 있지 않은 χ^2을 구할 때 유용하다.

8) $Y=\dfrac{\chi^2_{\nu 1}/\nu_1}{\chi^2_{\nu 2}/\nu_2}$ 이면 $Y \sim F(\nu_1,\nu_2)$ 이다.

4.10 베타분포, $\mathrm{Beta}(\alpha_1,\alpha_2)$

가. 밀도함수

$$
\begin{aligned}
f(x) &= \frac{x^{\alpha_1-1}(1-x)^{\alpha_2-1}}{\int_0^1 u^{\alpha_1-1}(1-u)^{\alpha_2-1}du} \\
&= \frac{x^{\alpha_1-1}(1-x)^{\alpha_2-1}}{B(\alpha_1,\alpha_2)} \\
&= \frac{\Gamma(\alpha_1+\alpha_2)}{\Gamma(\alpha_1)\Gamma(\alpha_2)}x^{\alpha_1-1}(1-x)^{\alpha_2-1}
\end{aligned}
\tag{4.10.1}
$$

나. 모수: 형태모수: $\alpha_1>0$, $\alpha_2>0$

다. 범위: $0<x<1$

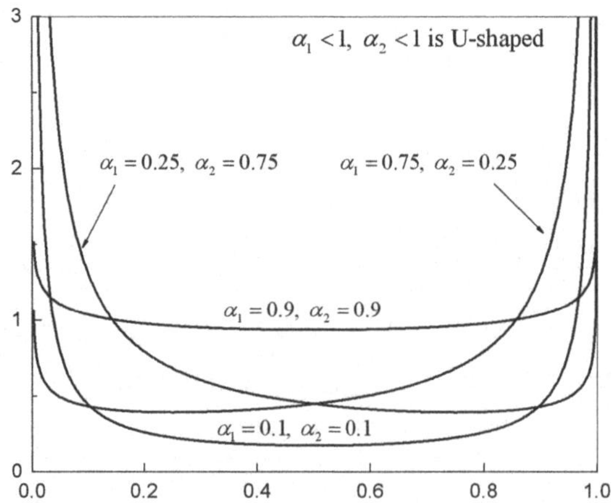

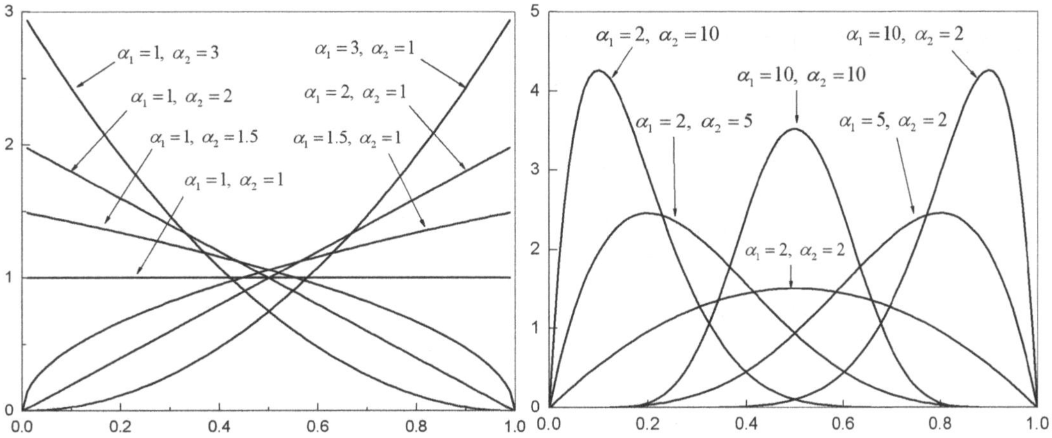

[그림 4.10.1] 베타분포

라. 분포함수

1) 일반적인 경우에는 닫힌 형태가 존재하지 않는다.

2) 0 ~ x까지의 면적, 이를 불완전 베타 적분(incomplete beta-function ratio)이라고 하고, 다음과 같이 정의된다.

$$F(x;\alpha_1,\alpha_2)=\frac{B_x(\alpha_1,\alpha_2)}{B(\alpha_1,\alpha_2)}=I_x(\alpha_1,\alpha_2) \tag{4.10.2}$$

마. 평균: $\dfrac{\alpha_1}{\alpha_1+\alpha_2}$

바. 분산: $\dfrac{\alpha_1\alpha_2}{(\alpha_1+\alpha_2)^2(\alpha_1+\alpha_2+1)}$

사. 왜도: $\dfrac{2(\alpha_2-\alpha_1)\sqrt{\alpha_1+\alpha_2+1}}{(\alpha_1+\alpha_2+2)\sqrt{\alpha_1\alpha_2}}$

아. 첨도: $6\dfrac{\alpha_1^3-\alpha_1^2(2\alpha_2-1)+\alpha_2^2(\alpha_2+1)-2\alpha_1\alpha_2(\alpha_2+2)}{\alpha_1\alpha_2(\alpha_1+\alpha_2+2)(\alpha_1+\alpha_2+3)}$

자. 특징

1) Beta(α_1=1, α_2=1) 분포는 균등분포 $U(0,1)$ 와 동일하다.

2) $X \sim U(0,1)$ 이면 $X^2 \sim \text{Beta}\left(\frac{1}{2},1\right)$ 이다.

4.11 F 분포, $F(\nu_1,\nu_2)$

가. 밀도함수

$$f(x)=\frac{\Gamma\left(\frac{\nu_1+\nu_2}{2}\right)\nu_1^{\frac{\nu_1}{2}}\nu_2^{\frac{\nu_2}{2}}}{\Gamma(\nu_1/2)\Gamma(\nu_2/2)}\frac{x^{\frac{\nu_1}{2}-1}}{(\nu_2+\nu_1 x)^{\frac{\nu_1+\nu_2}{2}}} \tag{4.11.1}$$

나. 모수: ν_1, ν_2

다. 범위: $0<x$

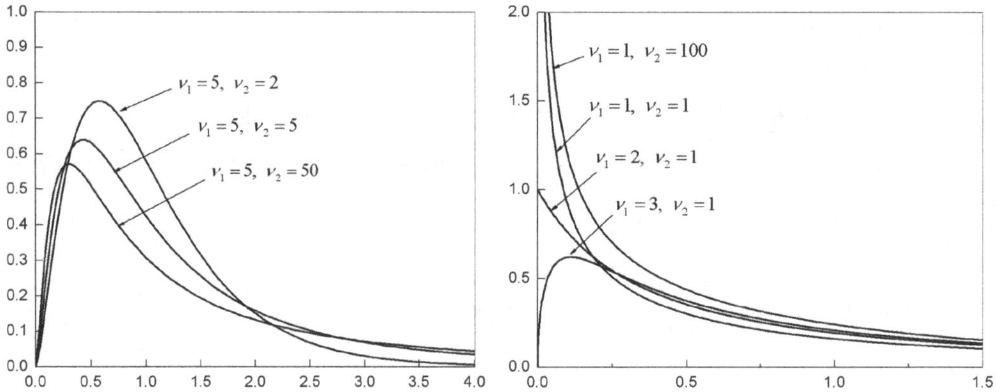

[그림 4.11.1] F 분포

라. 분포함수

$$F(x)=\frac{\Gamma\left(\frac{\nu_1+\nu_2}{2}\right)\nu_1^{\frac{\nu_1}{2}}\nu_2^{\frac{\nu_2}{2}}}{\Gamma(\nu_1/2)\Gamma(\nu_2/2)}\int_0^x\frac{t^{\frac{\nu_1}{2}-1}}{(\nu_2+\nu_1 t)^{\frac{\nu_1+\nu_2}{2}}}dt \tag{4.11.2}$$

마. 평균: $\dfrac{\nu_2}{\nu_2-2}$, 단, $\nu_2>2$일 때

바. 분산: $\dfrac{2\nu_2^2(\nu_2+\nu_1-2)}{\nu_1(\nu_2-2)^2(\nu_2-4)}$, 단, $\nu_2>4$일 때

사. 왜도: $\dfrac{2\nu_2^2+\nu_1-2}{\nu_2-6}\sqrt{\dfrac{8(\nu_2-4)}{\nu_1+\nu_2-2}}$, 단, $\nu_2>6$일 때

아. 특징

1) $X=\dfrac{\chi^2_{\nu 1}/\nu_1}{\chi^2_{\nu 2}/\nu_2}$ 이면 확률변수 X 는 자유도 ν_1,ν_2 인 $F(\nu_1,\nu_2)$ 분포를 보인다.

2) $X=\dfrac{\nu_2}{\nu_2+\nu_1 F}$ 는 $\text{Beta}\left(\alpha_1=\dfrac{\nu_2}{2}-1,\alpha_2=\dfrac{\nu_1}{2}-1\right)$ 분포와 동일하다.

4.12 Student's t 분포, Stt(ν)

가. 밀도함수

$$f(x)=\frac{\Gamma\left(\dfrac{\nu+1}{2}\right)}{\sqrt{\pi\nu}\,\Gamma(\nu/2)}\left(1+\frac{x^2}{\nu}\right)^{-\frac{\nu+1}{2}} \tag{4.12.1}$$

나. 모수: 자유도 ν(실수)>0

다. 범위: $-\infty<x<\infty$

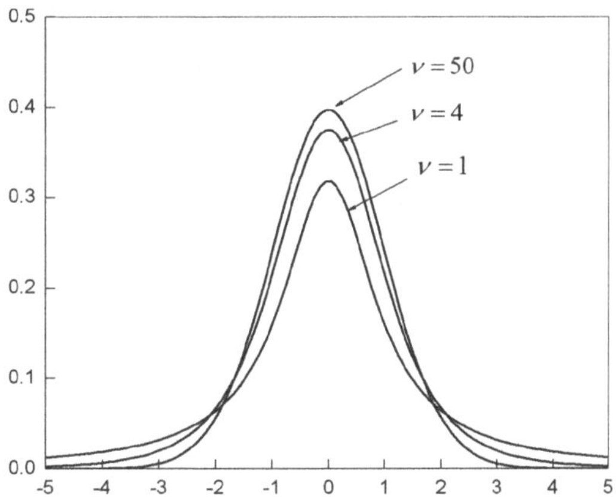

[그림 4.12.1] Student's t 분포

라. 분포함수

$$F(x)=\frac{\Gamma\left(\frac{\nu+1}{2}\right)}{\sqrt{\pi\nu}\,\Gamma(\nu/2)}\int_{-\infty}^{x}\left(1+\frac{t^2}{\nu}\right)^{-\frac{\nu+1}{2}}dt \tag{4.12.2}$$

마. 평균: 0, 단, $\nu>1$일 때

바. 분산: $\frac{\nu}{\nu-2}$, 단, $\nu>2$일 때

사. 왜도: 0(이 그래프는 $x=0$을 기준으로 좌우 대칭이다)

아. 첨도: $\frac{3(\nu-2)}{\nu-4}$, 단, $\nu>4$일 때

자. 특징

1) 이 분포는 자유도 ν에 따라서 모양이 바뀐다. ν가 커질수록 $N(0,1)$인 정규분포에 근접한다. 이 특성을 이용해서 $\nu\geq 30$이면 정규분포를 대신 사용할 수 있다.
2) X가 정규분포 $N(0,1)$이고, χ^2가 자유도 ν인 카이제곱분포 Chi2(ν)라면, 새로운 확률변수 $t=\frac{X}{\sqrt{\chi^2/\nu}}$는 자유도 ν인 student t 분포를 따른다. 이 특성은 모분산을 모를 때, 정규분포의 평균을 추정할 때 유용하게 사용된다(거의 대부분의 통계작업이 여기에 해당된다).
3) $X\sim \mathrm{Stt}(\nu=1)$이면, $X\sim \mathrm{Cauchy}(0,1)$인 분포와 동일하다.
4) $X\sim \mathrm{Stt}(\nu)$이면, $X^2\sim \mathrm{F}(\nu_1=1,\nu_2=\nu)$인 분포와 동일하다.

4.13 코쉬 분포, Cauchy(γ,β)

가. 밀도함수

$$f(x)=\frac{\beta}{\pi\left[\beta^2+(x-\gamma)^2\right]} \tag{4.13.1}$$

나. 모수: 척도모수 $\beta>0$, 위치모수, $-\infty<\gamma<\infty$

다. 범위: $-\infty<x<\infty$

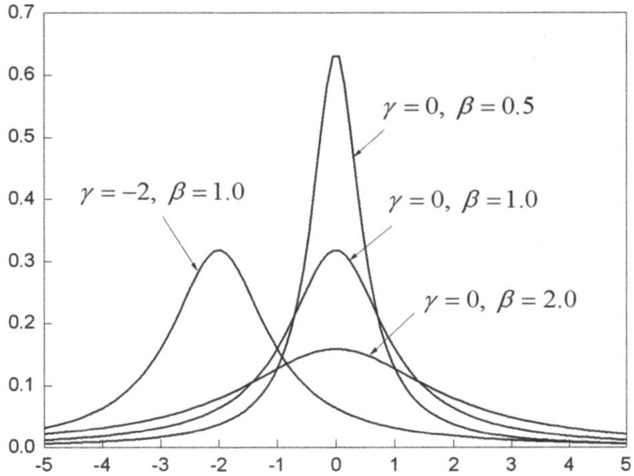

[그림 4.13.1] 코쉬 분포

라. 분포함수

$$F(x) = \frac{1}{2} + \frac{1}{\pi}\tan^{-1}\left(\frac{x-\gamma}{\beta}\right) \tag{4.13.2}$$

마. 평균: 정의되지 않는다. 하지만 γ로 간주하는 것이 보통이다.

바. 분산: 정의되지 않는다. 하지만 β^2으로 간주하는 것이 보통이다.

사. 왜도: 정의되지 않는다.

아. 첨도: 정의되지 않는다.

자. 특징

1) 이 분포는 Lorentz 분포라고도 한다. $x = \gamma$에 대해서 대칭이다. 정규분포와의 차이는 꼬리가 길게 끌린다는 점이다($x = \pm 1$까지는 동일하다).
2) Cauchy(0,1)은 표준 코쉬 분포이다. 이는 자유도 $\nu = 1$인 t-분포와 같다.
3) $N(0,1)$인 정규분포에서 추출된 독립적인 변수들 Z_1, Z_2이 만드는 새로운 확률변수 $Y = Z_1/Z_2$는 Cauchy(0,1) 인 분포를 따른다.
4) 단위원($U_1^2 + U_2^2 = \frac{1}{4}$) 안에서 균등분포하는 독립적인 확률변수들 U_1, U_2가 만드는 새로운 확률변수 $Y = U_1/U_2$는 Cauchy(0,1)인 분포를 따른다.
5) Cauchy(0,1) 분포는 $X = \gamma + \beta Y$로 놓음으로서 Cauchy(γ, β)인 분포로 쉽게 바꿀 수 있다.

4.14 파레토 분포

가. 밀도함수

$$f(x)=\frac{\alpha\gamma^{\alpha}}{x^{\alpha+1}}, \qquad x \ge \gamma \tag{4.14.1}$$

나. 모수: 형태모수(= Pareto index) $\alpha > 0$, 위치모수 $\gamma > 0$

다. 범위: $\gamma \sim \infty$

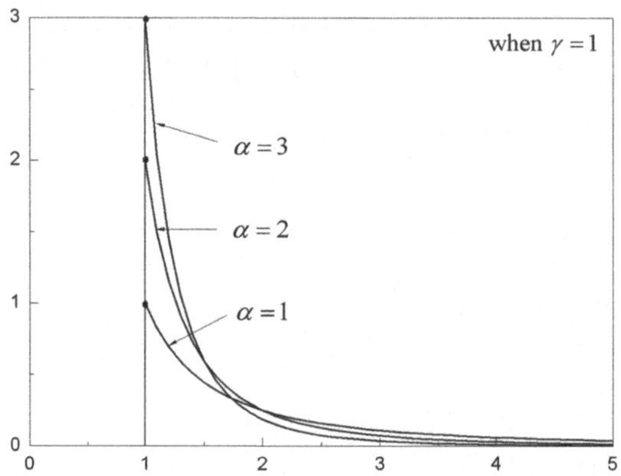

[그림 4.14.1] 파레토 분포

라. 분포함수

$$F(x)=1-\left(\frac{\gamma}{x}\right)^{\alpha} \tag{4.14.2}$$

마. 평균: $\dfrac{\alpha\gamma}{\alpha-1}, \qquad \alpha > 1$

바. 분산: $\dfrac{\alpha\gamma^2}{(\alpha-1)^2(\alpha-2)}, \qquad \alpha > 2$

사. 왜도: $\dfrac{2(1+\alpha)}{\alpha-3}\sqrt{\dfrac{\alpha-2}{\alpha}}, \qquad \alpha > 3$

아. 첨도: $\dfrac{6(\alpha^3+\alpha^2-6\alpha-2)}{\alpha(\alpha-3)(\alpha-4)}, \qquad \alpha > 4$

4.15 삼각형분포

가. 밀도함수

$$f(x)=\begin{cases}\dfrac{2(x-a)}{(b-a)(c-a)}, & \text{if } a\le x\le c\\[2ex] \dfrac{2(b-x)}{(b-a)(b-c)}, & \text{if } c\le x\le b\end{cases} \tag{4.15.1}$$

나. 모수: 형태모수 c(=mode), 위치모수 $-\infty<a<\infty$, $a<b$

다. 범위: $a\le x\le b$

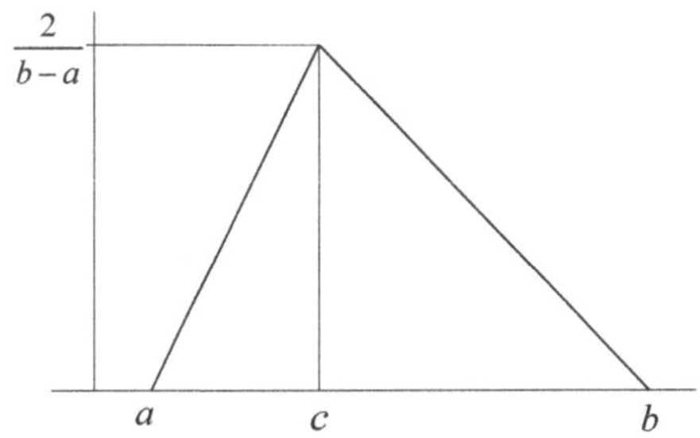

[그림 4.15.1] 삼각형분포

라. 분포함수

$$F(x)=\begin{cases}\dfrac{(x-a)^2}{(b-a)(c-a)}, & \text{if } a\le x\le c\\[2ex] 1-\dfrac{(b-x)^2}{(b-a)(b-c)}, & \text{if } c\le x\le b\end{cases} \tag{4.15.2}$$

마. 평균: $\dfrac{a+b+c}{3}$

바. 분산: $\dfrac{a^2+b^2+c^2-ab-ac-bc}{18}$

사. 왜도: $\dfrac{\sqrt{2}(a+b-2c)(2a-b-c)(a-2b+c)}{5\left(a^2+b^2+c^2-ab-ac-bc\right)^{\frac{3}{2}}}$

아. 첨도: $-\dfrac{3}{5}$

참고문헌

- Evans, M., Hastings, N. and B. Peacock(eds.), Statistical Distributions, 3rd edition, John Wiley & Sons, NY, (2000)
- Johnson, N.L., Kotz, S. and N. Balakrishnan(eds.), Continuous Univariate Distributions, Vol. 1, John Wiley & Sons, NY, (1994)
- Johnson, N.L., Kotz, S. and N. Balakrishnan(eds.), Continuous Univariate Distributions, Vol. 2, John Wiley & Sons, NY, (1995)
- Keceicoglu, D.(ed), Reliability Engineering Handbook, Vol. 1 and Vol. 2, Prentice-Hall, NJ, (1991)
- Krishnamoorthy, K.(ed), Handbook of Statistical Distributions with Applications, Chapman & Hall/CRC, (2006)
- Severini, T.A.(ed), Elements of Distribution Theory, Cambridge University Press, Cambridge, (2005)
- Struart, A. and J.K. Ord(eds.), Kendall's Advanced Theory of Statistics, Vol. 1: Distribution Theory, Hodder Arnold, NY, (1994)

5장

추정

5.1 추정 개요

모수와 표본통계치

어떤 대상에 대한 확률 정보를 알려면 데이터가 필요하다. 데이터를 얻기 위한 대상 집단 전체를 모집단이라고 한다. 모수(population parameter)란 모집단의 통계적 특성을 말한다. 예로서 평균, 분산, 비율 같은 것들을 들 수 있는데 각각 모평균, 모분산, 모비율 등으로 부른다. 모집단 전체를 조사한다면 모수를 정확히 알 수 있다. 그러나 대개의 경우 모집단을 구성하는 개체들의 수는 아주 많기 때문에 모집단 전체를 조사하는 것은 현실적으로 거의 불가능하다. 따라서 모수를 모르는 것이 보통이다. 표본이란 모집단으로부터 무작위하게 추출된 일부분으로서 모집단을 대표한다. 표본은 모집단에 비해 개수가 적기 때문에 통계적 특성을 구하기 쉽다. 표본의 통계적 특성을 표본통계치(sample statistic)라고 한다. 앞에서 예를 든 모수에 대응되는 표본통계치는 표본평균, 표본분산, 표본비율을 들 수 있다. 일반적으로 모수는 그리스 문자로, 표본통계치는 알파벳으로 구분하여 사용한다.

특성	모수	표본통계치
크기	N	n
평균	μ	$\overline{X}$
분산	σ^2	s^2
비율	p	$\hat{p}$

표본통계치를 구하는 방법은 모수를 구하는 경우와 같다. 단지 조사하는 대상의 개수가 적을 뿐이다. 표본평균, 표본분산, 표본비율은 각각 다음과 같이 정의된다.

$$\overline{X} = \frac{X_1 + X_2 + \cdots + X_n}{n} = \frac{1}{n}\sum_{i=1}^{n} X_i \tag{5.1.1}$$

$$s^2 = \frac{\left(X_1 - \overline{X}\right)^2 + \left(X_2 - \overline{X}\right)^2 + \cdots + \left(X_n - \overline{X}\right)^2}{n-1} = \frac{1}{n-1}\sum_{i=1}^{n}(X_i - \overline{X})^2 \tag{5.1.2}$$

$$\hat{p} = \frac{y}{n} \tag{5.1.3}$$

식 (5.1.3)에서 n은 전체 개체수이고 y는 그 중에서 특정 성질을 갖는 개체의 수이다. 예를 들어, 전체 시행 중에서 성공한 시행의 수 또는 전체 부품 중에서 불량품의 수 등이 될 수 있다.

표집분포

표본통계치는 확률변수이다. 표본 데이터들이 확률변수이기 때문에 그것을 근거로 계산되는 표본통계치도 확률변수인 것은 당연하다. 어떤 모집단으로부터 여러 개의 표본개체들을 뽑아 하나의 표본을 구성했다고 하자. 그 표본통계치는 어떤 표본개체들이 선택이 되었는가에 따라서 매번 다르게 나타난다. 하나의 표본으로부터 구해진 통계치는 존재 가능한 여러 가지 값들 중에서 선택된 한 가지일 뿐이다. 확률변수들의 분포와 마찬가지로, 표본통계치들이 많다면 그 분포를 구할 수 있다. 표본통계치들의 확률분포를 표집분포(sampling distribution)라고 한다.

예로서 표본평균의 표집분포를 구하는 과정을 보자. 모집단에서 n개의 표본개체를 뽑아 하나의 표본을 만들고 그 평균값을 구한다. 다시 n개로 이루어진 표본 하나를 만들어 그 평균값을 구한다면 처음하고는 다른 값이 얻어질 것이다(n이 아주 크지 않은 한). 이런 과정을 반복해서 평균값들을 많이 구한다면, 그림 5.1.1과 같은 표본평균들의 분포를 얻을 수 있을 것이다. 만약 관심의 대상이 표분분산이었다면, 같은 방법에 의해서 그림 5.1.2와 같은 표본분산의 표집분포를 얻게 될 것이다.

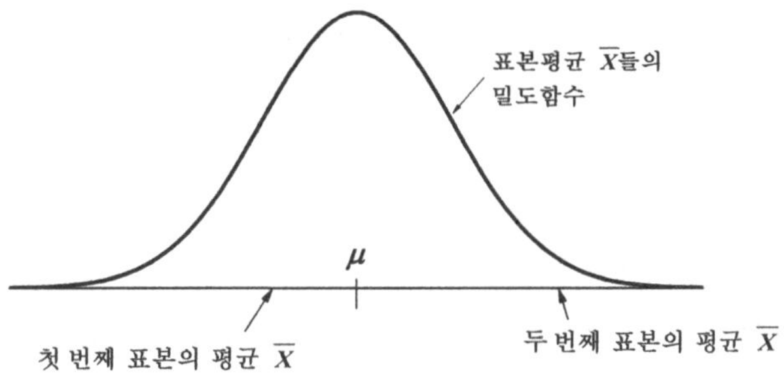

[그림 5.1.1] 표본평균 $\overline{X}$ 들의 확률분포

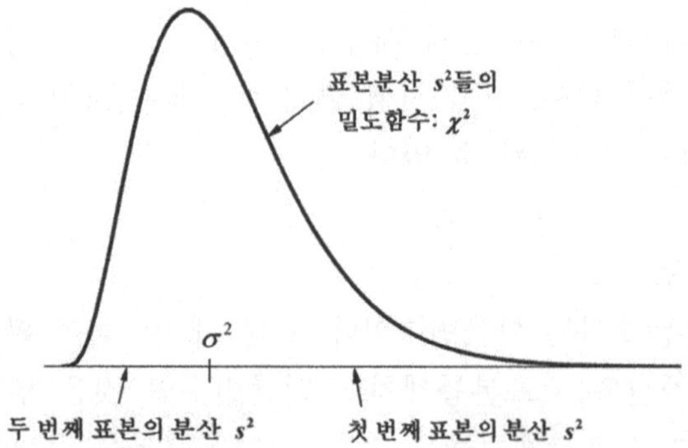

[그림 5.1.2] 표본분산 s^2들의 확률분포

표본통계치의 표집분포는 1) 표본통계치의 확률변수 특성과 2) 표본통계치를 구하는 데 사용된 표본 개수에 따라서 각자 특성이 다른 분포를 띠게 된다.

먼저 확률변수의 특성에 따른 표집분포의 변화를 살펴보자. 표본평균이나 표본비율과 같은 표본통계치들은 다른 확률변수들을 단순히 더한 값으로 구성된다.

$$Y = X_1 + X_2 + \cdots + X_n$$

이런 표본통계치(또는 확률변수)들의 분포는 정규분포를 따른다[1]. 그러나 표본분산의 경우에는 다른 확률변수의 제곱을 더한 값으로 구성된다.

$$W = {X_1}^2 + {X_2}^2 + \cdots + {X_n}^2$$

이 표본통계치는 정규분포가 아닌 카이제곱분포를 보인다[2].

표집분포의 특성은 표본 개수에 따라서도 달라진다. 앞에서 본 것처럼 표본평균과 표본분산의 표집분포들은 서로 다르다. 하지만 이들 표본통계치를 구하는 데 사용된 표본 개수가 무한히 늘어난다면, 중심극한정리에 따라서 이들은 모두 정규분포로 수렴하게 된다. 이 부분은 다음 절에서 다루기로 한다.

여기서 염두에 두어야 할 것은 표집분포란 개별 데이터들의 분포가 아니라는 점이다. 표본통계치는 개별 데이터들로부터 얻어진 또 하나의 확률변수이다. 따라서 표본통계치들의 분포도 존재하기 마련이다. 그 분포의 특성은 표본통계치

1) 정규분포인 이유는 중심극한정리를 따르기 때문이다. 이는 5.3절에서 자세히 다룬다.
2) 표본분산의 경우에는 표본이 뽑히는 모집단의 특성에 따라 표집분포의 모양이 민감하게 변한다. 그림 5.1.2는 모집단이 정규분포인 경우에 얻어진 것이다.

자체의 확률변수 특성에 따라서 그리고 표본통계치를 구하는 데 사용된 표본 개수에 달라진다. 표집분포, 즉 표본통계치의 분포 특성에 따라서 모수를 추정하는 방법이 다르기 때문에 이를 아는 것은 중요하다.

추정 및 추정치의 조건

표본이란 모집단을 대표하는 일부분이다. 표본통계치를 구하는 이유는 모집단의 통계적 특성을 알아내기 위해서이다. 우리의 목적은 일부를 이용해서 전체에 대해 아는 것이다. 일부분인 표본의 특성만으로는 전체 모집단의 특성을 정확히 판정하기는 어렵다. 그 이유는 표집오차(sampling error) 때문이다. 표본통계치는 다른 표본이 선택될 경우에(표본 개수가 같더라도) 매번 다르게 나타날 수 있다. 표본이 아주 크지 않은 한, 표본으로부터 얻은 통계적 정보는 잘못된 것일 수도 있다. 이는 표본통계치가 모수와 다를 수도 있다는 뜻이다. 이런 이유에서 추정이라는 용어가 사용된다. 추정이란 '추측해서 판정한다'라는 의미이다. 표본통계치는 모수를 추정하기 위한 도구일 뿐이다. 진짜 모수는 모른다. 따라서 표본통계치만 구해 놓고 모수를 구한 것으로 혼동하지 말아야 한다.

좋은 추정치는 다음과 같은 특성들을 갖추어야 한다.

먼저, '추정치는 모수와 다르지 않아야 한다'. 추정치가 모수에서 벗어난 정도를 편향이라고 한다. 그림 5.1.3을 보라. 편향은 다음 식으로 표현할 수 있다.

$$\text{bias}(\hat{\theta}) = E(\hat{\theta}) - \theta \tag{5.1.4}$$

여기서 모수는 θ로, 그 추정치는 $\hat{\theta}$로 표현된다. 여기서 ^ 기호는 추정되었다는 의미이다. 모수와 일치하는 추정치를 불편추정치(unbiased estimator)라고 한다. 이는 추정치의 기댓값이 모수와 같다는 뜻으로 편향이 0인 추정치를 말한다.

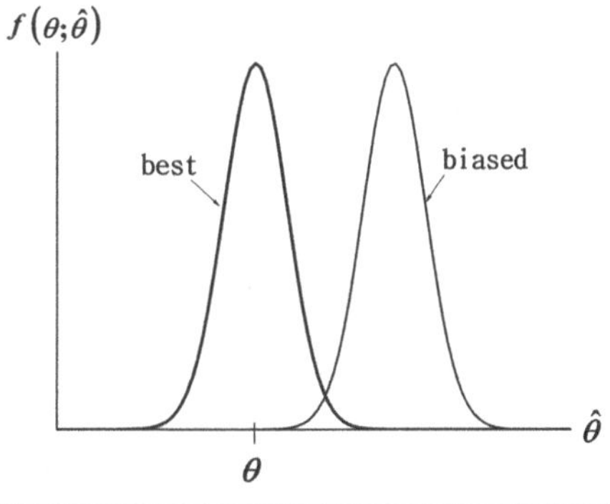

[그림 5.1.3] 모수와 추정치의 편향

식 (5.1.1)로 구한 표본평균은 모평균의 불편추정치다. 이는 표본평균들의 평균, 즉 표본평균들의 기댓값은 모평균과 같다는 뜻이다. 식 (5.1.2)로 구한 표본분산 역시 모분산의 불편추정치이다. 이는 표본분산들의 평균이 모분산과 같다는 의미이다. 그 증명은 다음과 같다.

$$\begin{aligned}
E(\overline{X}) &= E\left(\frac{1}{n}\sum_{i=1}^{n}X_i\right) \\
&= \frac{1}{n}E\left(\sum_{i=1}^{n}X_i\right) \\
&= \frac{1}{n}\sum_{i=1}^{n}E(X_i) \\
&= \frac{1}{n}[E(X_1)+E(X_2)+\cdots+E(X_n)] \qquad (5.1.5) \\
&= \frac{1}{n}[\mu+\mu+\cdots+\mu] \\
&= \frac{n\mu}{n} \\
&= \mu
\end{aligned}$$

$$\begin{aligned}
E(s^2) &= E\left[\frac{1}{n-1}\sum_{i=1}^{n}\left(X_i-\overline{X}\right)^2\right] \\
&= \frac{1}{n-1}E\left[\sum_{i=1}^{n}\left(X_i-\overline{X}\right)^2\right] \\
&= \frac{1}{n-1}E\left\{\sum_{i=1}^{n}\left[(X_i-\mu)-\left(\overline{X}-\mu\right)\right]^2\right\} \\
&= \frac{1}{n-1}\left\{\sum_{i=1}^{n}E(X_i-\mu)^2-nE\left(\overline{X}-\mu\right)^2\right\} \qquad (5.1.6) \\
&\qquad \because E(X_i-\mu)^2=\sigma^2,\ E\left(\overline{X}-\mu\right)^2=\frac{\sigma^2}{n} \\
&= \frac{1}{n-1}\left\{\sum_{i=1}^{n}\sigma^2-n\frac{\sigma^2}{n}\right\} \\
&= \frac{1}{n-1}\left\{n\sigma^2-\sigma^2\right\} \\
&= \sigma^2
\end{aligned}$$

둘째, '추정치는 분산이 작아야 한다'. 분산이 작아야 모수를 정확하게 추정할 수 있다. 분산은 식 (5.1.7)로 표현할 수 있다. 이는 추정치가 모수로부터 벗어난 정도이다. 달리 표현하면 추정치들끼리의 차이이다. 그림 5.1.4를 보라.

$$Var(\hat{\theta}) = E\left[\left(\hat{\theta} - E(\hat{\theta})\right)^2\right] \tag{5.1.7}$$

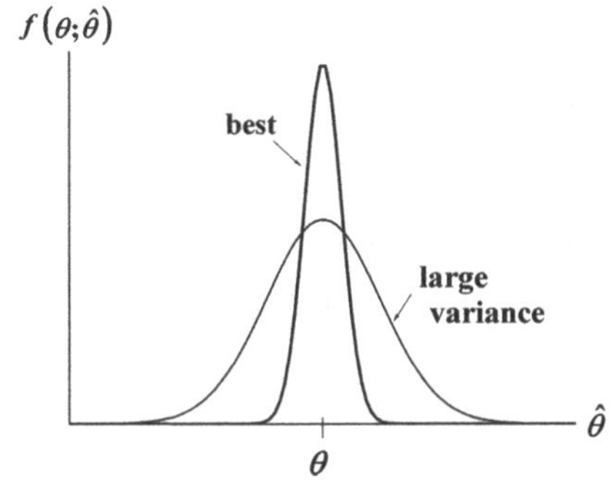

[그림 5.1.4] 모수추정에 있어서의 분산

추정치의 편향과 분산 정도를 나타내는 다른 척도가 있다. 이는 평균제곱오차(MSE: Mean Squared Error)로 다음 식으로 표현된다.

$$\begin{aligned}
\text{MSE}(\hat{\theta}) &= E\left[(\hat{\theta} - \theta)^2\right] \\
&= E\left[\left(\hat{\theta} - E(\hat{\theta}) + E(\hat{\theta}) - \theta\right)^2\right] \\
&= E\left[\left(\hat{\theta} - E(\hat{\theta})\right)^2\right] + E\left[\left(E(\hat{\theta}) - \theta\right)^2\right] + 2E\left[\left(\hat{\theta} - E(\hat{\theta})\right)\left(E(\hat{\theta}) - \theta\right)\right] \quad (5.1.8) \\
&= Var(\hat{\theta}) + \left[bias(\hat{\theta})\right]^2 + 2\left[\left(E(\hat{\theta})\right)^2 - E(\hat{\theta})\theta - \left(E(\hat{\theta})\right)^2 + E(\hat{\theta})\theta\right] \\
&= Var(\hat{\theta}) + \left[bias(\hat{\theta})\right]^2
\end{aligned}$$

즉, 추정치의 평균제곱오차는 분산과 편향의 제곱으로 구성된다. 편향이 0인 추정치가 불편추정치이다.

추정이란 관찰된 데이터로부터 모수를 결정하는 것이다. 모수를 안다면 확률변수의 분포를 알 수 있고, 확률분포를 안다면 특정 확률변수값으로써 표현되는 사건의 발생 확률을 알 수 있다. 따라서 한정된 표본 데이터로부터 모수를 정확히 추정해내는 일은 중요하다. 그러기 위해서는 먼저 불편추정치이면서 분산이 작은 추정치를 구해야 한다. 그 다음은 추정치에 신뢰도를 부여해야 한다. 이를 위해서는 추정의 근간이 되는 몇 가지 확률 이론들을 아는 것이 필요하다.

5.2 확률변수들의 합과 정규분포

확률변수들의 합

동일한 분포로부터(또는 확률밀도함수가 같은) 독립적으로 n개의 확률변수 표본을 추출하고 이들을 모두 더하는 과정을 생각해 보자. 이때 표본이 추출되는 분포가 어떤 것인가는 상관없다. 평균과 분산이 각각 $\mu_X = E(X)$ 이고 $\sigma_X^2 = Var(X)$ 인 분포로부터 독립적으로 추출된 확률변수 $X_1, X_2, \cdots, X_n$ 들의 합은 다음과 같고, 이 역시 하나의 확률변수이다.

$$S_n = X_1 + X_2 + \cdots + X_n = \sum_{i=1}^{n} X_i \tag{5.2.1}$$

이런 과정은 동전 던지기나 주사위 굴리기 같은 실험을 예로 들 수 있다. 동전 던지기를 10번 반복해서 앞면이 나온 경우의 수를 모두 더하거나, 주사위 굴리기를 5번 반복해서 나온 숫자들을 모두 더하는 경우에 해당한다. 이런 실험들은 앞의 실험결과가 뒤의 실험결과에 영향을 미치지 않는다. 이는 실험이 서로 독립적이라는 의미이다. 게다가 매 실험이 동일한 조건에서 수행된다. 이는 분포가 동일하다는 뜻이다. 이 두 가지가 만족되는 경우를 iid(independent identically distributed) 조건이라고 한다. 표본이 추출되는 분포는 동전던지기의 경우는 $p = 0.5$ 인 이항분포이고, 주사위 굴리기의 경우는 $p = 1/6$인 이항분포다.

우리의 관심은 확률변수 S_n 의 분포 모양에 있다. 이 확률변수의 분포 모양은 다음 두 가지에 의존한다.

1) 합을 구하는 데 사용된 표본 X_i가 추출된 분포의 특징
2) 사용된 표본 개수

그림 5.2.1에서 하나의 그래프는 10,000개 S_n의 분포이다. 예를 들어, 균등분포의 $n = 5$인 그래프라면 균등분포에서 5개의 표본을 뽑아 합 S_5를 구하는 일을 10,000 번 반복해서 그 분포를 나타낸 것이다. 표본추출에 사용된 분포는 지수분포, 균등분포, 정규분포의 세 가지이고, 표본의 개수는 $n = 1, 2, 5, 100$ 으로 달리하였다.

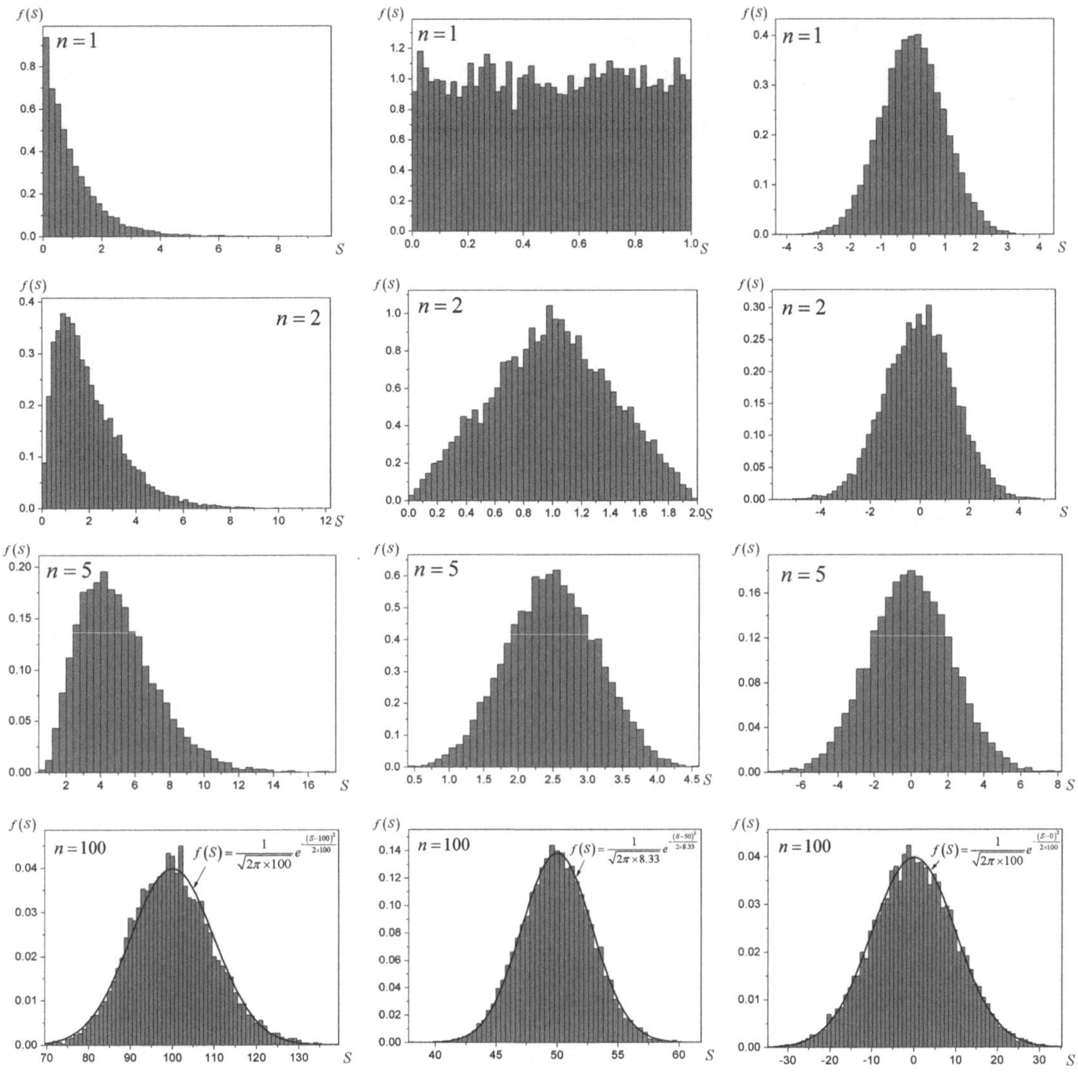

(a) 지수분포 $\mathrm{Exp}(\beta=1)$ (b) 균등분포 $\mathrm{U}\left(\mu=\frac{1}{2},\sigma^2=\frac{1}{12}\right)$ (c) 정규분포 $\mathrm{N}(\mu=0,\sigma^2=1)$

[그림 5.2.1] 표본 개수 증가에 따른 확률변수(다른 확률변수들의 합)의 분포 변화

여기서 주목해야 할 것은 합을 취하는 데 사용된 표본의 개수가 늘어남에 따라 분포의 모양이 달라진다는 점이다. 표본 개수가 많아질수록 표본이 추출된 원래 분포의 특성과 상관없이 결국은 정규분포로 수렴하는 경향을 보인다. 다른 두 분포보다도 비대칭성이 심한 지수분포에서조차도 $n=5$ 정도만 되면 대칭성이 나타나기 시작한다. 이 경우는 단지 정규분포에 수렴하는 정도가 느릴 뿐이다.

이처럼 정규분포에 수렴하는 정도는 표본이 추출된 분포의 특성에 의존한다. 즉, 비대칭이 심하거나, 꼬리가 길게 끌리는 분포들은 느리게 수렴한다. 따라서 정규분포로 가정하기 위한 표본 개수에 대한 일률적인 규칙은 없다. 보통의 경우는 $n \geq 30$ 정도면 정규분포로 봐도 좋다.

확률변수 S_n이 이루는 정규분포의 확률밀도함수는 다음과 같다.

$$f(S_n) = \frac{1}{\sqrt{2\pi\sigma_{S_n}^2}} e^{-\frac{(S_n - \mu_{S_n})^2}{2\sigma_{S_n}^2}} \tag{5.2.2}$$

확률변수 S_n의 기댓값과 분산은, 모든 X_i 들이 서로 독립적이라는 가정에 의해서 기댓값과 분산이 동일하므로

$$\begin{aligned} E(S_n) &= \mu_{S_n} \\ &= E(X_1) + E(X_2) + \cdots + E(X_n) \\ &= n\mu_X \end{aligned} \tag{5.2.3}$$

$$\begin{aligned} Var(S_n) &= \sigma_{S_n}^2 \\ &= Var(X_1) + Var(X_2) + \cdots + Var(X_n) \\ &= n\sigma_X^2 \end{aligned} \tag{5.2.4}$$

$$\sqrt{Var(S_n)} = \sigma_{S_n} = \sigma_X \sqrt{n} \tag{5.2.5}$$

이 식들의 타당성은 그림 5.2.1에서 확인해 볼 수 있다. 지수분포는 평균 1에 분산 1이고, 균등분포는 평균 1/2에 분산 1/12이고, 정규분포는 평균 0에 분산 1이다. 각각의 분포에서 S_n의 평균의 위치와 분산의 크기를 확인해 보라. 예를 들어 균등분포에서 $n=5$인 경우라면,

$$\begin{aligned} \mu_{S_5} &= n\mu_X^{Unif} = (5)(1/2) = 2.5 \\ \sigma_{S_5}^2 &= n\sigma_X^2 = (5)(1/12) \approx 0.42 \end{aligned}$$

$n=100$인 경우라면,

$$\begin{aligned} \mu_{S_{100}} &= n\mu_X^{Unif} = (100)(1/2) = 50 \\ \sigma_{S_{100}}^2 &= n\sigma_X^2 = (100)(1/12) \approx 8.33 \end{aligned}$$

이로써 확률변수 S_n이 이루는 정규분포는 표본 개수에 따라서 그 평균과 분산이 달라짐을 알 수 있다.

표준정규분포

표본 개수가 많다면 확률변수 X_i들의 합 S_n의 분포는 정규분포로 수렴한다. 이처럼 어떤 확률변수가 표본이 추출된 분포의 성질과 무관하게 특정한 하나의 분포로 수렴하는 특성은 아주 중요하다. 표본통계치가 표본평균이나 표본비율처럼 다른 확률변수들의 합으로부터 구해진 것일 경우에는, 정규분포의 특성을 이용해서 원하는 확률 정보를 쉽게 얻을 수 있기 때문이다.

확률정보를 얻는다는 것은 대부분의 경우 분포에서 '관심 있는 부분의 면적'을 알아내는 것과 같은 의미다. 면적은 분포 곡선을 적분해야 얻을 수 있다. 그러나 식 (5.2.2)의 정규분포 밀도함수는 닫힌 형태가 아니기(non-closed form) 때문에 적분이 쉽지 않다. 더 큰 문제는 사용된 표본의 개수에 따라서 S_n의 분포 형태가 달라진다는 데 있다. S_n이 $N\left(\mu_{S_n} = n\mu_X, \sigma_{S_n}^2 = n\sigma_X^2\right)$인 정규분포임을 생각해 보라. 이 때문에 표본 개수가 달라질 때마다 매번 적분을 수행해야 하는 번거로움이 생긴다.

표준화를 통해서 이런 불편을 줄일 수 있다. 표준화는 다음과 같이 확률변수 S_n를 평균만큼 평행이동시킨 다음에 분산의 제곱근(표준편차)으로 나누는 것이다.

$$Z = \frac{S_n - \mu_{S_n}}{\sigma_{S_n}} \tag{5.2.6}$$

이러한 조작은 확률변수 S_n을 새로운 확률변수 Z로 바꾼다. 확률변수 Z는 항상 평균 0이고 분산 1인 정규분포를 따르게 된다. 즉 표준화 전에는 $S_n \sim N\left(\mu_{S_n}, \sigma_{S_n}^2\right)$이었지만, 표준화 후에는 $Z \sim N\left(\mu_Z = 0, \sigma_Z^2 = 1\right)$이 된다. Z를 표준화변수(standard normal deviate)라고 한다. 이는 확률변수값이 평균으로부터 표준편차의 몇 배만큼 떨어져 있는가를 나타내는 지표이기도 하다.

평균 0, 분산 1으로 표준화된 정규분포를 표준정규분포라고 한다. 이 경우에 식 (5.2.2)의 확률밀도함수는 다음과 같이 간단하게 된다.

$$f(z) = \phi(z) = \frac{1}{\sqrt{2\pi}} e^{-\frac{z^2}{2}}, \qquad -\infty < z < \infty \tag{5.2.7}$$

표준정규분포의 누적분포함수는 다음과 같다.

$$F(z) = \Pr(Z \le z) = \Phi(z) = \int_{-\infty}^{z} \phi(y)dy = \frac{1}{\sqrt{2\pi}} \int_{-\infty}^{z} e^{-\frac{y^2}{2}} dy \qquad (5.2.8)$$

이 식들의 의미는 그림 5.2.2와 같다.

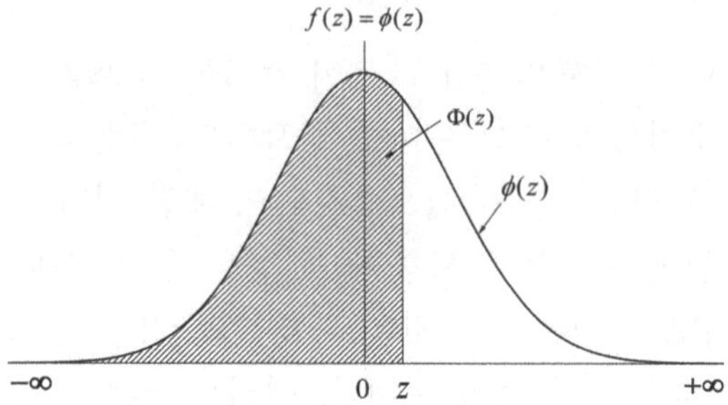

[그림 5.2.2] 표준정규분포의 확률밀도함수와 누적분포함수

그림에서 빗금친 부분의 면적은, 확률변수가 특정 z보다 작은 값을 가진 분율이다. 예를 들어 $z=0$이라면, 총면적은 이미 1로 표준화되었고 정규분포는 원점에서 대칭이므로 $\Phi(z=0)=0.5$이다. 이는 '평균 이하의 값을 가진 개체가 모집단에서 발견될 확률이 50%이다'라는 의미이다. 이런 방식으로 구간별 면적을 구하여 표로 만들어 놓으면 그 확률 정보를 쉽게 이용할 수 있다. 보통의 통계 책들의 부록에서 흔히 볼 수 있는 정규분포 확률표가 바로 이것이다. 확률표를 이용하려면, 먼저 해당 확률변수를 표준화변수로 변환해야 한다.

예제 5.2.1

어떤 그룹의 몸무게를 쟀더니 평균이 60kg, 분산이 12^2인 정규분포를 보였다. 몸무게가 75kg 이하인 사람의 비율은 얼마나 될까?

풀이 + 주어진 값들과 정규확률표로부터

$$\Pr(X \le 75) = \Phi\left(Z = \frac{X-\mu}{\sigma}\right) = \Phi\left(Z = \frac{75-60}{12}\right) = \Phi(Z = 1.25) \approx 0.89435$$

이는 그룹 전체 구성원의 89.4%는 몸무게가 75kg 이하에 속한다는 뜻이다. 예에서 볼 수 있듯이 표준정규분포의 확률 정보를 이용하려면 확률변수를 먼저 표준화변수로 변환해 주어야 한다.

참고로 정규분포의 중요한 특징들을 살펴보자. 좌우대칭이므로 $\Phi(-z)=1-\Phi(z)$이다. 그림 5.2.3을 보라.

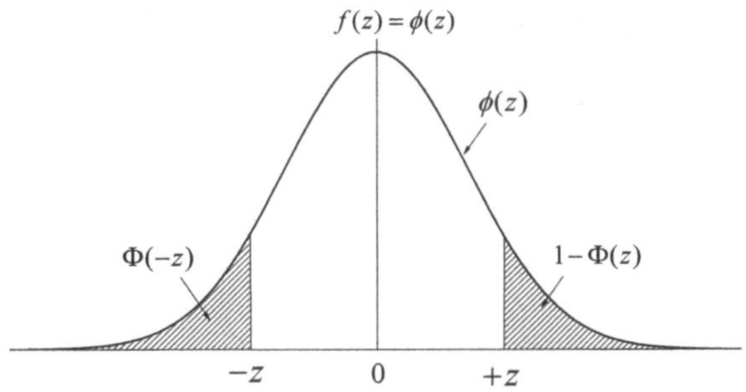

[그림 5.2.3] 표준정규분포에서 $\Phi(-z)=1-\Phi(z)$의 의미

이러한 특성을 이용해서 특정 구간의 면적 정보를 알 수 있다. 예를 들면, 확률변수값 x가 평균으로부터 표준편차의 1배 이내 있을 확률은 $Z=\pm 1$인 경우이다. 이는 그림 5.2.4의 빗금친 부분의 면적인 68.27%에 해당한다. 만약 표준편차의 2배 이내 있을 확률을 구한다면 $Z=\pm 2$이므로 그 면적은 95.45%이다. 표준편차의 3배의 경우라면 99.73%가 된다. 참고로 표준정규분포 확률은 $Z=1$일 때는 0.34134, $Z=2$일 때는 0.47725, $Z=3$일 때는 0.49865이다.

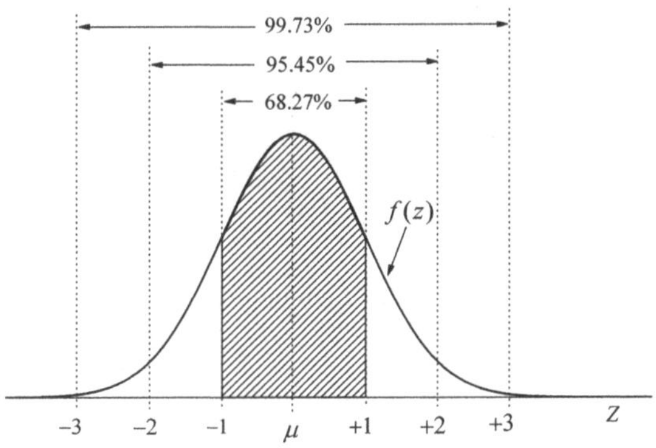

[그림 5.2.4] 표준정규분포에서 확률변수 X가 특정 구간 내에 존재할 확률

5.3 중심극한정리와 다수의 법칙

중심극한정리(Central Limit Theorem)

'표본 개수가 많다면 확률변수들의 합의 분포는 정규분포를 따른다.' 이 법칙은 표본이 어떤 분포에서 추출되는지에 상관없이 성립된다. 사실, 이 확률법칙은 이미 앞 절에서 다루었다. 여기서는 논의의 대상을 표본평균으로 바꾸기로 하자. 이는 표본평균도 확률변수들의 합을 달리 표현한 하나의 확률변수이기 때문에 가능하다.

$$\overline{X}_n = \frac{S_n}{n} = \frac{X_1 + X_2 + \cdots + X_n}{n} = \frac{1}{n}\sum_{i=1}^{n} X_i \tag{5.3.1}$$

표본평균의 분포 역시 정규분포를 따른다. 그 기댓값과 분산은 다음과 같다.

$$E(\overline{X}_n) = E\left(\frac{1}{n}\sum_{i=1}^{n} X_i\right) = \frac{1}{n} nE(X) = E(X) = \mu_X \tag{5.3.2}$$

$$\begin{aligned} Var(\overline{X}_n) &= Var\left(\frac{1}{n}\sum_{i=1}^{n} X_i\right) \\ &= \frac{1}{n^2} Var\left(\sum_{i=1}^{n} X_i\right) \\ &= \frac{1}{n^2}\sum_{i=1}^{n} Var(X_i) \\ &= \frac{1}{n^2} nVar(X) \\ &= \frac{Var(X)}{n} \\ &= \frac{\sigma_X^2}{n} \end{aligned} \tag{5.3.3}$$

$$\sqrt{Var(\overline{X})} = \sqrt{\frac{\sigma_X^2}{n}} = \frac{\sigma_X}{\sqrt{n}} \tag{5.3.4}$$

표본 개수가 아주 많으면, 즉 $n \to \infty$ 이면, 표본평균 $\overline{X}_n$ 의 확률밀도는 평균 μ_X 이고 분산 $\frac{\sigma_X^2}{n}$ 인 정규분포를 따른다.

$$\overline{X}_n \sim N\left(\mu_X, \frac{\sigma_X^2}{n}\right) \tag{5.3.5}$$

이 식은 앞에서와 같은 방법으로 표준화시킬 수 있다.

$$Z_n = \frac{\overline{X} - \mu_X}{\frac{\sigma_X}{\sqrt{n}}} \quad \text{또는} \quad Z_n = \frac{\sum_{i=1}^{n} X_i - n\mu_X}{\sigma_X \sqrt{n}} \tag{5.3.6}$$

즉, 표준화된 확률변수 Z_n은 평균 0이고 분산 1인 정규분포를 따른다.

$$Z_n \sim N\left(\mu_{Z_n} = 0, \sigma_{Z_n}^2 = 1\right) \tag{5.3.7}$$

표본평균의 관점에서 다시 한 번 중심극한정리를 정의하자. '어떤 분포로부터 표본을 뽑든지 표본이 아주 많아진다면 표본평균의 분포는 정규분포로 수렴한다.' 현실적으로, 사용되는 모든 확률변수들의 분포를 정확히 아는 것은 불가능하다. 이런 측면에서 이 확률 정리는 중요하다. 표본평균과 정규분포의 특성을 이용해서 모집단의 확률 정보를 파악할 수 있도록 해주기 때문이다. 다음을 보라.

중심극한정리를 이용해서 평균 $\overline{X}_n$이 어떤 값 A보다 작을 확률을 구할 수 있다. 이 확률을 표준화변수로 표현하면

$$\Pr\left(\overline{X} \le A\right) = \Pr\left(\frac{\overline{X}_n - \mu_X}{\frac{\sigma_X}{\sqrt{n}}} \le \frac{A - \mu_X}{\frac{\sigma_X}{\sqrt{n}}}\right) = \Pr\left(Z_n \le z\right) \tag{5.3.8}$$

따라서 다음의 표준정규분포 확률식을 이용해서 모집단의 확률을 추정할 수 있다.

$$\lim_{n\to\infty} \Pr\left(Z_n \le z\right) = \Phi(z) = \frac{1}{\sqrt{2\pi}} \int_{-\infty}^{z} e^{-\frac{y^2}{2}} dy \tag{5.3.9}$$

예제 5.3.1

주사위 굴리기 실험에서 확률변수의 평균은 $\mu = 3.5$, 분산은 $\sigma^2 = 2.92$이다. $n = 25$일 때 표본평균 $\overline{X}$가 4.0 이상일 확률은?

$$\Pr\left(\overline{X} > A\right) = \Pr\left(\frac{\overline{X} - 3.5}{\frac{\sqrt{2.92}}{\sqrt{25}}} > \frac{4.0 - 3.5}{\frac{\sqrt{2.92}}{\sqrt{25}}}\right) = \Pr\left(Z_n > 1.463\right) = 1 - \Phi(1.463) = 0.072$$

다수의 법칙

'큰 수의 법칙' 또는 '대수의 법칙'으로 표현하는 책들이 많지만, 관점을 표본 개수에 둔다면 '다수의 법칙(Law of Large Numbers)'으로 부르는 것이 더 좋을 것으로 본다. 표본평균에 대한 특성을 다루기 때문에 평균법칙이라고도 한다. 이 법칙은 표현 정도에 따라 두 가지로 구분할 수 있다.

1) 약한 다수의 법칙(weak LLN):

표본이란 모집단의 정보를 알기 위해서 뽑힌 개체들이므로 표본이 많아질수록 정확한 정보를 얻게 될 것이다. 이 법칙은 표본 개수가 많아질수록 추정치가 기댓값으로부터 벗어날 확률은 작아진다는 것이다. 수식으로 표현하면 다음과 같다.

$$\lim_{n\to\infty} \Pr\left(\left|\overline{X}_n - \mu\right| \geq \varepsilon\right) = 0 \tag{5.3.10}$$

여기서 ε는 허용오차 또는 정확도로 볼 수 있다,

그림 5.3.1은 표본 개수가 증가함에 따라 표본평균이 모평균에 수렴하는 정도가 달라짐을 보이기 위한 것이다. 이 그림들은 $X \sim N\left(\mu = 0, \sigma^2 = 1\right)$인 정규분포로부터 n개의 표본을 뽑아 평균을 구하는 일을 10,000번 반복해서 그 빈도를 나타낸 것이다. 즉, 표본평균들의 확률분포이다.

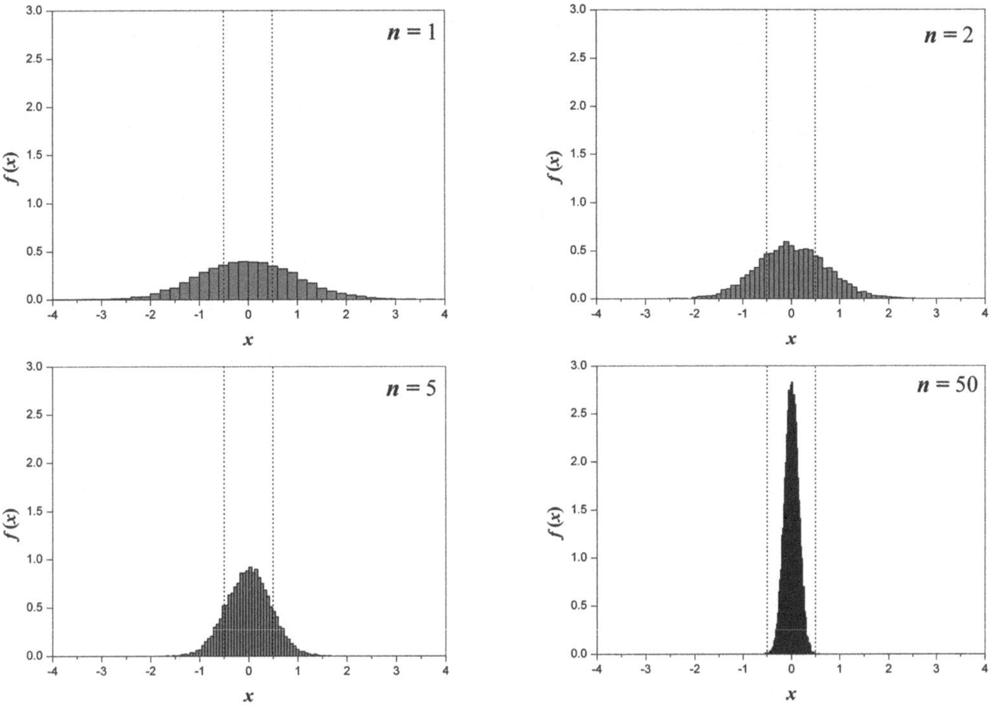

[그림 5.3.1] 다수의 법칙

그림에서 점선은 모평균 $\mu=0$를 중심으로 임의로 정한 $\mu\pm\varepsilon=0\pm0.5$인 구간이다. 이 구간 안에 포함되는 표본평균들의 비율을 보라. 표본 개수가 많아질수록 분포의 모양은 좁아지면서 점선 구간 내에 포함되는 막대들이 많아진다. 막대들이 주어진 구간 내에 포함되는 비율이란 확률이다. 표본 개수가 증가할수록 확률이 커진다는 것은, 표본평균이 모평균에 가까워진다는 것을 의미한다. 만약 $n\to\infty$인 조건이 된다면 위에서 정한 구간을 더욱 좁히더라도 대부분의 막대들은 그 구간 안에서 존재할 것이다.

2) **강한 다수의 법칙(strong LLN)**: 좀 더 강하게 표현된 다수의 법칙이다. 표본 개수가 많아질수록 추정치는 기댓값으로 거의 확실하게 수렴한다. 다음 식으로 표현된다.

$$\Pr\left(\lim_{n\to\infty}\overline{X}_n=\mu\right)=1 \tag{5.3.11}$$

이는 다음과 같은 의미로 해석될 수 있다. 표본 개수가 무한히 많다면 $\left|\overline{X}_n-\mu\right|\geq\varepsilon$

인 사건이 일어날 확률은 0이다. 또는 표본 개수가 유한하다면 $\left|\overline{X}_n - \mu\right| \geq \varepsilon$인 사건은 반드시 일어난다.

식 (5.3.10 ~ 11)에서 볼 수 있는 것처럼, 다수의 법칙은 표본평균이 모평균에 수렴하기 위해 필요한 표본 개수에 대한 정보를 제공하지는 않는다. 하지만 체비셰프(Chebyshev) 부등식을 이용하면 표본평균과 모평균 차이가 주어진 범위 안에 있을 확률 또는 필요한 표본 개수를 대략적으로 추정할 수 있다. 이 부등식은 분포에 대한 정보를 몰라도, 즉 분포에 무관하게, 확률 추정을 가능하게 하기 때문에 유용하게 사용될 수 있다. 단, 표본을 추출하는 분포는 $\mu < \infty$와 $\sigma^2 < \infty$이어야 한다.

체비셰프 부등식은 다음과 같다.

$$\Pr\left(\left|X - \mu\right| \geq \varepsilon\right) \leq \frac{Var(X)}{\varepsilon^2} = \frac{\sigma^2}{\varepsilon^2} \tag{5.3.12}$$

만약 $\varepsilon = k\sigma$ (단, $k > 1$)라고 한다면(이는 표준편차의 k배라는 의미이다), 식 (5.3.12)의 우측항은 $\frac{\sigma^2}{\varepsilon^2} = \frac{\sigma^2}{k^2\sigma^2} = \frac{1}{k^2}$ 이므로 다음과 같이 바꿔 쓸 수 있다.

$$\Pr\left(\left|X - \mu\right| \geq k\sigma\right) \leq \frac{1}{k^2} \tag{5.3.13}$$

또는

$$\Pr\left(\left|X - \mu\right| < k\sigma\right) > 1 - \frac{1}{k^2} \tag{5.3.13'}$$

위 식에 따르면 어떤 확률변수 X가 평균을 기준으로 $\mu \pm k\sigma$ 만큼 벗어날 확률은 $\frac{1}{k^2}$ 보다 작다. 예로서 $k = 5$라면 $\frac{1}{5^2} = 0.04$ 이다. 역으로 확률변수 X가 평균을 기준으로 $\mu \pm k\sigma$ 내에 존재할 확률은 $1 - \frac{1}{k^2}$ 이다. 이 기준으로 보면 대부분의 분포들은 분포곡선 아래 면적의 최소 75%가 $\mu \pm 2\sigma$ 내에 존재하고, 88.9%가 $\mu \pm 3\sigma$ 내에 존재하는 것으로 계산된다. 하지만 이 값들은 정규분포의 경우에서는 각각 95.5%와 99.7%에 해당한다(그림 5.2.4). 이로부터 체비셰프 부등식에 의한 확률 구간 정의는 상당히 보수적임을 알 수 있다. 이처럼 부정확한 데도 불구하고 자주 사용되는 이유는 분포의 모양을 모르더라도 대략적인 확률을 정할 수 있기 때문이다.

식 (5.3.12)에서, 확률변수 X 대신에 표본평균 $\overline{X}_n$과 분산 $\sigma^2_{\overline{X}_n} = \frac{\sigma^2_X}{n}$ 을 대입하면

$$\Pr\left(\left|\overline{X}_n - \mu\right| \geq \varepsilon\right) \leq \frac{\sigma^2_X}{n\varepsilon^2} \tag{5.3.14}$$

또는

$$\Pr\left(\left|\overline{X}_n - \mu\right| < \varepsilon\right) \geq 1 - \frac{\sigma^2_X}{n\varepsilon^2} \tag{5.3.14'}$$

$n \to \infty$인 경우에 식 (5.3.10~11)의 다수의 법칙이 성립됨을 확인할 수 있다. 표본 개수에 대한 정보도 이 식으로부터 구할 수 있다. 예를 들어, 추정치와 모수의 차이가 오차 범위에 안에 있을 확률이 α 보다 크다는 것, 즉 $\Pr\left(\left|\overline{X}_n - \mu\right| < \varepsilon\right) \geq \alpha$를 보장하기 위해 필요한 표본 개수는 $\alpha \leq 1 - \frac{\sigma^2_X}{n\varepsilon^2}$ 이므로

$$n \geq \frac{\sigma^2_X}{(1-\alpha)\varepsilon^2} \tag{5.3.15}$$

예제 5.3.2

확률변수의 분포를 모르지만, 평균이 70이고 분산이 20이라는 사실은 안다. $n = 25$일 때 평균이 55~85 사이에 있을 확률은?

풀이 + $\Pr\left(\left|\overline{X} - 70\right| < 15\right) \geq 1 - \frac{20}{(25)(15)^2} \approx 0.996$

예제 5.3.3

사건 A가 일어날 확률은 $\Pr(A) = 0.2$ 이다. '표본평균이 0.16~0.24 사이에 있을 확률이 95% 이상이다'라고 주장하기 위해서 필요한 표본 개수 n은?

풀이 + 사건 A가 일어날 확률은, 전체 시행수 n과 사건이 생긴 시행수의 합 S_n 의

비율이다. 즉, $\hat{p}=\frac{S_n}{n}$ 이다. 문제에서 주어진 확률의 범위는 $0.16 \le \frac{S_n}{n} \le 0.24$ 또는 $-0.04 \le \frac{S_n}{n} - 0.2 \le 0.04$ 이므로, $\left|\frac{S_n}{n} - 0.2\right| \le 0.04$ 인 사건이 일어날 확률은 체비셰프 부등식에 의하면 $\Pr\left(\left|\frac{S_n}{n} - 0.2\right| < 0.04\right) \ge 0.95$ 이다. 매 시행의 성공확률 $p=0.2$ 이므로, $(1-p)=0.8$ 이다. 이 정보들을 식(5.3.14′)에 적용하면

$$\Pr\left(\left|\frac{S_n}{n} - 0.2\right| < 0.04\right) \ge 1 - \frac{(0.2)(0.8)}{n(0.04)^2}.$$

$$1 - \frac{(0.2)(0.8)}{n(0.04)^2} \ge 0.95$$

따라서 $n \ge \frac{(0.2)(0.8)}{(1-0.95)(0.04)^2} = 2,000$ 개의 표본이 필요하다.

예제 5.3.4

어떤 종류의 유도탄이 목표물을 맞출 확률이 $p=0.8$이다. 모두 200발이 발사되었다면, 목표물을 맞춘 유도탄의 수는 몇 발인지 90% 확률로 추정해 보라.

풀이 +

$\Pr\left(\left|\frac{S_{200}}{200} - 0.8\right| \le \varepsilon\right) \ge 0.9$ 이고, $\Pr\left(\left|\frac{S_{200}}{200} - 0.8\right| \le \varepsilon\right) \ge 1 - \frac{(0.8)(0.2)}{200\varepsilon^2}$ 이므로

$$1 - \frac{(0.8)(0.2)}{200\varepsilon^2} \ge 0.9$$

이를 ε에 대해서 정리하면 $\varepsilon \ge 0.089$ 이다. 이를 본래의 식에 대입하면

$$\Pr\left(\left|\frac{S_{200}}{200} - 0.8\right| \le 0.089\right) \ge 0.9 \text{ 또는 } \Pr\left(0.711 \le \frac{S_{200}}{200} \le 0.889\right) \ge 0.9$$

$$0.711 \le \frac{S_{200}}{200} \le 0.889$$

$142.2 \le S_{200} \le 177.8$. 따라서 목표물을 맞춘 유도탄의 수가 143~178발일 확률은 90% 이상이다.

5.4 추정방법

표본통계치가 모수와 일치되지 않을 수도 있는 이유는 표집오차 때문이다. 통계치와 모수가 같아지려면 $n \to \infty$ 이어야 한다. 하지만 대부분의 현실에서는 가용한 표본 개수가 제한된다. 따라서 유한한 개수의 표본으로부터 얻은 통계치를 사용해서 모수를 추정해야 한다.

추정치를 구하는 방법에는 두 가지가 있다. 하나는 추정치를 하나의 값으로만 제시하는 점추정이고, 다른 하나는 추정치를 어떤 범위 또는 구간값으로 제시하는 구간추정이다. 점추정치는 하나의 값으로만 표현되기 때문에 그것이 모수에 얼마나 근접한 값인지 알 수 없다. 점추정을 위한 몇 가지 방법들은 뒤에서 다뤄질 것이다. 구간추정치는 모수가 존재할 구간의 경계값이다. 다시 말하자면, 모수가 존재할 어떤 범위를 정하는 것이다. 구간추정에서는 불확실성 또는 확실성에 대한 언급이 수반되어야 한다. 이는 추정구간 내에 모수가 존재하지 않을 가능성 또는 존재할 확률을 말하는 것으로 추정치에 대한 신뢰도로 해석할 수 있다. 구간추정법이 더 많이 사용되는 까닭은 바로 이 때문이다.

구간추정 방법은 통계치의 확률분포 특성에 기반을 둔다. 따라서 통계치들의 확률분포를 알아야 한다. 하지만 어떤 확률변수들의 분포를 정확히 알아내려면 많은 표본들이 필요하다. 다행히도 앞에서 배운 두 가지 중요한 확률법칙들 때문에 이런 제약으로부터 벗어날 수가 있다. 중심극한정리와 다수의 법칙이 그것이다.

표본평균, 표본비율, 표본분산은 일반적으로 자주 쓰이는 통계치들이다. 이들은 형태만 다를 뿐 모두 어떤 확률변수들의 합으로부터 정의된다. 평균이나 비율은 단순히 다른 확률변수들을 더한 값으로부터 구해지고, 분산은 다른 확률변수의 제곱을 더해서 구해진다. 이 통계치들 역시 또 하나의 확률변수이다. 그 분포는 중심극한정리로부터 알 수 있다.

중심극한정리에 따르면, 표본이 많을 경우 앞에서 언급한 통계치들은 모두 정규분포로 수렴한다. 수렴하는 정도는 표본이 추출된 확률변수의 분포 특성과 통계치의 특성에 의존한다. 예를 들면 비대칭이 심하거나 꼬리가 길게 끌리는 분포로부터 표본이 추출되는 경우에는 정규분포에 느리게 수렴한다. 표본평균이나 표본비율은 정규분포에 빠르게 수렴하지만, 표본분산은 카이제곱분포를 보이다가 표본이 많아지면 정규분포를 따르게 된다. 다수의 법칙에 따르면, 표본이 많아지면 추정치는 모수로 수렴한다.

이런 특성들을 이용해서 통계치로부터 모수를 추정하는 것이 가능하다.

5.4.1 평균과 비율에 대한 구간추정

표본평균으로부터 모평균 추정

표본평균 $\overline{X}$는 다른 확률변수들의 합으로부터 구해지는 확률변수이다. 이 확률변수의 기댓값과 분산은 각각 $E(\overline{X}_n)=\mu_X$과 $Var(\overline{X}_n)=\frac{\sigma_X^2}{n}$이고, 그 분포는 표본 개수가 많을 경우에 정규분포를 따른다. 확률변수 $\overline{X}$를 표준화 확률변수 Z_n로 변환하면, 평균이 0이고 분산이 1인 정규분포를 따르게 된다(5.3절의 중심극한정리). 따라서 우리는 표본평균과 표준정규분포를 이용해서 모평균이 존재하는 구간을 정할 수 있다.

구간추정은 추정치에 대한 신뢰도를 같이 제시해야 한다. 즉, 추정구간 내에 모수가 존재하지 않을 가능성 또는 사실일 확률을 덧붙여야 한다. 이를 위해서는 오차와 신뢰수준 개념을 도입해야 한다. 오차는 표본평균과 모평균과의 차이이다. 오차는 표본평균들끼리 얼마나 다른가의 척도이기도 하다. 이 오차는 확률변수의 분산 특성에 따라 달라지는 동시에 표본평균을 구하는 데 사용된 표본 개수에도 의존한다. 따라서 오차 ε는 다음과 같이 표현할 수 있다.

$$\varepsilon=\left|\overline{X}_n-\mu\right|=\frac{\sigma}{\sqrt{n}} \tag{5.4.1}$$

이를 표준오차라고 한다. 구간추정이란 표준오차를 감안해서 모평균이 표본평균를 중심으로 일정한 범위, 즉 $\overline{X}\pm\varepsilon$ 내에 존재한다고 제시하는 것이다. 그러나 이것만으로는 충분치 않다. $n\to\infty$이 아닌 한, 다른 표본이 선택된다면 표본평균도 달라질 수 있기 때문이다. 매번 표본이 다르게 선택될 때마다 다른 표본평균이 구해진다. 특정 표본이 선택되었을 경우에는 제시한 구간 내에 실제 모평균이 존재하지 않을 수도 있다. 이런 가능성도 고려해야 한다.

구간추정치가 모수와 다를 확률을 유의수준(significance)이라고 한다. 이는 보통 α로 표현한다. 모든 경우의 수를 합한 확률은 1이므로, $1-\alpha$는 구간추정치가 사실일 확률이 된다. $1-\alpha$를 신뢰수준(confidence level)이라고 한다. 신뢰수준을 감안해서 식 (5.4.1)의 오차를 다시 정의하면 다음과 같다.

$$\varepsilon = Z_A \frac{\sigma}{\sqrt{n}} \tag{5.4.2}$$

여기서 Z_A는 표준정규분포의 검정통계량이다. Z_A는 표준정규분포에서 확률변수가 평균으로부터 떨어져 있는 정도를 나타낸다. Z_A가 클수록 평균으로부터 멀어진다. Z_A은 추정구간을 정의하는 방법과 신뢰수준에 따라서 결정된다. 먼저 그림 5.4.1을 보라. 추정구간의 경계를 어느 한쪽(상한 또는 하한)만으로 정할 때는 Z_α로, 구간의 경계를 양쪽 모두로 정할 때는 $Z_{\frac{\alpha}{2}}$로 정의한다. 표준정규분포는 좌우대칭이기 때문에 $Z_{\frac{\alpha}{2}} = -Z_{1-\frac{\alpha}{2}}$의 특성을 갖는다. 자주 사용되는 신뢰수준과 그에 해당되는 Z_A값은 표 5.4.1과 같다.

[표 5.4.1] 자주 쓰이는 신뢰수준과 표준화변수의 관계

신뢰수준, $1-\alpha$	0.90	0.95	0.99	0.999
유의수준, α	0.10	0.05	0.01	0.001
$Z_{1-\alpha} = -Z_\alpha$	$Z_{0.90} = 1.282$	$Z_{0.95} = 1.645$	$Z_{0.99} = 2.326$	$Z_{0.999} = 3.090$
$Z_{\left(1-\frac{\alpha}{2}\right)} = -Z_{\left(\frac{\alpha}{2}\right)}$	$Z_{0.95} = 1.645$	$Z_{0.975} = 1.960$	$Z_{0.995} = 2.576$	$Z_{0.9995} = 3.291$

그림에서 빗금친 부분의 가로축 범위가 추정구간에 해당한다. 이 구간 내에 모평균이 존재할 확률($1-\alpha$)은 빗금친 부분의 면적이다. 따라서 Z_A가 클수록, 달리 표현하면 구간을 넓게 잡을수록, 그 구간 내에 모평균이 존재할 확률은 높아진다. 하지만 구간이 너무 넓으면 모든 값이 추정구간에 해당되므로 의미가 없어진다. 구간이 좁을수록 좋은 추정치이다.

신뢰수준이 결정되면 표준정규분포의 특성을 이용해서 추정구간을 구할 수 있다. 모평균 μ가 구간 $\overline{X}_n \pm \varepsilon$에 존재할 확률이 신뢰수준이다. 따라서 이 확률은 양쪽 구간추정의 경우 다음과 같이 정의된다.

$$\Pr\left(Z_{\frac{\alpha}{2}} \le Z \le Z_{1-\frac{\alpha}{2}}\right) = \int_{Z_{\frac{\alpha}{2}}}^{Z_{1-\frac{\alpha}{2}}} f(z)dx \approx 1-\alpha \tag{5.4.3}$$

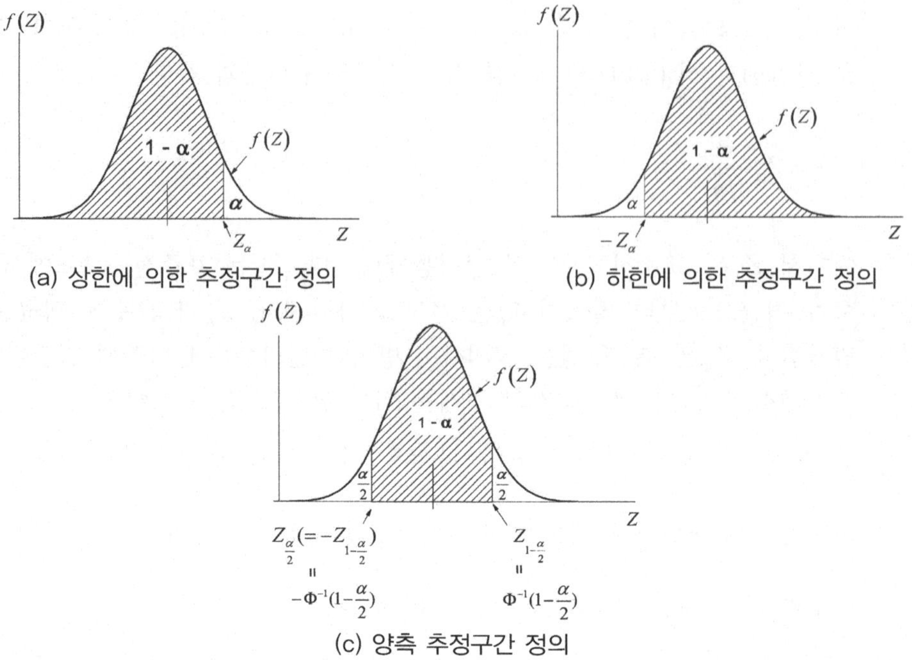

[그림 5.4.1] 표본평균에 대한 신뢰구간 정의 방법

Z는 식 (5.3.6)으로 정의되므로 추정구간은 다음과 같이 유도된다.

$$\Pr\left(Z_{\frac{\alpha}{2}} \frac{\sigma}{\sqrt{n}} \le \overline{X}_n - \mu \le Z_{1-\frac{\alpha}{2}} \frac{\sigma}{\sqrt{n}} \right) \approx 1-\alpha$$

$$\Pr\left(\overline{X}_n - Z_{1-\frac{\alpha}{2}} \frac{\sigma}{\sqrt{n}} \le \mu \le \overline{X}_n - Z_{\frac{\alpha}{2}} \frac{\sigma}{\sqrt{n}} \right) \approx 1-\alpha$$

$Z_{\frac{\alpha}{2}} = -Z_{1-\frac{\alpha}{2}}$ 이므로

$$\Pr\left(\overline{X}_n - Z_{1-\frac{\alpha}{2}} \frac{\sigma}{\sqrt{n}} \le \mu \le \overline{X}_n + Z_{1-\frac{\alpha}{2}} \frac{\sigma}{\sqrt{n}} \right) \approx 1-\alpha \tag{5.4.4}$$

또는

$$\Pr\left(\overline{X}_n + Z_{\frac{\alpha}{2}} \frac{\sigma}{\sqrt{n}} \le \mu \le \overline{X}_n + Z_{1-\frac{\alpha}{2}} \frac{\sigma}{\sqrt{n}} \right) \approx 1-\alpha \tag{5.4.4'}$$

최종적으로 신뢰수준이 덧붙여진 추정구간은 다음의 형태로 표현된다.

$$(\mu)_{1-\alpha} = [\text{하한 ; 상한}] = \left[\overline{X}_n - Z_A \frac{\sigma}{\sqrt{n}};\ \overline{X}_n + Z_A \frac{\sigma}{\sqrt{n}} \right] \tag{5.4.5}$$

이는 모평균이 $\overline{X}_n \pm \varepsilon$ 내에 존재할 확률이 $(1-\alpha)\times 100\%$라는 뜻이다. 추정구간 $\overline{X}_n \pm \varepsilon$를 신뢰구간(confidence interval)이라고 한다. 식 (5.4.3 ~ 5.4.4)에서 기호 '=' 대신 기호 '≈'가 사용된 이유는 중심극한정리에서 정규분포로 간주하는데 필요한 표본 개수에 대한 기준이 없기 때문이다. 표본이 많아진다면 기호 '='이 사용될 수 있다.

모분산을 모를 때 평균 추정

지금까지는 식 (5.3.3)의 모분산 σ_X^2를 아는 것으로 간주했었다. 하지만 모분산을 알지 못하는 경우가 대부분이다. 분산을 모르고는 정규분포를 정확히 정의할 수 없다. 따라서 표본 데이터를 이용해서 모분산을 추정해야 한다. 분산추정치 s_X^2는 식 (5.1.2)로부터 구할 수 있다. 이 추정치는 모분산의 불편추정치이다. 이 경우에 이론분포의 특성을 이용하려면 s_X를 사용해서 표본평균을 표준화시켜야 한다. 이렇게 표준화된 확률변수 T는 자유도 $\nu = n-1$ 인 t-분포를 따른다(이미 식 (5.3.6)에서 본 바와 같이, 모분산 σ_X로 표준화된 변수 Z는 정규분포를 따르는 것과 차이가 있다).

$$T_n = \frac{\overline{X}_n - \mu_X}{\frac{s_X}{\sqrt{n}}} \tag{5.4.6}$$

따라서 자유도 $\nu = n-1$인 t-분포의 검정통계치를 사용해서 구간을 추정해야 한다.

$$\Pr\left(\overline{X}_n - t_{1-\frac{\alpha}{2},\, n-1} \frac{s}{\sqrt{n}} \le \mu \le \overline{X}_n + t_{1-\frac{\alpha}{2},\, n-1} \frac{s}{\sqrt{n}} \right) \approx 1-\alpha \tag{5.4.7}$$

그림 5.4.2를 보라. 자유도 $\nu = n-1$인 t-분포는 정규분포와 거의 비슷한 모양이다. n이 작은 t-분포는 정규분포에 비해 꼬리 부분이 두껍다(heavy-tailed). n이 늘어남에 따라 꼬리가 얇아지면서 차츰 정규분포로 수렴한다. 표본의 개수가 $n \ge 30$ 이면 정규분포라고 봐도 무방하다.

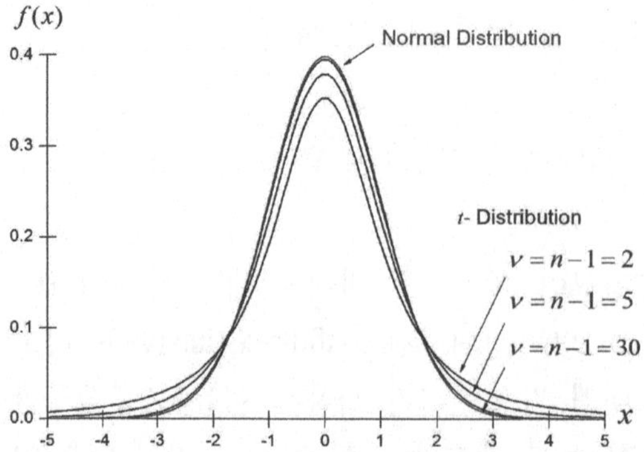

[그림 5.4.2] 자유도에 따른 t-분포의 변화(자유도는 $n-1$)

예제 5.4.1

아주 많은 수의 로켓모터로 이루어진 로트로부터 50개를 무작위로 뽑아 시험하였더니 연소시간의 평균과 표준편차는 각각 15.70초와 2.82초였다. 이로부터 평균 연소시간에 대한 95% 신뢰구간을 추정해 보라.

풀이 + $n \geq 50$ 이므로 $s \approx \sigma$로 간주하고 정규분포를 적용할 수 있다.
$1-\alpha = 0.95$, $\alpha = 0.05$이므로, $Z_{1-\frac{\alpha}{2}} = Z_{0.975} = \Phi^{-1}(0.975) = 1.960$이다. 따라서

$$\overline{X} \pm Z_{(1-\frac{\alpha}{2})} \frac{\sigma}{\sqrt{n}} = 15.70 \pm 1.96 \times \frac{2.82}{\sqrt{50}} = 15.70 \pm 0.78 \text{sec}$$

우리는 이 로트의 로켓모터는 "연소시간이 $14.92 < \mu < 16.48$ 에 있을 확률이 95%이다" 또는 "95% 신뢰수준에서, 연소시간은 $14.92 < \mu < 16.48$ 이다"라고 말할 수 있다.

신뢰수준($1-\alpha$)의 의미를 확실히 이해하기 위해서, 이 문제를 연장해서 생각해 보자(연소시간의 참값은 15.00초라고 가정하자. 실제로는 이 값을 알 수 없다. 안다면 시험할 필요조차 없다). 같은 로트로부터 아까와는 다른 50개의 로켓모터를 뽑아 연소시간 평균과 표준편차를 구했더니 각각 15.20초와 2.82초이었다. 이 두 번째 표본으로부터 구한 95% 신뢰구간은

$$\text{표본 2: } \overline{X}_n \pm Z_{(1-\frac{\alpha}{2})} \frac{\sigma}{\sqrt{n}} = 15.20 \pm 1.96 \times \frac{2.82}{\sqrt{50}} = 15.20 \pm 0.78$$

$14.42 < \mu < 15.98$ 이다. 이런 식으로 추정을 반복할 경우 신뢰구간 내에 모평균이 포함되지 않는 극단적인 표본도 생길 수 있다. 95% 신뢰수준이라면, 20개 표본 중에서 최소 1개의 표본은 신뢰구간 내에 모평균이 포함되지 않을 수 있다는 뜻이다. 그림 5.4.3에서 표본 8의 경우를 보라. 추정구간이 모평균인 15.00초를 포함하지 못하고 있다.

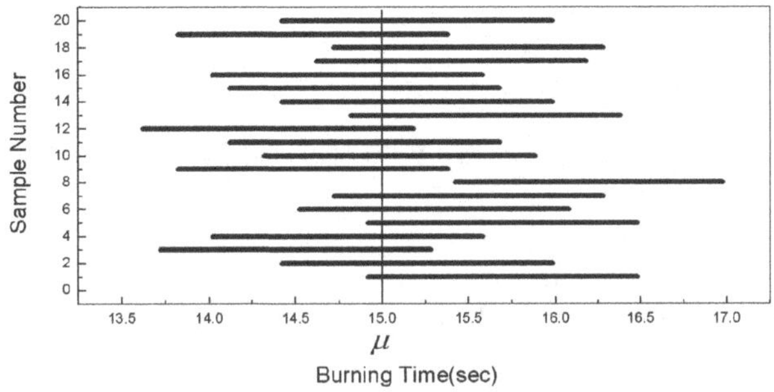

[그림 5.4.3] 신뢰수준의 의미

표본비율로부터 모비율 추정

비율(proportion)이란 전체 중에서 특정 성질을 가진 개체의 분율이다. 시행의 결과가 두 가지뿐인 경우에는, n번의 반복 시행에서 사건 A가 발생한 시행의 분율이다. 이는 실험을 반복했을 때 사건 A가 일어날 확률과 동일하다. 비율 $\hat{p}_n$는 다음 식을 통해서 표본으로부터 추정될 수 있다.

$$\hat{p}_n = \frac{S_n}{n} = \frac{X_1 + X_2 + \cdots + X_n}{n} = \frac{1}{n}\sum_{i=1}^{n} X_i \tag{5.4.8}$$

여기서 X는 다음과 같이 정의된다.

$$X_i = I_{A_i} = \begin{cases} 1, & \text{if A occurs} \\ 0, & \text{otherwise} \end{cases} \tag{5.4.9}$$

사건 A가 발생하면 $X=1$이고 사건이 발생하지 않으면 $X=0$이다. 즉, 베르누이 시행이다. 예를 들어, 동전 던지기(앞면이면 $X=1$, 아니면 $X=0$), 주사위 굴리기(3이 나오면 $X=1$, 아니면 $X=0$), 실험의 성공여부(성공이면 $X=1$, 아니면 $X=0$), 불량품인지의 여부(양품이면 $X=1$, 아니면 $X=0$) 등을 들 수 있다. 베르누이 시행에서 사건 A가 생길 확률 p는 시행의 특성에 따라 다르다. 동전 던지기의 경우는 $p=0.5$이고, 주사위 굴리기의 경우는 $p=1/6$이다. 이런 경우의 확률 p는 알려져 있지만, 일반적인 경우에는 모르기 때문에 반복 시행을 통해서 추정해야 한다.

S_n이 확률변수이므로 $\hat{p}_n$ 역시 확률변수이다. 그 기댓값과 분산은

$$\begin{aligned} E(\hat{p}_n) &= E\left(\frac{1}{n}\sum_{i=1}^{n} X_i\right) \\ &= \frac{1}{n}\left(E\sum_{i=1}^{n} X_i\right) \\ &= \frac{1}{n}np \qquad \because E(X)=1(p)+0(1-p)=p \\ &= p \end{aligned} \tag{5.4.10}$$

$$\begin{aligned} Var(\hat{p}) &= Var\left(\frac{1}{n}\sum_{i=1}^{n} X_i\right) \\ &= \frac{1}{n^2}\sum_{i=1}^{n}\left[E\left(X_i^2\right)-E^2(X_i)\right] \\ &= \frac{1}{n^2}n\left(p-p^2\right) \qquad \because E\left(X^2\right)=1^2(p)+0^2(1-p)=p=E(X) \\ &= \frac{p(1-p)}{n} \end{aligned} \tag{5.4.11}$$

식 (5.4.10)으로부터 표본평균 $\hat{p}$는 p의 불편추정치임을 알 수 있다. 표본이 많으면 식 (5.4.11)은 다음과 같이 바뀌 쓸 수 있다.

$$Var(\hat{p}) = \frac{\hat{p}(1-\hat{p})}{n} \tag{5.4.12}$$

개별 시행의 p가 일정하게 유지되는 조건이라면, 표본비율의 분포는 $\hat{p} \sim Bin(n, p)$인 이항분포를 따른다. 하지만 표본개수 n이 많아짐에 따라(대략 $np \geq 10$정도 되어야) $\hat{p}$의 분포는 중심극한정리에 의해 정규분포로 수렴한다.

$$\hat{p}_n = \frac{S_n}{n} \sim N\left(\hat{p}, \frac{\hat{p}(1-\hat{p})}{n}\right) \tag{5.4.13}$$

이 경우에 표본비율 분포의 평균과 분산은 각각 $\hat{p}$과 $\frac{\hat{p}(1-\hat{p})}{n}$이다. 이 분포는 다음과 같은 표준화를 통해서 평균과 분산이 각각 0과 1인 분포로 변환 가능하므로

$$Z_n = \frac{\hat{p}_n - p}{\sqrt{\frac{\hat{p}(1-\hat{p})}{n}}} \quad \text{또는} \quad Z_n = \frac{\sum X_i - n\mu}{\sigma\sqrt{n}} = \frac{S_n - np}{\sqrt{np(1-p)}} \tag{5.4.14}$$

표준정규분포의 특성을 이용해서 확률을 계산할 수 있다.

예제 5.4.2

동전 던지기를 100번 해서 앞면이 나올 횟수가 55번 이상인 확률을 구하라.

풀이 + 확률변수 S_n이 앞면이 나온 횟수를 모두 더한 것이라면, 이는 이항분포 $S_n \sim Bin(100, 0.5)$ 를 따른다. 그러나 n이 많아지면 정규분포로 수렴하므로 표준정규분포의 특성을 이용할 수 있다.

$\Pr(p > 55)$는 $\Pr\left(\frac{S_n}{100} > 0.55\right)$ 이므로, 표준화하면 $Z_n = \frac{\frac{S_n}{100} - 0.5}{\sqrt{\frac{(0.5)(0.5)}{100}}}$ 이다.

$$\Pr(X > 55) = \Pr\left(Z_n > \frac{0.55 - 0.5}{\sqrt{\frac{(0.5)(0.5)}{100}}}\right) = \Pr(Z > 1.0) = 1 - \Phi(1.0) = 15.9\%$$

신뢰수준을 덧붙여서 구간추정을 한다면, 식 (5.4.4 ~ 5.4.5)와 같은 유도과정을 거쳐 다음과 같이 정리된 식을 사용하면 된다.

$$\Pr\left(\hat{p}_n - Z_{1-\frac{\alpha}{2}}\sqrt{\frac{\hat{p}(1-\hat{p})}{n}} \le p \le \hat{p}_n + Z_{1-\frac{\alpha}{2}}\sqrt{\frac{\hat{p}(1-\hat{p})}{n}}\right) \approx 1-\alpha \tag{5.4.15}$$

또는

$$\Pr\left(\hat{p}_n + Z_{\frac{\alpha}{2}}\sqrt{\frac{\hat{p}(1-\hat{p})}{n}} \le p \le \hat{p}_n + Z_{1-\frac{\alpha}{2}}\sqrt{\frac{\hat{p}(1-\hat{p})}{n}}\right) \approx 1-\alpha \tag{5.4.15'}$$

$$(p)_{1-\alpha} = [\text{하한}\ ;\ \text{상한}] = \left[\hat{p}_n - Z_A\sqrt{\frac{\hat{p}(1-\hat{p})}{n}};\ \hat{p}_n + Z_A\sqrt{\frac{\hat{p}(1-\hat{p})}{n}}\right] \tag{5.4.16}$$

예제 5.4.3

50개 중에 40개가 성공하였다. 95% 신뢰구간을 구하라.

풀이 + $\alpha = 0.05$ 이므로 $Z_{\frac{0.05}{2}} = Z_{0.025} = 1.960$ 이고, $\hat{p} = \frac{40}{50} = 0.80$ 이다. 신뢰구간은

$$p_{0.95} = \left(0.80 - 1.96\sqrt{\frac{0.80(1-0.80)}{50}};\ \ 0.80 + 1.96\sqrt{\frac{0.80(1-0.80)}{50}} \right)$$
$$= 0.80 \pm 0.11 = (0.69;\ \ 0.91)$$

예제 5.4.4

한 로트의 볼트가 있다. 이 중에서 100개를 뽑아 검사했더니 양품이 90개였다. 그 로트에서 양품 볼트의 비율은 얼마일까? 90% 신뢰수준으로 추정하라.

풀이 + $\alpha = 0.1$ 이므로, $Z_{\frac{0.1}{2}} = Z_{0.05} = 1.645$ 이고, 표본비율의 추정치는 $\hat{p} = \frac{90}{100} = 0.90$ 이다.

$$p \pm Z_{\frac{\alpha}{2}}\sqrt{\frac{pq}{n}} \ = \ 0.90 \pm 1.645\sqrt{\frac{(0.90)(0.10)}{100}} \ = \ 0.90 \pm 0.05$$

모집단에서 양품 비율이 $0.85 \sim 0.95$ 일 확률이 90%이다.

5.4.2 분산에 대한 구간추정

편의상, 식 (5.1.2)를 여기에 다시 쓰자.

$$s^2 = \frac{1}{n-1}\sum_{i=1}^{n}\left(X_i - \bar{X}\right)^2 \tag{5.1.2}$$

이 식으로 구한 표본분산은 모분산의 불편추정치이다. 식 (5.1.6)에서 표본분산의

기댓값 $E(s^2)$는 모분산 σ^2과 같음을 증명한 바 있다. 정규분포인 모집단으로부터 표본을 추출해서 표본분산을 s_1^2, s_2^2, …와 같이 반복적으로 구하면 그 분포를 얻을 수 있다. 이 분포를 다룰 때는 확률변수 s^2 대신에 다음과 같이 새로운 확률변수 $\frac{(n-1)s^2}{\sigma^2}$로 정의하는 것이 더 편리하다. 식 (5.1.2)의 양변에 $(n-1)$을 곱한 뒤

$$
\begin{aligned}
(n-1)s^2 &= \sum_{i=1}^{n}\left[(X_i-\mu)(\bar{X}-\mu)\right]^2 \\
&= \sum_{i=1}^{n}(X_i-\mu)^2 - n(\bar{X}-\mu)^2
\end{aligned}
$$

이를 σ^2로 나누면

$$
\frac{(n-1)s^2}{\sigma^2} = \sum_{i=1}^{n}\left(\frac{X_i-\mu}{\sigma^2}\right)^2 - \left(\frac{\bar{X}-\mu}{\frac{\sigma}{\sqrt{n}}}\right)^2
$$

를 얻을 수 있다. 우측 첫 번째 항은 자유도 n인 χ^2분포를 따르고, 두 번째 항은 자유도 1인 χ^2분포를 따른다. 자유도 p와 q를 가진 두 χ^2분포의 합은 자유도 $p+q$를 가진 χ^2분포를 따르므로, 새로운 확률변수 $\frac{(n-1)s^2}{\sigma^2}$은 자유도 $\nu=n-1$인 χ^2분포를 따른다.

$$
\frac{(n-1)s^2}{\sigma^2} \sim \chi^2_{n-1} \tag{5.4.17}
$$

표본 개수 n이 아주 많아지면, 중심극한정리에 의해서 χ^2분포도 정규분포로 수렴한다. 하지만 자유도가 $\nu\to\infty$인 조건이 되어서 정규분포를 적용하려면 표본이 아주 많아야 하므로 표본분산은 χ^2_{n-1}분포의 특성을 이용하여 추정하는 것이 보통이다.

유의수준 α를 감안한 모분산 구간추정 방법은 그림 5.4.4와 같이 세 가지가 있다. 정의된 구간 내에 식 (5.4.17)의 확률변수가 존재할 확률은 그림에서 빗금친 영역이다. 양측 구간추정의 경우,

$$\Pr\left(\chi^2_{n-1,\,1-\frac{\alpha}{2}} \le \frac{(n-1)s^2}{\sigma^2} \le \chi^2_{n-1,\,\frac{\alpha}{2}}\right) = 1-\alpha \tag{5.4.18}$$

이므로 모분산이 존재하는 영역은

$$\Pr\left(\frac{(n-1)s^2}{\chi^2_{n-1,\,\frac{\alpha}{2}}} \le \sigma^2 \le \frac{(n-1)s^2}{\chi^2_{n-1,\,1-\frac{\alpha}{2}}}\right) = 1-\alpha \tag{5.4.19}$$

이 분포는 그림에서 보듯이 좌우대칭이 아니다. 따라서 $\frac{\alpha}{2}$ 값과 $1-\frac{\alpha}{2}$ 값을 따로 구해야 한다. 이 값은 확률표나 상용 프로그램인 Excel의 통계함수 CHIINV로부터 구할 수 있다. 단측구간추정의 경우, χ^2_{n-1} 분포의 임계점은 $\frac{\alpha}{2}$ 대신에 α를 사용하면 된다.

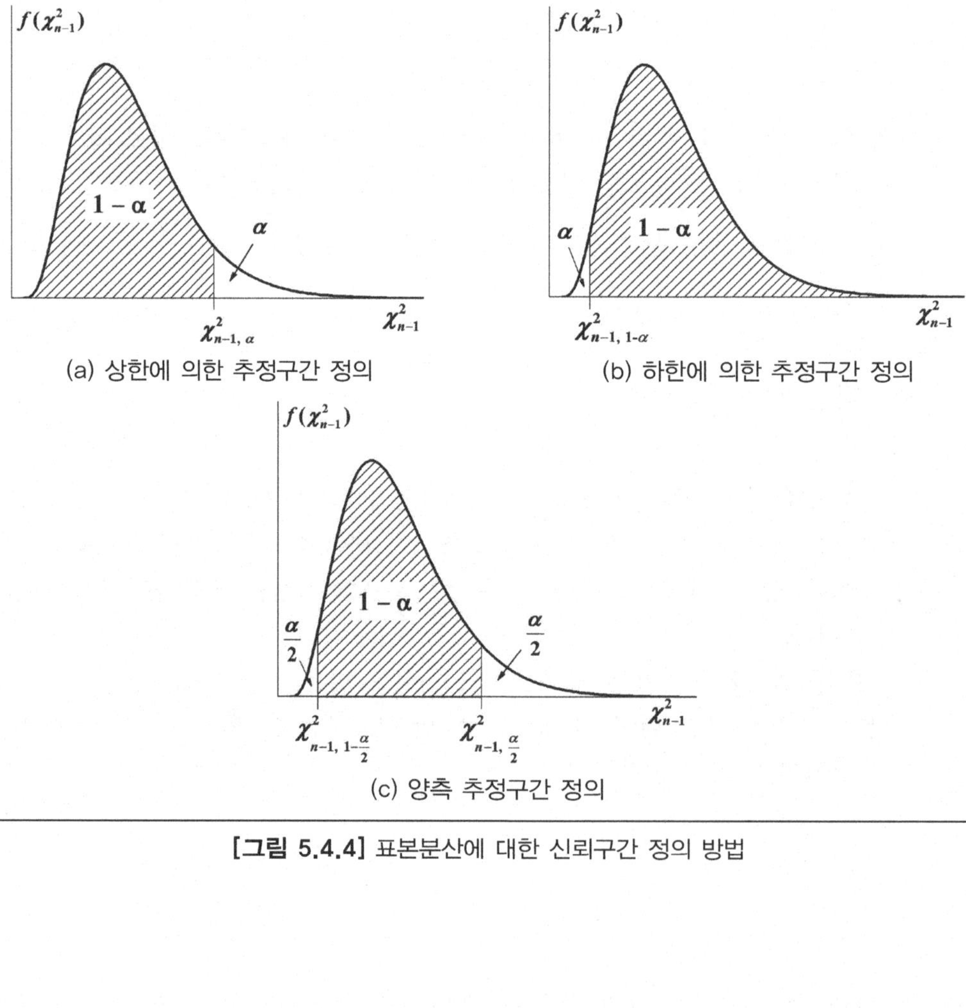

(a) 상한에 의한 추정구간 정의

(b) 하한에 의한 추정구간 정의

(c) 양측 추정구간 정의

[그림 5.4.4] 표본분산에 대한 신뢰구간 정의 방법

상한 구간추정: $\Pr\left(\sigma^2 \le \frac{(n-1)s^2}{\chi^2_{n-1,\,1-\alpha}}\right) = 1-\alpha$ (5.4.20)

하한 구간추정: $\Pr\left(\frac{(n-1)s^2}{\chi^2_{n-1,\,\alpha}} \le \sigma^2\right) = 1-\alpha$ (5.4.21)

예제 5.4.5

예제 5.4.1의 로켓모터 연소시간에 대한 자료를 이용해서 신뢰수준 95%에서 모분산을 양측구간추정하라.

풀이 + 표본분산은 $s^2 = 2.82^2$이다. 표본이 50개이므로 자유도는 $v = n-1 = 49$이다. $\alpha = 0.05$ 이므로 $\frac{\alpha}{2} = 0.025$ 이고, $1-\frac{\alpha}{2} = 0.975$ 이다.

$$\begin{aligned}(\sigma^2)_{0.95} &= \left[\frac{(n-1)s^2}{\chi^2_{(49,0.025)}};\ \frac{(n-1)s^2}{\chi^2_{(49,0.975)}}\right] \\ &= \left[\frac{(50-1)(2.82)^2}{70.222};\ \frac{(50-1)(2.82)^2}{31.554}\right] \\ &= [5.549;\ 12.349]\end{aligned}$$

로켓모터 연소시간의 모분산은 $5.549 \sim 12.349$ 일 확률이 95%이다.
단측구간추정의 경우도 계산해 보면,

상한: $(\sigma^2)_{0.95} \le \frac{(n-1)s^2}{\chi^2_{n-1,\,1-\alpha}} = \frac{(50-1)(2.82)^2}{33.93} = 11.48$

로켓모터 연소시간의 모분산이 11.48보다 작을 확률이 95%이다.

하한: $(\sigma^2)_{0.95} \ge \frac{(n-1)s^2}{\chi^2_{n-1,\,\alpha}} = \frac{(50-1)(2.82)^2}{66.34} = 5.87$

로켓모터 연소시간의 모분산이 5.87보다 클 확률이 95%이다.

5.4.3 추정에 필요한 표본 개수

신뢰구간은 추정치에다 추정 과정에서 생길 수 있는 오차를 감안해서 정해진다. 오차는 식 (5.4.2)에서 보는 것처럼 신뢰수준과 표본 개수에 의존한다. 이 식을 변형하면 신뢰수준과 오차가 주어졌을 때 모수가 존재할 구간을 추정하는 데 필요한 표본 개수를 구할 수 있다.

$$n \ge \frac{\sigma^2 Z^2_{1-\frac{\alpha}{2}}}{\varepsilon^2} \tag{5.4.22}$$

이 식으로부터 신뢰수준$(1-\alpha)$을 높이거나 오차(ε)를 줄이려면 표본 개수 n이 늘어나야 함을 알 수 있다. 신뢰수준을 높인다는 것은 추정구간을 좁히는 것과 같고, 오차를 줄인다는 것은 정확도를 높인다는 것과 동일하다. 오차 또는 정확도란 추정치와 모수와의 차이를 말한다.

예제 5.4.6

예제 5.4.1에서 로켓모터 연소시간의 추정구간은 14.92 ~ 16.48초였다. 1) 추정 구간을 10% 줄이려면 로켓모터 몇 개가 더 필요한가? 2) 신뢰수준을 95%에서 99%로 높이려면 로켓모터 몇 개나 더 필요한가?

풀이 + 줄여야 할 구간은 $0.9(16.48-14.92)=1.4$ 이다. 양측이므로 $\varepsilon=\frac{1.4}{2}=0.7$ 이다.

$$n \ge \frac{s^2 Z^2_{1-\frac{\alpha}{2}}}{\varepsilon^2} = \frac{(2.82)^2(1.960)^2}{(0.7)^2} = 62.3$$

따라서 정확도를 10% 높이려면 $63-50=13$ 개의 표본이 추가로 필요하다.

풀이 + $\alpha=0.01$ 이므로 $Z_{1-\frac{\alpha}{2}}=Z_{0.995}=2.576$ 이다. 추정구간은 $16.48-14.92=1.56$ 이므로 양측을 고려하면 $\varepsilon=\frac{1.56}{2}=0.78$ 이다.

$$n \geq \frac{s^2 Z^2_{1-\frac{\alpha}{2}}}{\varepsilon^2} = \frac{(2.82)^2(2.576)^2}{(0.78)^2} = 86.7$$

따라서 신뢰수준을 95%에서 99%로 높이려면 $87-50=37$ 개의 표본이 추가로 필요하다.

예제 5.4.7

예제 5.4.4에서 표본비율은 0.90이었다. 1% 이내의 오차로 비율을 추정하려면 필요한 표본 개수를 구하라.

풀이 + 이 경우에는 식 (5.4.22)에 $\sigma^2 \to \hat{p}(1-\hat{p})$ 를 대입해서 적용한다.

$$n \geq \frac{1}{\varepsilon^2}\sigma^2 Z^2_{1-\frac{\alpha}{2}} \approx \frac{1}{\varepsilon^2}\hat{p}(1-\hat{p})Z^2_{1-\frac{\alpha}{2}} = \frac{1}{(0.01)^2}(0.90)(0.10)(1.645)^2 = 2,435.42$$

따라서 볼트 2,436개가 필요하다.

5.5 통계적 허용한계

지금까지는 표본통계치로부터 모평균이나 모비율 등을 추정하는 방법을 다루었다. 하지만 관심의 대상이 통계치가 아니라 확률변수 자체의 값일 수도 있다. 예로서 어떤 공장에서 만들어진 아주 많은 압력용기들을 생각해 보자. 압력용기의 두께가 어느 한계보다 얇다면 압력에 견디지 못하고 파열되기 때문에, 제작자는 압력용기의 두께 분포에 대해서 관심을 갖게 될 것이다. 만약 압력용기들의 두께 측정 데이터로부터, 특정 두께 이하의 압력용기가 전체에서 차지하는 분율(또는 압력용기의 몇 퍼센트는 두께가 얼마 이상일 것이란) 정보를 안다면 유용할 것이다.

만약 해당 로트의 압력용기 두께가 정규분포하고, 그 평균이나 분산을 정확히 알 수 있다면 문제는 간단하다. $\mu \pm 3\sigma$를 취하면 두께의 99.7%는 이 범위 내에 놓여 있다. 하지만 대부분의 경우에는 모집단의 평균과 분산을 정확히 알기 힘들다. 단지 표본평균 $\overline{X}$와 표본분산 s^2을 알고 있을 뿐이다. 따라서 이 정보로부터 모집단 개체들의 특정 분율이 포함되는 확률변수값의 범위(또는 구간)를 추정하는 방법이 필요하다. 여기에 필요한 것이 통계적 허용한계(statistical tolerance limit)이다.

통계적 허용한계를 정의하는 방법은 다음과 같이 3가지가 있다. 양측구간의 경우는 그림 5.5.1을 보라.

1) 하한(lower one-sided) 정의: $X_L = \overline{X} - K_1 \times s$ (5.5.1.a)

2) 상한(upper one-sided) 정의: $X_U = \overline{X} + K_1 \times s$ (5.5.1.b)

3) 양측구간(two-sided) 정의: $X_T = \overline{X} \pm K_2 \times s$ (5.5.1.c)

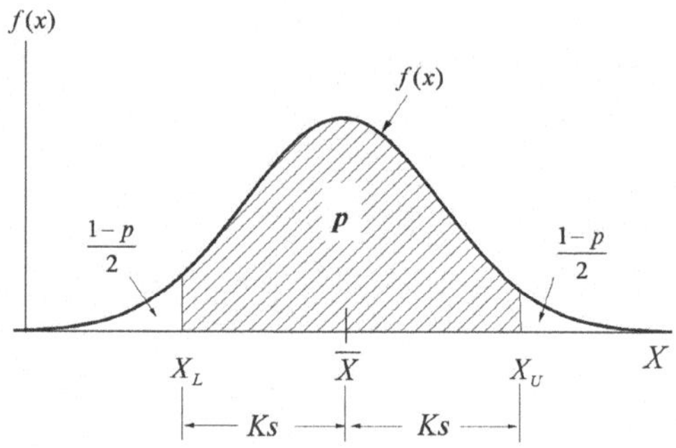

[그림 5.5.1] 통계적 허용한계(양측구간): 반드시 정규분포일 필요는 없다.

여기서 s는 표준편차, K는 허용한계를 결정하는 인자이다. 이 인자 $K(n, p, \gamma)$는 표본 개수 n, 주어진 확률변수값 구간 내에 포함되는 개체들의 분율 p, 신뢰수준 γ(예를 들어 95%)의 함수이다. K는 고정된 값을 가지지 못한다. 그 이유는 표집 오차 때문에 $\overline{X}$와 s가 매번 다를 수 있기 때문이다. 신뢰수준이란 정해진 구간이 특정 분율 이상의 개체를 포함할 확률을 말한다. 달리 표현하면, K를 사용해서 어떤 확률변수값의 범위를 정했을 때 그 범위 내에 개체의 분율 p%가 포함되지 않을 가능성이 $1-\gamma$이라는 의미이다.

지금까지의 논의를 정리해 보자. 통계적 허용한계란, 주어진 신뢰수준에서 개체들이 최소 p% 포함될 확률변수값의 범위이다. 이를 수식으로 표현하면 다음과 같다(양측 허용구간의 경우).

$$\Pr\left[\Pr(\overline{X} - Ks \le X \le \overline{X} + Ks) \ge p\right] = \Pr\left(\int_{\overline{X}-Ks}^{\overline{X}+Ks} f(x)dx \ge p\right) = \gamma \quad (5.5.2)$$

통계적 허용한계에 의해 추정되는 구간은 앞에서 다룬 식 (5.4.3)에 의해 추정되는 신뢰구간(confidence interval)과는 구분되어야 한다. 통계적 허용한계는 확률변수 자체를 다룬다. 따라서 표본 개수가 많아지면 특정한 값으로 수렴되는 경향을 보인다. 반면에, 신뢰구간추정에서는 표본평균이나 비율 같은 통계치를 다룬다. 이 경우는 표본크기가 증가하면 신뢰구간이 0으로 수렴한다.

통계적 허용한계를 정하는 방법 두 가지를 구체적으로 다루겠다. 하나는 확률변수의 분포가 정규분포인 경우에 적용하는 방법이고, 다른 하나는 분포에 무관하게 적용할 수 있는 방법이다.

모집단이 정규분포이고, 그 평균과 분산을 모를 때

먼저 신뢰수준 γ과 확률 p가 정해지면, 표본 데이터로부터 평균 $\overline{X}$과 표준편차 s를 계산한다. 그 다음은 사용된 표본 개수 n을 근거로 인자 $K(n, p, \gamma)$를 구한다. K는 구간 정의 방법에 따라 식 (5.5.3) 및 식 (5.5.4)를 사용해서 계산할 수 있다. 이것이 번거로우면 표 5.5.1 ~ 5.5.2 또는 그림 5.5.1을 이용하면 된다. 이 결과들을 식 (5.5.1)에 대입하면 허용한계를 결정할 수 있다. 컴퓨터 계산을 위한 프로그램 5.5.1을 참고하라.

$$\text{단측구간 : } K_1 = \frac{Z_p + \sqrt{Z_p^2 - ab}}{a} \quad \text{(Natrella, 1963)} \quad (5.5.3)$$

$$a = 1 - \frac{Z_\gamma^2}{2(n-1)}, \quad b = Z_p^2 - \frac{Z_\gamma^2}{n}$$

$$\text{양측구간 : } K_2 = \sqrt{\frac{(n-1)\left(1+\frac{1}{n}\right)Z_p^2}{\chi^2_{n-1,\,\gamma}}} \quad \text{(Howe, 1969)} \quad (5.5.4)$$

여기서

$\chi^2_{n-1,\,\gamma}$: 카이제곱분포의 임계값(이는 이미 제곱된 값이다)

$\nu = n-1$: 자유도

Z_p: p% 이상을 포함하는 정규분포의 임계값

(양측구간 정의의 경우 p 대신에 $(1+p)/2$ 를 사용해야 한다)

[표 5.5.1] 정규분포의 통계적 허용한계를 결정하는 인자 K: 단측구간 정의

신뢰수준	$\gamma=0.90$			$\gamma=0.95$			$\gamma=0.99$		
$n \setminus p$	0.90	0.99	0.999	0.90	0.99	0.999	0.90	0.99	0.999
3	3.868	6.653	8.738						
4	2.955	5.040	6.605						
5	2.586	4.401	5.764	3.381	5.750	7.531			
6	2.378	4.048	5.302	2.962	5.025	6.576			
7	2.242	3.820	5.004	2.711	4.595	6.012	4.300	7.321	9.591
8	2.145	3.659	4.793	2.541	4.307	5.635	3.759	6.373	8.341
9	2.071	3.538	4.636	2.416	4.099	5.363	3.412	5.771	7.548
10	2.012	3.442	4.512	2.321	3.940	5.156	3.168	5.352	6.996
11	1.964	3.365	4.412	2.245	3.814	4.992	2.986	5.041	6.589
12	1.924	3.301	4.330	2.182	3.712	4.859	2.844	4.800	6.273
13	1.891	3.247	4.260	2.130	3.627	4.749	2.729	4.607	6.022
14	1.861	3.201	4.200	2.085	3.554	4.655	2.635	4.449	5.815
15	1.836	3.160	4.148	2.046	3.492	4.574	2.556	4.317	5.643
16	1.813	3.125	4.102	2.013	3.438	4.504	2.488	4.204	5.496
17	1.793	3.093	4.061	1.983	3.390	4.442	2.429	4.107	5.369
18	1.775	3.065	4.025	1.956	3.347	4.387	2.377	4.022	5.259
19	1.759	3.039	3.992	1.932	3.309	4.338	2.331	3.947	5.161
20	1.744	3.016	3.962	1.910	3.274	4.293	2.290	3.880	5.075
21	1.730	2.994	3.935	1.890	3.243	4.253	2.254	3.821	4.997
22	1.717	2.975	3.910	1.872	3.214	4.216	2.220	3.766	4.927
23	1.706	2.957	3.887	1.855	3.188	4.183	2.190	3.717	4.864
24	1.695	2.940	3.866	1.840	3.164	4.152	2.162	3.673	4.806
25	1.685	2.925	3.847	1.826	3.142	4.123	2.137	3.631	4.752
26	1.676	2.911	3.828	1.812	3.121	4.096	2.113	3.594	4.704
27	1.667	2.897	3.811	1.800	3.101	4.071	2.091	3.559	4.658
28	1.659	2.885	3.795	1.788	3.083	4.048	2.071	3.526	4.616
29	1.651	2.873	3.780	1.777	3.066	4.026	2.052	3.496	4.577
30	1.644	2.862	3.766	1.767	3.050	4.006	2.034	3.468	4.541
35	1.613	2.814	3.706	1.724	2.983	3.920	1.960	3.350	4.389
40	1.588	2.777	3.658	1.690	2.931	3.854	1.903	3.261	4.275
45	1.569	2.748	3.620	1.662	2.889	3.800	1.858	3.190	4.184
50	1.552	2.723	3.589	1.640	2.855	3.756	1.821	3.133	4.111
60	1.526	2.684	3.539	1.604	2.801	3.688	1.764	3.044	3.997
70	1.506	2.654	3.502	1.577	2.760	3.636	1.721	2.978	3.914
80	1.490	2.630	3.472	1.556	2.728	3.595	1.688	2.927	3.848
90	1.477	2.611	3.448	1.539	2.702	3.562	1.661	2.886	3.796
100	1.467	2.595	3.428	1.524	2.680	3.535	1.639	2.852	3.753
150	1.431	2.542	3.361	1.476	2.609	3.445	1.565	2.742	3.613
200	1.410	2.511	3.322	1.448	2.568	3.393	1.524	2.679	3.534
250	1.396	2.491	3.296	1.430	2.541	3.359	1.496	2.638	3.482
300	1.385	2.476	3.277	1.416	2.521	3.334	1.476	2.609	3.444
400	1.371	2.455	3.251	1.397	2.493	3.299	1.448	2.568	3.393
500	1.361	2.441	3.233	1.385	2.475	3.276	1.430	2.540	3.359
1000	1.337	2.406	3.190	1.354	2.430	3.220	1.385	2.475	3.276
∞	1.282	2.326	3.090	1.282	2.326	3.090	1.282	2.326	3.090

[표 5.5.2] 정규분포의 통계적 허용한계를 결정하는 인자 K: 양측구간 정의

신뢰수준	$\gamma = 0.90$			$\gamma = 0.95$			$\gamma = 0.99$		
$n \backslash p$	0.90	0.99	0.999	0.90	0.99	0.999	0.90	0.99	0.999
3	5.851	9.163	11.706	8.386	13.133	16.777	18.946	29.669	37.900
4	4.167	6.525	8.336	5.370	8.409	10.742	9.400	14.720	18.804
5	3.494	5.472	6.990	4.275	6.694	8.551	6.611	10.353	13.226
6	3.131	4.903	6.263	3.712	5.813	7.426	5.336	8.356	10.675
7	2.901	4.543	5.804	3.368	5.274	6.738	4.612	7.223	9.227
8	2.742	4.294	5.486	3.135	4.910	6.272	4.147	6.494	8.296
9	2.625	4.111	5.252	2.967	4.646	5.935	3.822	5.985	7.646
10	2.535	3.970	5.071	2.838	4.445	5.678	3.582	5.609	7.165
11	2.463	3.857	4.927	2.737	4.286	5.475	3.397	5.319	6.795
12	2.404	3.765	4.810	2.655	4.157	5.311	3.249	5.089	6.500
13	2.355	3.688	4.711	2.587	4.051	5.174	3.129	4.900	6.260
14	2.313	3.623	4.628	2.529	3.960	5.059	3.029	4.744	6.060
15	2.277	3.566	4.556	2.480	3.883	4.961	2.944	4.611	5.890
16	2.246	3.517	4.493	2.437	3.816	4.875	2.872	4.497	5.744
17	2.219	3.474	4.438	2.399	3.757	4.800	2.808	4.398	5.618
18	2.194	3.436	4.389	2.366	3.705	4.733	2.753	4.311	5.507
19	2.172	3.402	4.345	2.336	3.659	4.674	2.703	4.233	5.408
20	2.152	3.371	4.306	2.310	3.617	4.621	2.659	4.164	5.320
21	2.134	3.343	4.270	2.286	3.579	4.572	2.620	4.102	5.241
22	2.118	3.317	4.237	2.264	3.545	4.529	2.584	4.046	5.169
23	2.103	3.294	4.207	2.244	3.514	4.488	2.551	3.995	5.104
24	2.089	3.272	4.180	2.225	3.485	4.452	2.521	3.949	5.044
25	2.077	3.252	4.154	2.208	3.458	4.418	2.494	3.906	4.989
26	2.065	3.234	4.131	2.193	3.433	4.386	2.469	3.866	4.939
27	2.054	3.216	4.109	2.178	3.411	4.357	2.445	3.830	4.892
28	2.044	3.200	4.088	2.164	3.389	4.330	2.424	3.796	4.849
29	2.034	3.185	4.069	2.152	3.369	4.304	2.404	3.764	4.808
30	2.025	3.171	4.051	2.140	3.351	4.281	2.385	3.734	4.771
35	1.988	3.112	3.976	2.090	3.273	4.181	2.306	3.612	4.614
40	1.959	3.067	3.918	2.052	3.213	4.104	2.247	3.518	4.495
45	1.935	3.031	3.872	2.021	3.165	4.043	2.200	3.445	4.401
50	1.916	3.001	3.834	1.996	3.126	3.994	2.162	3.385	4.324
60	1.887	2.955	3.775	1.958	3.066	3.917	2.103	3.293	4.207
70	1.865	2.921	3.731	1.929	3.021	3.859	2.060	3.225	4.120
80	1.848	2.894	3.697	1.907	2.986	3.814	2.026	3.173	4.053
90	1.834	2.872	3.669	1.889	2.958	3.778	1.999	3.130	3.999
100	1.822	2.854	3.646	1.874	2.934	3.749	1.977	3.096	3.955
150	1.785	2.795	3.571	1.825	2.859	3.652	1.905	2.984	3.811
200	1.764	2.762	3.529	1.798	2.816	3.597	1.865	2.921	3.731
250	1.750	2.740	3.501	1.780	2.788	3.561	1.839	2.880	3.678
300	1.740	2.725	3.481	1.767	2.767	3.535	1.820	2.850	3.641
400	1.726	2.703	3.453	1.749	2.739	3.499	1.794	2.809	3.589
500	1.717	2.689	3.434	1.737	2.721	3.475	1.777	2.783	3.555
1000	1.695	2.654	3.390	1.709	2.676	3.418	1.736	2.718	3.472
∞	1.645	2.576	3.291	1.645	2.576	3.291	1.645	2.576	3.291

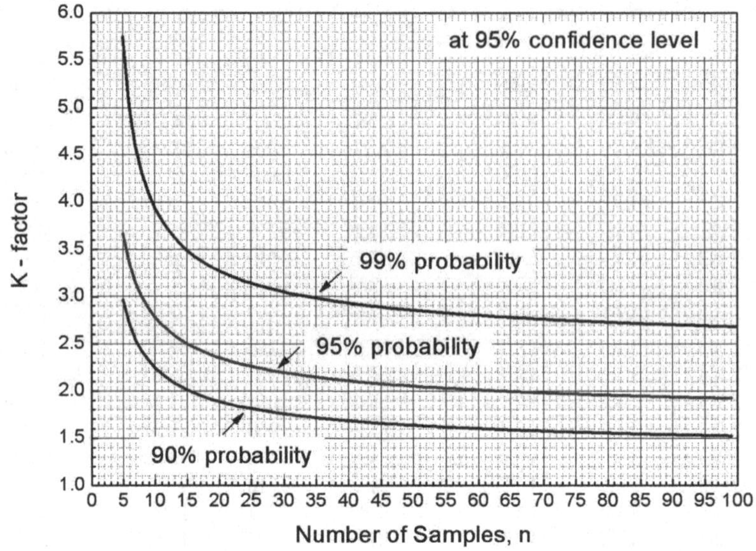

[그림 5.5.2] 표본 개수와 통계적 허용한계(단측구간 정의)를 결정하는 인자 K의 관계

[프로그램 5.5.1] 통계적 허용한계를 결정하는 인자 K 구하기

```
/* Calculation of Statistical Tolerance Limit */
#include "file_include.h"

double icgaminv( double a, double y0 );
double igamc( double a, double x );
double igam( double a, double x );
double gammaln(double x);
double normsinv(double p);

int main( )
{
        int n, DF;
        double p, r, PP1, PP2, CL, NORMP1, NORMP2, NORMCL, CHI2P, K1, K2;
        double a, b;

        n = 12;                     //Sample Size
        p = 0.9;                    //Proportion of the Population
        r = 0.95;                   //Significance

        DF = n - 1;                 //Degree of Freedom
        PP1 = p;                    //Proportion of the Population, One-sided Limit
        PP2 = (1 + p) / 2;          //Proportion of the Population, Two-sided Limit
        CL = r;                     //Confidence Limit

        NORMP1 = normsinv(PP1);    //The critical value of Normal Dist'n, One-sided Limit
        NORMP2 = normsinv(PP2);    //The critical value of Normal Dist'n, Two-sided Limit
        NORMCL = normsinv(CL);     //The critical value of Normal Distr'n, Confidence Limit
        CHI2P = 2*icgaminv(DF/2.0,CL);//The critical value of Chi-squared Distribution,

        a = 1 - (NORMCL*NORMCL) / (2.0*DF);
        b = (NORMP1*NORMP1) - (NORMCL*NORMCL) / n;
```

```
        ////////////////////// One-sided statistical tolerance limit
        K1 = (NORMP1 + sqrt((NORMP1*NORMP1) - a*b)) / a;

        //////////////////////Two-sided statistical tolerance limit
        K2 = sqrt(((n-1)*(1 + 1.0/n)*(NORMP2*NORMP2)) / CHI2P );

        cout<<K1<<endl;
        cout<<K2<<endl;

        return 0;
}
```

※필요한 서브 프로그램(icgaminv, igamc, igam, gammaln, normsinv)들은 문헌(S.L.B. Moshier, 1989)을 참고하라.

예제 5.5.1

한 로트의 압력용기들로부터 임의로 10개를 뽑아 그 두께를 측정하였더니 다음과 같았다(단위 mm). 95% 신뢰수준에서, 해당 로트의 90%를 차지하는 압력용기들의 두께는 어느 범위인가?

3.124 3.150 3.200 3.277 3.048 3.353 3.124 3.200 3.277 3.251

풀이 +

1) $\overline{X} = 3.200$, $s = 0.091$

2) $K_2(n, p, \gamma) = K_2(10, 0.9, 0.95) = ?$

$$\gamma = 0.95$$
$$\nu = n - 1 = 9$$
$$Z_p = Z_{\frac{1+p}{2}} = Z_{0.95} = 1.645$$
$$Z_\gamma = Z_{0.95} = 1.645$$
$$\chi^2_{n-1,\,\gamma} = \chi^2_{9,0.95} = 3.325$$

$$K_2 = \sqrt{\frac{(10-1)\left(1+\frac{1}{10}\right)1.645^2}{3.325}} = 2.838 \text{ 또는 표 5.5.2로부터}$$

3) $X_T = \overline{X} \pm K_2 s = 3.200 \pm 2.838 \times 0.091 = 3.200 \pm 0.258mm$

해당 로트 압력용기의 90%는 두께 2.942 ~ 3.458mm임을 95% 신뢰할 수 있다.

예제 5.5.2

예제 5.5.1의 데이터를 사용해서 해당 로트 압력용기의 99% 이상이 포함될 최소 두께를 구하라. 단, 신뢰수준은 90%로 한다.

풀이 + 1) $K_1(n, p, \gamma) = K_1(10, 0.99, 0.90) = 3.442$ 또는 표 5.5.1로부터

2) $X_L = \overline{X} - K_1 s = 3.200 - 3.442 \times 0.091 = 2.887mm$

90% 신뢰수준에서, 해당 로트 압력용기의 99%는 두께가 2.887mm 이상이다.

분포를 모를 때 통계적 허용한계 결정

정규분포가 아닐 때, 허용한계 내에 정해진 분율이 포함되지 않을 가능성은 분포의 비정규성이 심할수록 커진다. 이를 감안해서 다음과 같이 허용한계를 더 넓게 정의한다.

단측구간: $p^n = 1 - \gamma$ (5.5.5)

양측구간: $np^{n-1} - (n-1)p^n = 1 - \gamma$ (5.5.6)

이 식으로부터 p와 n이 주어지면 나머지 $1-\gamma$를 계산할 수 있고, n과 $1-\gamma$이 주어지면 p를 계산할 수 있다.

예제 5.5.3

어떤 로트에서 15개의 열전지를 표본으로 뽑아 수명시험을 하였다. 그 결과 데이터를 오름차순으로 정리하면 다음과 같다(단위: 분).

2.0 3.3 4.5 4.9 7.8 9.2 9.5 9.7 10.4 17.1 22.2 22.7 36.5 70.0 88.0

이 데이터들은 정규분포가 아님을 짐작할 수 있다. 다음에 주어진 문제들을 95% 신뢰수준에서 풀어 보자.

풀이 + 주어진 정보는 $n = 15$, $x_{\min} = 2.0$, $x_{\max} = 88.0$, $\gamma = 0.95$ 이다.

1) 해당 로트에서 수명이 2.0분 미만인 열전지의 비율은 최대 얼마인가?
$p=(1-\gamma)^{1/n}=(1-0.95)^{1/15}=0.819$ 이므로
수명이 2.0분 미만일 확률은 $1-p=1-0.819=0.181$이다.
따라서 해당 로트 열전지의 ~82%는 수명이 2.0분 이상이고, ~18%는 수명이 2.0분 미만이다.

2) 해당 로트의 90% 이상의 열전지가 표본 최댓값보다 수명이 작다는 것을 95% 확신하려면 얼마만한 크기의 표본이 필요한가?

$$p^n=(1-\gamma) \;\rightarrow\; n\ge\frac{\log(1-\gamma)}{\log(p)}=\frac{\log(0.05)}{\log(0.9)}=28.4 \;\rightarrow\; n=29$$

3) 수명이 $x_{\min}=2.0$과 $x_{\max}=88.0$ 사이에 있을 열전지의 최소 비율은 얼마인가?
식 (5.5.6)으로부터 $14p^{15}-15p^{14}+0.05=0$ 이므로 $p\approx0.721$.
해당 로트 열전지의 72%는 수명이 2.0 ~ 88분 사이에 있다.

6장 균등분포 난수 만들기

6.1 난수

난수(random number)란 '무작위로 선택된 수'이다. 좀 더 어렵게 표현하자면 모든 값이 동일한 발생확률을 갖는 집합으로부터 다음에 어떤 값이 선택될지 미리 결정할 수 없는 상태에서 만들어진 수이다. 여기서 동일한 발생확률이란, 어떤 사상(또는 값)이 나타날 가능성이 같다는 뜻이다. 이런 의미에서 '난수'라고 하면 일반적으로 균등분포(uniformly distributed)하는 난수를 지칭하게 된다. 주사위를 예로 들어보자. 주사위를 던지면 6가지 경우의 수, 즉 6개의 확률변수값이 생길 수 있다. 각 면이 제대로 된 주사위라면 다음 수가 무엇이 될지 알 수 없다. 이 경우 6개의 확률변수값들은 똑같은 발생확률을 갖는다. 이처럼 난수란 어떤 특정한 값만 자주 나타나서는 안 된다. 즉, 편향됨이 없어야 한다.

좋은 난수란, 균등분포하고, 통계적으로 독립적이고, 재현성이 있으면서 속도가 빠르고, 기억장치의 용량을 크게 차지하지 않아야 한다. 이런 모든 조건을 만족시키는 난수를 만드는 방법을 찾는 것은 쉽지 않다. 컴퓨터가 발달하지 않았던 예전에는 동전이나 주사위를 던지거나 카드 섞기 같은 수작업을 통해서 난수를 만들었다. 이때는 이러한 기계적인 방법만이 '진정한' 난수를 만들어 낼 수 있다고 믿었지만, 속도가 너무 느리고 차례에 재현성이 없기 때문에 문제가 있었다. 컴퓨터가 출현한 이래로 난수를 만드는 여러 가지 방법들이 제시되고 있다. 하지만 이 난수들은 진정한 난수가 아니다.

'진정한' 의미의 난수는 컴퓨터상에서 만들어지지 않는다. 컴퓨터는 확정적인(deterministic) 절차에 따라 일련의 숫자를 만들어 낼 뿐이다. 컴퓨터는 기억장치에 내장된 명령어의 순서에 따라 정해진 방법대로 동작하기 때문이다. 여기서 확정적이란 다음에 발생될 사건이 미리 정해져 있다는 의미이다. 따라서 이 규칙을 알고 있다면 다음에 만들어질 숫자를 미리 예측할 수 있다. 이런 이유 때문에 컴퓨터상에서 만들어진 난수를 의사난수(pseudo-random number) 또는 유사난수(quasi-random number)라고 한다. 컴퓨터상에서 진짜 난수는 존재하지 않는다. 그렇기 때문에 폰 노이만 조차도 이렇게 말했다. "산술적인 방법으로 난수를 만들려고 하는 것은 어리석은 일이다." 그는 현재에 사용되고 있는 난수생성 방법과 가장 유사한 방법인 mid-square method를 처음 제안했었던 사람이다.

문제는 확정적인 규칙을 사용하여 예측할 수 없는 결과를 만들어내야 한다는 것이다. 그 구체적인 방법은 무엇일까? 산술적 방법에 의한 만들어진 수들은 어떤 패턴을 갖기 마련이다. 하지만 실제적인 용도에서 보자면, 앞에서 만들어진

수와 그 다음에 만들어진 수 사이에 물리적 연관성이 없으면 충분하다. 실제 거의 대부분의 시뮬레이션에서도 '진정한' 의미의 난수를 필요로 하지 않는다. 중요한 것은 숫자들이 무작위하게 보이면 된다는 것이다. 같지 않은 숫자들이 수없이 만들어지고 나면, 그 다음에 반복되는 숫자들에 관심을 두는 사람들은 아무도 없다. 예를 들어 10억 개 정도의 숫자들이 만들어진 다음에 같은 패턴의 숫자들이 주기적으로 반복된다고 해도 대부분의 응용분야에서 크게 문제되지 않는다. 따라서 컴퓨터상에서 만들어지는 난수가 갖추어야 할 조건은 다음과 같이 정리해 볼 수 있다.

1) 통계적인 측면에서 난수인 것처럼 거의 매번 다르게 나타나고,
2) 미리 예측하기 어려우면 충분하다. 즉 패턴이 반복되는 주기가 길면 된다.

6.2 합동법

합동법(congruential method)은 의사난수를 만드는 가장 일반적인 방법이다. 이 방법은 식 (6.2.1)에 나타낸 것처럼 일차변환 결과를 어떤 정수 m 으로 나누어 하나의 수를 얻고, 얻어진 그 수를 다시 일차변환에 대입하고 순환시켜 일련의 숫자들을 얻는다. 이 방법은 확정적인 재귀절차를 따르고 있음에도 불구하고 균등분포하는 것처럼 보이고 서로 독립적인 수들을 만들 수 있다.

$$X_i \equiv aX_{i-1} + c \ \ (\text{ modulo } m), \qquad i \geq 1 \tag{6.2.1}$$

여기서 X_i : i 번째 의사난수
a, X_i, c : 0에서 $m-1$ 사이의 정수들
m : 순환주기를 결정하는 양의 정수($m > a,\ m > X_0,\ m > c$)

연산 X_i(modulo m) 는 $aX_{i-1} + c$를 m 으로 나누었을 때의 나머지로 정의된다. 이 식에 의해 난수가 만들어지는 과정을 자세히 살펴보자. 수식에 $a=3$, $c=1$, $m=16$, 난수 초깃값 또는 종자값(seed) $X_0 = 2$ 가 선택된 경우의 계산과정인 표 6.2.1을 보라.

[표 6.2.1] 합동법에 의해 난수가 만들어지는 과정

X_i	$aX_{i-1}+c$	modulo 16
X_0		2
X_1	$3\times 2+1=7$	7
X_2	$3\times 7+1=22$	$\frac{22}{16}=1+\frac{6}{16}=6$
X_3	$3\times 6+1=19$	$\frac{19}{16}=1+\frac{3}{16}=3$
X_4	$3\times 3+1=10$	10
X_5	$3\times 10+1=31$	$\frac{31}{16}=1+\frac{15}{16}=15$
X_6	$3\times 15+1=46$	$\frac{46}{16}=2+\frac{14}{16}=14$
X_7	$3\times 14+1=43$	$\frac{43}{16}=1+\frac{11}{16}=11$
X_8	$3\times 11+1=34$	$\frac{34}{16}=1+\frac{2}{16}=2$
X_9	$3\times 2+1=7$	7

난수 종자값 2가 대입되어 만들어진 첫 번째 수는 7이다. 이 수는 16보다 작기 때문에 나머지 연산을 할 필요 없이 그 자체가 나머지이다. 만들어진 7이 다시 수식에 대입되어 두 번째 수가 만들어진다. 만들어진 이 수는 나머지 연산에 의해 6이다. 이런 방식으로 수를 계속 구해 나가면 표에서 보는 것처럼, 2, 7, 6, 3, 10, 15, 14, 11, 2, 7, …이 얻어진다. X_i 의 범위는 다음과 같다.

$$0 \le X_i \le m-1$$

이 수들을 m 으로 나누면 $0\sim 1$ 사이의 수를 구할 수 있다.

$$U_i = \frac{X_i}{m} \tag{6.2.2}$$

표 6.2.1을 자세히 보면, $X_0 = X_8 = 2$, $X_1 = X_9 = 7$, ⋯ 과 같이 8번째마다 같은 수들이 반복되어 나타나고 있다. 계산을 계속한다고 해도 이런 주기로 무한히 같은 숫자가 반복될 뿐이다. 식 (6.2.1)의 나머지 연산의 정의에 의해 반복주기는 m 을 초과할 수는 없다. 하지만 a, m, c 를 부주의하게 선택하면 훨씬 짧아질 수 있다. 여기에서 보인 예가 바로 그 경우다. $m=16$ 을 사용했음에도 불구

하고 반복주기가 8로 나타난다. 이런 난수생성기는 문제가 된다. 그러므로 반복주기를 제대로 만들기 위해서는 a, m, c를 주의 깊게 선택해야만 한다. $m = 2^{\alpha}$인 2진법 컴퓨터에서 완전한 주기 m을 갖도록 하기 위해서는 c는 홀수, a는 4의 배수보다 1이 더 큰 수이어야 한다. 예를 들어 $m = 2^4 = 16$, $c = 1$, $X_0 = 2$, $a = 4 + 1 = 5$라면, 생성되는 난수는 2, 11, 8, 9, 14, 7, 4, 5, 10, 3, 0, 1, 6, 15, 12, 13, 2, 11, …로 완전한 반복주기 16을 갖게 된다.

앞에서 반복주기가 충분히 길어야 좋은 난수생성기라고 하였다. 보통 우리가 선택할 수 있는 가장 큰 수 m은 컴퓨터 용량과 관계있는데, $m = 2^{\alpha}$에서 보통 α는 32 미만이다. 2^{30}이면 10억 이상에 상응하고, 일반적인 시뮬레이션에서 반복시행 횟수는 보통 백만 단위이므로 난수가 반복될 가능성은 거의 없다. 보통 컴퓨터 프로그램에서 제공되는 난수생성기는 이런 또는 이와 유사한 원리에서 만들어진 것이다.

6.3 PC 환경에서 균등분포 난수 만들기

대부분의 상용 프로그램 언어에는 난수를 만들어내는 함수들이 내장되어 있다. ISO/IEC 14882에 규정된 C++ 표준안의 경우, rand 라이브러리 함수가 그것이다.

```
int rand(void)
```

이는 rand( ) 함수가 인수를 취하지 않고 의사난수인 정수를 넘겨준다는 의미이다. 이 함수는 매번 호출될 때마다 0과 RAND_MAX 사이의($0 \le r \le \text{RAND\_MAX}$) 임의의 양의 정수 하나를 넘겨준다. RAND_MAX 값은 컴퓨터 시스템마다 다르다. 대부분의 개인용 컴퓨터 환경에서 RAND_MAX는 32,767이고, UNIX 환경에서 RAND_MAX는 2,147,483,647이다(이 값들은 어떻게 나온 것일까? 16비트 컴파일러의 경우를 보자. 2진법 16비트로 나타낼 수 있는 경우의 수는 다음과 같다. $2^{16} = 65,536$. 이를 모두 0과 양수에 할당하면(unsigned int) $0 \sim 65,535$가 되고, 그 반을 음수 영역에 할당하면(signed int) $-32,767 \sim 0 \sim 32,767$이 된다. 따라서 양의 정수의 최댓값은 $2^{15} - 1 = 32,767$이다. 32비트 컴파일러의 경우는 $2^{31} - 1 = 2,147,483,647$이다).

먼저, 다음 프로그램을 실행시켜 10,000개의 난수를 만들어 보자.

[프로그램 6.3.1] 난수생성 1

```
#include <iostream>
#include <cstdlib>
using namespace std;

int main( )
{
        cout<<"RAND_MAX = "<<RAND_MAX<<endl;
        int r;
        for(int i=0; i<10000; i++)
        {
                        r = rand( );
                        cout<<r<<endl;
        }
        return 0;
}
```

실행결과:

RAND_MAX=32767

41, 18467, 6334, 26500, 19169, 15724, 11478, 29358, 26962, 24464. ....

이 프로그램은 rand( ) 함수를 호출하여 넘겨받은 난수값을 변수 r 에 할당하기를 10,000번 반복한다. 함수는 매번 호출될 때마다 다른 수를 넘겨준다. 여기에서 제시된 실행결과인 10,000개의 수들은 여러 분들의 실행결과와는 다를 것이다. 하지만 RAND_MAX는 32,767이고, 10,000개의 수들은 모두 양의 정수이면서 32,767보다 큰 수가 없음을 알 수 있을 것이다. 이 수들은 의사난수이기 때문에 어떤 패턴으로 반복되겠지만 이미 이야기한 대로 여기서 그 패턴을 찾아내기는 힘들다. 이런 관점에서 이 수들은 난수로 취급할 수 있다.

6.3.1 난수생성 프로그램 초기화

이 프로그램을 다시 실행시켜 보자. 어떤가? 같은 난수들이 다시 얻어졌을 것이다. 이 프로그램은 실행될 때마다 같은 결과를 되풀이한다. 난수발생함수 rand( )는 '진정한' 의미의 난수가 아니라 난수처럼 보이는 일련의 수를 넘겨주도록 만들어져 있다. 따라서 사용자가 동작모드를 바꾸는 조치를 취하지 않으면 매번 동작할 때마다 같은 순서로 값을 넘겨주게 된다. 이는 어쩌면 식 (6.2.1)과 같은 확정론적 규칙에 따라 동작하는 컴퓨터에서는 당연한 결과이지만, 미리 예측되지 않는 난수를 사용해야 하는 우리에게는 문제이다. 함수 rand( )를 왜 이렇게 만들었을까? 그리고 이를 해결하려면 어떻게 해야 할까?

함수 rand( )가 이렇게 확정론적으로 동작하는 것은 의도된 것이다. 그 의도는 우리가 작성하려는 임의의 계산 프로그램에 숨어 있을지도 모르는 오류를 쉽게 수정하기 위함이다. 만약 난수가 완벽하게 비확정적론으로 만들어졌다면 첫 번째 실행에서 발견되었던 오류가 그 다음 실행에서는 발견되지 않을 수도 있다. 오류를 일으켰던 입력 난수를 다시 찾아내려면 밤을 새워야 할지도 모른다. 이런 문제를 해결하는 데 컴퓨터의 확정론적 동작 특성이 도움이 된다(진정한 의미의 난수를 만드는 데는 문제가 되지만). 프로그램에서 오류가 수정되어 제대로 동작하는지 확인하고 난 다음에, 나타날 값을 예측할 수 없도록 조치를 취하면 된다.

C/C++에서 rand( ) 함수가 어떤 방식으로 의사난수를 발생시키는지 확실히 모르지만 식 (6.2.1)과 같이 어떤 수를 기준으로 변환절차를 거쳐 일련의 수를 만들어내는 것은 분명하다. 즉, 앞 단계에서 만들어진 수는 그 다음 단계의 변환과정의 입력치로 사용된다. 저자의 컴퓨터에서는 처음 rand( ) 함수가 호출되면 41이 만들어지고, 다시 한 번 함수가 호출되면 18,467이 만들어진다. 이런 재귀과정은 함수가 호출될 때마다 매번 반복된다. 그렇다면, 처음 41을 만들어내기 위한 어떤 정수 하나가 존재할 것이다. 이 정수값에 의해 난수가 만들어지는 일련의 과정이 결정된다. 이 정수를 난수 초깃값(seed)이라고 한다. C++ 라이브러리는 rand( ) 함수가 항상 같은 순서로 난수를 발생시키도록 초깃값을 상수로 정해 놓았을 것이다. rand( ) 함수 내부에서 어떤 상수를 사용하는지 알 수는 없지만, 사용된 컴퓨터마다 난수값들이 다른 순서로 만들어지는 것으로 보아 컴퓨터 내부의 어떤 정보를 이용하는 것으로 추정해 볼 수 있다. 이 상수는 사용자가 바꾸어 줄 수 있다. 사용자에 의해 이 상수가 바뀌면, 그에 따라 발생되는 난수값들의 순서가 바뀔 것이다. 초깃값을 바꾸기 위해서는 srand 라이브러리 함수를 사용해야 한다.

srand(seed)

이 함수는 초깃값을 인수로 받는다. 사용자가 인수로 임의의 정수를 입력하든지 아니면 컴퓨터 내부 시간값을 사용할 수도 있다. 시간은 매번 변하기 때문에 초깃값으로 사용할 수 있다. 하지만, 입력치 변화에 따른 결과를 비교하거나 확인해 보기 쉬운 사용자 입력방식이 더 바람직한 것으로 보인다. 자세한 방법은 프로그램 6.3.2를 보라. 사용자로부터 seed를 입력받아 함수 srand( )의 인수로 넘겨주도록 되어 있다.

6.3.2 난수의 범위 조절

rand 함수는 의사난수를 만들어내지만 우리들이 시뮬레이션에서 사용하려는 특정 범위의 난수들을 만들어주지는 않는다. 시뮬레이션에서는 32,767보다 큰 수들뿐만 아니라 실수도 사용될 수 있다. 제공된 이 rand 함수를 이용해서 필요한 범위의 난수를 만들어내는 것은 우리들의 몫이다. 그 방법에 대해 알아보자.

단계 1. rand 함수로부터 얻어진 정수 r을 $0 \le rnd < 1$ 인 부동소수로 표준화한다.

$$rnd = \frac{r}{\mathrm{RAND\_MAX+1}} \tag{6.3.1}$$

이를 위한 프로그래밍은 다음과 같다.

```
rnd = (double) rand( ) / ((double) RAND_MAX + 1)
```

이 조작으로 0 ~ 1 사이의 부동소수를 얻을 수 있다. (double)은 정수형 변수를 부동소수로 강제변환시키기 위한 것이다. 이 조작을 반복하면 0 ~ 1 사이의 균등분포를 얻을 수 있다. 앞으로는 이 분포를 U(0, 1)로 표현하기로 한다.

단계 2. 표준화된 난수를 다음 식을 사용해 필요한 범위로 확장한다. 이 식에서 a는 범위의 최저값이고, b는 범위의 최고값이다.

$$a + (b - a) \times rnd \tag{6.3.2}$$

만약 정수가 필요하면, 소수점 이하를 잘라 내고 그 수를 다시 정수로 만든다. 이를 통해 아래쪽 경계가 0인 정수형 난수를 얻을 수 있다.

다음 프로그램 6.3.2는 균등분포 난수를 만들어 파일로 저장하도록 작성되어 있다. 함수 rnd( )는 표준 라이브러리 함수 rand( )에서 넘겨받은 0 ~ 32,767 사이의 정수형 난수를 0 ~ 1 사이의 실수형 난수로 표준화시킨다. 이 함수는 아주 짧은 리턴문으로만 이루어져 있지만 시뮬레이션에서 가장 기초가 되는 중요한 부분이다. 따라서 별도의 함수로 놓아 프로그래밍 중에 손상되지 않도록 하는 것이 바람직하다. 함수 uniform_rnd(a, b)는 2개의 인수를 넘겨받아 특정 범위의 난수로 변환시킨다. 인수 a는 범위의 최저값이고 인수 b는 범위의 최고값이다. 만들고자 하는 난수가 정수형이면, 리턴문을 다음과 같이

return a + (b – a)*rnd( ); → return (int) (a + (b – a + 1) * rnd( ));

변경하고 프로그램에서 밑줄친 부분의 double을 int로 바꾸면 된다.

[프로그램 6.3.2] 균등분포 난수를 만드는 프로그램

```
#include <iostream>
#include <string>
#include <iomanip>
#include <cstdlib>
#include <fstream>
using namespace std;

const int MAX =10000; //난수발생 개수

double rnd( );
double uniform_rnd(double _a, double _b);

int main( )
{
        //출력용 데이터 파일 만들기
        char save_filename[30];
        cout<<"Enter a new file name: ";
        cin>>save_filename;

        ofstream write_mydata(save_filename, ios::out);

        if(!write_mydata)
        {
                cerr<<"File could not be opened!"<<endl;
                exit(1);
        }

        //난수 초기화 씨
        unsigned seed;
        cout<<"Enter a number for randomizing seed :";
        cin>>seed;
        srand(seed);
        write_mydata<<"seed : "<<seed<<endl<<endl;

        //난수생성
        double rnd_variate[MAX];
        for(int i=0; i<MAX; i++)
        {
                rnd_variate[i] = uniform_rnd(3, 7); // 3 ~ 7 사이의 균등난수를 1차원 배열에 저장

                cout.width(5);cout<<i+1<<"    "
                 <<showpoint<<setprecision(9)<<rnd_variate[i]<<endl;
                write_mydata<<setw(5)<<i+1<<"    "
                 <<showpoint<<setprecision(9)<<rnd_variate[i]<<endl;
        }
        write_mydata.close( );
        return 0;
}

//0 에서 1 사이의 난수로 표준화하는 함수
```

```
double rnd( )
{
            return (double)rand( )/((double)RAND_MAX);
}

//a 에서 b 사이의 균등분포 난수 만드는 함수
double uniform_rnd(double _a, double _b)
{
            double a=_a;
            double b=_b;
            return a + (b-a)*rnd( );        //실수형일 경우
                                // return (int)(a + (b-a+1)*rnd( )); //정수형 난수일 경우
}
```

7장

특정 확률분포를 따르는 난수 만들기

특정 확률분포를 따르는 난수를 만드는 방법에 대해 알아보자. 이를 위해서는, 앞서 6장에서 다뤘던 균등확률분포 $U(0,1)$ 난수생성 프로그램이 필요하다. 그 이유는 특정 확률분포를 따르는 난수들이 균등분포 난수를 기반으로 해서 만들어지기 때문이다.

하나의 특정한 확률분포 난수를 만드는 데 있어서, 여러 가지 생성 알고리즘들이 존재하는 것이 보통이다. 따라서 목적으로 하는 확률분포의 특성에 따라 적절한 생성 알고리즘을 선택해야 한다. 각각이 장단점을 가지고 있기 때문에 어떤 알고리즘이 효율적인지 결정하는 것은 쉽지 않다. 정확성, 가용한 저장공간, 실행시간 등을 고려하여 각자가 선택할 문제이다.

난수생성 프로그램을 만들 때 한 가지 주의할 점은 각자의 컴퓨터 사용 환경을 고려해서 컴퓨터가 표현할 수 있는 한계를 넘지 않도록 해야 한다(부록 B 참조). 예를 들어, 알고리즘에 $\ln(U)$를 계산하는 항이 포함되어 있다고 하자. $0 \le U < 1$이므로 $U = 0$인 경우도 선택될 수 있다. 이때는 $\ln(0) = -\infty$가 된다. C/C++ 컴파일러에서 $-\infty$는 −1.#INF으로 처리되어 더 이상 숫자로서의 의미가 없어진다. 게다가 이런 출력값이 다음 단계 계산의 입력값으로 사용되면 프로그램 실행이 중단될 수도 있다. 따라서 난수를 만드는 프로그램에 이런 경우가 생기지 않는지 주의 깊게 살펴볼 필요가 있다.

$-\infty$와 같이 너무 작은 수가 만들어져 문제가 되는 경우는 다음과 같은 방법으로 피할 수 있다. 하나는 프로그램에서 아예 $U_i = 0$이 선택되지 않도록 하는 방법이다. 대부분의 시뮬레이션 응용에서 입력값들의 개수는 10,000개 이상이 보통이다. 이 정도의 난수들이 만들어지는 과정에서 0이 선택되는 경우는 그리 많지 않다. 따라서 몇 개의 0을 다른 난수로 대체한다고 해서 결과가 달라지지는 않는다. 다른 방법은 0을 다른 현실적인 범위의 수치로 대응시키는 것이다. $U_i = 0$이 선택된 경우, 0 대신에 미리 정한 최솟값, $U_i = \text{MIN_VAL}$으로 대체한다(표현 가능한 범위는 2^{1023}임에도 불구하고). 만약 $\text{MIN_VAL} = -2^{256}$로 정했다면 이 값은 −1.157921e77에 해당한다. 실용적인 면에서 이 이상의 크기를 갖는 수가 필요한 경우는 그렇게 많지 않을 것이다. 너무 큰 수가 만들어지는 경우도 비슷한 방법으로 문제를 방지할 수 있다.

7.1 특정 분포를 갖는 난수를 만드는 방법들

7.1.1 역변환법

분포함수(CDF)와 그 역함수를 이용하는 방법(inverse transformation method)이다. 원리는 간단하다. 분포함수를 $F(x)=u$로 정의하고 이를 확률변수 X에 대해서 푸는, 즉 $x=F^{-1}(u)$를 구하는 것이다. 여기서 $F^{-1}(\cdot)$은 분포함수 $F(\cdot)$의 역함수를 의미한다. 분포함수 $F(\cdot)$는 $0\sim1$의 값을 갖는 증가함수이므로 $u \sim U(0,1)$인 균등분포 난수에 대응시킬 수 있다(여기서 기호 '~'의 의미는 '확률변수 u는 $U(a,b)$ 분포를 따른다'라는 뜻이다).

$$\Pr(X \le x) = \Pr\left[F^{-1}(u) \le x\right] = \Pr[U \le F(x)]$$

이 개념을 그림으로 나타내면 다음과 같다.

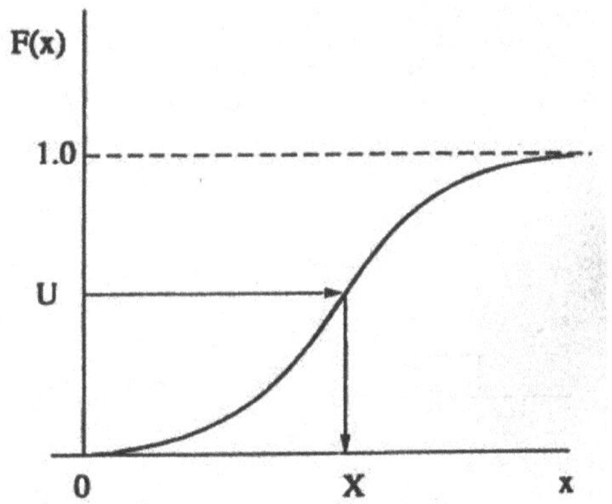

[그림 7.1.1] 연속형 확률변수를 만들어내기 위한 역변환법

지수분포의 경우를 예로 들어 보자. 지수분포의 분포함수는 $F(x)=1-\exp\left(-\dfrac{x}{\beta}\right)$이다. $F(x)=u$로 놓고 x에 대해서 풀면 다음과 같이 정리된다.

$$u = 1 - \exp\left(-\frac{x}{\beta}\right)$$

$$\exp\left(-\frac{x}{\beta}\right) = 1 - u$$

$$-\frac{x}{\beta} = \ln(1-u)$$

$$\therefore\ x = -\beta\ln(1-U_i) = F^{-1}(u)$$

따라서 지수분포를 갖는 난수는 다음의 알고리즘을 통해 만들 수 있다. 균등분포 $U(0,1)$ 에서 난수 U_i 를 추출하고, $-\beta\ln(1-U_i)$를 계산하면 확률변수 x_i가 만들어진다. 만약 $\beta = 2$ 인 지수분포에서 $U_1 = 0.36$ 이 선택되었다면 $x_1 = -\beta\ln(1-U_1) = -2 \times\ln(0.64) = 0.8926$ 이고, $U_2 = 0.85$라면 $x_2 = -\beta\ln(1-U_2) = 2\times\ln(0.15) = 3.7942$ 가 얻어진다.

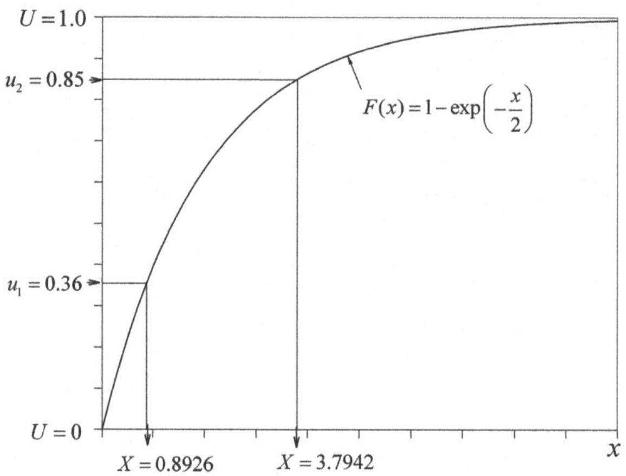

[그림 7.1.2] 역변환법에 의한 지수분포 확률변수 만들기

이런 조작을 n번 반복하면 n개의 확률변수 표본 $\{x_1, x_2, \cdots, x_n\}$이 얻어지고, 이 표본 데이터들은 결국 지수분포인 확률밀도함수 $f(x) = \frac{1}{\beta}\exp\left(-\frac{x}{\beta}\right)$를 따르게 된다. 그림 7.3.2를 보라.

이 과정은 이산형 확률변수에도 적용될 수 있다. 이산형의 경우 분포함수는 식 (2.2.6)에서 정의한 대로

$$F(x) = \Pr(X \le x) = \sum_{x_i < x} p(x_i)$$

이므로 $u \le F(x_i)$를 만족하는 가장 작은 양의 정수 i를 구하여 $X = x_i$로 지정하면 된다.

이해를 위해 2장의 주사위를 굴리는 실험을 예로 들자(그림 2.2.4). 이 경우 확률변수 X는 1, 2, 3, 4, 5, 6 값을 가질 수 있고 각각의 확률밀도는 1/6로 동일하다. 따라서 알고리즘은 다음과 같이 구성된다. $u \sim U(0,1)$를 생성시켜 그 값이 $u \le \frac{1}{6}$이면 $X = 1$로, 그 값이 $\frac{1}{6} < u \le \frac{2}{6}$이면 $X = 2$로, $\frac{2}{6} < u \le \frac{3}{6}$이면 $X = 3$으로, $\cdots$, $\frac{5}{6} < u$이면 $X = 6$으로 놓는다. 만약 난수로 $u = 0.75$가 선택되었다면 확률변수는 $X = \lfloor 6 \times u \rfloor + 1 = \lfloor 6 \times 0.75 \rfloor + 1 = 4 + 1 = 5$의 값을 가진다. 여기서 기호 $\lfloor\ \rfloor$는 가장 작은 양의 정수를 의미한다. 예를 들어, $\lfloor 6.9 \rfloor = 6$이고 $\lfloor 6.2 \rfloor = 6$이다. 이 과정을 그림으로 나타내면 다음과 같다.

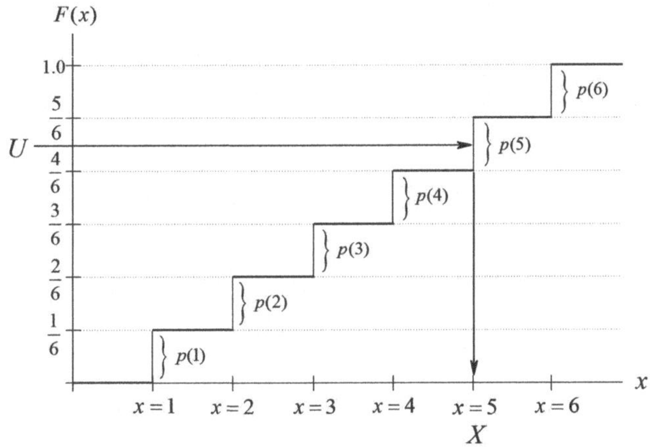

[그림 7.1.3] 이산형 확률변수를 만들기 위한 역변환법

이상의 예에서 보인 것처럼, 원하는 확률분포의 분포함수가 존재한다면 수학적 조작을 통해 그 분포에 대한 변환함수를 만들 수 있다. 하지만 모든 분포에 대해서 역함수 F^{-1}를 간단한 형태로 유도할 수는 없다. 여기에 역변환법의 단점이 있다. 분포함수의 역함수 F^{-1}가 닫힌 형태(closed form)가 아닌 경우에 알고리즘은 복잡해진다. 그 예로서 정규분포나 감마 분포를 들 수 있다.

이런 경우는 확률변수의 범위가 $-\infty$ 또는 ∞를 포함하므로 분포함수와 그 역함수를 구하기 위해서 멱급수 전개와 같은 수치적인 방법(Kennedy and Gentle, 1980)이나 다른 근사법(Marsaglia, 1984)이 필요하게 된다. 이런 조작이 먼저 수행된 다음에만 역변환 방법이 적용될 수 있다. 현실적으로 이런 경우에는 굳이 복잡하고 시간이 많이 걸리는 역변환법을 고집할 필요는 없다. 일부 확률분포 난수들은 함수 자체 또는 확률변수 자체의 독특한 특성을 이용해서 효과적으로 만들어질 수도 있기 때문이다. 그 구체적인 예는 정규분포 난수 생성과정에서 자세히 논의하기로 하자. 역변환법은 다른 방법에 비해 속도가 그다지 빠르지도 않다. 이런 단점에도 불구하고, 변수들 간의 상관관계를 부여하기 쉽기 때문에 분산축소기법이 필요할 때에는 유용하게 사용될 수 있다(9장의 분산축소기법 참조).

7.1.2 분할법(또는 합성법)

하나의 분포함수 F를 여러 개의 간단한 분포함수 $F_1, F_2, \cdots$로 나누어 난수를 만드는 방법(composition or mixture method)이다. 나뉜 각각의 분포함수에서 편리한 방법으로 확률변수값을 구하고, 각 분포함수가 차지하는 분율을 고려해서 더한다. 이 방법은 최종 목적으로 하는 분포함수 F를 이용해서 직접 난수를 만들어 내는 것보다, 잘게 나눈 분포함수들 $F_1, F_2, \cdots$로부터 난수를 더 쉽게 만들 수 있을 때 사용하면 좋다. 이 과정은 다음과 같은 수식으로 표현할 수 있다.

$$F(x) = p_1F_1(x) + p_2F_2(x) + \cdots = \sum_{i=1}^{k} p_iF_i(x) \tag{7.1.1}$$

여기서 $F_i(x)$는 여러 개로 나뉜 각각의 분포함수들, p_i는 각 분포함수들이 차지하는 확률 또는 분율을 의미한다. 따라서 이들을 모두 더하면 1, 즉 $\sum_{i=1}^{k} p_i = 1$ 이다.

예로서 그림 7.1.4와 같이 확률밀도함수가 $f(x) = 0.25\exp(-0.5|x|)$인 분포를 따르는 확률변수를 만드는 경우를 보자. 이 분포는 $x = 0$인 축에서 대칭인 일종의 지수분포이다.

각각 $f_1(x) = 0.25\exp(0.5x)$와 $f_2(x) = 0.25\exp(-0.5x)$인 지수분포로 나누어 보자. 2개로 나누었으므로 식 (7.1.1)에서 $k = 2$인 경우에 해당한다. 분할된 각각의 분포가 차지하는 확률은 $p_i = p_1 = p_2 = 0.5$이다. 이는 그림 7.1.4에서 $x = 0$인 축을 대칭으로 동일한 두 곡선이 이루는 각각의 면적을 의미한다. 결국 이 분포를 따르는 난수는 다음 알고리즘을 통해서 만들 수 있다.

단계 1. $U_1 \sim U(0,1)$를 만들어 $U_1 < p_1 = 0.5$인지 조사한다.
단계 2. U_1과 독립적인 $U_2 \sim U(0,1)$를 만든다. 위 조건이 만족되면 $x = -2\ln U_2$, 조건이 만족되지 않으면 $x = 2\ln U_2$를 채택한다.

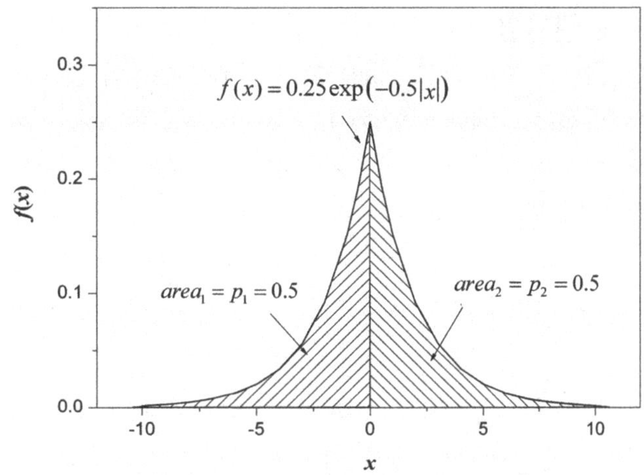

[그림 7.1.4] 분할법 개념

단계 1은 분할된 영역을 선택하는 과정이다. 단계 2는 선택된 영역의 분포함수에 따라 적합한 방법으로 난수를 만드는 과정이다. 여기서는 역변환법이 사용되었다(앞의 지수분포 난수생성과정을 참고하라). 그림 7.1.5는 이 분할법 알고리즘을 적용해서 구한 난수의 분포를 나타낸 것이다. 이 방법에 대한 보다 자세한 내용을 원하는 독자들은 관련 문헌(Peterson and Kronmal, 1982)을 참고하기 바란다.

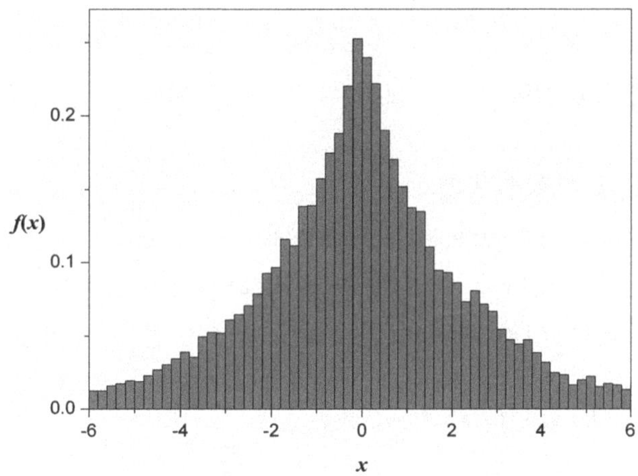

[그림 7.1.5] 분할법에 의해 만들어진 난수들의 분포

7.1.3 결합법

동일한 분포를 따르는(iid) 여러 확률변수들의 합으로부터 목적 확률변수를 만드는 방법(convolution method)이다. 이 방법은 목적 난수를 직접 만드는 것보다 여러 변수들의 합으로 만드는 것이 더 쉬울 때 사용하면 좋다. 그 개념을 수식으로 나타내면 다음과 같다.

$$X = Y_1 + Y_2 + \cdots + Y_m = \sum_{i=1}^{m} Y_i \tag{7.1.2}$$

앞에서 다룬 분할법과 혼동하지 말아야 한다. 분할법은 잘게 나뉜 분포함수들로부터 만들어진 난수들을 합쳐서 하나의 목적분포를 이루도록 하는 반면에, 결합법은 목적분포와는 직접 관련 없는 변수들을 합쳐서 새로운 확률변수를 만들고 그 확률변수가 목적한 분포를 따르게 만드는 점이 다르다. 이 방법으로 난수를 만드는 알고리즘은 다음과 같다.

단계 1: 독립적인 확률변수들 $Y_1, Y_2, \cdots, Y_m$ 을 만들고
단계 2: $X = Y_1 + Y_2 + \cdots + Y_m$ 로 정의한다.

가장 좋은 예로는 중심극한정리를 이용하여(그림 5.2.1) 정규분포 난수를 만드는 경우를 들 수 있다. 균등분포 난수를 여러 개 뽑고 이 값들을 모두 더해 하나의 다른 확률변수로 정의하면, 그 확률변수는 정규분포를 따르게 된다. 이 방법은 7.3.3절에서도 자세히 다루어질 것이다.

7.1.4 취사선택법

채택-기각법(accept-reject method)이라고도 한다. 앞에서 다룬 방법들과는 다르게 분포함수나 그 역함수들을 필요로 하지 않는다. 우선 난수를 만들려고 하는 확률함수 $f(x)$ 아래의 면적을 포함하는 함수 $g(x)$를 아래와 같이 정의한다.

$$f(x) \le cg(x) \tag{7.1.3}$$

다음은 함수 $g(x)$가 차지하는 면적 내에서 난수를 만든다. 그 다음은 만들어진 난수가 함수 $f(x)$의 면적에 포함되는지 조사하여 선택 여부를 결정한다. 이 과정을 알고리즘으로 나타내면 다음과 같이 정리된다.

단계 1: 확률밀도 $g(x)$를 따르는 변수 x를 만든다.
단계 2: $U[0, cg(x)]$인 균등분포로부터 난수 y를 선택한다.
단계 3: $y \le f(x)$이면 x를 채택하고, 그렇지 않으면 단계 1을 반복한다.

베타 분포 $\text{Beta}(2,4)$를 예로 들자. 이 분포의 확률밀도함수는 다음과 같다.

$$\text{Beta}(2,4) = f(x) = \frac{\Gamma(2+4)}{\Gamma(2)\Gamma(4)} x^{2-1}(1-x)^{4-1} = 20x(1-x)^3, \qquad 0 \le x \le 1$$

이 함수 $f(x)$ 곡선 아래의 면적을 모두 포함하는 면적을 가진 함수를 정의해 보자. 가장 간단한 형태는 가로가 확률변수 X의 범위이고 높이가 함수 $f(x)$의 최고점을 지나는 사각형일 것이다(그림 7.1.6). 가로는 베타확률함수 $f(x)$의 범위이므로 간단히 $0 \sim 1$이다. 즉, $g(x) = 1$이다. 높이는 함수 $f(x)$의 최고점이므로 이를 미분하여 0으로 놓으면 구할 수 있다.

$$\frac{df(x)}{dx} = -4x^3 + 9x^2 - 6x + 1 = 0\ .$$

이 삼차방정식은 $x = 0.25$일 때 최댓값을 가진다(해는 수치해법으로 구할 수 있다). 이 값을 원래의 확률밀도함수에 대입하면 $f(0.25) = 2.109 = c$가 얻어진다. 결국 $cg(x) = 2.109 \times 1$이고, 아래 그림에서 사각형에 해당한다.

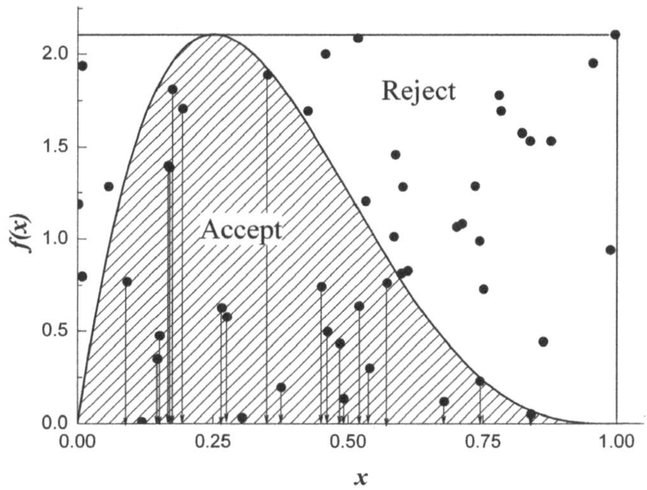

[그림 7.1.6] 취사선택법: 베타 함수에서의 예

이 예에서 난수가 만들어지는 과정을 정리하면 다음과 같다.

단계 1: $U(0,1)$ 인 균등분포 난수 x를 만든다.
단계 2: $U(0,2.109)$ 인 균등분포 난수 y를 만든다.
단계 3: $y \le 20x(1-x)^3$ 이면 x를 확률변수 X로 채택한다.
그렇지 않으면 단계 1부터 반복한다.

위에서 단계 1과 2는 사각형 내에 균등분포하는 점 (x, y)를 만드는 것이고, 단계 3은 이 점들이 베타 함수 곡선 아래의 빗금친 부분에 해당하는지 조사하는 것이다. 그림 7.1.6에서 빗금친 영역에 해당하는 경우만 채택하면 베타 분포를 따르는 난수를 얻게 된다.

이 방법의 효율성은 $cg(x)$를 얼마나 $f(x)$에 가깝게 만드느냐에 따라 달려 있다. 이 둘 사이의 간격이 크다면 만들어진 난수들 대부분이 채택되지 못하기 때문에 비효율적이다. 또한 $g(x)$를 만들기가 복잡한 경우에도 이 방법은 효율적이지 못하다.

프로그램 7.1.1은 취사선택법으로 예의 베타 분포 난수를 만들기 위한 것이다. 그림 7.1.7은 이 프로그램의 실행 결과 만들어진 10,000개 확률변수들의 분포를 그린 것이다. 이론 밀도함수(실선)와의 비교에서 이 방법의 타당성을 확인할 수 있다.

[프로그램 7.1.1] 취사선택법에 의한 베타 분포 난수 만들기

```
#include "file_include.h"

const int MAX =10000; //난수생성 개수

//U(0,1)
double rnd( )
{
        return (double)rand( )/((double)RAND_MAX + 1);
}

double Uni_Real_rnd(double _a, double _b)
{
        return _a + (_b - _a) * rnd( ); //실수형 난수
}

int main( )
{
        //출력용 데이터 파일 만들기
        char save_filename[30];
```

```
        cout<<"Enter New file name: ";
        cin>>save_filename;
        ofstream write_mydata(save_filename, ios::out);

        //난수 초기화 씨
        unsigned seed;
        cout<<"Enter a number for randomizing seed :";
        cin>>seed;
        srand(seed);
        write_mydata<<"seed : "<<seed<<endl<<endl;

        //난수생성
        double x[MAX], y[MAX], fx[MAX];
        for(int i=0; i<MAX; i++)
        {
                do
                {
                     x[i] = Uni_Real_rnd(0, 1);
                     y[i] = Uni_Real_rnd(0, 2.109);
                     fx[i] = 20*x[i]*pow((1-x[i]),3);
                }while(fx[i] < y[i]);

                cout.width(5);cout<<i+1<<"   "<<x[i]<<endl;
                write_mydata<<x[i]<<endl;
        }
        write_mydata.close( );
        return 0;
}
```

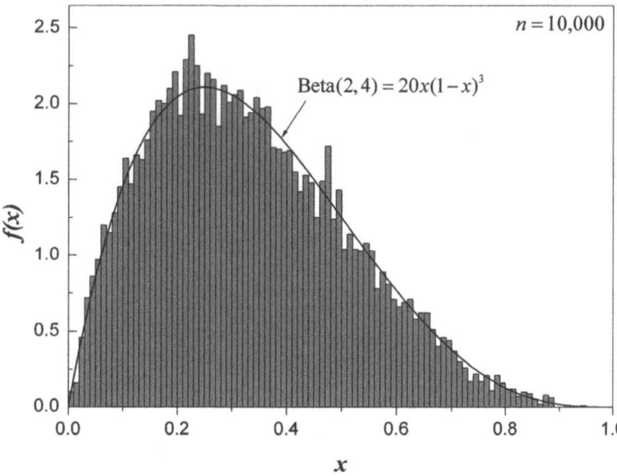

[그림 7.1.7] 취사선택법으로 만든 베타 분포 확률변수(프로그램 7.1.1 사용)

7.2 이산형 확률분포

대부분의 경우, 역변환법으로 가능하다. 각 분포마다 생성 알고리즘과 C/C++ 기반의 프로그램을 제시하였다. 이 부프로그램들은 부록 A에서 제시한 방법에 따라 주프로그램에서 호출하면 된다. 동시에 이 프로그램들에 의해 만들어진 10,000개 난수들의 확률분포를 그림으로도 나타내었다. 그림들에서 흰색 막대는 이론 확률질량이고, 검은색 막대는 그것에 상응하는 난수들의 빈도이다.

7.2.1 이산형 균등분포

다음 알고리즘을 통해 만들 수 있다. a와 b는 확률변수의 범위를 의미한다. a는 가장 작은 수, b는 가장 큰 수이다.

0. $k = b - a + 1$ 을 계산한다.
1. $U_i \sim U(0,1)$ 인 난수를 만든다.
2. $X \leftarrow a + \lfloor kU_i \rfloor$ 이다.

※ $\lfloor\ \rfloor$는 가장 작은 양의 정수. 예로서 $\lfloor 6.9 \rfloor = 6$ 이고 $\lfloor 6.2 \rfloor = 6$ 이다.

[프로그램 7.2.1] 이산형 균등분포 난수 만들기

```
int Uni_Int_rnd(int _a, int _b)
{
        double k = _b - _a + 1;
        return (int)( _a + k * rnd( ) ); // 정수형 난수
}
```

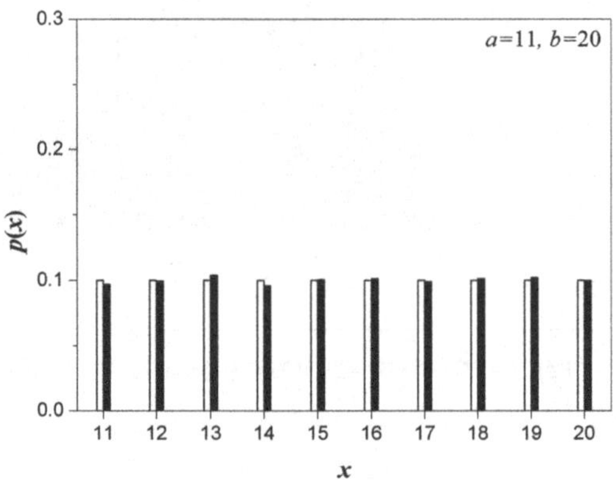

[그림 7.2.1] 이산형 균등분포 U(11,20)의 확률분포

7.2.2 베르누이 분포(Bernoulli)

결과가 성공 아니면 실패의 두 가지만 존재할 때, 성공(또는 실패)이 나타날 확률분포이다. 이는 각 시행의 성공확률 *p*와 동일하다. 알고리즘은 다음과 같다.

1. $U_i \sim U(0,1)$ 인 난수를 만든다.
2. $U_i \le p$ 이면 $X \leftarrow 1$, 그렇지 않으면 $X \leftarrow 0$.

[프로그램 7.2.2] 베르누이 분포 난수 만들기

```
int Bernoulli_rnd(double _p)
{
        int X = 0;
        if( rnd( ) <= _p )
                X = 1;
        else
                X = 0;
        return X;
}
```

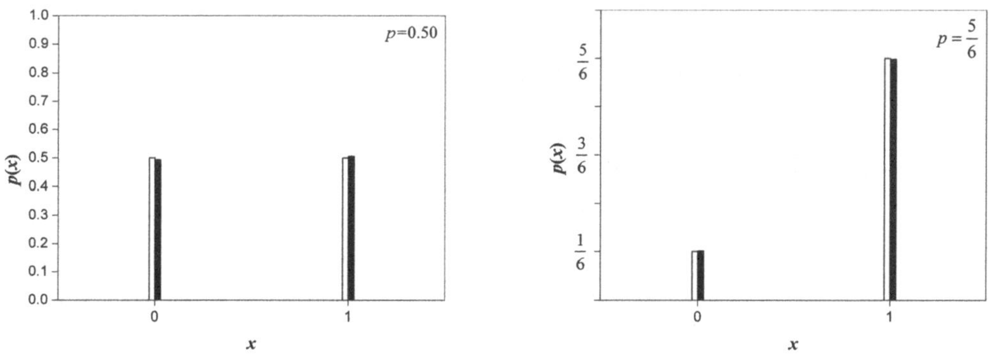

[그림 7.2.2] 베르누이 분포 난수: 성공확률 $p=0.5$ 와 $p=1/6$인 경우

7.2.3 이항분포(Binomial)

성공확률이 *p*인 베르누이 시행을 독립적으로 *n*번 반복했을 때 성공이 나타날 확률분포이다. 이 경우는 합성법에 의해서 난수를 만들 수 있다.

1. n개의 독립된 베르누이 Bernoulli(p) 확률변수 $Y_1, Y_2, \cdots, Y_n$를 만든다.
2. $X \leftarrow Y_1 + Y_2 + \cdots + Y_n$

[프로그램 7.2.3] 이항분포 난수 만들기

```
int binomial_rnd(int _n, double _p)
{
	int X = 0;
	for(int i=0; i<_n; i++)
	{
			X += Bernoulli_rnd(_p);
	}
	return X;
}
```

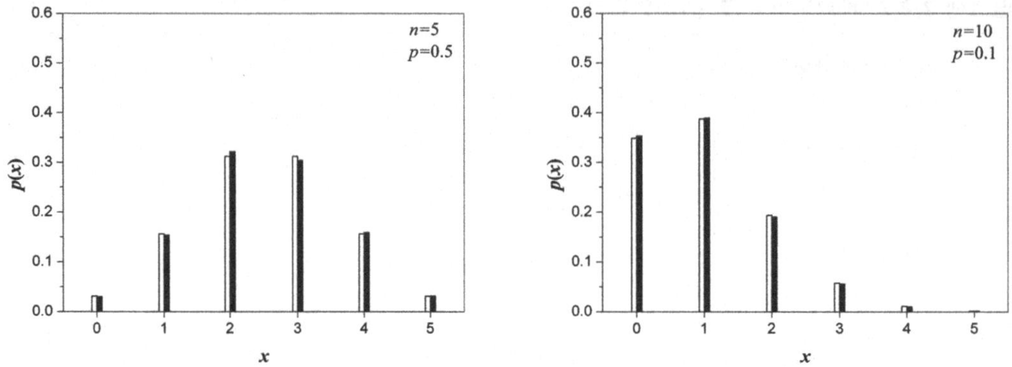

[그림 7.2.3] 이항분포 Bin(n, p)인 확률변수들의 분포

7.2.4 포아송 분포(Poisson)

지수분포와의 특수한 관계를 이용해서 확률변수를 만들 수 있다.

1. $a = \exp(-\lambda)$
2. $b \le a$ 가 만족될 때까지 독립적인 $U_i \sim U(0,1)$인 난수들을 만들어 곱한다. 즉 $b = U_i \times U_{i+1} \times \cdots \times U_m$이다.
3. $X \leftarrow m-1$ 이다.

[프로그램 7.2.4] 포아송 분포 난수 만들기

```
int Poisson_rnd(double _lamda)
{
	double N = 1;
	int m = 0;

	do{
			m ++;
```

```
                N = N * rnd( );
        }while(N >= exp(-_lamda));
        return m-1;
}
```

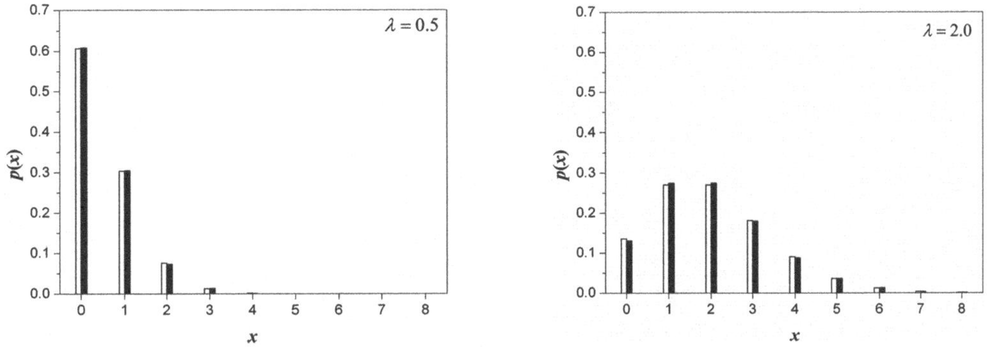

[그림 7.2.4] 포아송 Poisson(λ) 인 확률변수들의 분포

7.2.5 기하분포(Geometric)

이 분포는 확률변수를 어떻게 정의하느냐에 따라서 확률변수의 범위가 달라진다. 확률변수 X를 성공확률이 p인 독립시행을 계속할 때 첫 번째 성공이 나올 때까지의 시행수로 정의하는 경우 1과, 확률변수 Y를 첫 번째 성공이 나오기 직전까지의 시행수, 즉 실패수로 정의하는 경우 2로 구별해서 정의할 수 있다. 두 변수 간의 관계는 $Y = X - 1$ 이 된다.

1) 경우 1: X

밀도함수: $f(x) = (1-p)^x, \quad x = 1, 2, 3, \cdots$

분포함수: $F(x) = 1-(1-p)^x, \quad 1 \le x$

역변환법에 의해서

$$u = 1-(1-p)^x$$

$$\ln(u) = x\ln[1-(1-p)]$$

$$x = \frac{\ln(u)}{\ln[1-(1-p)]}$$

$$x = \frac{\ln(u)}{\ln(1-p)} = F^{-1}(u)$$

2) 경우 2: Y

밀도함수: $f(y) = (1-p)^y, \quad y = 0, 1, 2, \cdots$

분포함수: $F(y) = 1-(1-p)^{y+1}, \quad 0 \le y$

역변환법에 의해서

$$u = 1-(1-p)^{y+1}$$

$$y = \frac{\ln(u)}{\ln(1-p)} - 1 = F^{-1}(u)$$

1. $U_i \sim U(0,1)$인 난수를 만든다.
2. 경우 1: $X \leftarrow \frac{\ln U_i}{\ln(1-p)}$ 경우 2: $Y \leftarrow \frac{\ln U_i}{\ln(1-p)} - 1$

※ 지수함수의 특성을 이용해서 만들 수도 있다.
위 식에서 $\ln U_i$ 대신에 $W = -[\mathrm{Exp}(\beta = 1)]$를 사용하면 된다.

[프로그램 7.2.5] 기하분포 난수 만들기

```
int geom_rnd(double _p)
{
	//확률변수 X가 첫 번째 성공이 나올 때까지의 시행수인 경우

	double bx, ax;

	bx = (log(rnd( ))/log(1.0 - _p));

	ax = ceil(bx);

	return ax;
	/*
	//확률변수 Y가 첫 번째 성공이 나오기 직전까지의 시행수(실패수)인 경우
	return ax - 1;
	*/
}
```

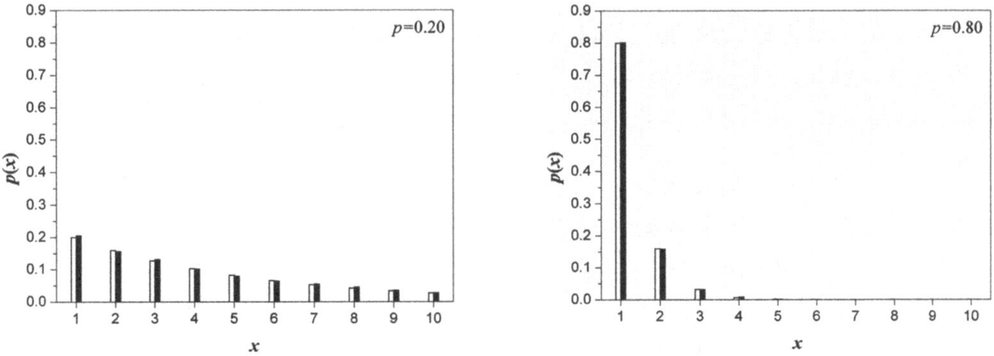

(a) 경우 1: 확률변수 X로 정의된 경우

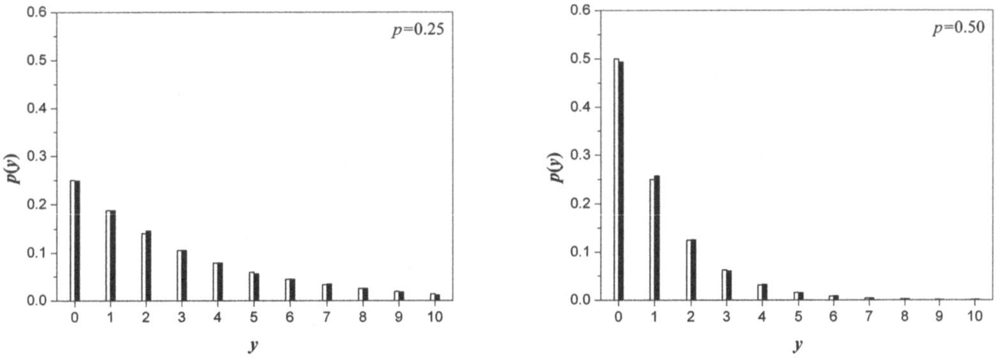

(b) 경우 2: 확률변수 Y로 정의된 경우

[그림 7.2.5] 기하분포 Geom(p) 인 확률변수들의 분포

7.2.6 음이항분포(Negative binomial)

이 분포 역시 확률변수를 어떻게 정의하느냐에 따라서 확률변수의 범위가 달라진다. 확률변수 X를 성공확률이 p인 독립시행을 계속할 때 r번째 성공이 나올 때까지의 시행수로 정의하는 경우 1과, 확률변수 Y를 r번째 성공이 나오기 직전까지의 시행수, 즉 실패수로 정의하는 경우 2로 정의할 수 있다.

1) 경우 1

$$X : f(x) = \binom{x-1}{r-1} p^r (1-p)^{x-r}, \qquad x = r,\ r+1,\ \cdots$$

2) 경우 2

$$Y : f(y) = \binom{y+r-1}{y} p^r (1-p)^y, \qquad y = 0,\ 1,\ \cdots$$

음이항분포 난수는 기하분포 생성 알고리즘을 이용해서 쉽게 만들 수 있다($r = 1$인 음이항분포는 기하분포와 동일하다).

> 1. 서로 독립인 r개의 기하분포 Geom(p) 난수 $Y_1, Y_2, \cdots, Y_r$를 만든다.
> 2. $X \leftarrow Y_1 + Y_2 + \cdots + Y_r$로 놓고
> 3. 경우(확률변수의 정의)에 따라 r만큼 평행이동시킨다: $X \leftarrow X + r$

[프로그램 7.2.6] 음이항분포 난수 만들기

```
int NegBin_rnd(int _r, double _p)
{
        int x = 0;

        for(int i = 1; i <= _r; i++)
                x += geom_rnd(_p);
        /* 주의: 기하분포의 알고리즘을 기반으로 하기 때문에 "geom_rnd(_p)"의 확률변수가
        어떻게 정의되어 있는가(X 또는 Y)에 의존한다. 다음에 이어지는 알고리즘은
        "geom_rnd(_p)"의 확률변수가 Y로 정의된 경우에 해당한다.  */

        /*
        //음이항분포의 확률변수가 X이면, r만큼 평행이동이 필요하다.
        return x + _r;
        */

        //음이항분포의 확률변수가 Y인 경우
        return x;
}
```

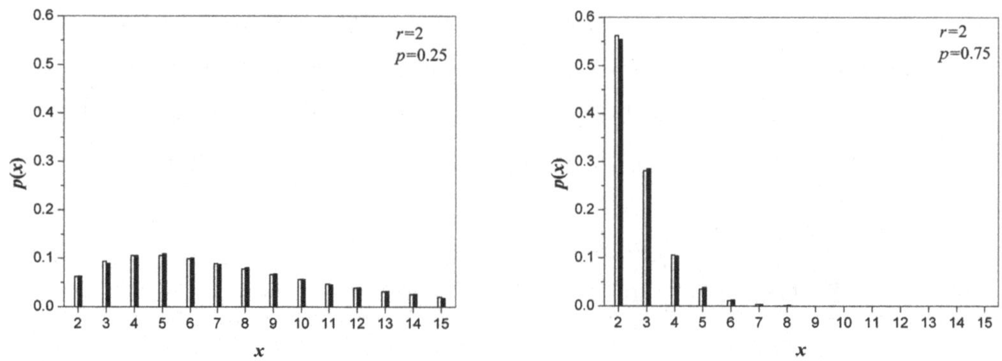

(a) 경우 1: 확률변수 X로 정의된 경우

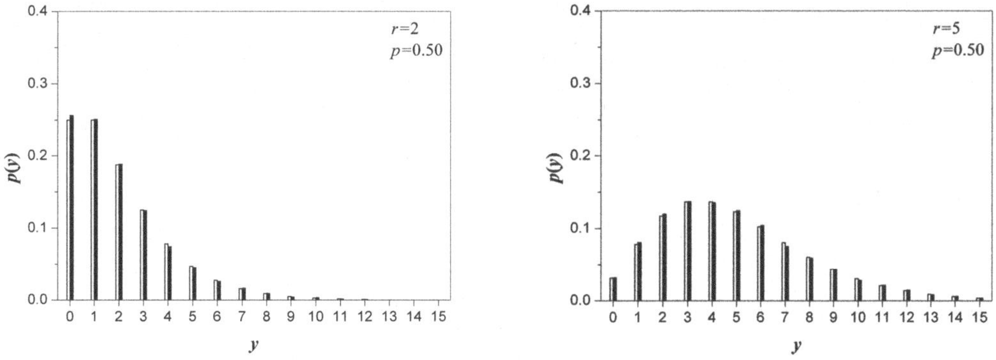

(b) 경우 2: 확률변수 Y로 정의된 경우

[그림 7.2.6] 음이항분포 NegBin(r, p)인 확률변수들의 분포

7.2.7 초기하분포(Hyper geometrical)

N은 모집단의 개수, M은 모집단 중 성공 개수, n은 표본 개수, X는 표본 중 성공 개수로 정의될 때, 초기하분포를 따르는 난수는 다음 알고리즘에 의해서 만들 수 있다(Kachitvichyanukul and Schmeiser, 1985).

1. $T1 \leftarrow M$, $T \leftarrow N$, $X \leftarrow 0$, $J \leftarrow 0$으로 놓고
2. $J \leftarrow J+1$로 놓고, STEP 3을 $J = n$이 될 때까지 반복한다.
3. 만약 $U_i \sim U(0,1) \le \frac{T1}{T}$이면 $X \leftarrow X+1$, $T1 \leftarrow T1-1$

   이때 $X = M$이면 X를 채택하고 반복루프를 빠져나간다.

   그렇지 않으면 $T \leftarrow T-1$로 놓는다.
4. X를 채택한다.

[프로그램 7.2.7] 초기하분포 난수 만들기

```
int HypGeom_rnd(int _n, int _M, int _N)
{
        int X = 0;
        double T1 = _M, T = _N;

//      int M = 5;          //모집단 중 성공 개수
//      int N = 50;         //모집단 크기
//      int n = 10;         //표본 크기
//      int x = 0;          //표본 중 성공 개수

        for(int j = 0; j < _n; j++)
```

```
        {
                    if(rnd( ) <= (double)(T1/T))
                    {
                                X = X + 1;
                                if(X == _M)
                                        return X;
                                T1 = T1 - 1;
                    }
                    else
                                T = T - 1;
        }
        return X;
}
```

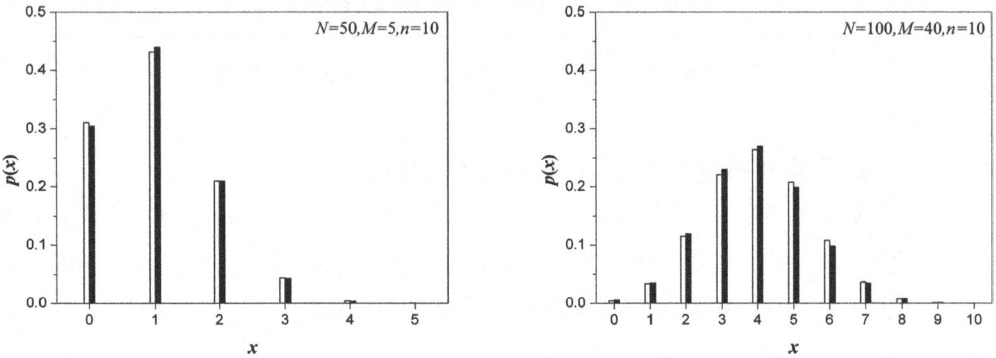

[그림 7.2.7] 초기하분포 HypGeom(x, M, N)인 확률변수들의 분포

7.3 연속형 확률분포

7.3.1 연속형 균등분포(Uniform)

$a \sim b$ 사이의 균등분포 난수는 역변환법으로 만들 수 있다. 누적분포함수는 $F(x) = \dfrac{x-a}{b-a}$ 이므로, $F(x) = u$ 라고 놓고 x에 대해서 푼다.

$$u = \frac{x-a}{b-a}$$
$$u(b-a) = x-a$$
$$x = a + (b-a)u \equiv F^{-1}(u)$$

따라서 $U \sim U(0,1)$인 난수를 발생시켜 $X = a + (b-a)U$로 변환하면 된다. 이를 반복하면 균등분포 $U(a,b)$를 따르는 확률변수들을 얻을 수 있다. 프로그램 7.3.1을 참고하라. 그림 7.3.1은 범위가 0 ~ 2인 10,000개의 연속형 균등분포 확률변수의 분포를 나타낸 것이다.

[프로그램 7.3.1] 연속형 균등분포 난수 만들기

```
double Uni_Real_rnd(double _a, double _b)
{
        return _a + (_b-_a)*rnd( );            //실수형 확률변수
}
```

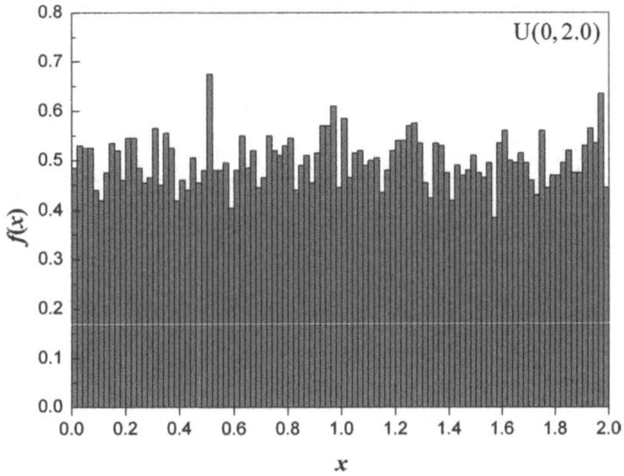

[그림 7.3.1] 균등분포 U(0,2.0)인 확률변수들의 분포

7.3.2 지수분포(Exponential)

역변환법이 적절하다. 이미 7.1.1절에서 자세한 방법을 설명하였다. 최종적으로 역변환식은 $x = F^{-1}(u) = -\beta \ln(1-U_i)$이 된다. 여기서 $1-U$와 U는 동일한 $U(0,1)$ 분포이기 때문에, $1-U$ 대신에 U를 사용하여 계산시간을 줄일 수도 있다. 만약 모수가 하나(β)가 아니고 위치모수를 포함해서 두 개(β, γ)라면, 역변환식을 다음과 같이 수정하면 된다. 즉, 위치모수는 x축에서의 위치만 관계가 있기 때문에 x 대신에 $x-\gamma$로 바꾸면 된다.

$$x = -\beta \ln(U_i) + \gamma$$

이 알고리즘에는 $\ln(U)$를 계산하는 항이 포함되어 있기 때문에, 프로그램에서는 $U_i = 0$이 선택되지 않도록 해야 한다. 그림 7.3.2는 제시된 프로그램을 사용해서 만들어진 $\beta = 2$인 지수분포를 따르는 확률변수들의 분포를 나타낸 것이다.

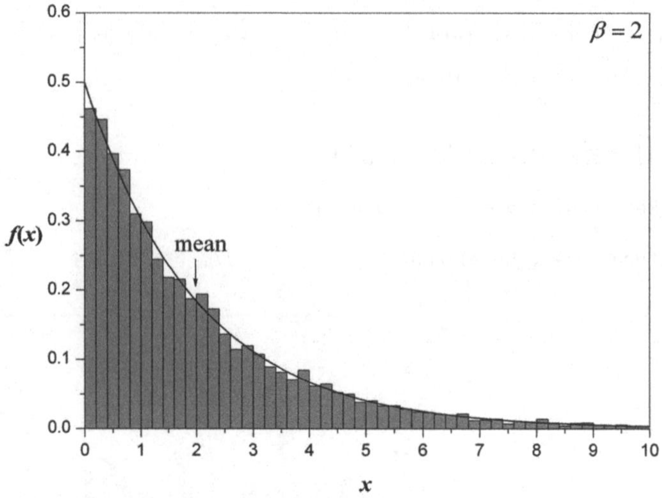

[그림 7.3.2] 지수분포 Exp(2.0) 인 확률변수들의 분포

[프로그램 7.3.2] 지수분포 난수 만들기

```
double exp_rnd(double _beta, double _gamma)
{
        double d;
        d = rnd( );
        while( d == 0 )
                d = rnd( );
        return  -_beta*log(d) + _gamma;
}
```

7.3.3 정규분포(Normal)

이 분포의 난수는 여러 가지 방법으로 만들 수 있다.

먼저 중심극한정리를 이용하는 방법을 보자. 이는 '독립적인 확률변수들이 많다면 그 합은 정규분포가 된다'라는 특성을 이용하는 것이다. 대략 12개 정도의 변수들을 합해서 하나의 변수 Z를 만드는 것을 반복하면 이 확률변수들은 표준정규분포 $N(0,1)$을 따르게 된다(이것은 7.1.3절의 결합법에 해당한다). 이를 수식으로 나타내면 다음과 같다.

$$Z = \sum_{i}^{12} U_i - 6$$

이렇게 얻어진 Z를 다음 식에 대입하면 $N(\mu, \sigma)$인 정규분포 확률변수를 만들 수 있다.

$$Y = \sigma Z + \mu$$

두 번째는 Box-Muller 방법이다. 중심극한정리를 이용하는 앞의 알고리즘은 많은 난수로부터 1개의 확률변수를 구하기 때문에 속도가 비교적 느리다. 이런 단점을 보완할 수 있는 알고리즘이다. 2개의 서로 독립적인 균등분포 $U(0,1)$에서 추출한 난수 U_1, U_2를 사용하여 다음의 변환식으로부터 한 쌍의 확률변수를 만든다. 이 한 쌍의 확률변수들은 정규분포를 따른다.

$$X_1 = \sqrt{-2\ln U_1}\cos(2\pi U_2)$$
$$X_2 = \sqrt{-2\ln U_1}\sin(2\pi U_2)$$

세 번째는 극좌표변환 방법이다. 앞의 B-M 방법은 삼각함수 계산이 필요하고 U_1이 0이 되면 수학적으로 문제가 생긴다. 이런 문제를 해결하기 위해 확률변수를 사인이나 코사인에 대응되는 극좌표로 변환시킨다. 자세한 과정을 보자. 서로 독립적인 균등분포 $U(0,1)$에서 2개의 난수를 선택한다.

$$U_1 = 2U - 1,\ U_2 = 2U - 1$$

단, 다음의 조건을 만족해야 한다(즉, 선택된 값들이 단위원 안에 있어야 한다).

$$\left[w = (2U_1 - 1)^2 + (2U_2 - 1)^2\right] \geq 1$$

이 값으로부터 한 쌍의 정규분포 난수를 얻는다.

$$X_1 = U_1\sqrt{\frac{(-2\ln w)}{w}},\ X_2 = U_2\sqrt{\frac{(-2\ln w)}{w}}$$

두 번째와 세 번째 방법 모두, 두 값들 중에서 어느 하나만 사용해도 무방하다.

[프로그램 7.3.3] 정규분포를 따르는 확률변수 만들기

```
double normal_rnd(double _mu, double _sigma)
{
/*       //방법1: by Central Limit Theorem
         double sum=0, x1=0;
         for(int i=1; i<13; i++)
                  sum += rnd( );
         x1=sum-6.0;
*/
```

```
/*      //방법 2: by Box_Muller Transformation
        double u1, u2, x1, x2;
        u1 = rnd( );
        u2 = rnd( );

        x1 = sqrt(-2*log(u1)) * cos(2*PHI*u2);
        x2 = sqrt(-2*log(u1)) * sin(2*PHI*u2);
*/

        //방법 3: 극좌표 방법을 사용할 경우
        double u1, u2, w, x1, x2;
        do
        {
                    u1 = 2.0 * rnd( ) - 1.0;
                    u2 = 2.0 * rnd( ) - 1.0;
                    w = u1*u1 + u2*u2;
        } while(w>=1.0);  //단위 원 내에 있는지 조사
        w = sqrt((-2.0*log(w))/w);
        x1 = u1 * w;
        x2 = u2 * w;

        return _sigma * x1 + _mu;
        //x1 또는 x2 중에서 어떤 하나만 사용해도 된다.
}
```

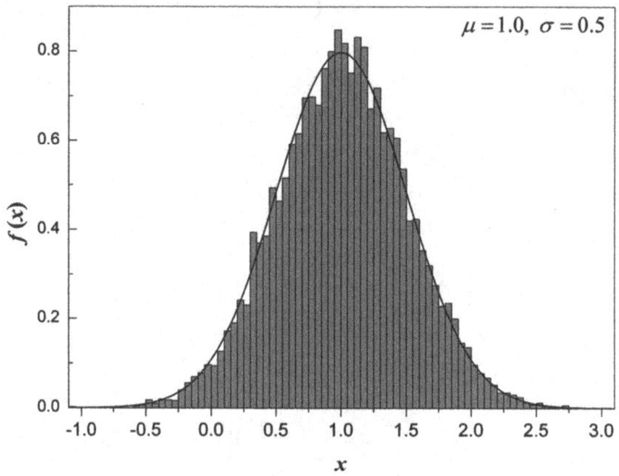

[그림 7.3.3] 정규분포 $N(1.0, 0.5)$ 인 확률변수들의 분포

7.3.4 로그정규분포(log-normal)

정규분포 확률변수들을 이용해서 만들 수 있다. 알고리즘은 다음과 같다.

1. $Y \sim N(\mu, \sigma)$인 난수를 만든다.
2. $X \leftarrow \exp(Y)$.

[프로그램 7.3.4] 로그정규분포 난수 만들기

```
double LogNormal_rnd(double _mu, double _sigma)
{
        return exp(normal_rnd(_mu, _sigma));
}
```

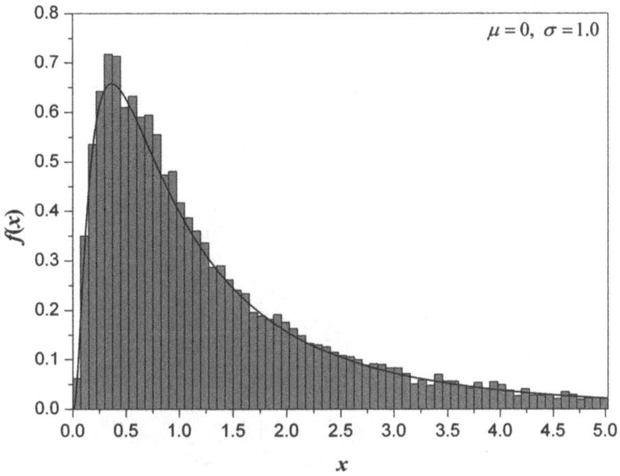

[그림 7.3.4] 로그정규분포 LogNorm(0.0,1.0) 인 확률변수들의 분포

7.3.5 와이블 분포(Weibull)

닫힌 형태의 분포함수 $F(x) = 1 - \exp\left[-(x/\beta)^{\alpha}\right]$ 가 존재하기 때문에 역변환법을 적용할 수 있다. 역변환식과 알고리즘은 다음과 같다.

$$u = 1 - \exp\left[-(x/\beta)^{\alpha}\right]$$

$$\ln(1-u) = -\left(\frac{x}{\beta}\right)^{\alpha}$$

$$x = \beta[-\ln(1-U_i)]^{\frac{1}{\alpha}} \equiv F^{-1}(u)$$

1. $U_i \sim U(0,1)$ 인 난수를 만든다.
2. $X \leftarrow \beta[-\ln(1-U_i)]^{\frac{1}{\alpha}}$, 또는 $X \leftarrow \beta[-\ln(U_i)]^{\frac{1}{\alpha}}$

지수분포에서의 경우와 마찬가지로 알고리즘에 $\ln(U)$를 계산하는 항이 포함되어 있기 때문에, 프로그램에서는 $U_i = 0$이 선택되지 않도록 해야 한다.

[프로그램 7.3.5] 와이블 분포 난수 만들기

```
double Weibull_rnd(double _alpha, double _beta)
{
        double d;
        d = rnd( );
        while( d == 0 )
                d = rnd( );
        return _beta * pow(-log(d), (1.0 / _alpha));
}
```

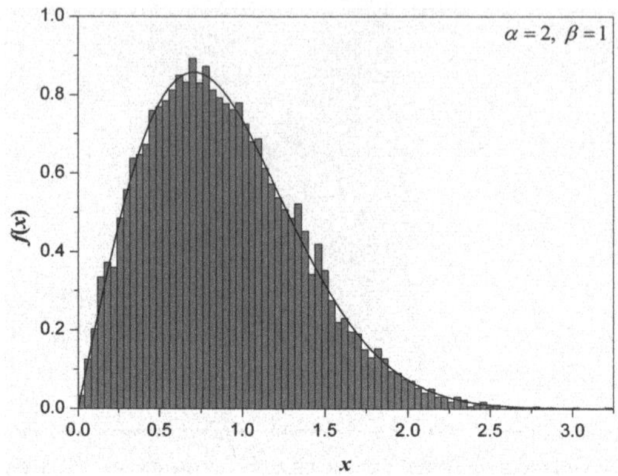

[그림 7.3.5] 와이블 분포 Weibull(2,1) 인 확률변수들의 분포

7.3.6 레일리 분포(Rayleigh)

분포함수 $F(x) = 1 - \exp\left[-\frac{1}{2}\left(\frac{x}{\beta}\right)^2\right]$ 이므로 역변환법이 좋다. 역변환식과 알고리즘은 다음과 같다.

$$u = 1 - \exp\left[-\frac{1}{2}\left(\frac{x}{\beta}\right)^2\right]$$

$$-2\ln(1-u) = \left(\frac{x}{\beta}\right)^2$$

$$x = \beta\sqrt{-2\ln(1-U_i)} \equiv F^{-1}(u)$$

1. $U_i \sim U(0,1)$ 인 난수를 만든다.
2. $X \leftarrow \beta\sqrt{-2\ln(1-U_i)}$.

이 분포는 $\alpha=2$인 와이블 분포의 특수한 형태이다. 따라서 프로그램 7.3.5의 와이블 분포 특성을 이용해서도 만들 수 있다. 즉, $\text{Weibull}(2,\sqrt{2}\beta)=\text{Rayleigh}(\beta)$ 이므로, 프로그램 7.3.5에 $\alpha=2$, $\beta'=\sqrt{2}\beta$ 를 대입하면 된다.

[프로그램 7.3.6] Rayleigh 분포 난수 만들기

```
double Rayleigh_rnd(double _beta)
{
        double d;
        d = rnd( );
        while( d == 0 )
                  d = rnd( );
        return _beta*sqrt(-2.0*log(d));
}
```

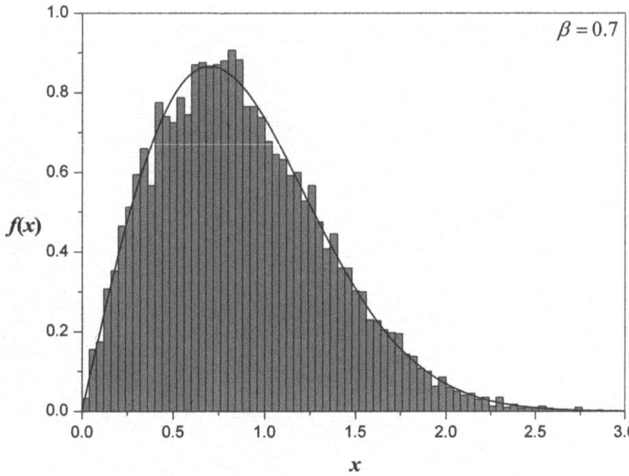

[그림 7.3.6] Rayleigh(0.7) 분포인 확률변수들의 분포

7.3.7 극단값분포(Extreme value)

다음의 분포함수들을 역변환시켜 난수를 만들 수 있다.

$$F_{\min}(x)=1-\exp\left[-\exp\left(\frac{x-\gamma}{\beta}\right)\right] \qquad F_{\max}(x)=\exp\left[-\exp\left(-\frac{x-\gamma}{\beta}\right)\right]$$

$$u=1-\exp\left[-\exp\left(\frac{x-\gamma}{\beta}\right)\right] \qquad u=\exp\left[-\exp\left(-\frac{x-\gamma}{\beta}\right)\right]$$

$$\ln[-\ln(1-U_i)]=\frac{x-\gamma}{\beta} \qquad \ln[-\ln(1-U_i)]=-\frac{x-\gamma}{\beta}$$

$$x=\gamma+\beta\ln[-\ln(1-U_i)]\equiv F^{-1}(u) \qquad x=\gamma-\beta\ln[-\ln(1-U_i)]\equiv F^{-1}$$

[프로그램 7.3.7] 극단값분포 난수 만들기

```
double ExtVal_rnd(double _gamma, double _beta)
{
            double d;

            d = rnd( );
            while( d == 0 )
                         d = rnd( );
            //for Minimum Value Distribution
            return _gamma + _beta * log(-log(d));
/*
            //for Maximum Value Distribution
            return _gamma - _beta * log(-log(d));
*/
}
```

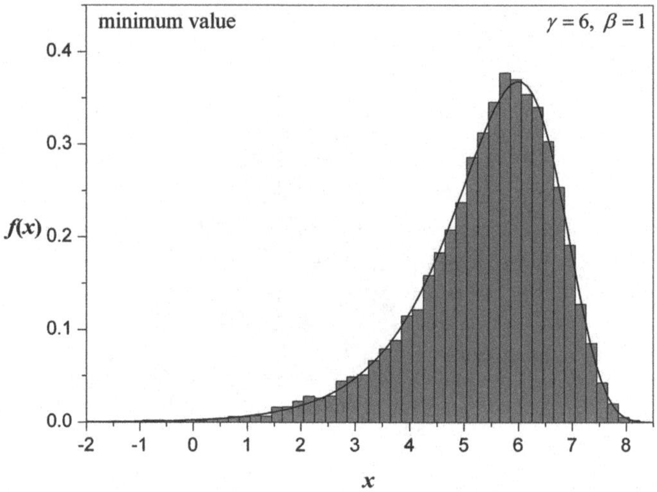

[그림 7.3.7] 극단(극소)값분포 ExtVal(6,1) 인 확률변수들의 분포

7.3.8 감마 분포(Gamma)

형태모수 α값에 따라 확률변수를 만드는 방법이 다르다. α가 자연수가 아닌 경우에는 닫힌 형태의 분포함수나 역함수가 없기 때문이다.

먼저 α가 자연수인 경우(= Erlang 분포)를 보자. 이 경우에는 역변환법을 사용할 수 있다.

$$X = -\beta \sum_{i=1}^{\alpha} \log_e U_i = -\beta \sum_{i=1}^{\alpha} \ln U_i = -\beta \ln\left(\prod_{i=1}^{\alpha} U_i \right)$$

여기서 $\ln\left(\prod_{i=1}^{\alpha} U_i\right)$의 의미는 $U(0,1)$로부터 선택된 난수 α개를 모두 곱한 다음 자연로그를 취하라는 것이다. 이렇게 하면 선택된 난수 각각에 대해 로그를 취하고 다시 이를 모두 더하는 $\sum_{i=1}^{\alpha} \ln U_i$ 조작보다 더 효율적일 수도 있다. 이는 로그가 취해진 수들을 모두 더하는 것은 그 수들을 모두 곱해서 로그를 취하는 것과 수학적으로 동일하기 때문에 가능하다. 그러나 α가 큰 경우에는 컴퓨터 안에서 1보다 작은 수를 계속해서 곱하기 때문에 부정확한 결과가 생길 수도 있다.

다음은 α가 자연수가 아닌 경우에 난수를 만드는 방법이다. $\alpha>1$과 $\alpha<1$인 경우로 나누어 생각할 수 있다. 이 두 경우를 동시에 해결하는 알고리즘은 없기 때문에 이들 각각에 대한 방법을 알아보자. 여기서는 취사선택법에 의한 알고리즘만을 제시하기로 한다. 그 근거가 되는 공식이나 이론들이 필요한 독자들은 관련 문헌을 참고하기 바란다(Law and Kelton, 1991; Devroye, 1986; Gentle, 2003; Knuth, 1998).

1) $\alpha<1$인 경우(Ahrens and Dieter, 1974)

0. $b=\dfrac{e+\alpha}{e}$를 계산한다. 여기서 $e=2.7182818$이다.
1. $U_1 \sim U(0,1)$인 난수를 만들어 $P=bU_1$를 계산한다.
   $P>1$이면 STEP 3으로 가고, 그렇지 않으면 STEP 2를 수행한다.
2. $\exp(-Y)$를 새로운 난수 $U_2 \sim U(0,1)$와 비교한다. 여기서 $Y=P^{\frac{1}{\alpha}}$이다.
   $U_2 \le \exp(-Y)$이면 $X \leftarrow Y$로 받아들이고, 그렇지 않으면 STEP 1로 간다.
3. $Y=-\ln\left[\dfrac{b-P}{\alpha}\right]$를 계산하고 새로운 난수 $U_2 \sim U(0,1)$를 만든다.
   $U_2 \le Y^{\alpha-1}$이면 $X \leftarrow Y$로 받아들이고, 그렇지 않으면 STEP 1로 간다.

2) $\alpha>1$인 경우(Ahrens, 1962)

1. $U_1 \sim U(0,1)$인 난수를 만들어 $Y=\tan(\pi U_1)$를 계산한다.
   $X=\sqrt{2\alpha-1}\cdot Y+\alpha-1$을 계산한다.
2. $X \le 0$이면 STEP 1로 돌아간다. 그렇지 않으면 $U_2 \sim U(0,1)$ 난수를 만든다.
   $U_2 > (1+Y^2)\exp\left[(\alpha-1)\ln\left(\dfrac{X}{\alpha-1}\right)-\sqrt{2\alpha-1}\cdot Y\right]$이면 STEP 1로 돌아가고,
   그렇지 않으면 X를 채택한다.

이상의 알고리즘에 의해 일단 $X \sim \text{gamma}(\alpha,1)$ 이 만들어지면, $\text{gamma}(\alpha,\beta>0)$ 인 확률변수 X'는 다음 식에 의해 쉽게 만들 수 있다.

$$X' = \beta X$$

[프로그램 7.3.8] 감마 분포 난수 만들기

```
double gamma_rnd(double _alpha, double _beta)
{
        double d1=0;
        double X=0, Y=0, B=0, P=0, LY=0;

        if((_alpha-(int)_alpha) == 0.0 && (_alpha >= 1))  // alpha가 1 이상인 정수이면
        {
                for(int i=1; i<_alpha+1; i++)
                {
                        d1 = rnd( );
                        while( d1 == 0 )
                                d1 = rnd( );
                        X += log(d1);
                }
                return -_beta*X;
        }

        else if(_alpha < 1)                               // alpha가 1보다 작으면
        {
                B = (exp(1)+_alpha)/exp(1);

STEP_1:
                d1 = rnd( );
                while( d1 == 0 )
                        d1 = rnd( );
                P = B * d1;
                if (P > 1)
                {
                        Y = -log((B-P)/_alpha);
                        if(pow(Y,_alpha-1) >= rnd( ))
                                X = Y;
                        else
                                goto STEP_1;
                }
                else
                {
                        Y = pow(P,(1/_alpha));
                        if(exp(-Y) >= rnd( ))
                                X = Y;
                        else
                                goto STEP_1;
                }
        }

        else                                              // alpha가 1 이상인 실수이면
        {
STEP_2:
                LY = tan(PHI*rnd( ));
```

```
                X = sqrt(2*_alpha-1)*LY + _alpha - 1;

                if(X <= 0)
                           goto STEP_2;
                else if(rnd( )>((1 + pow(LY,2))*exp((_alpha-1)*log(X/(_alpha-1))
                                                 - sqrt(2*_alpha-1)*LY )))
                goto STEP_2;
                else
                           X = X;
        }

        return _beta*X;
}
```

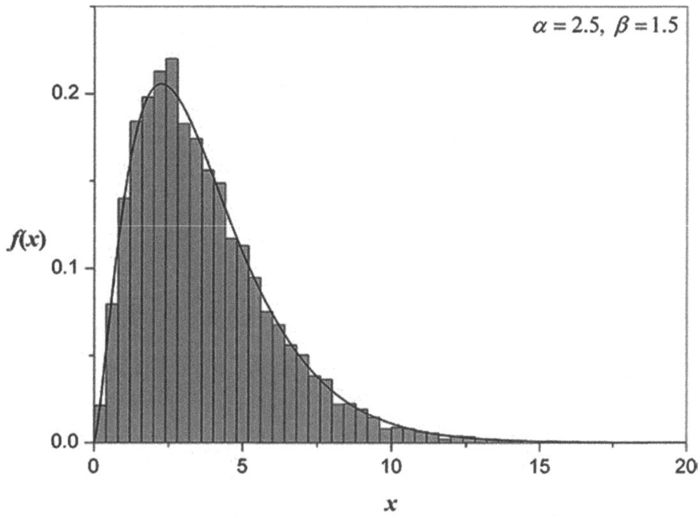

[그림 7.3.8] 감마 분포 Gamma(2.5,1.5) 인 확률변수들의 분포

7.3.9 카이제곱분포(Chi-squared)

카이제곱분포는 감마 분포의 특수한 경우에 해당한다. 자유도 ν 인 카이제곱분포는 $\alpha = \frac{\nu}{2}, \beta = 2$ 인 감마 분포와 동일하다. 이 특성을 이용하면 카이제곱분포를 따르는 난수들을 쉽게 만들 수 있다(Knuth, 1998).

[프로그램 7.3.9] 카이제곱분포 난수 만들기

```
double Chi2_rnd(double _nu)
{
        //자유도 v 인 카이제곱분포는 a= v/2, b=2 인 감마 분포이다.
        return gamma_rnd(_nu/2.0, 2.0);
}
```

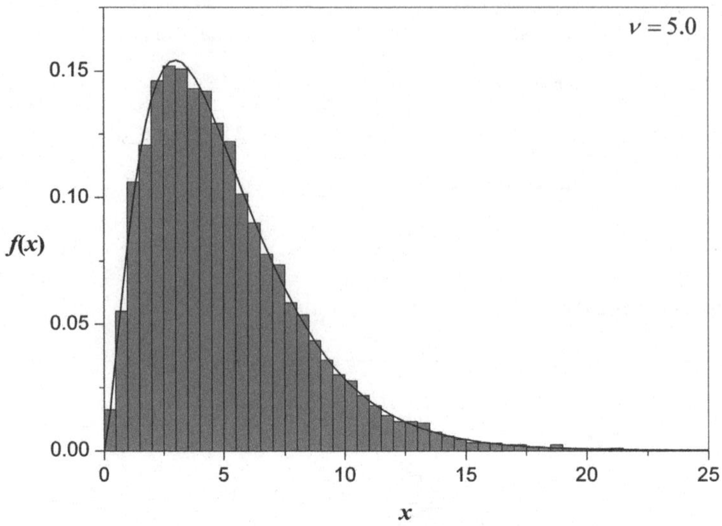

[그림 7.3.9] 카이제곱분포 Chi2($\nu = 5.0$)인 확률변수들의 분포

7.3.10 베타 분포(Beta)

보통의 경우에는 닫힌 형태의 분포함수가 존재하지 않기 때문에 역변환법을 적용하기 힘들다. 형태모수 α_1, α_2 값에 따라 만드는 방법이 여러 가지 있지만, 여기서는 $\alpha_1 > 0$, $\alpha_2 > 0$ 인 일반적인 경우의 알고리즘을 제시하기로 한다. 이를 위해서는 먼저 감마 분포 확률변수를 만드는 프로그램이 필요하다.

1. 2개의 감마 분포 확률변수 $Y_1 \sim \text{Gamma}(\alpha_1, 1)$, $Y_2 \sim \text{Gamma}(\alpha_2, 1)$를 만든다.
2. $X \leftarrow \dfrac{Y_1}{Y_1 + Y_2}$.

Beta(α_1, α_2)와 Beta(α_2, α_1)는 세로축을 중심으로 대칭이므로, 일단 $X \sim$Beta(α_1, α_2)인 확률변수를 구하면 Beta(α_2, α_1)는 다음 관계식에 의해서 만들 수 있다.

$$1 - X \sim \text{Beta}(\alpha_2, \alpha_1)$$

[프로그램 7.3.10] 베타 분포 난수 만들기

```
double beta_rnd(double _alpha_1, double _alpha_2)
{
        double Y1 = 0, Y2 = 0;

        Y1 = gamma_rnd(_alpha_1, 1.0);
        Y2 = gamma_rnd(_alpha_2, 1.0);

        return Y1/(Y1+Y2);
}
```

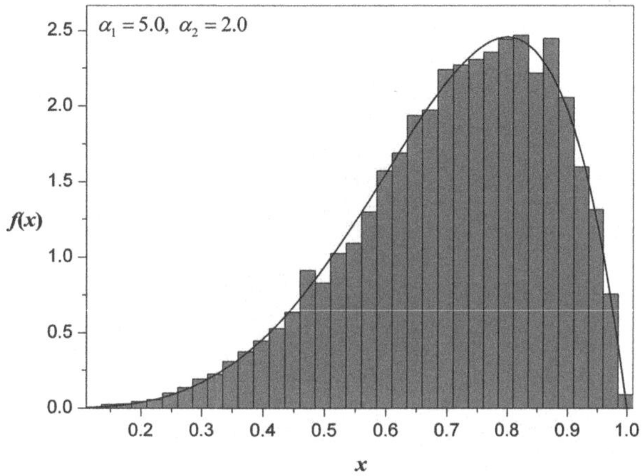

[그림 7.3.10] 베타 분포 Beta(5.0, 2.0)인 확률변수들의 분포

7.3.11 F 분포

다른 분포와의 관계를 이용하여 F 분포 난수를 만들 수 있다.

1. 카이제곱분포와의 관계를 이용하는 방법:
   Y_1가 자유도 ν_1인 Chi-sq(ν_1)분포이고, Y_2가 자유도 ν_2인 Chi-sq(ν_2)분포이고 이 둘이 서로 독립이라면, $X = \dfrac{Y_1\nu_2}{Y_2\nu_1}$ 이다.
2. 베타 분포와의 관계를 이용하는 방법:
   Y가 Beta$\left(\dfrac{\nu_1}{2}, \dfrac{\nu_2}{2}\right)$라면, $X = \dfrac{\nu_2 Y}{\nu_1(1-Y)}$ 이다.

[프로그램 7.3.11] F 분포 난수 만들기

```
double F_rnd(double _nu1, double _nu2)
{
        double Y1 = 0, Y2 = 0;
        Y1 = Chi2_rnd(_nu1);
        Y2 = Chi2_rnd(_nu2);
        return (Y1*_nu2)/(Y2*_nu1);
}
```

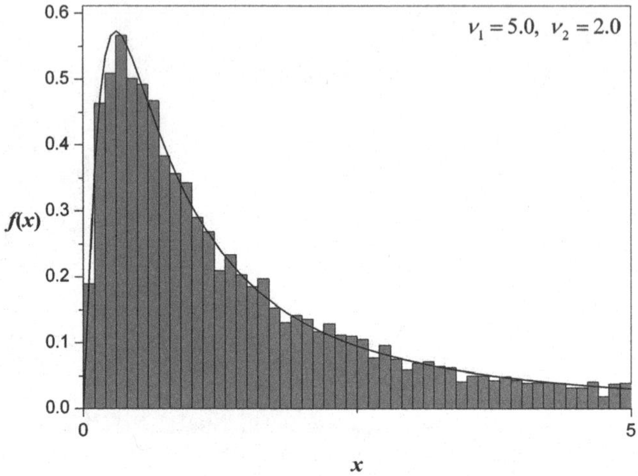

[그림 7.3.11] F 분포 $F(5.0, 2.0)$ 인 확률변수들의 분포

7.3.12 t-분포

다른 분포들과의 특수한 관계를 이용해서 만들 수 있다. $N(0,1)$ 인 정규분포 확률변수들과 자유도 ν 인 $\text{Chi2}(\nu)$ 분포 확률변수들을 이용한다(Knuth, 1998).

1. $Y_1 \sim N(0,1)$인 난수를 만든다.
2. $Y_2 \sim \text{Chi\_sq}(\nu)$
3. $X \leftarrow \dfrac{Y_1}{\sqrt{Y_2/\nu}}$.

[프로그램 7.3.12] t-분포 난수 만들기

```
double stt_rnd(double _nu)
{
	double Y1 = 0;
	double Y2 = 0;

	Y1 = normal_rnd(0.0, 1.0);
	Y2 = Chi2_rnd(_nu);

	return Y1/sqrt(Y2/_nu);
}
```

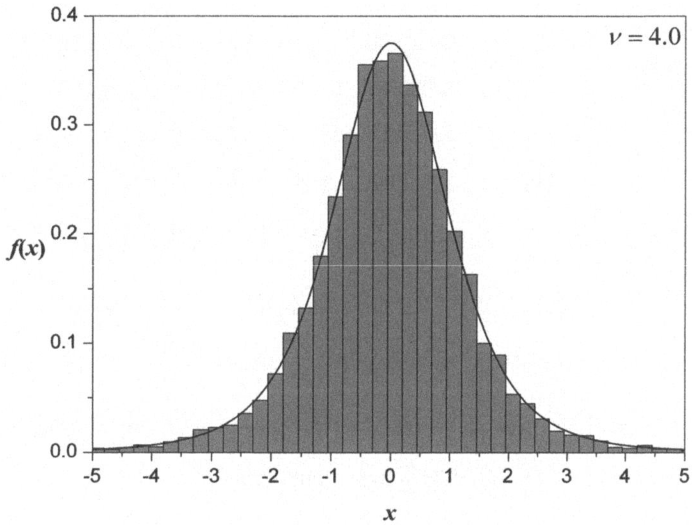

[그림 7.3.12] t-분포 $Stt(\nu = 4.0)$ 인 확률변수들의 분포

7.3.13 코쉬 분포(Cauchy)

여러 가지 방법이 있다.

방법 1: 분포함수 $F(x) = \dfrac{1}{2} + \dfrac{1}{\pi}\tan^{-1}\left(\dfrac{x-\gamma}{\beta}\right)$ 이므로 역변환법을 적용한다.

$$X = \gamma + \beta \tan \pi \left(U_i - \frac{1}{2} \right)$$

방법 2: 코쉬 분포의 특성[4.13절의 (4)와 (5)]을 이용한다.

1. $U_i \sim U\left(-\dfrac{1}{2}, \dfrac{1}{2}\right)$ 로부터 2개의 독립적인 난수 U_1, U_2를 만든다.

2. $U_1^2 + U_2^2 \le \frac{1}{4}$ 를 만족할 때까지 STEP 1을 반복한다.
3. $Y \leftarrow U_1/U_2$
4. $X \leftarrow \gamma + \beta Y$

방법 3: Exact-Approximation 방법(Fishman, 1996)으로 구한다(Ahrens, 1988).

0. 상수들을 정의한다.

$a = 0.6380\ 6313\ 6607\ 7803$, $b = 0.5959\ 4860\ 6052\ 9070$

$q = 0.9339\ 9629\ 5760\ 3656$, $W = 0.2488\ 7022\ 8008\ 3841$

$A = 0.6366\ 1977\ 2367\ 5813$, $B = 0.5972\ 9975\ 9353\ 9963$

$H = 0.0214\ 9490\ 0457\ 0452$, $P = 4.9125\ 0139\ 5303\ 3204$

1. $U_i \sim U(0,1)$ 를 만들고, $T \leftarrow U_i - 0.5$, $S \leftarrow W - T^2$을 계산한다.
2. $S > 0$ 이면, $X \leftarrow T\left(\frac{A}{S} + B\right)$ 이다. 그렇지 않으면 다음으로 진행한다.
3. $U_i \sim U(0,1)$로부터 2개의 난수 U_1, U_2를 만들어
   $T \leftarrow U_1 - 0.5$, $S \leftarrow 0.25 - T^2$, $X \leftarrow T\left(\frac{a}{S} + b\right)$ 를 계산한다.
   조건 $S^2\left[(1+X^2)(HU_2 + P) - q\right] + S \le 0.5$이 만족되면 X를 받아들이고
   그렇지 않으면 STEP 3을 반복한다.

[프로그램 7.3.13] 코쉬 분포 난수 만들기

```
double Cauchy_rnd(double _gamma, double _beta)
{
/*
        //3 가지 방법 중 어떤 것을 사용해도 좋다.
        //Method 1: by Inverse Transformation method

        return _gamma + _beta * tan(PI * (rnd( ) - 0.5));

        //Method 2: by Unit circle method
        double d1, d2, Y;
        do
        {
                d1 = Uni_Real_rnd(-0.5, 0.5);
                d2 = Uni_Real_rnd(-0.5, 0.5);
        }
        while((d1*d1 + d2*d2) > 0.25);
                Y = d1 / d2;
        return _gamma + _beta * Y;
*/
        //Method 3: by Exact-Approximation
```

```
        double a = 0.6380631366077803, b = 0.5959486060529070,
               q = 0.9339962957603656, W = 0.2488702280083841,
               A = 0.6366197723675813, B = 0.5972997593539963,
               H = 0.0214949004570452, P = 4.9125013953033204;
        double T, S, X, crit;

        T = rnd( ) - 0.5;
        S = W - T * T;
        if(S > 0)
                   X = T * ((A/S) + B);
        else
        {
                   do
                   {
                            T = rnd( ) - 0.5;
                            S = 0.25 - T * T;
                            X = T * ((a/S) + b);
                            crit = S*S * ((1 + X*X)*(H*rnd( ) + P)-q) + S;
                   }while( crit > 0.5);
        }
        return _gamma + _beta * X;
}
```

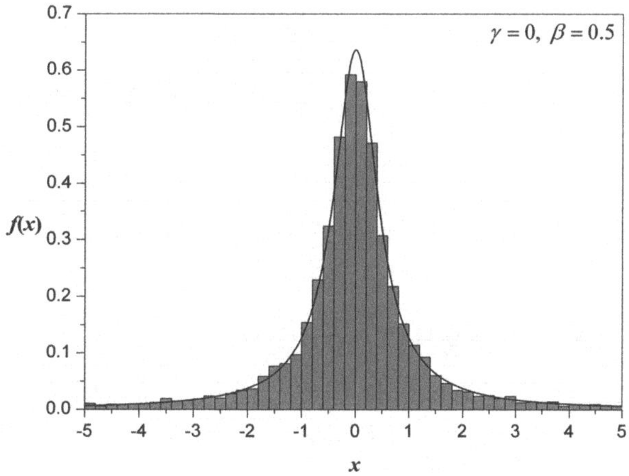

[그림 7.3.13] 코쉬 분포 Cauchy$(\gamma = 0, \beta = 0.5)$ 인 확률변수들의 분포

7.3.14 파레토 분포(Pareto)

분포함수 $F(x) = 1 - \left(\dfrac{\gamma}{x}\right)^{\alpha}$ 이므로 역변환법을 적용할 수 있다.

1. $U_i \sim U(0,1)$ 인 난수를 만든다.
2. $X \leftarrow \dfrac{\gamma}{(1-U_i)^{\frac{1}{\alpha}}}$.

[프로그램 7.3.14] 파레토 분포 난수 만들기

```
double Pareto_rnd(double _alpha, double _gamma)
{
        double d = rnd( );
        while(d == 0 )
                d = rnd( );
        return _gamma / pow(d, (1.0/_alpha));
}
```

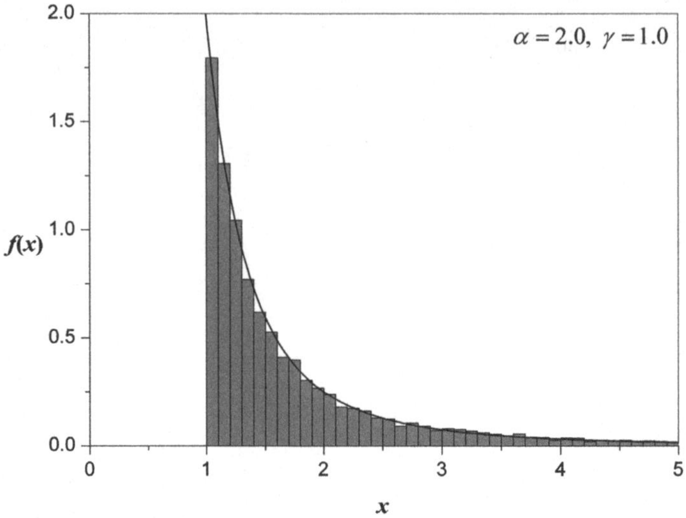

[그림 7.3.14] 파레토 분포 $\text{Pareto}(\alpha=2.0,\gamma=1.0)$인 확률변수들의 분포

7.3.15 삼각형분포(Triangular)

삼각형분포 $\text{Triang}(a,b,c)$의 모수는 a, b, c이다. $a=0$, $b=1$일 때를 표준 삼각형분포라고 한다. 먼저 표준 삼각형분포 난수를 만들고, 이를 이용해서 일반 삼각형분포 난수를 만들 수 있다.

표준 삼각형분포를 따르는 난수 $X \sim \text{Triang}\left(0,1,\dfrac{c-a}{b-a}\right)$의 분포함수는

$$F(x)=\begin{cases}\dfrac{x^2}{c}, & \text{if } a \le x \le c \\ 1-\dfrac{(1-x)^2}{(1-c)}, & \text{if } c < x \le b\end{cases}$$

따라서 역변환법으로 표준 삼각형분포 난수를 구할 수 있다. 그 다음은 일반적인 삼각형분포 $\text{Triang}(a,b,c)$로 확장하기 위해 다음 식을 적용한다.

$$X' = a + (b-a)\mathrm{X} \sim \mathrm{Triang}(a,b,c)$$

1. $U \sim U(0,1)$ 인 난수를 만든다.
2. $U \le c$ 이면 $X \leftarrow \sqrt{cU}$, 아니면 $X \leftarrow 1-\sqrt{(1-c)(1-U)}$
3. $X' \leftarrow a+(b-a)X$

[프로그램 7.3.15] 삼각형분포 난수 만들기

```
double Triangular(double _a, double _b, double _c)
{
	double X;

	double U = rnd();
	_c = _c / _b;

	if(U <= _c)
		X = sqrt(_c * U);
	else
		X = 1 - sqrt((1 - _c)*(1 - U));

	X = _a + (_b - _a) * X;

	return X;
}
```

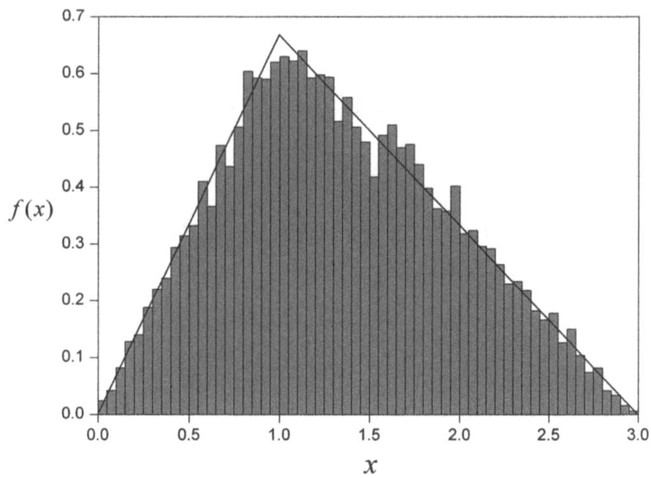

[그림 7.3.15] 삼각형분포 $\mathrm{Triang}(0,3,1)$인 확률변수들의 분포

7.4 실험분포와 실험분포 난수 만들기

데이터를 표현할 적당한 이론분포가 없는 경우 또는 실험에서 관찰된 데이터를 그대로 사용하고 싶은 경우에는 실험 데이터 자체를 분포(empirical distribution)로 정의하는 것이 편리할 때가 있다. 이 경우에 대해 알아보자.

원시 데이터와 그룹화 데이터로 구분해서 생각해 볼 수 있다. 여기서 원시 데이터란 데이터 하나 하나의 값을 아는 경우를 말하고, 그룹화 데이터란 히스토그램처럼 데이터 범위를 몇 개의 구간으로 나누었을 때(반드시 등간격일 필요는 없다), 각 구간 안에 데이터가 몇 개씩 존재하는지에 대한 정보만 있는 경우를 말한다.

7.4.1 원시 데이터의 실험분포함수

연속형 분포와 이산형 분포가 존재할 수 있다. 먼저 연속형 분포의 경우를 보자. n개 원시 데이터가 있다면, 우리는 데이터들을 $X_1 \le X_2 \le \cdots \le X_n$와 같이 오름차순으로 정렬시킴으로써 조각-선형(piecewise-linear) 분포함수 F로 정의할 수 있다. 여기서 X_i는 n개의 데이터들 중에서 하위 i번째 데이터를 말한다. 분포함수 F는 다음과 같이 정의된다.

$$F(x)=\begin{cases} 0, & x<X_{(1)} \\ \dfrac{i-1}{n-1}+\dfrac{x-X_{(i)}}{(n-1)\left(X_{(i+1)}-X_{(i)}\right)}, & X_{(i)}\le x<X_{(i+1)},\ i=1,2,\cdots,n-1 \\ 1, & X_{(n)}\le x \end{cases} \quad (7.4.1)$$

식 (7.4.1)의 의미를 이해하기 위해서, 다음 7개의 원시 데이터를 예로 들자.

$$0.6, 0.2, 0.5, 0.9, 0.1, 0.4, 0.2$$

이 데이터들을 오름차순으로 정렬하면 다음과 같다.

$$X_{(1)}=0.1,\ X_{(2)}=0.2,\ X_{(3)}=0.2,\ X_{(4)}=0.4,\ X_{(5)}=0.5,\ X_{(6)}=0.6,\ X_{(7)}=0.9$$

먼저 $X_{(4)}=0.4$인 경우를 생각해 보자. $F(X_{(4)}=0.4)=\dfrac{i-1}{n-1}=\dfrac{4-1}{7-1}=0.5$가 된다. 이는 하위 4번째 데이터보다 작은 값을 가진 데이터들의 분율이 0.5임을 뜻한다. 우리의 관심은 연속형 분포에 있기 때문에 $x=0.43$인 경우를 생각해 보자. 어떻게 될까? $X_{(4)}=0.4 \le x=0.43 < X_{(5)}=0.5$이므로 식 (7.4.1)에 값들을 대입해 보면,

$$F(x=0.43)=\frac{4-1}{7-1}+\frac{0.43-0.4}{(7-1)(0.5-0.4)}=0.55\,.$$

그림 7.4.1의 좌표축에서 화살표를 보라. 확률변수값 x는 이와 같은 방법으로 실제 데이터들 사이의 어떤 값이라도 취할 수 있기 때문에 연속형 분포함수로 정의가 가능해지는 것이다.

이산형 실험분포는 간단히 다음 식으로 정의된다.

$$f(x_i)=\Pr(X=X_i)=\frac{1}{n}, \qquad i=1,2,\cdots,n \tag{7.4.2}$$

$$F(x)=\sum_{x_i<x} f(x_i) \tag{7.4.3}$$

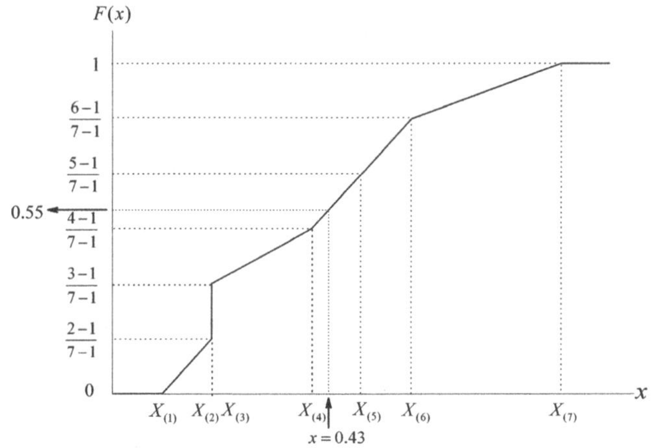

[그림 7.4.1] 연속형 원시 데이터의 실험분포함수 정의

7.4.2 원시 데이터로부터 실험분포 난수 만들기

역변환법으로 가능하다. 연속형의 경우, 알고리즘은 다음과 같다.

1. $U \sim U(0,1)$을 만든다.
2. U가 어떤 구간에 속하는지 조사한다: $A=(n-1)U$, $i=\lfloor A \rfloor+1$
3. $X \leftarrow x_{(i)}+(A-i+1)(x_{(i+1)}-x_{(i)})$

여기서 $\lfloor A \rfloor$는 A의 정수부(C언어에서는 floor에 해당)를 의미한다.

이산형의 경우, 알고리즘은 다음과 같다.

1. $U \sim U(0,1)$ 을 만든다.
2. $i = \lfloor nU \rfloor + 1$
3. $X \leftarrow x_i$

[프로그램 7.4.1] 원시 데이터로부터 실험분포(EDF) 난수 만들기

```
#include "file_include.h"

const int MAX =10000; //난수발생 개수

int main( )
{
        double rnd( );
        double con_edf(int n, double dv[ ]);     //연속형 edf 생성 함수 정의
        double dis_edf(int n, double dv[ ]);     //이산형 edf 생성 함수 정의

        // 데이터 파일 읽어 들이기
        char read_filename[30];
        cout<<"Enter the file name to read: ";
loop:
        cin>>read_filename;

        ifstream read_mydata(read_filename, ios::in);
        if(!read_mydata)
        {
                cerr<<"File does not exist. Please retry!"<<endl;
                goto loop;
        }

        int i, j, n = 0;
        double value = 0;                                    //데이터 값
        double dv[100];                                      //데이터 저장배열 100개

        while(!read_mydata.eof( ))
        {
                read_mydata>>value;
                dv[n] = value;
                //cout<<data_value[n]<<endl; //확인용
                n++;
        }
        read_mydata.close( );

        //데이터 정렬하기
        cout<<"End reading data...... Now, start sorting!"<<endl;
        double temp;
        for(i=0; i<n; i++)
```

```
        {
                for(j=i; j<n; j++)
                {
                        if( dv[i] > dv[j] )
                        {
                                temp = dv[i];
                                dv[i] = dv[j];
                                dv[j] = temp;
                        }
                }
                //cout<<dv[i]<<endl;   //확인용
        }

        //출력용 데이터 파일 만들기
        char save_filename[30];
        cout<<"Enter the file name to save : ";
        cin>>save_filename;
        ofstream write_mydata(save_filename, ios::out);

        //난수 초기화 씨
        unsigned seed;
        cout<<"Enter a number for randomizing seed :";
        cin>>seed;
        srand(seed);
        write_mydata<<"seed : "<<seed<<endl<<endl;

        //난수 만들기
        double rnd_variate[MAX];
        for(i=0; i<MAX; i++)
        {
                rnd_variate[i] = dis_edf(n,dv);
                write_mydata<<rnd_variate[i]<<endl;
        }
        write_mydata.close( );
        return 0;
}

double rnd( )
{
        return (double)rand( )/((double)RAND_MAX + 1);
}


double con_edf(int n, double dv[ ])
{
        int i;
        double A, X;

        A = (n - 1) * rnd();
        i = floor(A) + 1;

        X = dv[i-1] + ( A - i + 1 ) * ( dv[i] - dv[i-1] );

        return X;
}

double dis_edf(int n, double dv[ ])
{
```

```
        int i;
        i = floor( n * rnd( )) + 1;

        return dv[i-1];
}
```

프로그램 7.4.1로, 앞의 예에서 사용된 7개 원시 데이터의 실험분포 난수를 만들었다. 그림 7.4.2는 연속형 실험분포 난수 10,000개의 경우이고, 그림 7.4.3은 이산형 실험분포 난수 10,000개의 경우이다. 각각의 확률밀도와 누적분포를 확인해 보라.

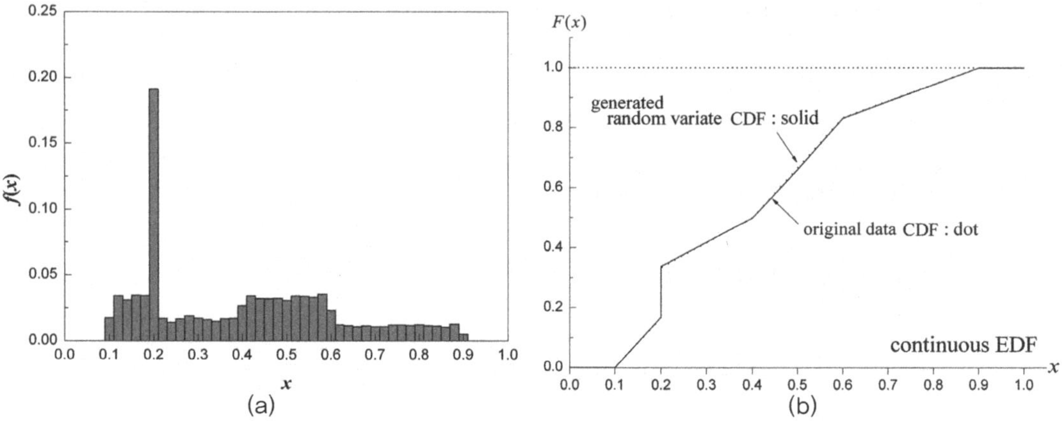

[그림 7.4.2] 연속형 실험분포(원시 데이터)를 따르는 확률변수의 분포

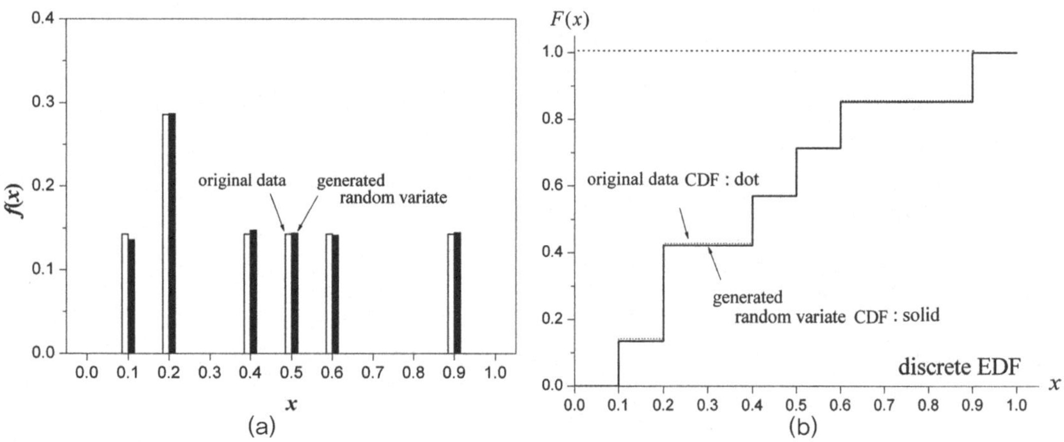

[그림 7.4.3] 이산형 실험분포(원시 데이터)를 따르는 확률변수의 분포

7.4.3 그룹화 데이터의 실험분포함수

이 경우도 연속형과 이산형 분포로 나누어 생각해 볼 수 있다. n개 데이터를 k개의 구간으로 나누면, j-번째 구간(b_j)에 속하는 데이터 개수 n_j는 다음과 같이 표현할 수 있다.

$$\sum_{j=1}^{k} n_j = n, \qquad j = 1, 2, \cdots, n \tag{7.4.4}$$

조각-선형 분포함수 $S(x)$가 다음과 같이 정의될 때,

$$\begin{aligned} &S(b_0) = 0 \\ &S(b_j) = \frac{n_1 + n_2 + \cdots + n_j}{n}, \qquad j = 1, 2, \cdots, k \end{aligned} \tag{7.4.5}$$

구간 b_j 내의 어떤 지점은 다음과 같은 내삽식을 적용해서 연속형 실험분포로 정의할 수 있다. 이 식에서 $S(b_j)$는 b_j 보다 작은 값을 가진 X_i 들의 분율을 의미한다.

$$S(x) = \begin{cases} 0, & x < b_0 \\ S(b_{j-1}) + \dfrac{x - b_{j-1}}{b_j - b_{j-1}}\left[S(b_j) - S(b_{j-1})\right], & b_{j-1} \le x < b_j, j = 1, 2, \cdots, k \\ 1, & b_k < x \end{cases} \tag{7.4.6}$$

다음의 예를 보자. 어떤 부품을 수리하는 데 걸리는 시간이 표 7.4.1과 같이 조사되었다. 조사횟수는 100회이다. 이 실험분포는 그림 7.4.4와 같이 그려진다.

[표 7.4.1] 그룹화 데이터(연속형의 예)

k	범위	빈도	상대빈도	누적빈도	c_j
1	$0 \le x < 0.5$	21	0.21	0.21	2.38
2	$0.5 \le x < 1$	12	0.12	0.33	4.17
3	$1 \le x < 1.5$	29	0.29	0.62	1.72
4	$1.5 \le x < 2$	19	0.19	0.81	2.63
5	$2 \le x < 2.5$	8	0.08	0.89	6.25
6	$2.5 \le x < 3$	11	0.11	1.0	4.55
	$\sum =$	100	1.0		

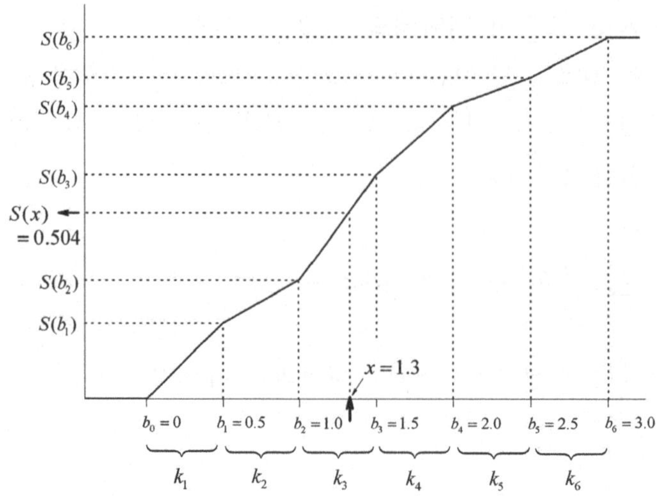

[그림 7.4.4] 연속형 그룹화 데이터의 실험분포함수 정의

그림에서 세로축은 식 (7.4.5)로 정의되는 누적빈도로 계산과정은 다음과 같다.

$$S(b_1)=\frac{n_1}{n}=\frac{21}{100}=0.21$$
$$S(b_2)=\frac{n_1+n_2}{n}=\frac{21+12}{100}=0.33$$
$$\vdots \qquad \vdots$$
$$S(b_6)=\frac{n_1+n_2+n_3+n_4+n_5+n_6}{n}=\frac{21+12+29+19+8+11}{n}=1.0$$

식 (7.4.6)으로부터, 확률변수값이 어떤 구간 내의 한 점에 해당할 때 그 분포함수값을 계산할 수 있다. 예를 들어, $x=1.3$이라면 $b_2<x=1.3<b_3$ 이므로 $S(x)$는 다음과 같이 계산된다(그림 7.4.4의 세로축과 가로축에서 화살표를 보라).

$$S(x)=S(b_2)+\frac{x-b_2}{b_3-b_2}[S(b_3)-S(b_2)]$$
$$=0.33+\frac{1.3-1.0}{1.5-1.0}(0.62-0.33)=0.504$$

표 7.4.1에서 맨 마지막 열의 c_j 는 각 구간에서의 기울기를 의미한다. 예를 들어 두 번째 그룹의 경우를 계산해 보면,

$$c_2 = \frac{b_2 - b_1}{\frac{n_2}{n}} = \frac{1.0 - 0.5}{0.12} = 4.17$$

이 인자는 그룹화 데이터로부터 연속형 실험분포 난수를 만들 때 필요하다(7.4.4절의 알고리즘 참조).

이번에는 이산형 그룹화 데이터의 예를 보자. 양어장에 있는 물고기들을 뜰채로 한 번 떠낼 때 그 안에 들어있는 물고기수를 세어 보았다. 모두 30번 떠내었을 때 표 7.4.2의 데이터가 얻어졌다.

[표 7.4.2] 그룹화 데이터(이산형의 예)

k	범위(물고기수)	빈도	상대빈도	누적빈도
1	$0 \le x < 2$	3	0.10	0.10
2	$2 \le x < 4$	12	0.40	0.50
3	$4 \le x < 6$	5	0.17	0.67
4	$6 \le x < 8$	9	0.3	0.97
5	$8 \le x < 10$	1	0.03	1.0
	$\sum =$	30	1.0	

이 이산형 그룹화 데이터의 실험분포함수는 그림 7.4.5와 같다.

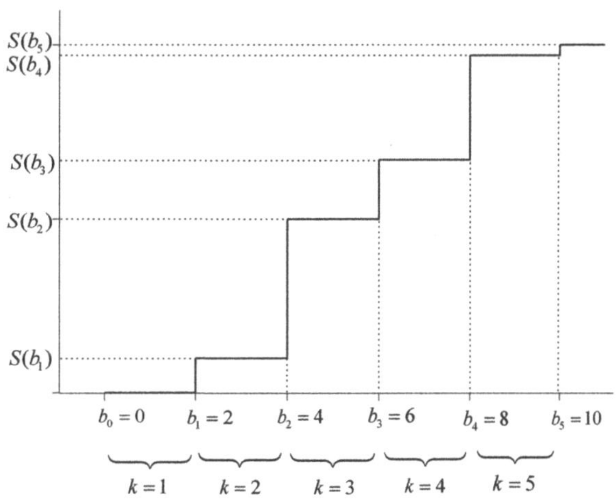

[그림 7.4.5] 이산형 그룹화 데이터의 실험분포함수 정의

세로축의 누적빈도는 연속형의 경우와 마찬가지로 식 (7.4.5)로부터 계산된다.

$$S(b_1) = \frac{n_1}{n} = \frac{3}{30} = 0.10$$

$$\vdots \quad \vdots$$

$$S(b_5) = \frac{n_1 + n_2 + n_3 + n_4 + n_5}{n} = \frac{3+12+5+9+1}{30} = 1.00$$

7.4.4 그룹화 데이터로부터 실험분포 난수 만들기

연속형의 경우, 알고리즘은 다음과 같다.

1. $U \sim U(0,1)$ 을 만든다.
2. U가 어떤 구간(j)에 속하는지 조사한다: $S(b_{j-1}) \leq U < S(b_j)$
3. $X \leftarrow b_{j-1} + c_j \left[U - S(b_{j-1}) \right]$

   여기서 $c_j = \dfrac{b_j - b_{j-1}}{S(b_j) - S(b_{j-1})} = \dfrac{b_j - b_{j-1}}{\frac{n_j}{n}}$ 이다.

이산형의 경우, 알고리즘은 다음과 같다.

1. $U \sim U(0,1)$ 을 만든다.
2. U가 어떤 구간(j)에 속하는지 조사한다: $b_{j-1} \leq U < b_j$
3. $X \leftarrow b_j$

그림 7.4.6은 연속형 그룹화 데이터(표 7.4.1)를 사용해서 난수를 만들고 그 확률분포를 나타낸 것이다. 그림 7.4.7은 이산형 그룹화 데이터(표 7.4.2)의 경우이다. 프로그램 7.4.2를 참고하라.

[프로그램 7.4.2] 그룹화 데이터로부터 실험분포(EDF) 난수 만들기

```
#include "file_include.h"

const int MAX =10000; //난수발생 개수

int main( )
{
        double rnd();
```

```
        double con_gedf( );                    //연속형 그룹화 데이터 edf 정의
        double dis_gedf( );                    //이산형 그룹화 데이터 edf 정의

        //출력용 데이터 파일 만들기
        char save_filename[30];
        cout<<"Enter the file name to save : ";
        cin>>save_filename;
        ofstream write_mydata(save_filename, ios::out);

        //난수 초기화 씨
        unsigned seed;
        cout<<"Enter a number for randomizing seed :";
        cin>>seed;
        srand(seed);
        write_mydata<<"seed : "<<seed<<endl<<endl;


        //난수 만들기
        double rnd_variate[MAX];
        for(int i=0; i<MAX; i++)
        {
                rnd_variate[i] = dis_gedf( );
                write_mydata<<rnd_variate[i]<<endl;
        }
        write_mydata.close( );
        return 0;
}

double rnd( )
{
        return (double)rand()/((double)RAND_MAX + 1);
}


double con_gedf( )
{
        int i, j, temp;;
        double sum = 0, X;
        double cumul = 0, cum[6], c[6];

        //그룹화 실험데이터 입력
        int n = 6;                                             //데이터 개수
        double dv[6] = {21, 12, 29, 19, 8, 11};                //구간당 빈도
        double b[7] = {0, 0.5, 1.0, 1.5, 2.0, 2.5, 3.0};       //구간 범위

        for(i=0; i<n; i++)
                sum += dv[i];

        for(i=0; i<n; i++)
                dv[i] = dv[i]/sum;

        for(i=0; i<n; i++)
        {
                cumul += dv[i];
                cum[i] = cumul;
                c[i] = (b[i+1] - b[i]) / dv[i];                //구간별 기울기
        }
```

```
        X = rnd( );    //난수선택
        for(i=0; i<n; i++)                              //선택된 난수가 어느 구간에 속하는가
        {
                    if( X < cum[0] )
                            j = 1;
                    else if( X >= cum[i-1] && X < cum[i] )
                            j = i + 1;
        }
        temp = j -1;
        if(j == 1)
                    X =c[j-1] * X;
        else
                    X = b[j-1] + c[j-1] * ( X - cum[temp-1] ); //역변환법에 의한 난수 만들기

        return X;
}


double dis_gedf( )
{
        int i, j;
        double sum=0, cumul=0, X;
        double cum[5];

        //그룹화 실험 데이터 입력
        int n = 5;                                      //데이터 개수
        double dv[5] = {3, 12, 5, 9, 1};                //구간당 빈도
        double b[6] = {0, 2, 4, 6, 8, 10};              //구간 범위

        for(i=0; i<n; i++)
                    sum += dv[i];

        for(i=0; i<n; i++)
                    dv[i] = dv[i]/sum;

        for(i=0; i<n; i++)
        {
                    cumul += dv[i];
                    cum[i] = cumul;
        }

        X = rnd( );                                     //난수선택

        for(i=0; i<n; i++)                              //선택된 난수가 어느 구간에 속하는가
        {
                    if( X < cum[0] )
                            j = 1;
                    else if( X >= cum[i-1] && X < cum[i] )
                            j = i + 1;
        }
        X = b[j];

        return X;
}
```

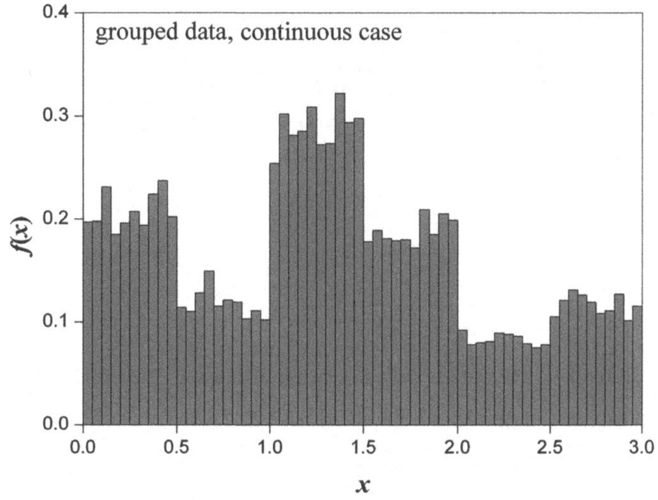

[그림 7.4.6] 실험분포(표 7.4.1의 연속형 그룹화 데이터)를 따르는 확률변수의 분포

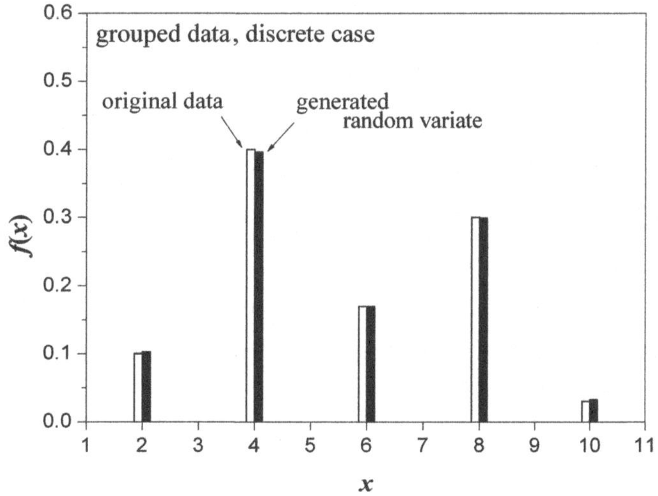

[그림 7.4.7] 실험분포(표 7.4.2의 이산형 그룹화 데이터)를 따르는 확률변수의 분포

7.4.5 실험분포 사용의 한계

지금까지 살펴본 실험분포함수에 대한 정의 방법은 한 가지 단점을 가진다. 그것은 $X_{(1)}$ 보다 작은 난수나 $X_{(n)}$보다 큰 난수를 만들 수 없다는 것이다. 이런 한계는 시뮬레이션에서 문제가 될 수 있다. 실제 상황에서는, 분포의 꼬리가 어느 한쪽으로(특히 오른쪽으로) 길게 끌리는 경우가 많다. 이런 유형의 데이터들은 실험횟수가 아주 많은 경우에만 관찰될 수 있다. 하지만 실험횟수는 여러

가지 현실적인 문제들 때문에 제한되는 것이 보통이다. 운 좋게도 분포의 꼬리 영역에 속하는 데이터가 관찰되었다면 실험분포에 포함되기 때문에 시뮬레이션에 반영되지만, 그렇지 않은 경우 이런 상황을 시뮬레이션에 반영할 방법은 없다.

참고문헌

- Ahrens, J.H. and U. Dieter, Efficient table-free sampling methods for the exponential, Cauchy and normal distributions, Comm. ACM, 31, (1988) 1330-1337
- Ahrens, J.H. and U. Dieter, Computer methods for sampling from Gamma, Beta, Poisson, and Binomial distributions, Computing, 12, (1974) 223-246
- Ahrens, J.H., Ann. Inst, Stat. Math., 12, (1962) 231-237
- Devroye, L., Non-uniform Random Variate generation, Springer--Verlag, (1986)
- Fishman, G.S., Monte Carlo Concepts, Alogorithms, and Applications, Springer, (1996)
- Gentle, J.E., Random number generation and Monte Carlo Methods, Springer, (2003)
- Kachitvichyanukul, V. and B. Schmeiser: Computer generation of Hypergeometric random variables, J. Statis. Comput. Simul., 22 (1985) 127-145
- Kennedy, W.J. and J.E. Gentle(eds.), Statistical Computing, Marcel Dekker, (1980)
- Knuth, D.E., The art of computer programming, Addison Wesley, (1998)
- Law, A.M. and W.D. Kelton, Simulation modeling and analysis, McGraw--Hill, Inc., (1991)
- Marsaglia, G., Exact-approximation method for generating random variables in a computer, J. Amer. Statis. Assoc., 79 (1984) 218-221
- Peterson, A.V. and R.A. Kronmal, On mixture methods for the computer generation of random variables, The American Statistician, 36 (1982) 184-191

8장 몬테칼로 시뮬레이션

8.1 몬테칼로 방법

8.1.1 기본 개념

주사위 던지기

2개의 주사위를 동시에 던졌을 때, 나타나는 숫자의 합이 7일 확률은 얼마일까? 이 문제를 해결하는 방법에는 2가지가 있다. 하나는 2개 주사위들의 합이 숫자 7을 만들어 낼 수 있는 모든 가능성을 정확히 계산하는 것이다(우리는 2장에서 이 확률을 다룬 적이 있다). 다른 하나는 근사치를 구하는 것이다. 예를 들면, 2개 주사위를 던지는 일을 여러 번 반복하는 것이다. 그 중에서 합이 7이 나온 횟수를 세어 반복한 총 횟수로 나눈 결과를 답으로 정의하는 것이다. 이 후자의 경우가 몬테칼로(Monte Carlo) 방법에 해당한다.

만약 주사위 던지는 일을 수만 번, 또는 수백만 번 반복하면 답에 대한 정확성은 어떻게 될까? 우리는 아직 몬테칼로 방법에 대해서 잘 모르고 있음에도 불구하고, 대부분은 직관적으로나마 반복 횟수가 많아질수록 더 정확한 답이 얻어질 것으로 예상할 것이다.

연못에 돌 던지기

다음 그림과 같이 둘레가 매우 불규칙한 연못이 하나 있다. 이 연못의 면적을 구할 수 있는 간단한 방법이 없을까?

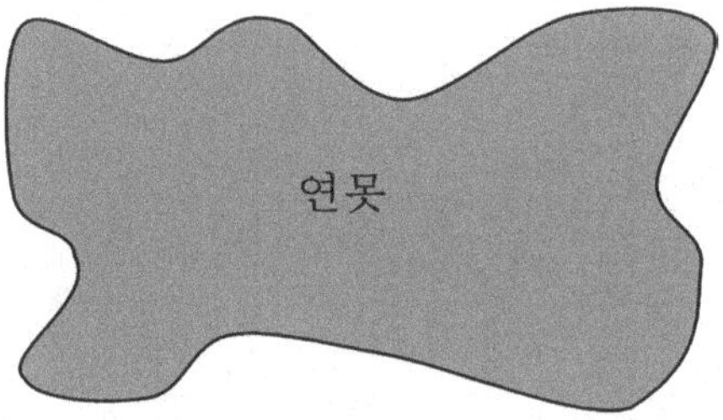

먼저, 연못 전체를 포함하는 임의 크기의 사각형 테두리를 만든다. 사각형의 각 변이 10m과 15m라고 하면, 그 면적은 $10\,m \times 15\,m = 150\,m^2$ 이다. 그 다음은 돌멩이를 사각형 안에다 무작위로 던져 넣는다. 돌의 위치는 땅에 떨어지거나 아니면 연못 안에 떨어지거나 둘 중의 하나뿐이다. 돌이 연못 안에 '퐁당' 떨어지면 숫자를 하나씩 보태기로 한다. 돌 던지기를 반복하는 상황은 그림 8.1.1과 같을 것이다.

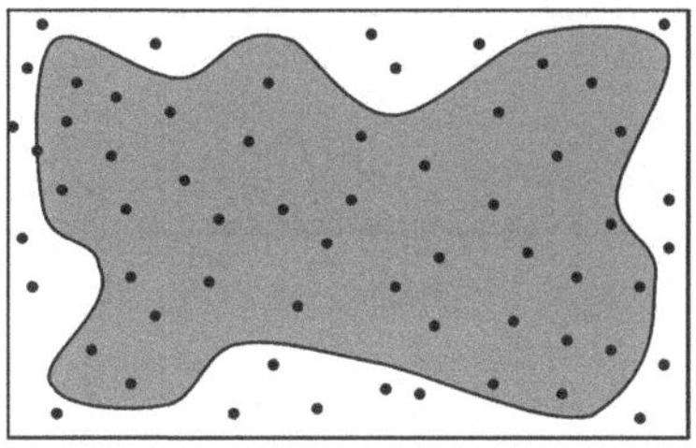

[그림 8.1.1] 돌 던지기로 연못의 면적 구하기

돌 던지기를 충분히 반복한 다음에, 연못에 떨어져 퐁당거린 횟수를 돌을 던진 총 횟수(단, 사각형 밖으로 떨어진 경우는 의미가 없으므로 던진 횟수에 포함시키지 않는다)로 나눈다. 이 비율은 무엇을 의미할까?

예로서 모두 1,000개의 돌을 사각형 안으로 던져 넣었고 그 중 850개의 돌이 연못 안으로 떨어져 퐁당거렸다면 그 비율은 다음과 같다.

$$\frac{\text{연못의 면적}}{\text{사각형의 면적}} = \frac{\text{퐁당거린 횟수}}{\text{돌을 던진 총횟수}} = \frac{850}{1,000}$$

우리는 이 정보로부터 연못의 면적을 구할 수 있다. 즉,

$$\text{연못의 면적} = \text{사각형의 면적} \times \frac{\text{퐁당거린 횟수}}{\text{돌을 던진 총횟수}} = 150\left(\frac{850}{1,000}\right) = 127.5\,\text{m}^2$$

이것으로 연못의 면적을 구하기 위한 1회의 몬테칼로 시뮬레이션이 수행된 것이다. 이 예에서 1회의 시뮬레이션은 1,000번의 반복시행으로 이루어져 있다.

뷔퐁의 바늘 던지기

이 문제는 프랑스 과학자 뷔퐁(Buffon, 1707 ~ 1788)에 의해 제시된 유명한 확률 문제로, 몬테칼로 방법의 시초로 봐도 무방하다.

실험은 마룻바닥 위에 아무렇게나 바늘을 떨어뜨리는 일을 반복하는 것으로 이루어진다. 마룻바닥에는 일반적으로 서로 이어서 맞붙인 나무판들이 만들어내는 평행한 틈새선이 있다. 바늘이 이 틈새선에 걸치는 횟수를 세는 실험으로부터 원주율 π를 구하는 것이 문제다.

그 풀이과정을 살펴보자. 실험 상황은 그림 8.1.2와 같다. 나무판의 간격은 k, 바늘 길이는 l 이다.

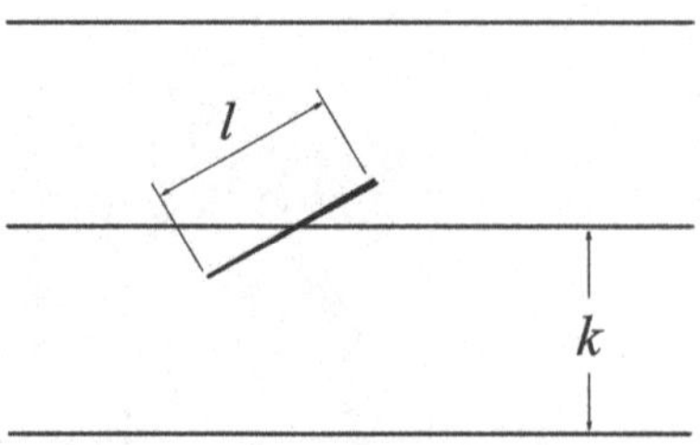

[그림 8.1.2] 뷔퐁의 바늘 던지기 문제

바늘의 위치를 수학적으로 정의하기 위해서 바늘의 아래쪽 끝을 기준으로 위쪽에 있는 틈새선까지의 수직거리를 x라고 하고, 바늘의 위쪽 끝까지의 수직거리를 t라고 하자. $t > x$라면 바늘이 틈새선에 걸친 경우가 되고, 그 반대는 바늘이 틈새선에 걸쳐 있지 않은 경우가 된다. 그림 8.1.3을 보라.

[그림 8.1.3] 바늘의 위치 정의

바늘과 틈새선이 이루는 각도는 θ이므로 $\sin\theta = \frac{t}{l}$이다. 따라서 $t = l\sin\theta$ 이다. 결국 바늘이 틈새선에 걸치는 조건은 다음과 같다.

$$t = l\sin\theta > x$$

여기서 풀이를 간단히 하기 위해 실험공간을 다음과 같이 다시 정의하자.

1) 바늘과 틈새선이 이루는 각도는 180°로 국한한다: $0 \le \theta \le \pi$
2) 바늘 길이는 틈새선끼리의 간격보다 작다: $k \ge l$. 이는 $0 \le x \le k$과 동일하다.

이 실험공간은 그림 8.1.4의 사각형 ABCD의 면적에 해당한다. 이는 $\pi \times k$ 이다. 이 실험공간에서 t는 바늘이 틈새선에 걸치는 각도에 따라 변하는 함수이다. 결국 바늘이 틈새선에 걸치는 확률 p는 다음과 같다.

$$p = \frac{\text{빗금친 면적}}{\text{사각형 면적}}$$

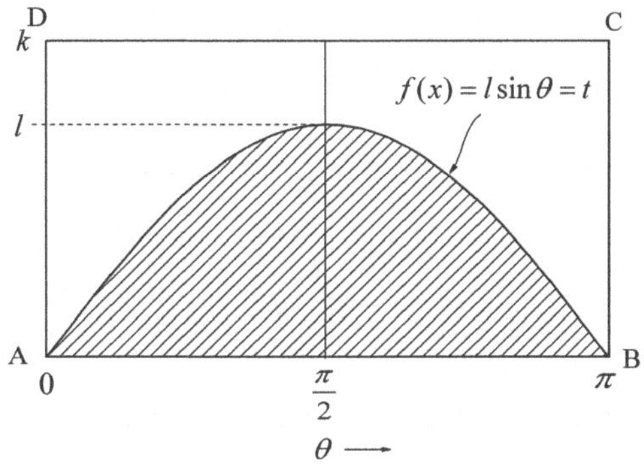

[그림 8.1.4] 실험공간과 바늘이 틈새선에 걸치는 확률

함수 $f(x)$ 아래의 빗금친 부분의 면적은 $\int_0^{\pi} l\sin\theta d\theta$이다. 바늘길이 l은 상수이므로 적분기호 밖으로 꺼낼 수 있다. 즉, $l\int_0^{\pi}\sin\theta d\theta = l\left(-\cos\theta\Big|_0^{\pi}\right) = 2l$ 이다. 결국 확률 p는 다음과 같이 풀어쓸 수 있다.

$$p = \frac{\text{빗금친 면적}}{\text{사각형 면적}} = \frac{l\int_0^{\pi}\sin\theta d\theta}{\pi k} = \frac{2l}{\pi k}$$

이 확률 p는 바늘을 마루에 떨어뜨리는 실험을 통해서 추정할 수 있다. 즉, 추정확률 $\hat{p}$는 바늘을 던진 총 횟수 n과 바늘이 틈새선에 걸친 횟수 n_{hit}의 비율과 같다.

$$\hat{p} \approx \frac{2l}{\pi k} \approx \frac{n_{hit}}{n}$$

이를 원주율 π에 대해 정리하면 다음과 같다.

$$\pi \approx \frac{2l \cdot n}{k \cdot n_{hit}}$$

바늘 길이 l과 틈새선 간격 k는 이미 알고 있는 값이므로, 바늘을 마루에 반복해서 떨어뜨리면서 바늘이 틈새선에 걸치는 횟수를 세기만 하면 원주율을 구할 수 있다. 예로서 $l=1$cm이고 $k=1.5$cm일 때, 바늘을 100번 던져서 틈새에 걸친 횟수가 41번이었다면

$$\pi \approx \frac{2l \times n}{k \times n_{hit}} = \frac{2 \times 1 \times 100}{1.5 \times 41} \simeq 3.25\,.$$

컴퓨터가 없던 아주 오래전에, 여러 사람들이 실제 바늘 던지기를 반복하여 원주율에 가까운 값들이 얻어지는 것을 확인했다고 한다. 만약 바늘길이 l과 틈새선 간격 k와의 관계가 $k \geq l$가 아니고 $k < l$이라면, 어떤 결론을 얻을 수 있을까? 요즘 바닥들은 평행한 나무를 이어 붙인 마루 대신에 정사각형 타일로 된 경우가 많다. 이 경우에도 바늘 던지기 실험을 통해 원주율을 구할 수 있을까? 이 질문에 답하기 힘들면 Schroeder(1974)의 논문을 참고하라.

이러한 풀이과정을 보면서 어떤 느낌이 드는가? 간단한 예들이기는 하지만, 몬테칼로 방법의 유용성을 짐작하기에는 충분하다고 본다. 연못의 면적을 구하는 문제를 수치적분으로 푼다고 생각해 보자. 2차원 적분을 수행하기 위해서 연못의 외형을 수학적으로 정의하는 것부터가 큰 골칫거리가 될 수 있다. 하지만 몬테칼로 방법은 복잡한 수학적 정의나 풀이 방법 없이도, 단순한 시행착오 개념으로부터 문제의 답을 구할 수 있게 해 준다. 이런 장점 때문에 몬테칼로 방법의 응용분야가 날로 넓어지고 있다. 특히 해석적 방법이나 수치해석 방법으로 잘 풀리지 않는 문제들이나 고려해야 될 차원이 아주 많은 복잡한 문제들을 푸는 강력한 도구로써 각광을 받고 있다. 하지만 이 방법을 제대로 적용하려면, 구체적인 실행 방법뿐만 아니라 구해진 결과를 올바르게 해석할 줄 알아야 한다.

앞서 돌 던지기 예를 보면서 여러분들 마음속에는 다음과 같은 의문들이 일었을지도 모른다.

- 돌을 전부 건어내고 다시 1,000개의 돌을 던지면(두 번째 시뮬레이션), 같은 결과가 얻어질까? 아마도 아닐 것이다. 돌이 매번 같은 위치에 떨어지지 않기 때문이다. 따라서 퐁당거린 횟수가 어떨 때는 865번, 어떨 때는 839번, 851번, 862번, 847번, ...하는 식으로 시뮬레이션을 수행할 때마다 다르게 나올 것이다. 어떤 것이 맞는 답일까?
- 이런 실험으로부터 얻어진 결과는 얼마나 정확한 것일까? 만약 돌의 개수를 100개로 줄이거나 아니면 10,000개로 늘려서 얻은 결과는 1,000개일 때의 결과와 어떻게 다를까? 원하는 정확성을 가진 답을 얻으려면 돌을 몇 개나 던져 넣어야 할까?

- 돌을 던져 넣는 방법은 한 가지 뿐일까? 적은 수의 돌을 던져 넣고도 정확한 답을 얻을 수 있는 효과적인 방법은 없을까?

돌을 반복적으로 던져 넣는 것은 표본추출과 동일하다. 따라서 몬테칼로 시뮬레이션을 수행하고 그 결과를 해석하는 데에도 같은 확률과 통계법칙을 적용할 수 있다. 표본 개수가 유한하기 때문에 표본으로부터 얻은 결과는 정확해가 아닌 근사해이다. 근사해는 정확도가 같이 언급되지 않으면 그 의미가 크게 줄어든다. 게다가 변수들의 확률 특성 때문에 시뮬레이션 결과는 매번 다르게 나온다. 따라서 정확도를 포함해서 통계적 요동을 보이는 계산결과를 제대로 해석할 수 있어야 한다. 여기에 필요한 대부분의 지식들은 앞의 확률과 통계 기초에서 이미 다루었다.

이 장의 주목적은 시뮬레이션을 수행하는 실질적인 방법을 다루는 것이지만, 앞에서 배운 내용들이 시뮬레이션을 수행하고 그 결과를 해석하는 데에 어떻게 쓰이는지를 보이는 데 많은 부분을 할애할 것이다.

8.1.2 몬테칼로 방법의 역사

몬테칼로(Monte Carlo: MC) 방법이 처음 고안된 것은 1946년 폴란드 태생의 수학자 율램(Ulam)에 의해서였다. 그는 이 시기에 미국의 로스알라모스 연구소(Los Alamos National Laboratory)에서 폰 노이만(Von Neumann)과 같은 여러 명의 과학자들과 함께 수소폭탄 개발 프로젝트에 참여하고 있었다. Eckhardt(1987)의 논문에 인용된 율램의 회고를 보자.

> "1946년, 나는 병으로부터 회복되면서 무료함을 달래기 위해 카드게임을 하곤 했다. 이 시기에 생긴 한 가지 의문은 '52장으로 하는 솔리테어(solitaire) 카드게임[1])이 성공적으로 풀릴 확률은 얼마인가?'이었다. 그 답을 얻기 위해서 순열과 조합을 이용한 수학적 계산에만 매달려 많은 시간을 보내고 난 후에야 '추상적인 이론 계산보다는 좀 더 현실적인 해결방법이 없을까'하는 생각이 들었다. 몬테칼로 방법에 대한 최초의 아이디어는 여기서 시작되었다. 그 답은 카드게임을 수백 번 반복하고 단순히 이긴 판의 횟수를 세기만 하면 되는 것이었다. 이런 생각은 때마침 그 어느 때보다도 빠른 연산이 가능한 컴퓨터 시대가 시작되고 있었기 때문에 실현 가능해 보였다. 이 아이디어는 곧장 중성자 확산과 다른 수리 물리학 문제들로 이어졌다. 그것은 '어떻게 하면 미

1) 한때 Window 프로그램에 내장된 게임 목록에도 들어 있었다. 카드게임!

분방정식들로 표현되는 현상을 확률 연산과 동등한 형태로 바꿀 수 있는가' 이었다. …중략… 나중에 이에 대해 폰노이만과 상의하게 되었고, 우리는 실제 계산을 수행하기 위한 계획에 착수하게 되었다."

몬테칼로 계산을 수행하기 위해서는 통계적 표본추출 기법이 필요하다. 통계적 표본이란 난수를 말한다. 예전에는 난수를 만들기 위해서 주사위 던지기나 카드 뽑기처럼 많은 노력과 경비를 들여야 하는 방법들밖에 없었다. 그러나 몬테칼로 방법이 고안되었던 이 시기는 ENIAC과 MANIAC 같은 컴퓨터가 만들어지기 시작하던 때였다. 율램의 아이디어가 중요한 이유는 새로 개발되는 컴퓨터들이 통계적 표본을 만드는 데 이용될 수 있다는 사실을 인식한 데 있다. 그 자신을 포함한 여러 사람들에 의해 여러 가지 확률분포를 가진 난수들을 만드는 방법과 컴퓨터 연산에 필요한 알고리즘들이 개발되었다(Metropolis, 1987; Anderson, 1986).

하지만, 로스알라모스의 과학자들이 제안한 난수에 의한 적분 문제 풀이방법이 처음부터 각광을 받은 것은 아니었다. 당시에는 난수가 별로 인정받지 못하던 때라 대부분은 이를 무시했다. 그들은 난수와 같은 확률 게임을 사용해서 확정론적으로 정의된 적분을 풀 수 있다고 생각하지 않았다. 몬테칼로 방법의 가치가 이해되고 실제 응용되기 시작한 것은 1950년대에 들어서였다. 이 방법이 전통적인 해법보다 효과적이지는 않지만 여러 연구 분야에서 부딪히게 되는 복잡한 다중적분 문제를 쉽게 다룰 수 있다는 것을 알았기 때문이다.

[그림 8.1.5] 솔리테어 카드 게임

원래 '몬테칼로'는 카지노와 도박으로 유명한 모나코의 휴양도시 이름이다. 이런 이름이 여러 가지 복잡한 수학적 문제를 풀기 위한 이 새로운 계산방법에 붙게 된 이유는, 그 계산과정에 난수와 확률이 사용되기 때문이다. 카지노에서 하는 도박이란 결국 확률 게임이고 통계와 연관된다. 도박판에서 룰렛을 돌리거나 주사위를 굴리는 일과 난수를 만들어서 계산문제를 푸는 일은 다를 바 없다.

몬테칼로 방법이 처음 시도되던 초창기(Metropolis and Ulam, 1949; Metropolis et al.,1953)와 비교하면, 지금의 컴퓨터들은 매 초당 수십 억 개 이상의 난수를 발생시킬 수 있을 정도로 발달되었다. 이러한 컴퓨터 기술의 발달에 힘입어 몬테칼로 방법은 생물학, 양자역학, 수리물리학, 공학 등의 과학 분야뿐만 아니라 경제나 통계 등의 거의 모든 연구 분야에 널리 이용되고 있다.

8.2 기본(또는 원시) 몬테칼로 방법

몬테칼로 방법은 크게 두 가지로 나눌 수 있다. 하나는 적중법(hit-and-miss)이고, 다른 하나는 표본평균법(sample-mean)이다. 이 방법들은 0~1 사이에서 균등분포하는 난수를 사용해서 시뮬레이션에 필요한 확률변수를 만든다. 여기서 다루는 방법들은 이런 측면에서 다음 장에서 다룰 분산축소기법과는 다르다(일부 분산축소기법은 다른 분포를 가진 난수를 사용하기도 한다). 이들을 구분하기 위해서, 여기서 다루는 방법들을 기본 몬테칼로 방법(crude or direct MC)이라고도 한다.

8.2.1 적중법(Hit-and-Miss 또는 Accept-Rejection MC)

마구잡이법이라고도 한다. 8.1.1절에서 보인 연못에 돌 던지기의 예가 바로 적중법이다. 여기서는 좀 더 일반화된 수식으로 설명할 것이다(이 설명은 Rubinstein (1982)의 추정치 유도방식에 기초한 것이다). 적분 문제가 다음과 같다고 하자.

$$G = \int_a^b g(x)dx \tag{8.2.1}$$

이 식은 구간 $b-a$ 에서 함수 $g(x)$ 가 이루는 곡선 아래의 면적을 뜻하는 것으로 그림 8.2.1에서 빗금친 부분의 면적 A_{func} 에 해당한다. 이를 구하는 과정을 보자.

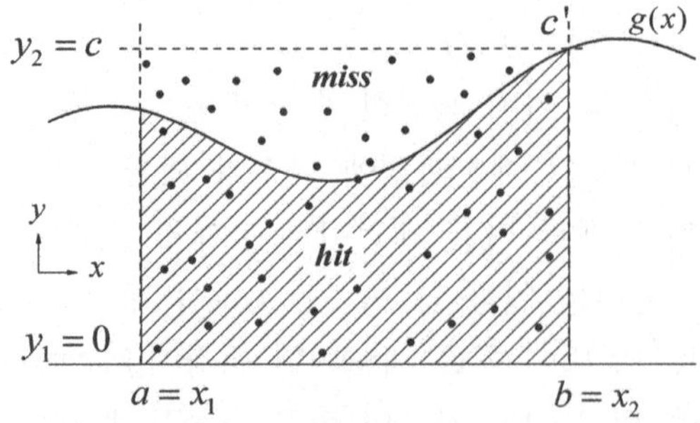

[그림 8.2.1] 적중법에 의한 적분 개념

먼저, 빗금친 부분을 완전히 포함하는 임의의 영역을 정의한다. 이 예에서는 사각형 $abc'c$이다. 사각형의 너비(폭)는 피적분함수 $g(x)$의 적분범위인 $a \le x \le b$이고, 높이는 $0 \le y \le [g(x) = c]$이다. c는 적분구간 내에서 가장 큰 함수값에 해당한다[2]. 그림 8.2.1의 경우에는 $x = b$ 일 때 함수값 $g(x) = c$로 가장 크다. 사각형 $abc'c$의 면적은 아래와 같이 쓸 수 있다.

$$\text{사각형의 면적} = A_{rect} = (y_2 - y_1)(x_2 - x_1) = (c - 0)(b - a) = c(b - a) \tag{8.2.2}$$

이와 같이 임의 영역을 정하는 것은 그림 8.1.1에서 연못 둘레에 면적을 미리 알 수 있는 사각형을 만드는 것과 같다.

이 사각형 내에 존재하는 한 점 (x, y)의 위치는 x와 y 좌표에 의해 결정된다. 각각의 점들은 가로축으로는 $x_2 - x_1$, 세로축으로는 $y_2 - y_1$ 사이의 값을 가져야 한다. 이 영역 내에서 점들이 무작위하고 고르게 분포하려면 균등분포인 확률밀도함수를 따라야 한다. 이런 조건은 다음 식으로 정의된다.

$$f(x, y) = \begin{cases} \dfrac{1}{c(b-a)}, & if\,(x, y) \in A_{rect} \\ 0, & \text{otherwise} \end{cases} \tag{8.2.3}$$

이는 연못의 예에서 돌이 사각형 내에 떨어질 때만 의미가 있는 것과 동일하다.

그러면 사각형 내의 점 (x, y)가 함수 $g(x)$ 곡선 아래에 속할 확률 p는 어떻게 정의될까? 이는 전체 사각형 면적과 곡선 아래 빗금친 면적의 비율과 동일할 것이다. 따라서 다음 식으로 표현가능하다.

2) 높이를 적분구간 내에서 가장 큰 함수값으로 정하는 이유는 추정치의 분산을 줄이기 위함이다. 연못의 예에서, 연못 둘레에 사각형을 만들 때 필요 이상으로 크게 하면 돌을 던져 넣을 때 낭비가 되는 것과 같은 개념이다.

$$p = \frac{\text{곡선 } g(x) \text{ 아래의 면적}}{\text{전체 사각형의 면적}} = \frac{A_{func}}{A_{rect}} = \frac{\int_a^b g(x)dx}{c(b-a)} = \frac{G}{c(b-a)} \tag{8.2.4}$$

이는 전체 사각형 내에 n 개의 점들이 만들어질 때 빗금친 영역에 속하는 점들의 개수 n_h 의 비율이다. 연못의 예에서는 돌을 던진 전체 횟수와 연못으로 떨어져 퐁당거린 횟수의 비율과 동일하다.

$$\hat{p} = \frac{n_h}{n} \tag{8.2.5}$$

결국, 식 (8.2.4)와 식 (8.2.5)를 조합하면 적분 추정치를 구할 수 있다.

$$\begin{aligned} \hat{G}_{HM} &= c(b-a)\,\hat{p} \\ &= c(b-a)\frac{n_h}{n} \end{aligned} \tag{8.2.6}$$

여기서 꺽쇠(∧) 기호는 표본으로부터 추정된 값이라는 것을 의미한다. 이 추정치가 불편추정치, 즉 $\hat{G}_{HM} = G$ 임을 증명해 보자.

적중법에서 매 시행 결과는 두 가지 가능한 결과 중에서 어느 하나에 해당한다. 즉, 한 개의 돌멩이가 던져졌을 때 나타날 수 있는 결과는, 땅에 떨어지거나 아니면 연못에 떨어지는 두 가지 경우뿐이다. 게다가 적중법의 매 시행들은 서로 독립적이다. 이는 앞의 결과가 뒤의 결과에 영향을 미치지 않는다는 의미이다. 이런 형태의 시행을 '베르누이 시행'이라고 한다. 적중법은 확률 p 인 베르누이 시행을 n 번 반복하는 것이므로 그 결과는 이항분포를 따른다(3.3절 참조). 따라서 우리는 증명과정에 이항분포의 특성을 적용할 수 있다.

사건 h 가 발생할 확률, 즉 돌멩이가 연못으로 던져질 확률을 p 라고 하자. i 번째 시행에서 사건 h 가 생기면 $X_i = 1$, 그렇지 않으면 $X_i = 0$ 으로 정의한다. 그러면 사건 h 가 일어나는 횟수 n_h 는 $n_h = \sum_{i=1}^{n} X_i$ 이다. 여기서 n 은 총 시행 횟수이다. 따라서 사건 h 의 발생 확률은 $\frac{n_h}{n}$ 으로 표현된다. 이것은 하나의 확률 변수로써 그 기댓값과 분산은 다음과 같다.

$$\begin{aligned} E\left(\frac{n_h}{n}\right) &= \frac{1}{n}E(n_h) \\ &= \frac{1}{n}E\left(\sum_{i=1}^{n}X_i\right) \\ &= \frac{1}{n}\sum_{i=1}^{n}E(X_i) \\ &= \frac{1}{n}nE(X) \\ &= \frac{1}{n}np \\ &= p \end{aligned} \tag{8.2.7}$$

$$\begin{aligned} Var\left(\frac{n_h}{n}\right) &= \frac{1}{n^2}Var(n_h) \\ &= \frac{1}{n^2}Var\left(\sum_{i=1}^{n}X_i\right) \\ &= \frac{1}{n^2}\sum_{i=1}^{n}Var(X_i) \\ &= \frac{1}{n^2}nVar(X_i) \\ &= \frac{1}{n^2}np(1-p) \\ &= \frac{1}{n}p(1-p) \end{aligned} \tag{8.2.8}$$

참고로 식 (8.2.7 ~ 8.2.8)에 사용된 베르누이 변수의 기댓값 $E(X)$와 분산 $Var(X)$는 각각 다음과 같다.

$$E(X) = 1\times p + 0\times(1-p) = p$$

$$Var(X) = E(X^2) - E^2(X) = E(X) - E^2(X) = p - p^2 = p(1-p)$$
$$\left[\because E(X^2) = 1^2(p) + 0^2(1-p) = p = E(X)\right]$$

시행횟수가 아주 많아지면, 다수의 법칙에 의해 사건 h의 발생빈도는 확률 p와 같아진다. 따라서 식 (8.2.5)는 다음과 같이 쓸 수 있다.

$$p \approx \hat{p} = \frac{n_h}{n} \tag{8.2.9}$$

결국, 식 (8.2.6)의 기댓값은 다음과 같이 정리된다.

$$\begin{aligned} E(\hat{G}_{HM}) &= c(b-a)E\left(\frac{n_h}{n}\right) \\ &= c(b-a)p \\ &= G \qquad \left(\because\ p = \frac{G}{c(b-a)}\right) \end{aligned} \tag{8.2.10}$$

이로써 $\hat{G}_{HM}$는 G의 불편추정치임을 알 수 있다. 이 추정치의 분산은 다음과 같이 정리된다.

$$\begin{aligned} Var(\hat{G}_{HM}) &= Var\left[c(b-a)\frac{n_h}{n}\right] \\ &= [c(b-a)]^2 Var\left[\frac{n_h}{n}\right] \\ &= [c(b-a)]^2 \frac{1}{n} p(1-p) \\ &= \frac{1}{n}[c(b-a)G - G^2] \qquad \left(\because\ p = \frac{G}{c(b-a)}\right) \end{aligned} \tag{8.2.11}$$

표본평균의 분산이 $Var(\overline{X}) = \frac{Var(X)}{n} = \frac{\sigma_X^2}{n}$ 이었던 것처럼[식 (5.3.3) 참조], 식 (8.2.11)은 다음의 형태로 정리할 수 있다.

$$Var\left(\hat{G}_{HM}\right) = \frac{Var(G_{HM})}{n} \tag{8.2.11′}$$

즉, 추정치의 분산은 모분산을 반복시행횟수로 나눈 것이다. 여기서 모분산 $Var(G_{HM})$만 따로 쓰면 다음과 같다.

$$Var(G_{HM}) = \sigma^2_{G,HM} = [c(b-a)]^2\ p(1-p) \tag{8.2.12}$$

또는

$$Var(G_{HM}) = \sigma^2_{G,HM} = c(b-a)G - G^2 \quad (8.2.12')$$

이상이 적중법으로 어떤 사건 h가 생길 확률을 추정하는 절차이다. 지금까지의 전개 과정을 통해서 확률 p를 구하는 일은 적분을 푸는 일과 같다는 것을 알았을 것이다. 즉, 추정치의 기댓값은 적분결과와 동일하다[식 (8.2.10)].

$$E(\hat{G}) = G$$

이런 측면에서 '적분을 푼다'는 '미지의 모수를 추정하는 것'으로 표현하는 것이 더 좋을 수도 있다.

이 방법을 사용하면 피적분함수가 아무리 복잡해도 문제되지 않는다. 단지 함수 $g(x)$와 적분구간만 주어지면 충분하다. 지금까지 적중법을 다루면서 피적분함수 $g(x)$의 모양에 대한 어떠한 제약도 없었음을 생각해 보라.

몬테칼로 적중법을 수행하기 위한 알고리즘은 다음과 같다.

```
set n_h = 0
for i=1 to n
        generate U_i ~ U(0,1) and V_i ~ U(0,1)
        X_i ← a + (b − a)U_i
        Y_i ← c×V_i
        if g(X_i) > Y_i,    n_h = n_h + 1
end for
p̂ = n_h / n
Ĝ_HM = c(b − a) p̂
        s²_{G,HM} = c(b − a)Ĝ_HM − Ĝ²_HM   또는   s²_{G,HM} = [c(b − a)]² p̂(1 − p̂)
s²_{Ĝ_HM} = (1/n) s²_{G,HM}
```

8.2.2 표본평균법

앞에서와 같은 적분 문제 $G = \int_a^b g(x)dx$ 를 푸는 과정을 통해 이 방법을 설명하기로 한다. 적분은 그림 8.2.2(a)에서 함수 $g(x)$ 아래의 빗금친 부분의 면적에 해당한다. 표본평균법에서는 이 면적을 그림 8.2.2(b)처럼 단순한 사각형으로 간

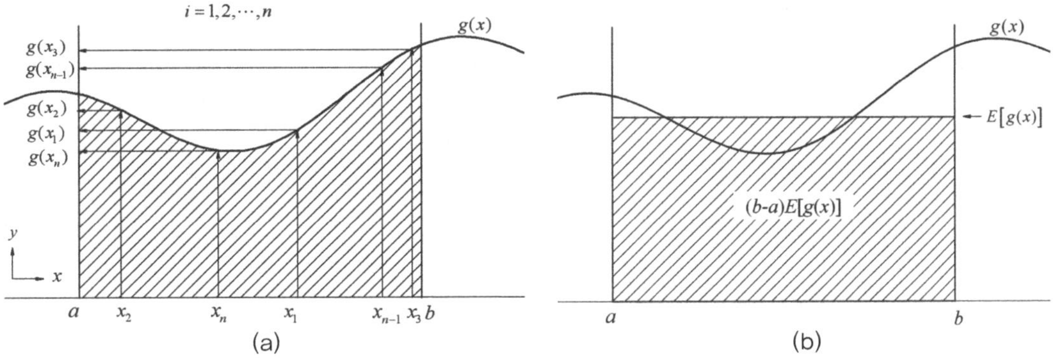

[그림 8.2.2] 표본평균법에 의한 몬테칼로 적분 개념

주해서 구한다. 사각형의 면적은 너비가 이미 적분구간으로 주어져 있기 때문에 높이만 결정되면 구할 수 있다. 높이 $E[g(x)]$는 적분구간에서의 함수값 $g(x)$의 평균에 해당한다. 이를 구하는 방법은 다음과 같다.

적분구간에서 확률변수 X의 값 x를 무작위로 선택한 뒤, 함수 $g(x)$에 대입한다. 기본 몬테칼로 방법에서는 x가 적분구간 $b-a$의 모든 영역에서 균등한 확률로 추출된다. 그림 8.2.2(a)를 보라. 먼저 x_1이 선택되었다면 이를 함수에 대입해서 $g(x_1)$을 얻는다. 다음에는 확률변수값 x_2를 무작위 선택해서 함수값 $g(x_2)$를 얻는다. 이런 과정을 n번 반복해서 $g(x_n)$을 얻는다. 이 값들을 평균한 것이 높이 $E[g(x)]$에 해당한다. 결국 사각형의 면적을 구할 수 있게 된다.

이제는 표본평균법을 수식적으로 표현하고 정의해 보자. $G=\int_a^b g(x)dx$에 임의의 함수 $f(x)$를 도입하더라도, 다음과 같이 바꿔 쓰면 그 결과는 변하지 않는다.

$$G=\int_a^b \frac{g(x)}{f(x)} f(x)dx \tag{8.2.13}$$

여기서 $f(x)$는 표본추출을 위한 확률밀도함수이다. 균등분포일 경우에는 다음과 같다.

$$f(x)=\begin{cases} \dfrac{1}{b-a}, & if\ \ a \le x \le b \\ 0, & otherwise \end{cases} \tag{8.2.14}$$

식 (8.2.14)를 식 (8.2.13)에 대입하면,

$$G=(b-a)\int_a^b g(x)\frac{1}{b-a}dx \tag{8.2.15}$$

2장의 식 (2.3.1)로부터 $E[g(x)]=\int g(x)f(x)dx$ 임을 유추할 수 있기 때문에, 식 (8.2.15)를 다음과 같이 줄여 쓸 수 있다.

$$G=(b-a)E[g(x)] \tag{8.2.16}$$

이 식의 $E[g(x)]$는 다음 식을 통해서 표본으로부터 추정할 수 있다.

$$E[g(x)]=\bar{g}(x)=\frac{1}{n}\sum_{i=1}^{n}g(X_i), \qquad i=1,\ 2,\ \cdots,\ n \tag{8.2.17}$$

결국, 식 (8.2.16)과 식 (8.2.17)의 조합으로부터 적분 $G=\int_a^b g(x)dx$ 를 추정하기 위한 표본평균법 수식을 얻을 수 있다.

$$\hat{G}_{SM}=(b-a)\frac{1}{n}\sum_{i=1}^{n}g(X_i) \tag{8.2.18}$$

다음 증명은 이런 방법으로 구한 추정치 $\hat{G}_{SM}$ 가 G 의 불편추정치임을 보이기 위한 것이다.

$$\begin{aligned}
E\left(\hat{G}_{SM}\right)&=E\left[(b-a)\frac{1}{n}\sum_{i=1}^{n}g(X_i)\right]\\
&=(b-a)\frac{1}{n}E\left[\sum_{i=1}^{n}g(X_i)\right]\\
&=(b-a)\frac{1}{n}\sum_{i=1}^{n}E[g(X_i)]\\
&=(b-a)\frac{1}{n}nE[g(X)]\\
&=(b-a)\frac{1}{n}n\int_a^b g(x)f(x)dx\\
&=(b-a)\int_a^b g(x)\frac{1}{b-a}dx\\
&=\int_a^b g(x)dx\\
&=G
\end{aligned} \tag{8.2.19}$$

이 추정치의 분산 $Var\left(\hat{G}_{SM}\right)$은 다음과 같이 정리된다.

$$\begin{aligned}
Var\left(\hat{G}_{SM}\right) &= Var\left[(b-a)\frac{1}{n}\sum_{i=1}^{n} g(X_i)\right] \\
&= (b-a)^2 \frac{1}{n^2} Var\left[\sum_{i=1}^{n} g(X_i)\right] \\
&= (b-a)^2 \frac{1}{n^2} \sum_{i=1}^{n} Var[g(X_i)] \\
&= (b-a)^2 \frac{1}{n^2} nVar[g(X)] \qquad (8.2.20) \\
&= (b-a)^2 \frac{1}{n}\left\{E\left[g^2(X)\right] - E^2[g(X)]\right\} \\
&= (b-a)^2 \frac{1}{n}\left[\int_a^b g^2(x)\frac{1}{b-a}dx - \frac{G^2}{(b-a)^2}\right] \\
&= \frac{1}{n}\left[(b-a)\int_a^b g^2(x)dx - G^2\right]
\end{aligned}$$

식 (8.2.20)은 적중법의 경우와 마찬가지로 다음의 형태로 정리할 수 있다.

$$Var\left(\hat{G}_{SM}\right) = \frac{Var(G_{SM})}{n} \qquad (8.2.20')$$

여기서 모분산 $Var(G_{SM})$만 따로 쓰면 다음과 같다.

$$Var(G_{SM}) = \sigma^2_{G,SM} = (b-a)\int_a^b g^2(x)dx - G^2 \qquad (8.2.21)$$

실제 시뮬레이션에서는 식 (8.2.21)의 분산은 표본으로부터 구할 수 있다.

$$\sigma^2_{G,SM} \approx s^2_{G,SM} = (b-a)^2\left\{\frac{1}{n-1}\sum_{i=1}^{n}\left[g(x_i) - \bar{g}(x)\right]^2\right\} \qquad (8.2.22)$$

표본평균법을 수행하기 위한 몬테칼로 알고리즘은 다음과 같다.

```
for i=1 to n
    generate U_i ~ U(0,1)
    X_i ← a+(b−a)U_i
```

```
    calculate g(X_i)
end for
```

$$\bar{g}(X) = \frac{1}{n}\sum_{i=1}^{n} g(X_i)$$

$$\hat{G}_{SM} = (b-a)\bar{g}(X)$$

$$s^2_{\hat{G}_{SM}} = \frac{1}{n}s^2_{G,SM} = \frac{1}{n}\left\{(b-a)^2 \frac{1}{n-1}\sum_{i=1}^{n}\left[g(X_i) - \bar{g}(X)\right]^2\right\}$$

8.2.3 시뮬레이션 및 계산 예

다음에 제시된 문제들과 그 풀이과정을 통해 몬테칼로 방법에 대한 이해를 높일 수 있을 것이다.

예제 8.2.1

다음 $G = \int_{-1}^{2} e^{-x}dx$ 을 몬테칼로 방법으로 추정하라.

풀이 1 적중법

주어진 적분식과 적분구간은 그림 8.2.3과 같다. 적중법을 적용할 영역은 빗금친 부분을 완전히 포함하는 가장 작은 사각형이어야 한다(사각형이 작을수록 효율이 높아지기 때문에). 사각형의 크기를 결정하려면 높이를 알아야 한다. 그림에서 가장 높은 부분은 적분하한인 $a = -1$ 일 때의 함수값에 해당한다. 즉, $c = g(x) = e^{-a} = e^{-(-1)} \approx 2.71828$ 이다. 사각형의 너비는 $b - a = 2 - (-1) = 3$ 이다.

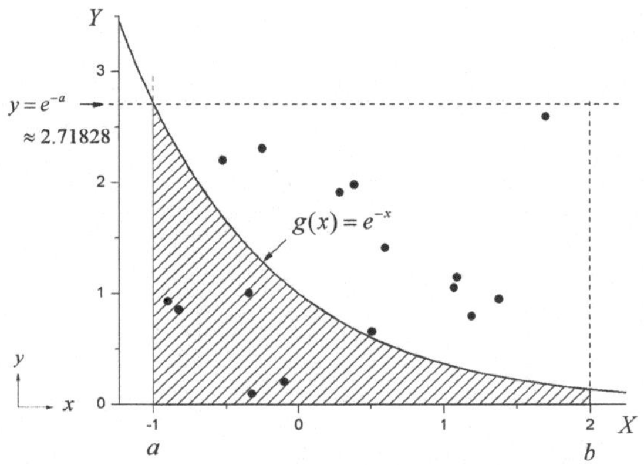

[그림 8.2.3] 적중법에 의한 함수 $g(x) = e^{-x}$ 의 적분

프로그램 8.2.1을 사용한 시뮬레이션 결과, 표 8.2.1을 먼저 보자.

[표 8.2.1] 적중법에 의한 시뮬레이션 결과 정리

(1) i	(2) U_i	(3) V_i	(4) X_i	(5) $g(X_i)$	(6) Y_i	(7) hit
1	0.231	0.585	−0.307	1.359	1.590	0
2	0.041	0.844	−0.877	2.404	2.294	1
3	0.787	0.675	1.361	0.256	1.835	0
4	0.178	0.714	−0.466	1.594	1.941	0
5	0.649	0.064	0.947	0.388	0.174	1
6	0.839	0.165	1.517	0.219	0.449	0
7	0.887	0.714	1.661	0.190	1.941	0
8	0.457	0.452	0.371	0.690	1.229	0
9	0.624	0.663	0.872	0.418	1.802	0
10	0.080	0.320	−0.760	2.138	0.870	1
11	0.291	0.430	−0.127	1.135	1.169	0
12	0.670	0.312	1.010	0.364	0.848	0
13	0.796	0.121	1.388	0.250	0.329	0
14	0.312	0.254	−0.064	1.066	0.690	1
15	0.339	0.466	0.017	0.983	1.267	0
16	0.653	0.109	0.959	0.383	0.296	1
						$\sum hit = 5$

(1)열: 시행 순서. 이 시뮬레이션은 16번의 반복시행으로 이루어진다.
(2)열: 0 ~ 1 사이의 표준균등분포 $U(0,1)$ 로부터 난수 U_i 생성
(3)열: 0 ~ 1 사이의 표준균등분포 $U(0,1)$ 로부터 난수 V_i 생성
(4)열: 난수 U_i 를 역변환법을 써서 a ~ b 사이의 확률변수값 X_i 로 변환.
1행의 경우를 계산해 보면,

$$X_i \leftarrow a + (b-a)U_i = -1 + (2-(-1)) \times 0.231 \approx -0.307$$

(5)열: X_i 를 함수에 대입하여 함수값 계산

$$g(X_i) = e^{-X_i} = e^{-(-0.307)} = 1.359$$

(6)열: 난수 V_i 를 역변환법을 써서 확률변수값 Y_i 로 변환.

1행의 경우를 계산해 보면,

$$Y_i \leftarrow cV_j = e^1 \times 0.585 \approx 1.590$$

(7)열: $Y_i \le g(X_i)$로 적중 여부를 판단한다. 적중이면 $n_h = 1$이고 아니면 0이다. 같은 절차를 16번 반복한다. 그림 8.2.3에서 점(x, y)들의 위치를 확인해 보라. 총 16회의 시행 중에서 이 조건을 만족하는 경우는 5회이다. 따라서 $\hat{p} = \frac{n_h}{n} = \frac{5}{16}$이다.

이 결과로부터 추정치와 그 분산을 계산하면

$$\hat{G}_{HM} = c(b-a)\frac{n_h}{n} = (e^1)(3)\left(\frac{5}{16}\right) \approx 2.548$$

$$s^2_{\hat{G}_{HM}} = \frac{1}{n}s^2_{G,HM} = \frac{1}{n}\left\{[c(b-a)]^2\,\hat{p}(1-\hat{p})\right\} = \frac{1}{16}\left\{\left[(e^1)(3)\right]^2\left(\frac{5}{16}\right)\left(\frac{11}{16}\right)\right\}$$

$$= \frac{1}{16}(14.287) \approx 0.893$$

풀이 2 표본평균법

마찬가지로 시뮬레이션 결과인 표 8.2.2와 그림 8.2.4를 보라.

[표 8.2.2] 표본평균법에 의한 시뮬레이션 결과 정리

(1) i	(2) U_i	(3) X_i	(4) $g(X_i)$	(5) $\left[g(X_i)-\bar{g}(X)\right]^2$
1	0.231	−0.307	1.359	0.244
2	0.041	−0.877	2.404	2.368
3	0.787	1.361	0.256	0.370
4	0.178	−0.466	1.594	0.531
5	0.649	0.947	0.388	0.228
6	0.839	1.517	0.219	0.417
7	0.887	1.661	0.190	0.456
8	0.457	0.371	0.690	0.031
9	0.624	0.872	0.418	0.200
10	0.080	−0.760	2.138	1.621
11	0.291	−0.127	1.135	0.073
12	0.670	1.010	0.364	0.251

13	0.796	1.388	0.250	0.379
14	0.312	−0.064	1.066	0.040
15	0.339	0.017	0.983	0.014
16	0.653	0.959	0.383	0.232
			$\sum=13.838$	$\sum=7.454$

$$\bar{g}(X)=\frac{1}{n}\sum_{i=1}^{n}g(X_i)=\frac{1}{16}(13.868)\approx 0.865$$

(1)열: 시행 순서. 이 시뮬레이션은 16번의 반복시행으로 이루어진다.

(2)열, (3)열, (4)열: 적중법의 경우와 동일

(5)열: 식 (8.2.22)의 분산을 구하기 위한 중간 계산과정

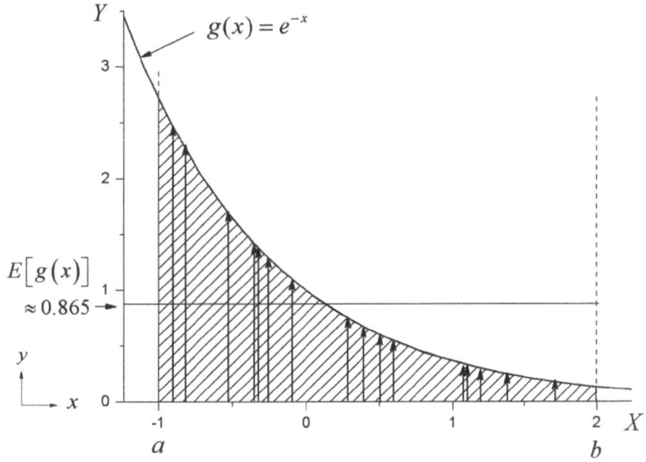

[그림 8.2.4] 표본평균법에 의한 함수 $g(x)=e^{-x}$ 의 적분

따라서 표본평균법에 의한 추정치와 그 분산은 다음과 같이 계산된다.

$$\hat{G}_{SM}=(b-a)\frac{1}{n}\sum_{i=1}^{n}g(X_i)=(3)\left(\frac{1}{16}\right)(13.84)\approx 2.595$$

$$s^2_{\hat{G}_{SM}}=\frac{1}{n}s^2_{G,SM}=\frac{1}{n}\left\{(b-a)^2\frac{1}{n-1}\sum_{i=1}^{n}\left[g(X_i)-\bar{g}(x)\right]^2\right\}=\frac{1}{16}\left[3^2\left(\frac{1}{15}\right)7.456\right]$$

$$=\frac{1}{16}(4.473)\approx 0.280$$

풀이 3 해석적 방법에 의한 계산

1) 적분값

$$G = \int g(x)dx = \int_{-1}^{2} e^{-x}dx = -e^{-x}\Big|_{x=-1}^{x=2} = e^{1} - e^{-2} \approx 2.583$$

2) 적중법과 표본평균법에 의한 분산

$\sigma^2_{G,HM} = c(b-a)G - G^2 = (e^1)(3)(2.5829) - 2.5829^2 \approx 14.392$ 이므로

$$\sigma^2_{\hat{G}_{HM}} = \frac{1}{n}\sigma^2_{G,HM} \approx \frac{1}{n}(14.392)$$

$\sigma^2_{G,SM} = (b-a)\int_b^a g^2(x)dx - G^2 = (3)(3.6854) - 2.5829^2 \approx 4.385$ [3])이므로

$$s^2_{\hat{G}_{SM}} = \frac{1}{n}\sigma^2_{G,SM} \approx \frac{1}{n}(4.385)$$

이 결과는 풀이 1 ~ 2의 결과와 비교적 잘 일치함을 알 수 있다.

[프로그램 8.2.1] 몬테칼로 방법으로 $G = \int_{-1}^{2} e^{-x}dx$의 적분 추정치와 그 분산 구하기

```
#include "file_include.h"
#include "rnd_functions.cpp"
#include "tools.cpp"

const int MCS = 16;                              //총 시도횟수

double func(double x)                            //피적분함수
{
        double gx;
                gx = exp(-x);
        return gx;
}

int main()
{
        int n, n_hit;
        double a, b, c;
        double x, y, p, gx_hm, gx_sm[MCS];
```

3) $\int_a^b g^2(x)dx = \int_{-1}^{2} \exp(-2x)dx = -\frac{1}{2}\exp(-2x)\Big|_{-1}^{2} = \frac{1}{2}[\exp(2) - \exp(-4)] \approx 3.6854$

```
        randomize();            //난수 초기화

        a = -1;                 //적분하한
        b = 2;                  //적분상한
        c = func(a);            //최고높이

        n = MCS;
        n_hit = 0;

        for(int i=0; i<n; i++)
        {
                x = a + (b - a) * rnd();            //난수생성 후 역변환 -> a~b
                y = c * rnd();                      //난수생성 후 역변환 -> c

                //by Hit & Miss method
                if (func(x) >= y) n_hit++;
                //by Sample-Mean method
                gx_sm[i] = func(x);        //함수값 계산
        }

        p = (double)n_hit / n;  //sum(I{X>1}) / total trials
        gx_hm = c*(b - a)*p;

        //Integration result by Hit & Miss method
        cout<<gx_hm<<"   "<<pow((c*(b - a)),2)*p*(1-p)<<endl;

        //Integration result by Sample-Mean method
        cout<<(b - a)*Mean(gx_sm,n)<<"   "<<pow((b - a),2)*Var(gx_sm,n)<<endl;

        return 0;
}
```

예제 8.2.2

단위 길이 2인 정사각형에 내접하는 원의 면적의 $\frac{1}{4}$을 생각해 보자.

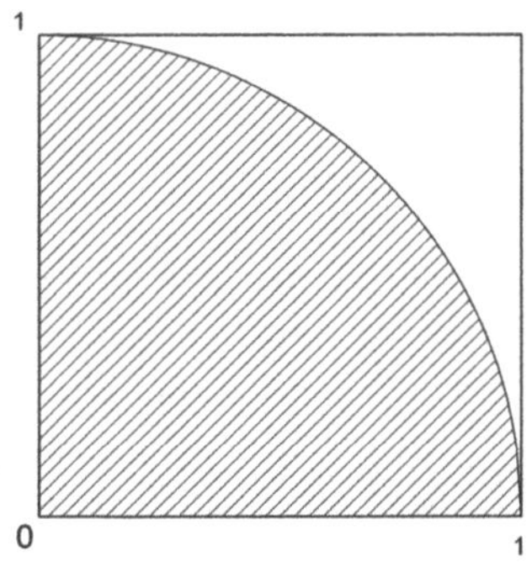

[그림 8.2.5] 단위길이 2인 사각형에 내접하는 원의 면적

원의 면적은 $\pi r^2 = \pi \times 1^2 = \pi$ 이므로, 빗금친 부분의 면적은 $\frac{\pi}{4}$ 이다. 이를 원의 방정식 $x^2 + y^2 = r^2$을 이용해서 함수로 표현하면 다음과 같이 쓸 수 있다.

$$G = \int_0^1 \sqrt{1-x^2}\,dx$$

이 적분값을 몬테칼로 시뮬레이션으로 추정하고, 해석적으로 계산한 결과와 비교하라.

풀이 1 해석적 방법에 의한 적분값과 분산

$$G = \int_0^1 \sqrt{1-x^2}\,dx = \frac{\pi}{4} \approx 0.78540$$ [4)]

적중법을 적용할 경우, 분산은

$$\sigma^2_{G,HM} = c(b-a)G - G^2 = (1)(1)\left(\frac{\pi}{4}\right) - \left(\frac{\pi}{4}\right)^2 \approx 0.1686 \text{ 이므로}$$

$$Var\left(\hat{G}_{HM}\right) = \frac{\sigma^2_{G,HM}}{n} \approx \frac{0.1686}{n}$$

표본평균법을 적용할 경우, 분산은

$$\sigma^2_{G,SM} = (b-a)\int_a^b g^2(x)dx - G^2 = (1-0)\int_0^1 \left(\sqrt{1-x^2}\right)^2 dx - G^2 = 1 \times \frac{2}{3} - \left(\frac{\pi}{4}\right)^2$$ [5)]

$$\approx 0.0498$$

$$Var\left(\hat{G}_{SM}\right) = \frac{\sigma^2_{G,SM}}{n} \approx \frac{0.0498}{n}$$

---

4) 먼저, $x = \sin\theta$ 로 치환하면 $dx = \cos\theta d\theta$ 이다. 따라서 적분구간 $x = 0$ 은 $\theta = \sin^{-1} x = 0$ 으로, $x = 1$ 은 $\theta = \sin^{-1} 1 = \frac{\pi}{2}$ 으로 변환된다. 피적분함수만 보면 $\sqrt{1-\sin^2\theta} = \sqrt{\cos^2\theta} = \cos\theta$ 이고, $\cos x = \frac{1+\cos^2 x}{2}$ 이므로

$$\int_0^1 \sqrt{1-x^2}\,dx = \int_0^{\frac{\pi}{2}} \cos\theta\cos\theta d\theta = \int_0^{\frac{\pi}{2}} \cos^2\theta d\theta = \frac{1}{2}\int_0^{\frac{\pi}{2}} (1+\cos 2\theta)d\theta = \frac{1}{2}\left(\theta + \frac{\sin 2\theta}{2}\right)\Bigg|_0^{\frac{\pi}{2}} = \frac{\pi}{4}$$

5) $\int_0^1 \left(\sqrt{1-x^2}\right)^2 dx = x - \frac{x^3}{3}\Big|_0^1 = \frac{2}{3}$

풀이 2 적중법

사각형 내에 점을 뿌리고 1/4원에 들어간 점들의 비율을 평가한다. 정사각형의 면적은 $r \times r = r^2 = 1$ 이고, 원의 $\frac{1}{4}$ 면적은 $\frac{\pi r^2}{4} = \frac{\pi}{4}$ 이다. 따라서 사각형과 빗금친 도형의 면적 비율은 다음과 같다.

$$\frac{1/4\text{원의 면적}}{\text{정사각형의 면적}} = \frac{\pi r^2/4}{r \times r} = \frac{\pi}{4}$$

시뮬레이션을 위한 알고리즘은 다음과 같다.

1) 난수 $U_i \sim U(0,1)$ 와 $V_i \sim U(0,1)$ 를 뽑는다. 여기서는 적분구간과 높이가 모두 $0 \sim 1$이기 때문에 굳이 역변환법을 사용할 필요가 없다. (U_i, V_i)가 이루는 공간이 사각형의 면적에 해당한다.

2) 함수값으로 변환

$$g(X_i) \leftarrow \sqrt{1-U_i^2}$$
$$Y_i \leftarrow V_i$$

3) if $Y_i \le g(X_i)$, $n_h = n_h + 1$
원의 방정식인 $x^2 + y^2 \le (r^2 = 1)$ 을 만족하면 1/4원 내에 존재하는 것이다. 이 식에서 부등호는 '≤' 또는 '<' 중 어느 것을 사용해도 좋다. 선이 차지하는 면적은 무시할 수 있기 때문이다.

4) 과정 $1 \sim 3$을 n 번 반복하여, $\hat{p} = \frac{n_h}{n}$ 를 구하고

5) 결과 계산

$$\hat{G}_{HM} = c(b-a)\hat{p} = (1-0)(1-0) \times \hat{p} = \hat{p}$$
$$Var\left(\hat{G}_{HM}\right) = \frac{\sigma^2_{G,HM}}{n} \approx \frac{0.1686}{n}$$

풀이 3 표본평균법

1) 난수 $U_i \sim U(0,1)$ 을 만든다.
2) $g(X_i) \leftarrow \sqrt{1-U_i^2}$ 계산
3) 과정 $1 \sim 2$를 n 번 반복하여 평균을 구한다.
4) 결과 정리

$$\hat{G}_{SM} = (b-a)\times\frac{1}{n}\sum_{i=1}^{n} g(X_i) = (1-0)\times\frac{1}{n}\sum_{i=1}^{n}\sqrt{1-X_i^2}$$

$$Var\left(\hat{G}_{SM}\right) = \frac{\sigma^2_{G,SM}}{n} \approx \frac{0.0498}{n}$$

예제 8.2.3

다음 함수의 적분값을 표본평균법으로 추정하라.

$$G = \int_0^2 \int_3^6 \int_{-1}^1 yx^2 + z\ln y + e^x dxdydz \approx 49.9213$$

풀이 + 절차는 다음과 같다.

1) 3개의 확률변수 $X_i \sim U(-1,1)$, $Y_i \sim U(3,6)$, $Z_i \sim U(0,2)$ 를 만들고
2) $g(X_i,Y_i,Z_i) \leftarrow Y_i X_i^2 + Z_i \ln(Y_i) + \exp(X_i)$ 를 계산한다.
3) 적분구간은 3차원 부피인 $\Omega = [1-(-1)](6-3)(2-0) = 12$ 이므로

추정치는 $\hat{G}_{SM} = \frac{12}{n}\sum_{i=1}^{n} g(X_i,Y_i,Z_i)$ 이다.

예제 8.2.4

$G = \int_0^{\infty} e^{-\frac{x^2}{2}} dx$ 를 몬테칼로 방법으로 추정하라. 추정결과와 해석적 계산결과를 비교하라.

풀이 1 이 적분은 부정적분 형태의 해가 없는 정적분이기 때문에 보통의 해석적 방법으로는 풀기 힘들다. 몬테칼로 방법 역시 적분상한이 무한대이므로 표준균등분포로는 표본을 추출할 수도 없다(지수분포로부터 표본을 뽑으면 가능하지만 이는 다음 장에서 다루기로 한다). 이 문제를 풀려면 변수변환 방법을 사용해서 다음과 같이 적분구간을 바꿔야 한다.

$$\int_0^\infty g(x)dx \leftrightarrow \int_0^1 h(y)dy$$

요점은 구간 $[0,\infty]$ 에서 존재하는 확률변수 X를 구간 $[0,1]$ 의 확률변수 Y로 변환하는 것이다. 이 변환을 통해서 해석적 풀이뿐만 아니라 표준균등분포를 사용한 시뮬레이션도 가능해진다.

먼저 변수 x를 다음과 같이 y로 정의한다.

$$y = \frac{1}{x+1}$$

그러면 $x=0$ 일 때 $y=1$ 이 되고, $x=\infty$일 때 $y=0$이 된다. 위 식을 x에 대하여 정리한 뒤

$$x = \frac{1-y}{y}$$

이를 미분하면 다음 식을 얻을 수 있다.

$$dx = \left[-\frac{(1-y)}{y^2} - \frac{1}{y} \right] dy \text{ 또는 } dx = -\frac{1}{y^2} dy$$

이를 변수 X로 표현된 원래의 적분식에 대입하면, 변수 Y로 변환된 적분식을 얻을 수 있다.

$$G = \int_0^\infty e^{-\frac{x^2}{2}} dx \leftrightarrow H = \int_1^0 e^{-\frac{(1-y)^2}{2y^2}} \left(-\frac{1}{y^2} \right) dy = \int_0^1 \frac{e^{-\frac{(1-y)^2}{2y^2}}}{y^2} dy$$

따라서 0 ~ 1 사이의 난수를 사용해서 시뮬레이션이 가능하다. 변환 전후의 함수 모양을 비교해 보라.

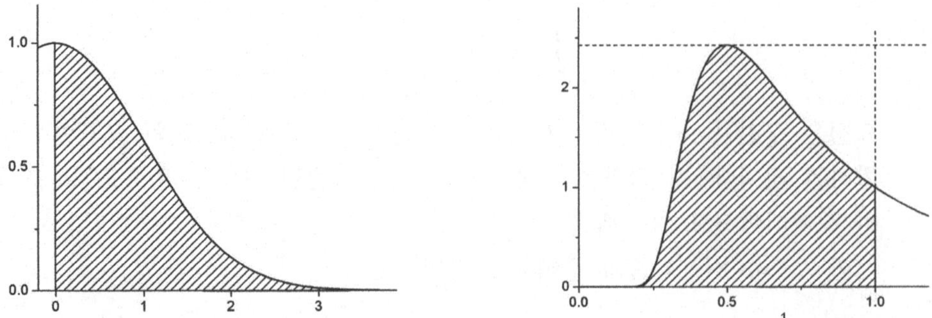

(a) 변환 전: $\int_0^{\infty} g(x)dx$　　　(b) 변환 후: $\int_0^{1} h(y)dy$

[그림 8.2.6] 변환법에 의한 적분구간 변환

풀이 2 해석적 계산에 의한 적분값은

$$H = \int_0^1 \frac{e^{-\frac{(1-y)^2}{2y^2}}}{y^2} dy = \sqrt{\frac{\pi}{2}} \approx 1.25331$$

적중법을 적용할 경우, 분산은

$$\sigma^2_{H,HM} = c(b-a)H - H^2 = \left(4e^{-\frac{1}{2}}\right)(1)\left(\sqrt{\frac{\pi}{2}}\right) - \frac{\pi}{2} \approx 1.4698$$ [6]이므로

$$Var\left(\hat{H}_{HM}\right) = \frac{\sigma^2_{H,HM}}{n} \approx \frac{1.4698}{n}$$

표본평균법을 적용할 경우, 분산은

$$\sigma^2_{H,SM} = (b-a)\int_b^a h^2(y)dy - H^2 = \int_0^1 \left(\frac{1}{y^2} e^{-\frac{(1-y)^2}{2y^2}}\right)^2 dy - \frac{\pi}{2} \approx 0.7585$$ [7]

6) 함수 $h(y) = \frac{1}{y^2}\exp\left[-\frac{(1-y)^2}{2y^2}\right]$의 최고 높이는 미분한 값을 0으로 놓으면 구해진다. $h(y)\frac{d}{dy} = 0$ 을 풀면 해는 $y=-1$ 또는 $y = \frac{1}{2}$ 이다. 그런데 적분구간이 0에서 1이므로, $y=\frac{1}{2}$ 가 해이다. 이를 $h(y)$ 에 대입하면 $c = 4e^{-\frac{1}{2}}$ 가 얻어진다.

$$Var\left(\hat{H}_{SM}\right) = \frac{\sigma^2_{H,SM}}{n} \approx \frac{0.7585}{n}$$

다음 프로그램을 참고하라.

[프로그램 8.2.2] $H = \int_0^1 \frac{e^{-\frac{(1-y)^2}{2y^2}}}{y^2} dy$ 추정치와 그 분산 구하기

```
#include "file_include.h"
#include "rnd_functions.cpp"
#include "tools.cpp"

const int MCS = 10000;                                    //총 시도횟수

double func(double x)                                     //피적분함수
{
          double gx;
                 gx = exp(-(pow((1.0-x),2))/(2*x*x)) / (x*x);
          return gx;
}

int main()
{
          int n, n_hit;
          double a, b, c;
          double x, y, p, gx_sm[MCS];
          double gx_hm, var_phm, var_gxhm, gx_mm, var_pmm, var_gxmm;

          randomize();                      //난수 초기화

          a = 0;                            //적분하한
          b = 1;                            //적분상한
          c = func(0.5);                    //적중법 적용을 위한 최고높이(함수 미분 결과)

          n = MCS;
          n_hit = 0;

          for(int i=0; i<n; i++)
          {
                 x = a + (b - a) * rnd();            //난수생성 후 역변환 -> a~b
```

7) $\int_0^1 h^2(y)dy = \int_0^1 \left(\frac{1}{y^2} e^{-\frac{(1-y)^2}{2y^2}} \right)^2 dy \approx 2.32934$

```
            y = c * rnd();                    //난수생성 후 역변환 -> c

            //by Hit & Miss method
            if (func(x) >= y) n_hit++;

        //by Sample-Mean method
            gx_sm[i] = func(x);               //함수값 계산
    }

    p = (double)n_hit / n;                    //sum(I{X>1}) / total trials

    //By Hit and Miss method
    gx_hm = c*(b - a)*p;                      //estimate of mean
    var_phm = pow((c*(b - a)),2)*p*(1-p);     //population variance
    var_gxhm = var_phm / n;                   //estimate of Variance
    //By Sample Mean method
    gx_mm = (b - a)*Mean(gx_sm,n);               //estimate of mean
    var_pmm = pow((b - a),2)*Var(gx_sm,n);       //population variance
    var_gxmm = var_pmm / n;                      //estimate of Variance

    //Integration result by Hit & Miss method
    cout<<gx_hm<<"   "<<var_phm<<"        "<<var_gxhm<<endl;

    //Integration result by Sample Mean method
    cout<<gx_mm<<"   "<<var_pmm<<"        "<<var_gxmm<<endl;

    return 0;
}
```

지금까지 두 가지 기본 몬테칼로 방법에 대해 알아보았다. 중요한 점은 적중법보다 표본평균법의 분산이 작다는 점이다. 예제의 계산들에서 분산의 크기를 비교 확인해 보라. 이는 표본평균법의 효율이 더 좋다는 의미이다. 8.3.3절에서 좀 더 자세히 다룰 예정이다.

8.3 몬테칼로 시뮬레이션 결과의 해석

8.3.1 추정치와 오차

그림 8.3.1은 다음 함수를 표본평균법으로 추정한 결과이다.

$$G = \int g(x)dx = \int_0^{\frac{\pi}{2}} \cos(x)dx = \sin(x)\Big|_0^{\frac{\pi}{2}} = 1.0$$

그림에서 (a)는 반복시행횟수가 $n=10^2$ 인 경우이고, (b)는 $n=10^7$ 인 경우이다. 가로축은 시뮬레이션 번호이고 세로축은 추정치 $\hat{G}$ 이다. 각각은 30회씩 독립적으로 시뮬레이션 한 결과이므로, 그림에서 하나의 점은 1회 시뮬레이션 결과에 해당한다.

해석적 계산결과가 $G=1.0$이므로, 추정치도 이와 유사한 값을 가져야 할 것이다. 먼저, 반복시행횟수가 $n=10^2$ 인 경우의 그림 8.3.1(a)를 보라. 30회의 시뮬레이션 중에서 참값(실선) G 근처의 추정치가 얻어진 경우는 거의 없을 뿐만 아니라, 시뮬레이션마다 추정치와 참값의 차이가 다르게 나타나고 있다. 이런 현상은 몬테칼로 시뮬레이션의 본질적인 특성이다. 확률변수가 가질 수 있는 여러 가지 값들 중에서 무작위로 선택된 값이 입력으로 사용되기 때문에 시뮬레이션마다 다른 결과가 나오는 것은 당연하다. 입력이 확률변수이면 출력 역시 확률변수의 특성을 갖게 된다(Random Input, Random Output).

이런 확률요동의 특성과 더불어 매번 다른 결과가 얻어지는 근본적인 이유는 반복시행횟수가 유한하기 때문이다. 만약 반복시행횟수가 무한하다면 매번 참값으로 수렴되는 추정치를 얻기 때문에 매 시뮬레이션의 결과가 같을 것이다. '다수의 법칙'에 의하면, $n \to \infty$이 되면 추정치는 반드시 참값으로 수렴한다.

$$\Pr\left[\lim_{n\to\infty}\frac{1}{n}\sum_{i=1}^{n} g(x_i) = E\left(\hat{G}_n\right)\right] = 1$$

$n=10^7$ 인 경우의 그림 8.3.1(b)를 보라. 무한하지는 않지만 반복시행횟수가 아주 많기 때문에, 시뮬레이션마다 참값에 가까운 추정치들이 얻어지는 것을 확인할 수 있다(사실 이 경우도 세로축의 척도를 확대해 보면 실선에 완전히 일치되는 경우는 별로 없다).

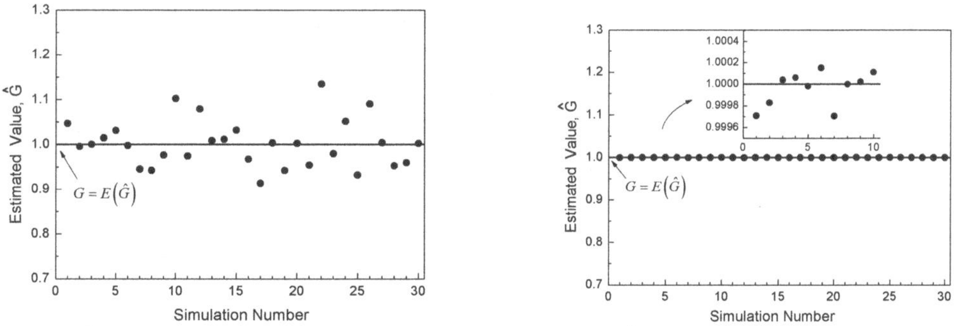

(a) $n=10^2$ 인 시뮬레이션을 30회 수행한 결과 (b) $n=10^7$ 인 시뮬레이션을 30회 수행한 결과

[그림 8.3.1] 몬테칼로 시뮬레이션 결과[$G=\int_0^{\frac{\pi}{2}}\cos(x)dx=1.0$ 추정]의 특성

현실적으로 반복시행횟수가 무한한 시뮬레이션은 존재하지 않는다. 따라서 대부분의 추정치는 참값과 차이를 보일 수밖에 없다. 이는 몬테카를로 시뮬레이션으로 얻는 결과는 정확해가 아니고 근사해라는 의미이다. 시뮬레이션 추정치들은 근사치일 뿐만 아니라 매번 다르게 나타난다. 그럼에도 불구하고, 이 추정치들은 불편추정치이다. 이는 식 (8.2.10)과 식 (8.2.19)를 통해서 증명한 바 있다.

근사치란 참값과 어느 정도 차이가 나는지 그 정확성을 같이 언급해야만 의미가 있다. 근사치와 참값의 차이는 오차이다. 오차 ε는 다음과 같이 정의된다.

$$\text{절대오차: } \varepsilon_{\mathrm{A}} = \left|\hat{G}_n - G\right| \tag{8.3.1}$$

$$\text{상대오차: } \varepsilon_{\mathrm{R}}(\%) = \frac{\left|\hat{G}_n - G\right|}{G} \times 100 \tag{8.3.2}$$

시뮬레이션 결과의 정확성 또는 오차는 추정치와 참값의 차이로 대표된다. 이는 그림 8.3.1에서 기댓값인 실선으로부터 추정치들인 점까지의 거리이다. 이 거리는 시뮬레이션마다 다르게 나타나기 때문에 추정치들끼리의 차이를 나타내는 척도이기도 하다. 이런 차이를 정량적으로 정의한 것이 분산이다. 분산은 추정치와 참값의 차이를 제곱한 다음에 이들을 평균한 것이다. 시뮬레이션에서 추정치들의 분산은 식 (8.2.11′) 또는 식 (8.2.20′)으로 정의된다. 편의상 여기서 다시 정의하면

$$Var\left(\hat{G}\right) = \frac{Var(G)}{n} \text{ 또는 } \sigma_{\hat{G}}^2 = \frac{\sigma_G^2}{n} \tag{8.3.3}$$

즉, 추정치들의 분산은 모분산을 반복시행횟수로 나눈 것이다. 여기서 $Var\left(\hat{G}\right) = \sigma_{\hat{G}}^2$는 추정치들의 분산이고, 분자항 $Var(G) = \sigma_G^2$는 모분산이다. 이 둘은 표기가 비슷하지만 꺽쇠(^) 기호 유무에 따라 분명히 구분되어야 한다. 정의를 바꿔 표준편차의 형태로도 나타낼 수 있다.

$$\sqrt{Var\left(\hat{G}\right)} = \sqrt{\frac{Var(G)}{n}} \text{ 또는 } \sigma_{\hat{G}} = \frac{\sigma_G}{\sqrt{n}} \tag{8.3.4}$$

이 식들로부터 추정치들의 분산은 반복시행횟수 n에 반비례하고 모분산 σ_G^2에 비례한다는 사실을 알 수 있다.

시뮬레이션 오차는 추정치들의 분산 또는 표준편차와 같은 의미이므로, 식 (8.3.1)과 식 (8.3.4)를 조합하면

$$\varepsilon \sim \frac{\sigma_G}{\sqrt{n}} \tag{8.3.5}$$

이 관계로부터 모분산을 줄이거나 반복시행횟수를 늘리면, 시뮬레이션 오차를 줄일 수 있음을 확인할 수 있다. 여러 가지 예를 통해서 이런 가능성에 대해 알아볼 것이다.

8.3.2 오차와 반복시행횟수의 의존성

몬테칼로 계산에서 오차 ε는 반복시행횟수 n이 증가하면 줄어든다. 이는 수치적분의 정확성이 구간 수에 의존하는 것과 비슷하다. 다음 예제를 통해서 오차와 반복시행횟수의 의존성을 확인해 보자.

예제 8.3.1

$G=\int_0^{\frac{\pi}{2}}\cos(x)dx=1.0$ 를 반복시행횟수 $n=10^2\sim10^7$로 달리하면서 표본평균법으로 추정하고, 그 결과를 표와 그림으로 나타내라. 1) 표에는 추정치, 모분산, 오차, 추정치의 표준편차가 포함되게 하고, 2) 오차와 반복시행횟수를 로그-로그 도표로 그리고 그 기울기를 조사해 보라.

풀이 + 오차를 구하려면 참값을 알아야 한다. 참값은 $G=1.0$이다.
모분산을 해석적으로 계산하면 다음과 같은데

$$\begin{aligned}\sigma_G^2 &= (b-a)\int_a^b g(x)^2dx - G^2\\ &= \left(\frac{\pi}{2}-0\right)\int_0^{\frac{\pi}{2}}\cos^2 x dx - G^2 = \left(\frac{\pi}{2}\right)\left[\frac{x}{2}+\frac{1}{4}\sin 2x\right]_0^{\frac{\pi}{2}} - (1.0)^2 = \left(\frac{\pi}{2}\right)\left(\frac{\pi}{4}\right) - (1.0)^2\\ &\approx 0.23370\end{aligned}$$

실제의 경우에는 모분산을 모르기 때문에 식 (8.2.22)를 사용해서 표본으로부터 추정하여 $\sigma_G^2 \to s_G^2$ 로 대체한다. 편의상 이 식을 다시 쓰면,

$$\sigma_G^2 \approx s_G^2 = (b-a)^2 \left\{ \frac{1}{n-1} \sum_{i=1}^{n} \left[g(X_i) - \bar{g}(X) \right]^2 \right\} \tag{8.2.22}$$

시뮬레이션 결과는 다음 표와 그림과 같다(프로그램 8.2.1에다 함수와 적분구간만 바꿔 넣으면 가능하므로 직접 시뮬레이션해 보라).

[표 8.3.1] 반복시행횟수에 따른 시뮬레이션 결과의 변화

n	$\hat{G}$	s_G^2	$\varepsilon_A = \lvert \hat{G} - G \rvert$	$s_{\hat{G}} = \frac{s_G}{\sqrt{n}}$
10^2	0.983623	0.219065	0.016377	0.046804
10^3	0.989641	0.233791	0.010359	0.015290
10^4	1.001480	0.233200	0.001480	0.004829
10^5	0.999335	0.234335	0.000665	0.001530
10^6	0.999892	0.233555	0.000108	0.000483
10^7	1.000080	0.233574	0.000080	0.000152

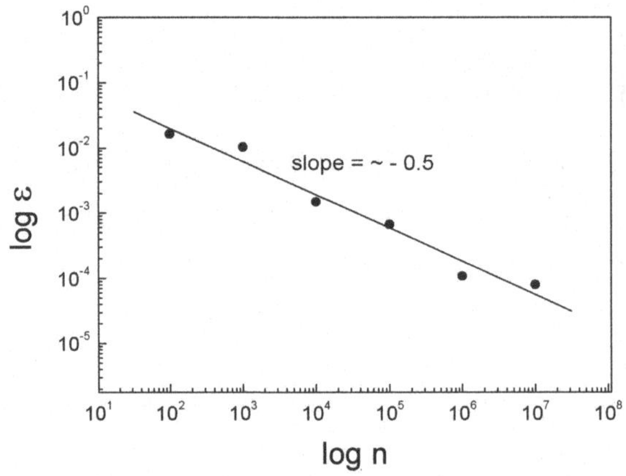

[그림 8.3.2] 오차와 반복시행횟수의 관계

예제의 시뮬레이션 결과를 보면, 어떤 경우에도 참값인 1.0이 얻어지지는 않았다. 이는 반복시행횟수가 유한하기 때문이다. 하지만 우리는 다수의 법칙에 의해 반복시행횟수 n이 늘면 오차 ε가 줄면서 참값으로 수렴할 것을 알고 있다. 이런 경향은 표와 그림에서도 확인된다. 여기서 주목해야 할 것은 ε와 n의 관계이다. 로그-로그 도표에서 이들의 관계는 직선적이고 그 기울기는 $\sim -1/2$ 이다.

$$\varepsilon_{MC} \propto n^{-1/2} = \frac{1}{\sqrt{n}} \qquad (8.3.6)$$

시뮬레이션으로부터 얻은 이 관계식과 식 (8.3.5)를 비교해 보라. 몬테칼로 시뮬레이션에서 오차는 반복시행횟수의 제곱근에 반비례한다. 이 특성은 피적분함수의 특성이나 적분 차원과는 무관하게 유지된다(다음 절에서 상세하게 논의할 것이다). 이는 적분 차원이 높아질수록 오차가 커지는 수치적분과는 대조되는 특성으로써 몬테칼로 방법이 가지는 장점 중 하나이다.

8.3.3 추정치의 분산에 영향을 미치는 인자

식 (8.3.3)에 의하면 시뮬레이션 추정치의 분산, 즉 오차는 모분산에 비례한다. 따라서 모분산의 크기에 영향을 주는 인자들에 대해 알아보는 것은 중요하다. 모분산 σ_G^2 는 모르는 값이기 때문에 그 추정치인 s_G^2 로 모분산의 특성을 살펴보기로 하자. 표 8.3.1을 보면, 모분산 추정치 s_G^2 는 반복시행횟수와 무관하게 거의 일정한 값을 유지한다. 따라서 반복시행횟수는 모분산의 크기에 영향을 주는 인자가 아님을 알 수 있다. 시뮬레이션에서 모분산의 크기는 다음 특성들에 따라서 달라진다.

1) 추정하려는 함수의 특성
2) 확률변수 자체의 분산 특성
3) 추정하려는 함수와 표본추출 함수의 유사성
4) 시뮬레이션 방법

이런 특성들을 적절히 조절해서 모분산을 줄이면 시뮬레이션 오차를 줄일 수 있다.

예제 8.3.2

앞의 예제 8.3.1과 같은 조건에서, 추정하려는 함수가 $g(x) = \cos(x/2)$로 바뀐다면 모분산은 얼마나 달라지는가?

풀이 + 이 두 함수들의 모양과 면적은 그림 8.3.3와 같다.

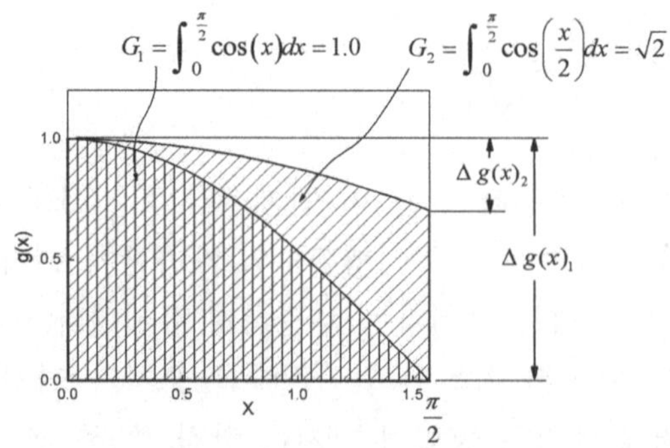

[그림 8.3.3] 추정하려는 두 함수 G_1 과 G_2 의 차이

먼저, 적분구간에 해당하는 확률변수가 함수에 입력될 때 함수값의 차이가 얼마나 생길 수 있는지, 주어진 두 함수를 비교해 보자.

함수	최댓값	최솟값	차이
$g(x)_1 = \cos(x)$	$\cos(0) = 1$	$\cos(\pi/2) = 0$	$\Delta g(x)_1 = 1.0$
$g(x)_2 = \cos(x/2)$	$\cos(0) = 1$	$\cos(\pi/2) = \sqrt{2}/2$	$\Delta g(x)_2 \approx 0.293$

그림과 표에서 보듯이, 적분구간에서 임의의 확률변수가 입력되었을 때 함수 $g(x)_1$은 함수값의 차이가 0 ~ 1.0까지 날 수 있지만, $g(x)_2$는 0 ~ 0.293 정도밖에 나지 않는다. 함수값끼리의 차이는 분산을 의미하므로, 함수 $g(x)_1$이 분산이 크다는 것을 알 수 있다. 표본평균법으로 추정할 때 생길 수 있는 모분산의 크기를 해석적으로 계산해 보자. 함수 $g(x)_1 = \cos(x)$ 의 경우는

$$G_1 = \int_0^{\frac{\pi}{2}} \cos(x)dx = 1.0$$

$$\sigma_{G_1}^2 \approx 0.23370$$

이에 반해서 함수 $g(x)_2 = \cos(x/2)$의 경우는

$$G_2 = \int_0^{\frac{\pi}{2}} \cos\left(\frac{x}{2}\right)dx = \left[2\sin\left(\frac{x}{2}\right)\right]_0^{\frac{\pi}{2}} = \sqrt{2} \approx 1.4141$$

$$\sigma_{G_2}^2 = (b-a)\int_a^b g(x)^2 dx - G^2 = \left(\frac{\pi}{2}-0\right)\int_0^{\frac{\pi}{2}} \cos^2\left(\frac{x}{2}\right)dx - G^2$$

$$= \left(\frac{\pi}{2}\right)\left[\frac{x}{2}+\frac{\sin(x)}{2}\right]_0^{\frac{\pi}{2}} - (1.0)^2 = \left(\frac{\pi}{2}\right)\left(\frac{2+\pi}{4}\right) - \left(\sqrt{2}\right)^2$$

$$\approx 0.0191$$

모분산 차이는 $\dfrac{\sigma_{G_1}^2}{\sigma_{G_2}^2} = \dfrac{0.2337}{0.0191} \approx 12$ 배 정도이다. 이런 특성은 시뮬레이션에도 그대로 반영된다. 그림 8.3.4의 시뮬레이션 결과는 동일한 확률변수값이 입력되더라도(두 함수에 같은 균등분포 난수) 추정하려는 함수에 따라서 분산이 달라짐을 보이기 위한 것이다. 비교를 위해서 함수 $g_2(x) = \cos(x/2)$ 의 경우는 추정치에서 $\sqrt{2}-1$ 을 뺀 값을 표시하였다. 매 시행에서 추정치가 가장 큰 차이를 보이는 경우는 $x = \pi/2$ 에 가까운 값이 입력되었을 때이다. 적분구간 내에서 함수값의 변화가 큰 함수일수록 시뮬레이션에서 추정치의 분산도 크게 나타난다.

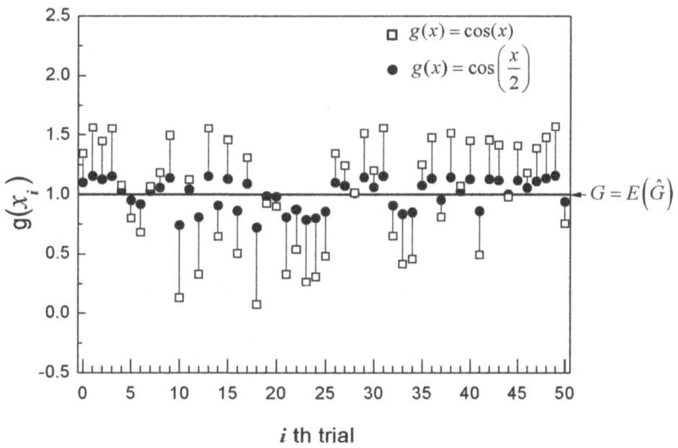

[그림 8.3.4] 함수의 모양이 추정치들의 모분산에 미치는 영향

예제 8.3.3

함수 $G = \int_0^{\frac{\pi}{2}} \cos(x)dx = 1.0$ 를 표본평균법으로 추정하라. 단, 다음과 같이 서로 다른 표본추출 확률함수를 사용하여 분산이 어떻게 달라지는지 확인해 보라.

균등분포: $f_1(x) = \dfrac{1}{b-a}$, $\quad a = 0,\ b = \dfrac{\pi}{2}$

삼각형분포: $f_2(x) = \dfrac{2(k-x)}{k^2}, \qquad k = \dfrac{\pi}{2}$

풀이 + 함수 $g(x)=\cos(x)$와, 이를 추정하기 위해 표본추출에 사용될 두 확률변수의 분포를 비교하면 그림 8.3.5와 같다.

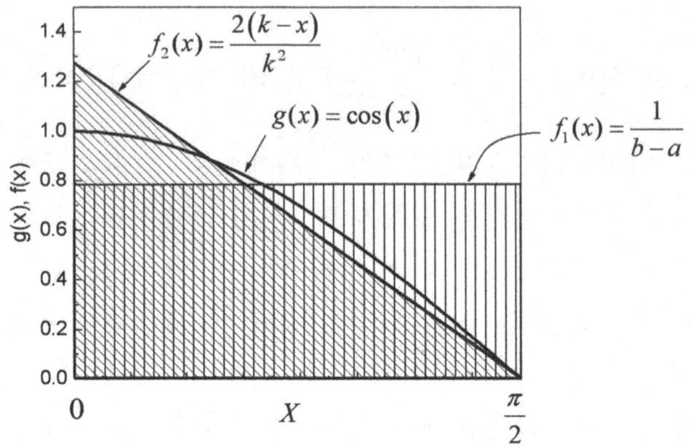

[그림 8.3.5] 추정하려는 함수와 두 가지 다른 표본추출함수들

두 확률변수들은 범위는 $0 \sim \dfrac{\pi}{2}$로 동일하지만 분포는 각각 다르다. 따라서 기댓값과 분산도 다르다.

$f_1(x) = \dfrac{1}{b-a}$ 의 경우:

$$E(X) = \int_0^{\frac{\pi}{2}} x f_1(x)dx = \int_0^{\frac{\pi}{2}} x \frac{1}{b-a} dx = \left[\frac{1}{b-a}\left(\frac{x^2}{2}\right)\right]_0^{\frac{\pi}{2}}$$

$$= \frac{\pi}{4} \approx 0.7854$$

$$Var(X) = \int_0^{\frac{\pi}{2}} x^2 f_1(x)dx - E^2(X) = \left[\frac{1}{b-a}\left(\frac{x^3}{3}\right)\right]_0^{\frac{\pi}{2}} - \left(\frac{\pi}{4}\right)^2 = \frac{\pi^2}{12} - \frac{\pi^2}{16}$$

$$= \frac{\pi^2}{48} \approx 0.2056$$

$f_2(x) = \dfrac{2(k-x)}{k^2}$ 의 경우:

$$E(X) = \int_0^{\frac{\pi}{2}} x f_2(x)dx = \int_0^{\frac{\pi}{2}} x \frac{2(k-x)}{k^2} dx = \left[\frac{2}{k^2} \left(\frac{kx^2}{2} - \frac{x^3}{3} \right) \right]_0^{\frac{\pi}{2}}$$

$$= \frac{\pi}{6} \approx 0.5236$$

$$Var(X) = \int_0^{\frac{\pi}{2}} x^2 f_2(x)dx - E^2(X) = \left[\frac{2}{k^2} \left(\frac{kx^3}{3} - \frac{x^4}{4} \right) \right]_0^{\frac{\pi}{2}} - \left(\frac{\pi}{6} \right)^2$$

$$= \frac{\pi^2}{24} - \frac{\pi^2}{36} = \frac{\pi^2}{72} \approx 0.1371$$

확률변수 자체의 분산 차이는 $\frac{Var(X)_{f1}}{Var(X)_{f2}} = \frac{0.2056}{0.1371} \approx 1.5$ 배 정도이다. 따라서 분산이 작은 $f_2(x)$ 로부터 표본을 추출하면 시뮬레이션 모분산을 줄이는 데 유리할 것이다. 그림 8.3.6는 각각 $f_1(x)$ 과 $f_2(x)$ 를 사용해서 시뮬레이션한 결과를 나타낸 것이다.

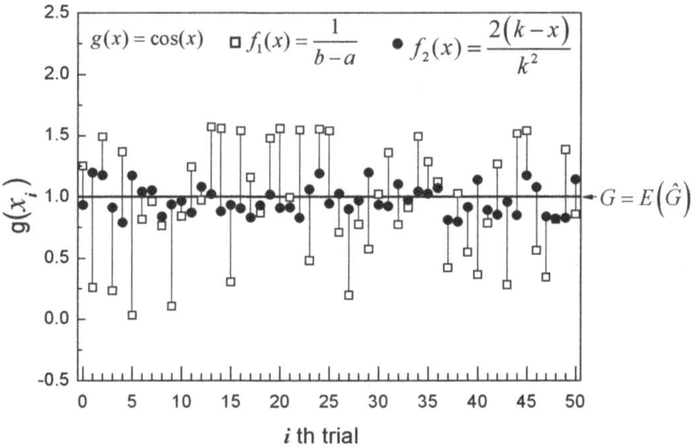

[그림 8.3.6] 표본추출함수 차이에 따른 추정치들의 분산 특성

그림으로부터 분산이 작은 표본추출함수를 사용하면 추정치들의 분산도 작게 나타나는 것을 볼 수 있다.

$f_2(x)$ 로부터 표본을 추출하려면 역변환법을 적용해서 $X = k - k\sqrt{1-U}$ 을 사용하면 된다. 균등분포가 아닌 확률변수를 사용하면 추정치에 편향이 생기게 되는데, 이는 $E\left[\frac{g(x)}{f(x)}\right]$ 의 형식을 취하면 없앨 수 있다. 이런 방법으로 시뮬레이션

할 때 분산은 다음과 같이 계산된다(이 방법은 9장의 분산축소기법에서 자세히 다룬다. 여기서는 분산 비교가 목적이므로, 계산 결과에만 집중하자).

$$\sigma_G^2 = \int_a^b \frac{g(x)^2}{f(x)}dx - G^2 = \int_0^{\frac{\pi}{2}} \frac{k^2\cos^2(x)}{2(k-x)}dx - G^2 = 1.01674 - 1.0^2$$
$$\approx 0.01674$$

결국, 표본평균법에 의한 시뮬레이션에서 모분산 차이는 $\frac{\sigma_{G_{f1}}^2}{\sigma_{G_{f2}}^2} = \frac{0.2337}{0.0167} \approx 14$ 배 정도이다. 여기서 한 가지 주목할 만한 사실이 있다. 그것은 확률변수 자체의 분산 차이는 1.5배이었음에도 불구하고 최종 시뮬레이션 결과에서 분산 차이는 14배라는 것이다. 사실 이 시뮬레이션 결과는 순수하게 확률변수 자체의 분산 차이 효과로만 볼 수는 없다. 그림 8.3.5에서 $f_1(x)$ 보다는 $f_2(x)$ 가 추정하려는 함수 $g(x)=\cos(x)$ 와 비슷한 경향을 띠고 있음에 주목해야 한다. 만약 기울기가 반대인 삼각형 확률분포로부터 표본을 뽑았다면, 확률변수 자체의 분산 크기는 $f_2(x)$ 와 동일함에도 불구하고 최종 시뮬레이션 결과의 분산은 오히려 더 커질 것이다. 9장의 분산축소기법에서 자세히 논의되겠지만, 추정하려는 함수와 비슷한 확률분포로부터 표본을 뽑아야만 시뮬레이션 추정치의 분산을 줄일 수 있다. 확률변수 자체의 분산 크기도 중요하지만, 확률변수의 모양이 추정하려는 함수와 비슷한지의 여부가 시뮬레이션 결과의 분산에 더욱 큰 영향을 미친다는 사실을 염두에 두어야 한다.

예제 8.3.4

함수 $G=\int_0^{\frac{\pi}{2}}\cos(x)dx = 1.0$ 를 적중법과 표본평균법으로 추정하여 결과를 비교하라.

풀이 + 먼저 시뮬레이션 결과인 그림 8.3.7을 보자. 이 결과는 적중법과 표본평균법으로 각각 50회 시뮬레이션해서 구한 추정치들을 나타낸 것이다. 각 시뮬레이션에서 반복시행횟수는 $n=100$이다. 적중법보다는 표본평균법이 추정치들의 차이가 작은 것을 볼 수 있다

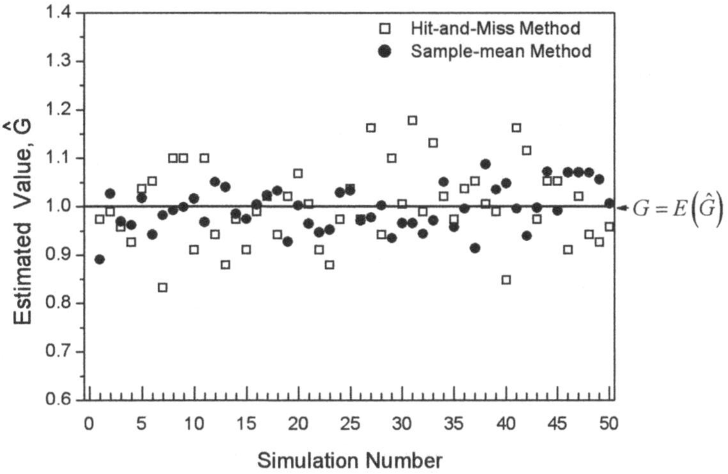

[그림 8.3.7] 시뮬레이션 방법에 따른 추정치의 분산 차이

적중법은 표본평균법에 비해서 모분산이 크다. 이 사실은 8.2절 예제들의 해석적 계산결과로부터 확인할 수도 있지만, 식 (8.2.12)와 식 (8.2.21)을 써서 비교 가능하다.

$$\frac{Var(G_{HM})}{Var(G_{SM})}=\frac{c(b-a)G-G^2}{(b-a)\int_a^b g(x)^2dx-G^2} = \frac{cG}{\int_a^b g(x)^2dx} \tag{8.3.7}$$

여기서, $cG > \int_a^b g(x)^2dx$ 이므로 $Var(G_{HM}) > Var(G_{SM})$이다. 따라서 같은 반복시행횟수로 시뮬레이션하더라도 표본평균법이 오차가 더 적은, 즉 더 정확한 결과를 얻을 수 있다.

이상의 예제를 통해서 알아본 것처럼, 시뮬레이션 추정치의 정확성을 결정하는 모분산은 여러 가지 인자들에 의해서 영향을 받는다. 이를 다시 한 번 요약해 보면, 추정하려는 함수의 모양, 표본추출 확률함수의 분산, 추정하려는 함수와 표본추출 확률함수 모양의 유사성, 시뮬레이션 방법 등을 들 수 있다.

8.3.4 오차의 척도

지금까지는 참값을 알고 있었기 때문에 오차를 평가하는 일이 가능했다. 하지만 우리들이 실제 시뮬레이션을 수행하는 상황에서는 참값을 모른다. 이 경우에 어떻게 해야 시뮬레이션 결과로부터 추정치의 오차를 결정할 수 있을까? 우리가 시뮬레이션으로부터 얻을 수 있는 결과는 추정치 $\hat{G}$, 모분산 추정치 s_G^2, 추정치의 분산 $s_{\hat{G}}^2$, 반복시행횟수 n 뿐이다. 이 정보들로부터 오차를 결정해야만 한다.

먼저 모분산 추정치 s_G^2 에 대해서 생각해 보자. 이 값은 식 (8.2.22)에 의해서 한 번의 시뮬레이션에서 계산해 낼 수 있는 값이다. 표 8.3.1에서 확인할 수 있듯이 거의 일정하게 유지되기 때문에 반복시행횟수의 효과를 반영하지 못한다. 뿐만 아니라 이 값은 실제 오차와 크게 다르다. 예를 들어, $n=10^2$ 일 때 실제 오차는 $\varepsilon_A =\sim 0.016$ 이지만 $s_G^2 =\sim 0.219$ 로 10배 이상의 차이를 보인다. 이런 차이는 반복시행횟수가 늘어나면 더욱 커진다. 예로서 $n=10^7$ 이 되면 실제 오차는 $\varepsilon_A =\sim 0.00008$ 인 반면에 $s_G^2 =\sim 0.233$ 으로 수천 배 이상의 차이를 보인다. 이처럼 s_G^2 는 반복시행횟수에 따른 오차의 의존성을 반영하지 못하기 때문에, 시뮬레이션 추정치의 오차를 나타내는 직접적인 척도로써 사용하기에는 부적합하다.

이번에는 추정치의 분산 $s_{\hat{G}}^2$ 이 오차의 척도로써 적합한지 알아보자. 우리는 시뮬레이션으로부터 추정치의 분산을 $s_{\hat{G}}^2 = \frac{s_G^2}{n}$ 의 형태로 얻게 된다. 추정치의 분산이란 추정치가 평균으로 벗어난 정도이자 추정치들끼리의 차이이다. 따라서 분산을 오차의 직접적인 척도로 취급하는 것이 바람직하지만, 비교를 위해서는 추정치의 분산에 제곱근을 취한 표준편차를 사용하는 것이 더욱 유리하다. 그 이유는 식 (8.3.6)으로부터 오차가 반복시행횟수의 제곱근에 반비례한다는 것을 알고 있기 때문이다.

$$s_{\hat{G}} = \frac{s_G}{\sqrt{n}} \tag{8.3.8}$$

표 8.3.1의 맨 마지막 열에 이 값이 계산되어 있다. 이 값은 실제 오차와 큰 차이를 보이지 않는다. 예를 들어, $n=10^2$ 일 때 $\varepsilon_A =\sim 0.016$ 과 $s_{\hat{G}} =\sim 0.046$ 으로 약 3배 차이를 보인다. 반복시행횟수가 $n=10^7$ 으로 늘어나더라도 $\varepsilon_A = \sim 0.00008$ 과 $s_{\hat{G}} =\sim 0.00015$ 로 약 2배 정도의 차이를 유지한다. 따라서 식 (8.3.8)으로 정의되는 추정치의 표준편차 $s_{\hat{G}}$ 는 오차의 척도로써 적합하다고 볼 수 있다. 그 이유는 실제 오차와 큰 차이를 보이지 않으면서 반복시행횟수의 효과를 반영할 수 있기 때문이다.

식 (8.3.8)으로 구한 표준편차를 추정치의 정확성을 나타내는 오차로 사용해도 문제가 없는가? 사실 추정치의 표준편차는 식 (8.3.8)의 방법뿐만 아니라 다른 방법으로도 구할 수 있다. 즉, 식 (5.1.2)를 사용하는 것이다. 편의상 여기에 다시 쓰면,

$$s_{\hat{G}} = \sqrt{\frac{1}{n-1}\sum_{i=1}^{n}\left(\hat{G}_i - \overline{\hat{G}}\right)^2}\ .$$

표준편차를 구하기 위한 이 두 가지 방법은 다음 관점에서 차이가 있다. 식 (8.3.8)을 사용하면 한 번의 시뮬레이션으로 표준편차를 구할 수 있는 반면에, 식 (5.1.2)는 같은 조건의 시뮬레이션을 여러 번 반복해서 추정치를 여러 개 얻어야만 가능하다. 이 두 가지 방법에 의한 표준편차들이 서로 다르다면, 식 (8.3.8)을 오차의 척도로써 사용하는 것이 문제가 될 수 있다. 따라서 확인이 필요하다.

표 8.3.2는 확인을 위한 것이다. $n = 10^4$ 인 같은 조건에서, 난수 종자값만 달리하여 10회 시뮬레이션한 결과들을 정리하였다.

[표 8.3.2] $n = 10^4$ 의 동일 조건으로 시뮬레이션을 10회 수행한 결과

번호 i	추정치 $\hat{G}$	모분산추정치 s_G^2	오차 $\varepsilon_A = \lvert\hat{G} - G\rvert$	추정치의 분산 $s_{\hat{G}} = \frac{s_G}{\sqrt{n}}$
1	1.016	0.229	0.016	0.0048
2	0.998	0.229	0.002	0.0048
3	1.014	0.220	0.014	0.0047
4	0.974	0.238	0.026	0.0049
5	0.989	0.245	0.011	0.0050
6	1.000	0.236	0.000	0.0049
7	0.977	0.238	0.023	0.0049
8	0.998	0.243	0.002	0.0049
9	1.005	0.229	0.005	0.0048
10	1.009	0.232	0.009	0.0048

매 시뮬레이션에서 얻어진 추정치들과 오차들의 평균은 각각 다음과 같다. 여기서 N은 같은 조건으로 매 시뮬레이션을 반복한 횟수이므로 10이다.

$$\overline{\hat{G}} = \frac{1}{N}\sum_{i=1}^{N}\hat{G}_i = \frac{1}{10}(1.016 + 0.998 + \cdots + 1.005 + 1.009) \approx 0.998$$

$$\overline{\varepsilon_A} = \frac{1}{N}\sum_{i=1}^{N}\varepsilon_{A,i} = \frac{1}{10}(0.016+0.002+\cdots+0.005+0.009) \approx 0.011$$

한편, 식 (5.1.2)를 사용해서 추정치의 표준편차를 계산하면,

$$s_{\hat{G}} = \sqrt{\frac{1}{N-1}\sum_{i=1}^{N}(\hat{G}_i - \overline{\hat{G}})^2} = \sqrt{\frac{1}{9}[(1.016-0.998)^2+\cdots+(1.009-0.998)^2]} \approx 0.014$$

이 값은 오차 평균인 ~0.011과 거의 같다. 뿐만 아니라 식 (8.3.8)에 의한 표준편차 $s_{\hat{G}}$ =~ 0.005 (표 8.3.2의 맨 마지막 열)와도 크게 다르지 않다.

이상에서 살펴본 것처럼, 두 가지 방식에 의한 표준편차 모두 실제 오차를 반영한다. 하지만 식 (5.1.2)에 의해서 표준편차를 구하려면 여러 번의 시뮬레이션을 수행해야만 한다. 따라서 추가 시뮬레이션 없이 한 번의 시뮬레이션으로만 계산 가능한 식 (8.3.8)의 표준편차를 사용하는 것이 바람직하다.

이로써 우리는 한 번의 시뮬레이션에서 얻어진 추정치에 대해서 오차를 평가할 수 있게 되었다. 이제는 추정치를 언급할 때 오차를 감안해서 다음과 같은 형태로 정의해야 한다.

$$\text{추정치} \pm \text{오차} = \hat{G} \pm \frac{s_G}{\sqrt{n}} \tag{8.3.9}$$

하지만 이런 표현방식도 완전한 것은 아니다.

8.3.5 확률적 정의에 의한 시뮬레이션 추정치의 정확성

몬테칼로 방법에서는 식 (8.3.9)처럼 오차를 확정적으로 정의하는 것은 타당하지 않다. 동일한 개수의 표본을 사용하더라도 선택된 표본들에 따라 확률 변동이 존재하기 때문이다. 그 예로 그림 8.3.1 또는 표 8.3.2를 보라. 동일 조건임에도 불구하고 시뮬레이션에서 같은 결과가 얻어지는 경우는 거의 없다. 이런 결과는 극단적인 경우에는 정의한 오차 내에 참값이 존재하지 않을 가능성이 있는 것으로 해석될 수 있다. 이런 가능성을 감안해서 추정치의 정확성을 정의할 수 있는 방법은 무엇일까? 좋은 방법은 추정치를 기준으로 오차범위 내에서 참값이 존재할 확률을 정의하는 것이다.

몬테칼로 시뮬레이션에서 반복시행은 표집과정과 동일하므로 앞에서 배운 확률과 통계 법칙들을 그대로 적용할 수 있다. 우리는 5장의 추정에서 다수의 법칙과 중심극한정리를 다루었다. 반복시행이 많아질수록 시뮬레이션 추정치는 참

값으로 수렴하고, 시뮬레이션 결과(결과가 확률변수들의 합일 때)들의 분포는 정규분포를 따르게 된다. 이 특성을 이용해서 오차범위 내에서 참값이 존재할 확률을 정의할 수 있다.

표준정규분포의 확률특성을 이용하려면 먼저 시뮬레이션 결과를 다음과 같이 표준화시켜야 한다.

$$Z = \frac{\hat{G}_n - G}{\frac{\sigma_G}{\sqrt{n}}} \sim N(0,1) \tag{8.3.10}$$

이로써 새로운 확률변수 Z는 평균이 0이고 분산이 1인 정규분포를 따르게 된다. 따라서 Z가 임의의 구간 내에 존재할 확률은 5장의 식 (5.4.3)으로 정의할 수 있다. 편의상 여기에 다시 쓰면,

$$\Pr\left(-Z_{1-\frac{\alpha}{2}} \le Z \le +Z_{1-\frac{\alpha}{2}} \right) \approx 1-\alpha \tag{8.3.11}$$

여기서 α는 유의수준이다. 이는 구간 내에 참값이 존재하지 않을 확률이다. 이 식에서 좌항과 우항을 연결하는 기호가 '=' 이 아니고 '≈'임에 주목할 필요가 있다. 그 이유는 $n \neq \infty$이기 때문이다. 보통의 몬테칼로 시뮬레이션에서 이 많기는 하지만 무한대는 아니다. 만약 반복시행횟수가 $n \to \infty$로 취급할 수 있을 정도로 많거나, 시뮬레이션 결과들이 정규분포에 빠르게 수렴했다면 기호 '='를 사용할 수 있다. 수렴 정도는 시뮬레이션에 사용되는 확률변수와 그 분포 특성에 따라서 달라진다(그림 5.2.1 참조).

식 (8.3.10)과 식 (8.3.11)을 조합하면 참값 G가 존재하는 구간을 정의할 수 있다.

$$\Pr\left(\hat{G}_n - Z_{1-\frac{\alpha}{2}} \frac{\sigma_G}{\sqrt{n}} \le G \le \hat{G}_n + Z_{1-\frac{\alpha}{2}} \frac{\sigma_G}{\sqrt{n}} \right) \approx 1-\alpha \tag{8.3.12}$$

이 식의 의미는 시뮬레이션 결과인 추정치 $\hat{G}_n$를 기준으로, 주어진 오차범위 내에서 참값 G가 존재할 확률이 $1-\alpha$라는 것이다. 그림 8.3.8을 보라.

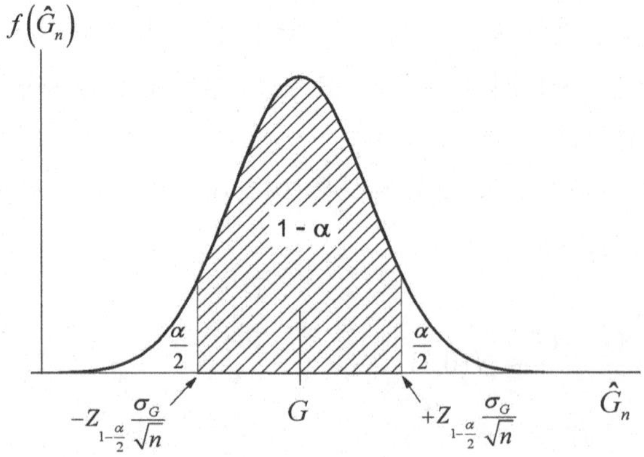

[그림 8.3.8] 시뮬레이션 추정치에 대한 신뢰구간 정의

이렇게 정해진 구간을 신뢰수준 $1-\alpha$에서의 신뢰구간(confidence interval)이라고 한다. $100(1-\alpha)\%$ 신뢰구간은 보통 다음과 같이 표기한다.

$$G_{1-\alpha} = \left[\hat{G}_n - Z_{1-\frac{\alpha}{2}}\frac{\sigma_G}{\sqrt{n}};\quad \hat{G}_n + Z_{1-\frac{\alpha}{2}}\frac{\sigma_G}{\sqrt{n}}\right] \tag{8.3.13}$$

또는

$$G_{1-\alpha} = \left[\hat{G}_n - Z_{1-\frac{\alpha}{2}}\sqrt{Var(\hat{G}_n)};\quad \hat{G}_n + Z_{1-\frac{\alpha}{2}}\sqrt{Var(\hat{G}_n)}\right] \tag{8.3.13'}$$

결국, 식 (8.3.9)의 오차는 신뢰수준을 덧붙여서 다음과 같이 수정된다.

$$\varepsilon = \left|\hat{G}_n - G\right| = Z_{1-\frac{\alpha}{2}}\sqrt{Var(\hat{G}_n)} = Z_{1-\frac{\alpha}{2}}\frac{\sigma_G}{\sqrt{n}} \tag{8.3.14}$$

추정치의 정확성을 규정하기 위해 식 (8.3.10 ~ 8.3.14)을 적용하는 데 있어서의 어려움은 모분산 σ_G^2를 모른다는 것이다. 하지만 식 (5.1.6)에서 증명한 것처럼, 표본분산 s_G^2는 모분산 σ_G^2의 불편추정치이므로 표본이 많다면 $\sigma_G^2 \approx s_G^2$로 대체할 수 있다. 이 경우에는 식 (8.3.10)의 확률변수 Z가 다음의 확률변수 T로 바뀌어야 한다.

$$T = \frac{\hat{G}_n - G}{\frac{s_G}{\sqrt{n}}} \sim t_{\nu=n-1} \tag{8.3.15}$$

이 확률변수는 정규분포 대신에 자유도 $\nu = n-1$ 인 t-분포를 따른다. 하지만 표본이 많아지면, 즉 n이 커지면 중심극한정리에 의해 결국 $N(0,1)$인 정규분포로 수렴하게 된다. t-분포를 정규분포로 취급하기 위한 표본 개수는 일반적으로 $n \geq 50$을 기준으로 한다. 시뮬레이션에서 반복시행횟수는 아무리 작아도 이보다는 많기 때문에, 식 (8.3.10 ~ 8.3.14)에서 $\sigma_G^2 \rightarrow s_G^2$ 로 대체하고 정규분포를 적용해도 문제가 되지 않는다. 결국 추정치의 신뢰구간은 다음 식에 따라 정의된다.

$$\Pr\left(\hat{G}_n - Z_{1-\frac{\alpha}{2}} \frac{s_G}{\sqrt{n}} \leq G \leq \hat{G}_n + Z_{1-\frac{\alpha}{2}} \frac{s_G}{\sqrt{n}} \right) \approx 1-\alpha \tag{8.3.16}$$

예제 8.3.5

$G = \int_0^{\frac{\pi}{2}} \cos x dx$ 를 추정하기 위해서 표본평균법으로 시뮬레이션을 수행하였다. (1) 반복시행횟수가 $n = 100$일 때, 추정치 $\hat{G}_n = 1.027$이고 분산 $s^2 = 0.100$가 얻어졌다. 95% 신뢰구간을 구하라. (2) 반복시행횟수가 $n = 10,000$일 때, 추정치 $\hat{G}_n = 1.003$이고 분산 $s^2 = 0.094$가 얻어졌다. 95% 신뢰구간을 구하라. (3) $n = 10,000$일 때의 시뮬레이션 결과를 사용해서 99.9% 신뢰구간을 구하라.

풀이 + 1) 95% 신뢰수준이면 $\alpha = 0.05$이므로 $Z_{1-\frac{\alpha}{2}} = Z_{0.975} = 1.960$이다.

$n = 100$, $s^2 = 0.100$ 이므로,

$$G_{0.95} = 1.027 \pm 1.960 \times \sqrt{\frac{0.100}{100}} = 1.027 \pm 0.062 \quad \rightarrow \quad G_{0.95} = [\ 0.965;\ 1.089\ ]$$

2) 95% 신뢰수준에서 $n = 10,000$, $s^2 = 0.094$ 이므로,

$$G_{0.95} = 1.003 \pm 1.960 \times \sqrt{\frac{0.094}{10000}} = 1.003 \pm 0.006 \quad \rightarrow \quad G_{0.95} = [\ 0.997;\ 1.009\ ]$$

3) 99.9% 신뢰수준이면 $\alpha = 0.001$이므로 $Z_{1-\frac{\alpha}{2}} = Z_{0.9995} = 3.291$이다.

$n = 10,000$, $s^2 = 0.094$ 이므로,

$$G_{0.99} = 1.003 \pm 3.291 \times \sqrt{\frac{0.094}{10000}} = 1.003 \pm 0.010 \quad \rightarrow \quad G_{0.99} = [\ 0.993;\ 1.013\ ]$$

다음 그림 8.3.9은 조건별로 추정된 신뢰구간의 크기를 그린 것이다. 그림 중앙의 세로선은 이 문제에서의 참값인 1을 나타낸다. 모든 경우에 신뢰구간이 참값을 포함하고 있다. 95% 신뢰수준의 경우는 제시한 신뢰구간이 참값을 포함하지 않을 가능성 5%를, 99% 신뢰수준의 경우는 그럴 가능성 1%를 허용하겠다는 의미이다.

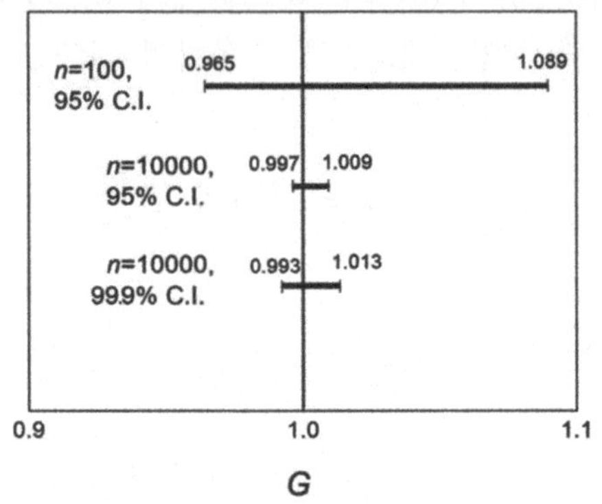

[그림 8.3.9] 추정치의 신뢰구간: 반복시행횟수 및 신뢰수준 의존성

신뢰수준이 동일하게 주어진 경우, $n = 100$일 때와 $n = 10000$일 때의 신뢰구간을 비교해 보라. 반복시행을 많이 할수록 더 좁은 추정치 신뢰구간이 얻어진다. 오차가 $\sqrt{n}$ 에 비례해서 줄어들기 때문이다. 참값이 좁은 구간 내에서 존재하는 것이 더 정확한 결과이다. 즉, 구간이 좁을수록 좋은 추정치이다.

이번에는 동일한 추정 결과로부터 신뢰수준을 달리한 경우, 즉 95%일 때와 99.9%일 때의 신뢰구간을 비교해 보라. 신뢰수준을 높여서 시뮬레이션 결과로부터 어떤 결론을 내리려면 추정치가 존재하는 신뢰구간을 더 넓게 정의해야 한다. 신뢰수준이 높다는 것은 추정치를 근거로 언급한 결과가 사실일 확률이 크다는 의미이다. 따라서 신뢰구간을 더 넓게 정의해야만 언급한 결과가 사실이 될 가능성이 커진다.

참고로, 시뮬레이션 결과가 정규분포를 따르지 않을 때에는, 다음의 체비셰프 부등식을 사용해서 참값이 존재할 어떤 범위를 개략적인 확률로 추정할 수도 있다.

$$\Pr\left(\left|\hat{G}_n - G\right| < \varepsilon\right) \ge 1 - \frac{\sigma^2_{\hat{G}_n}}{\varepsilon^2} = 1 - \frac{\sigma^2_G}{n\varepsilon^2} \tag{8.3.17}$$

8.4 반복시행횟수 결정

요구된 정확도를 가진 추정치를 얻는 데 필요한 반복시행횟수를 결정하는 방법(stopping rule)에 대하여 알아보자. 여기서는 추정치가 표본평균이나 표본비율일 때로 한정한다. 몬테칼로 시뮬레이션 결과를 언급하려면, 먼저 추정치를 참값으로 받아들이는 데 필요한 기준을 결정해야 한다. 이 기준에 해당되는 것이 신뢰수준과 허용오차이다.

먼저, 앞 절에서 논의했던 오차를 다시 써 보면

$$\varepsilon = \left|\hat{G}_n - G\right| = Z_{1-\frac{\alpha}{2}}\sqrt{Var\left(\hat{G}_n\right)} = Z_{1-\frac{\alpha}{2}}\frac{\sigma_G}{\sqrt{n}} \tag{8.4.1}$$

이 식의 의미는 오차가 분산 $Var\left(\hat{G}_n\right)$과 신뢰수준에 의존한다는 것이다. 신뢰수준 α와 허용오차 ε가 주어지고 나면, 추정치의 정확도를 결정짓는 나머지 인자는 반복시행횟수 n이다. 반복시행횟수는 식 (8.4.1)로부터 유도할 수 있다. 허용오차가 절대오차로 주어지는 경우에는

$$n \ge \frac{\sigma_G^2 Z^2_{1-\frac{\alpha}{2}}}{\varepsilon^2} \tag{8.4.2}$$

상대오차로 주어지는 경우에는 다음과 같이 정의된다.

$$n \ge \frac{\sigma_G^2 Z^2_{1-\frac{\alpha}{2}}}{G^2\varepsilon^2} \tag{8.4.3}$$

이 식들에는 추정치의 확률분포가 정규분포라는 가정이 포함되어 있다. 그 이유는 보통의 시뮬레이션은 최소한 수백 회 이상의 반복시행횟수로 이루어지므로 중심극한정리에 따라 정규분포를 적용해도 큰 무리가 없기 때문이다.

추정치의 확률분포를 모르거나 정규분포를 적용하기 힘들 때에는 식 (8.4.2) 또는 식 (8.4.3)을 적용해서는 안 된다. 이런 경우에는 체비셰프 부등식을 이용해서 대략적인 반복시행횟수를 결정할 수 있다. 추정치 $\hat{G}_n$와 참값 G 의 차이가 주어진 오차 ε 내에 있을 확률 α를 체비셰프 부등식으로 표현하면,

$$\Pr\left(\left|\hat{G}_n - G\right| < \varepsilon\right) \geq \alpha \tag{8.4.4}$$

이를 식 (8.3.17)과 조합하면

$$\alpha \leq 1 - \frac{\sigma_G^2}{n\varepsilon^2} \tag{8.4.5}$$

이로부터 필요한 반복시행횟수를 유도할 수 있다.

$$n \geq \frac{\sigma_G^2}{(1-\alpha)\varepsilon^2} \tag{8.4.6}$$

중요한 점은 어떤 방법을 사용하든 반복시행횟수 n을 알기 위해서는 모분산 σ_G^2 를 알아야 한다는 것이다.

예제 8.4.1

신뢰수준 95%에서, $G = \int_0^{\frac{\pi}{2}} \cos(x)dx = 1.0$ 를 ±0.01 범위 내로 추정하려고 한다. 필요한 반복시행횟수를 구하라. 단, 정규분포로 가정한다.

풀이 + 주어진 오차 크기는 $\varepsilon = 0.01$, 신뢰수준 95%이면 $Z_{1-\frac{\alpha}{2}} = 1.960$, 모분산은 예제 8.3.1의 풀이에서 $\sigma_G^2 \approx 0.23370$ 이다. 이 정보들을 식 (8.4.2)에 대입하면

$$n \geq \frac{\sigma_G^2 Z_{1-\frac{\alpha}{2}}^2}{\varepsilon^2} = \frac{(0.23370)(1.960)^2}{(0.01)^2} = 8977.8$$

n은 정수여야 하므로 1을 더하면, 필요한 반복시행횟수는 8978이다.

예제 8.4.2

앞의 예제 8.4.1에서 추정치의 확률분포에 대한 정보가 전혀 없다고 가정하자. 필요한 반복시행횟수를 구하라.

풀이 + 예제 8.3.1의 정보들을 체비셰프 부등식에 근거한 식 (8.4.6)에 대입하면

$$n \geq \frac{\sigma_G^2}{(1-\alpha)\varepsilon^2} = \frac{(0.23370)}{(0.95)(0.01)^2} = 2460$$

예제 8.4.3

어떤 부품의 고장률을 시뮬레이션으로 추정하고자 한다. 실제 고장률은 $p=$ 0.01이라고 한다(이를 알아내려고 시뮬레이션하는 것이지만 우리의 목적을 위해 아는 것으로 가정하자). 고장률을 20% 오차로 추정하기 위해서 필요한 반복시행횟수를 구하라. 단, 신뢰수준은 95%로 한다.

풀이 + n번의 반복시행에서 사건의 발생확률은 비율 $\hat{p} = \frac{s}{n}$ 이다. 이 확률변수는 이항분포를 따르고 그 기댓값과 분산은 각각 다음과 같다.

$$E(\hat{p}) = p$$
$$Var(\hat{p}) = \frac{Var(p)}{n} = \frac{p(1-p)}{n}$$

반복시행이 아주 많으면 정규분포로 볼 수 있기 때문에, 식 (8.4.3)을 적용할 수 있다. 상대오차의 경우에,

$\varepsilon(\%) = \frac{|\hat{p}-p|}{p} \times 100 = z_{1-\frac{\alpha}{2}} \sqrt{\frac{p(1-p)}{n}}$ 으로부터 n을 유도하면

$$n = p(1-p)\left(\frac{100 \times z_{1-\frac{\alpha}{2}}}{\varepsilon(\%)\,p}\right)^2$$

필요한 반복시행횟수를 구할 수 있는 식이 얻어진다. 문제에서 주어진 조건은

$z_{1-\frac{\alpha}{2}}=1.960$, $p=0.01$, $\varepsilon(\%)=20$ 이므로,

$$n=(0.01)(0.99)\left(\frac{1.96\times100}{20\times0.01}\right)^2\approx9508$$

따라서 추정치의 20% 오차정확도를 얻으려면 ~10,000번의 반복시행을 가져야 한다. 만약에 추정치가 $p=10^{-6}$ 정도로 아주 작은(보통 기계부품의 고장률은 이 정도 수준이다) 경우라면, 20% 오차수준의 정확도를 얻기 위해서는 $n=10^8$ 번의 반복시행을 수행해야만 한다. 이런 경우에는 9장의 분산축소기법을 사용하는 것이 효과적이다.

식 (8.4.2 ~ 8.4.3)에서 n을 구하려면 σ_G 와 G를 알아야 한다. 하지만 이 인자들은 모르는 값이기 때문에, 표본으로부터 추정치와 분산을 구해서 이들을 $G\approx\hat{G}_n$ 또는 $\sigma_G^2\approx s_G^2$ 으로 대체하는 것이다[8]. 다음에 구체적인 방법 두 가지를 제시하였다. 편의상 절대오차의 경우만 논의한다.

방법 1. 소규모 예비 시뮬레이션 방법

미지의 σ_G^2 를 구하기 위해서 소규모 예비(pilot) 시뮬레이션을 수행하는 방법이다. 본 시뮬레이션 전에 작은 규모로 시행횟수 n_p 만큼 시뮬레이션을 수행해서 $s_{G_p}^2$ 를 먼저 구한다.

$$\hat{G}_{n_p}=\frac{1}{n_p}\sum_{i=1}^{n_p}g(X_i)$$

$$s_{G_p}^2=\frac{1}{n_p-1}\sum_{i=1}^{n_p}\left[g(X_i)-\hat{G}_{n_p}\right]^2$$

이때 $\hat{G}_{n_p}$ 와 $s_{G_p}^2$ 가 G와 σ_G^2의 추정치로 사용되려면 최소 $n_p>50$ 정도는 되어야 한다. 그 다음은 구해진 $s_{G_p}^2$ 을 식 (8.4.2)의 σ_G^2 에 대입해서 본 시뮬레이션에 필요한 반복시행횟수 n 을 계산한다.

---

8) 이런 방법 이외에도 Neal(1993)이 제시한 것처럼 개략적으로 구한 σ를 사용해서 해결할 수도 있다.

$$n \geq \frac{s_{G_p}^2 Z_{1-\frac{\alpha}{2}}^2}{\varepsilon^2}$$

이렇게 결정된 시행횟수로 본 시뮬레이션을 수행한다. 프로그램 8.4.1은 방법 1을 사용해서 예제 8.4.1을 해결하는 과정을 보인 것이다.

[프로그램 8.4.1] 소규모 예비 시뮬레이션에 의한 반복시행횟수 결정

```
//소규모 예비 시뮬레이션에 의한 반복시행횟수 구하기: g(x)=cos(x)=1.0 추정

#include "file_include.h"
#include "rnd_functions.cpp"
#include "tools.cpp"

const int MCS = 1000000;

double funct(double x)          // 추정치를 구하고자 하는 함수
{
        double gx;
                gx = cos(x);
        return gx;
}


int main()
{
        int i, Np, Nt;
        double error, Z, a, b;
        double x, gx, Gp_est[MCS], G_est[MCS], Zstd;

        Np = MCS/100;                   //예비 시뮬레이션 반복시행횟수

        error = 0.01;                   //오차(+-이므로 0.02까지 허용한다는 의미)
        Z = 1.960;                      //신뢰수준

        a = 0;                          //적분하한
        b = 0.5*PI;                     //적분상한

        randomize();                    //난수 초기화

        ///////////////////////////////////////// 1. 예비 시뮬레이션
        for(i=0; i<Np; i++)
        {
                x = a + (b - a) * rnd();
                gx = funct(x);
                Gp_est[i] = (b - a) * gx;
        }

        //모분산 추정치를 대입해서 본 시뮬레이션 반복시행횟수 계산
        //Var(Gp_est,Np) = 예비시뮬레이션에 의한 모분산 추정치

        Nt = Var(Gp_est,Np)*Z*Z / (error*error) + 1;
```

```
        cout<<"Nt determined by pilot simulation = "<<Nt<<endl;

        //////////////////////////////////////// 2. 본 시뮬레이션
        for(i=0; i<Nt; i++)
        {
                    x = a + (b - a) * rnd();
                    gx = funct(x);
                    G_est[i] = (b - a) * gx;
        }
        Zstd = Z*sqrt(Var(G_est,Nt)/Nt);              //신뢰수준 감안된 오차

        cout<<"Main Simulation Results = ["<<
                    Mean(G_est,Nt)-Zstd<<"; "<<Mean(G_est,Nt)+Zstd<<"]"<<endl;
        cout<<"Error in main simulation = "<<Zstd*2<<endl;

        return 0;
}
```

방법 2. 연속적 방법

허용할 수 있는 오차(또는 정확도) 크기를 미리 정해 놓고 이것이 만족될 때까지 반복시행을 계속하는 방법이다. 이 방법을 적용하려면 정지시기를 판단하기 위해서 시행마다 주어진 정확도가 만족되는지 확인하는 절차가 필요하다. 만족 여부의 확인은 식 (8.4.1)을 변형해서 사용하면 가능하다.

$$\varepsilon \geq Z_{1-\frac{\alpha}{2}} \frac{s_G}{\sqrt{n}} \tag{8.4.7}$$

여기서 s_G 는 n 번째 반복시행까지의 결과로부터 추정된 표준편차이다. 정지시기를 판단하려면 시행에서 새로운 $\hat{G}_n$ 와 s_G^2 이 필요하다. 하지만 다음 식을 사용하면 별도의 메모리를 할당하지 않고도 계산을 수행할 수 있다.

$$\hat{G}_n = \hat{G}_{n-1} + \frac{g\left(X_i^{(n)}\right) - \hat{G}_{n-1}}{n} \tag{8.4.8}$$

$$s_{G_n}^2 = \left(\frac{n-2}{n-1}\right) s_{G_{n-1}}^2 + n\left(\hat{G}_n - \hat{G}_{n-1}\right)^2 \tag{8.4.9}$$

이 방법을 적용할 경우에 반복시행횟수 n은 확정적으로 결정되지 않는다. 그 이유는 표본편차 s_G가 포함된 식 (8.4.7)에 의해서 정지시기가 판단되기 때문이다. 그래서 해당 시뮬레이션에서 어떤 표본들이 선택되는가에 따라 약간의 변동이 생기게 된다. 하지만 식 (8.4.2)에 의해 계산된 n과 심한 차이를 보이지는 않을

것이다.

다음 프로그램은 방법 2를 적용해서 예제 8.4.1의 $G=\int_0^{\frac{\pi}{2}}\cos(x)dx=1.0$ 를 추정하는 과정을 보인 것이다.

[프로그램 8.4.2] 허용오차에 의해 정지시기가 자동 결정되는 시뮬레이션

```
//Sequential Procedure에 의한 반복시행횟수 구하기: g(x)=cos(x)=1.0 추정

#include "file_include.h"
#include "rnd_functions.cpp"
#include "tools.cpp"

double funct(double x)          // 추정치를 구하고자 하는 함수
{
         double gx;
                   gx = cos(x);
         return gx;
}


int main()
{
         int n, check;
         double error, Z, a, b;
         double x, gx, G_est, Zstd;
         double new_Mean, old_Mean, new_var_g, old_var_g;

         error = 0.01;               //오차(+-이므로 0.02까지 허용한다는 의미)
         Z = 1.960;                  //신뢰수준

         a = 0;                      //적분하한
         b = 0.5*PI;                 //적분상한

         randomize();                //난수 초기화

         new_Mean = 0;
         old_Mean = 0;
                   new_var_g = 0;
                   old_var_g = 0;

         check = 0;
         n = 1;                      //반복시행
         while(check == 0)           //허용오차 수준에 만족될 때까지 반복시행 계속
         {
                   x = a + (b - a) * rnd();
                   gx = funct(x);
                   G_est = (b - a) * gx;

                   new_Mean = (old_Mean + ((G_est - old_Mean)/n));

                   //분산 계산
                   if ( n > 1 )
```

```
                    new_var_g = old_var_g * (n-2)/(n-1)
                                            + n * pow((new_Mean-old_Mean),2);

            Zstd = Z * sqrt (new_var_g / n);        //신뢰수준 감안된 오차

            if( ( n >= 2 ) && ( Zstd < error )) //정지시기 판단(2는 루프 계속을 위함)
                    check = 1;                  //허용오차보다 작아지면 정지
            else
            {
                    n = n + 1;
                    old_Mean = new_Mean;
                    old_var_g = new_var_g;
            }
    }
    cout<<"Main Simulation Results = ["<<
            new_Mean-Zstd<<"; "<<new_Mean+Zstd<<"]"<<endl;
    cout<<"The number of trials = "<<n<<endl;
    cout<<"Error in main simulation = "<<Zstd*2<<endl;

    return 0;
}
```

8.5 몬테칼로 시뮬레이션 요약

몬테칼로 방법에 적용되는 중요한 두 가지 통계법칙이 있다. 하나는 (1)의 다수의 법칙이고, 다른 하나는 (2)의 중심극한정리이다.

(1) $\hat{G}_n \xrightarrow{n\to\infty} G$

(2) $\hat{G}_n \sim N\left(\hat{G}_n, \dfrac{\sigma_G^2}{n}\right)$

여기서 G는 참값이고 $\hat{G}_n$은 n개의 표본으로부터 추정된 값이다. 표본이 많으면 추정치는 참값으로 수렴하고, 추정치의 확률분포는 정규분포를 따른다.

우리가 추정치 $\hat{G}_n$을 구하는 이유는 참값 G를 모르기 때문이다.

$$\hat{G}_n = \frac{1}{n}\sum_{i=1}^{n} g(X_i)$$

이 추정치는 표본이 무한히 많지 않은 한, 참값과 차이를 보이는 근사치일 뿐만 아니라 확률요동 때문에 매번 다른 값을 보인다. 이런 근사치는 정확도를 덧붙

여 언급할 때만 의미가 있다. 여기에 필요한 것이 오차이다. 오차는 확률요동에 의한 불확실성을 감안하는 정도, 즉 유의수준 α 와 추정치의 분산 $Var(\widehat{G})$ 에 의해 결정된다.

$$\varepsilon = Z_{\alpha}\sqrt{Var(\widehat{G}_n)} = Z_{\alpha}\sqrt{\frac{\sigma_G^2}{n}}$$

오차를 알기 위해서는 추정치의 분산을 알아야 하고, 추정치의 분산을 알기 위해서는 참값의 분산 σ_G^2 를 알아야 한다. 문제는 참값 G를 모르는 것처럼 그 분산 σ_G^2 를 모른다는 것이다. 이 역시 표본 정보로부터 추정할 수밖에 없다.

$$\sigma_G^2 \approx s_n^2 = \frac{1}{n-1}\sum_{i=1}^{n}(g(X_i) - \widehat{G}_n)^2$$

이제는 추정치 $\widehat{G}_n$ 의 분산을 알 수 있다.

$$Var\left(\widehat{G}_n\right) = \frac{s_n^2}{n}$$

중심극한정리에 의해 추정치가 정규분포를 따른다는 사실을 알고, 그 분포의 모수들인 평균과 분산을 알고 있기 때문에 참값이 존재하는 구간을 확률적으로 정의할 수 있다.

$$\Pr\left[G \in (\widehat{G}_n \pm \varepsilon)\right] = 1 - \alpha$$

즉, 추정치 $\widehat{G}_n$ 를 기준으로 주어진 오차범위 내에 참값 G가 존재할 확률이 $1-\alpha$ 라는 것이다. 이를 다른 형태로 풀어쓰면 다음과 같다.

$$G = \widehat{G}_n \pm \varepsilon = \widehat{G}_n \pm Z_{\alpha}\sqrt{\frac{\sigma_G^2}{n}}$$

만약 정규분포를 적용하기 힘든 상황이라면 체비셰프 부등식을 써서 추정해야 한다.

신뢰구간이 좁은, 달리 표현하면 오차가 작은 추정치가 정확한 추정치이다. 오차를 줄여 추정치의 정확성을 높이기 위해서는 분산 σ_G^2 를 줄이거나 반복시행 횟수 n을 늘려야 한다.

반복시행횟수 n이 늘어난다고 해서 몬테칼로 방법의 정확성이 현저히 개선되지는 않는다. 오차는 $\varepsilon \sim \frac{1}{\sqrt{n}}$에 비례해서 천천히 줄어들기 때문이다. 이런 측면에서 몬테칼로 방법은 수치적분보다 비효율적이다. 수치적분에서는 구간수 n에 따라서 오차가 $\varepsilon \sim \frac{1}{\sqrt{n}}$으로 직접적으로 줄어들기 때문이다. 요구되는 추정의 정밀도 또는 허용된 오차의 크기에 따라 시뮬레이션의 반복시행횟수가 결정되어야 한다.

모분산 σ_G^2는 여러 가지 인자들에 의해서 영향을 받는다. 추정하려는 함수의 특성, 표본추출 확률함수의 특성, 이 둘 간의 유사성, 시뮬레이션 방법 등에 따라서 달라진다. 문제가 주어질 때마다 이들 인자의 특성을 적절히 조절해서 분산이 작은 추정치를 만들어내야 한다.

참고문헌

- Anderson, H., Metropolis, Monte Carlo, and the MANIAC, Los Alamos Science, (1986) 96-107
- Bolviken, E., Confidence intervals from Monte Carlo tests, J. Am. Statist. Assc., 91, (1996) 1071-1078
- Eckhardt, R., Stan Ulam, John von Neumann, and the Monte Carlo method, Los Alamos Science, Special issue, No.15, (1987) 131-137
- Metropolis, N., The beginning of the Monte Carlo method, Los Alamos Science, No.15, (1987) 125-130
- Metropolis, N., Rosenbluth, A.W., Rosenbluth, M.N., and A.H. Teller, Equation of state calcuations by fast computing machines, J. Chem. Phys., 21, (1953) 1087-1092
- Metropolis, N., and S. Ulam, The Monte Carlo method, Journal of the American Statistical Association, 44, (1949) 335-341
- Rubinstein, R.Y.(ed), Simulation and Monte Carlo Method, John Wiley & Sons, NY, (1981)
- Schroeder, L., Buffon's needle problem: An exciting application of many mathematical concepts, Mathematics Teacher, 67, (1974) 183-186

9장

분산축소기법

여기서는 적은 계산시간으로도 정확도가 높은 추정치를 얻는 시뮬레이션 방법들을 다룬다. 몬테칼로 방법의 정확도는 분산이 작을수록 높아진다. 따라서 분산을 줄여야 한다. 여러 가지 분산축소기법들이 어떤 방식으로 분산을 줄이는지 그 개념과 수학적 정의들을 설명하고 상세한 예제와 프로그램을 통해서 이들이 어떻게 작동되는지를 보일 것이다.

9.1 분산축소기법 개요

9.1.1 분산축소의 필요성

몬테칼로 방법을 통해서 얻는 결과는 근사치일 뿐만 아니라 분산을 갖는다. 이는 가용한 반복시행횟수가 한정되어 있고 매번 표본들을 선택하는 데에 확률변동이 포함되기 때문에 나타나는 몬테칼로 방법의 본질적 특성이다. 이런 특성들 때문에 시뮬레이션 결과인 추정치를 확정적으로 정의할 수 없고 확률변동을 감안해서 신뢰구간으로 정의해야 한다고 배웠다. 추정치에 대한 신뢰구간을 정의하려면 오차가 필요하다. 오차는 분산에 비례하고 반복시행횟수의 제곱근에 반비례한다.

$$\varepsilon = Z_{\left(1-\frac{\alpha}{2}\right)} \frac{\sigma}{\sqrt{n}} \approx Z_{\left(1-\frac{\alpha}{2}\right)} \frac{s}{\sqrt{n}} \tag{9.1.1}$$

신뢰구간의 폭은 오차의 크기에 의존한다. 정확한 추정치란 '오차 ε가 작은' 또는 '신뢰구간이 좁은' 추정치를 말한다. 만약 오차가 $\varepsilon = 0$이라면, $\hat{G}_n \to G$로 추정치는 참값과 같아질 것이다. 식 (9.1.1)로부터 짐작할 수 있듯이, 정확한 추정치 또는 오차가 작은 추정치를 얻기 위한 접근방법에는 두 가지가 있다.

첫 번째 방법은 반복시행횟수 n을 늘리는 것이다. $n \to \infty$이 되면 식 (9.1.1)은 0, 즉 오차는 0이 된다. 그러나 현실적으로는 반복시행횟수를 무한히 늘릴 수 없다. 시행횟수를 늘리려면 많은 비용과 시간이 소요되기 때문에 효율적이지 않다. 덩치가 아주 큰 시뮬레이션의 경우에, 아무리 빠른 연산능력을 가진 컴퓨터라고 하더라도 주어진 시간 내에 원하는 오차수준에 도달할 수 없거나, 시행횟수를 아무리 늘려도 시뮬레이션 결과가 허용한도 이상의 오차를 가지는 경우가 많다. 일반적으로 몬테칼로 시뮬레이션에서 결과가 참값에 수렴하는 속도는 별로 높지 않다. 예를 들어, 같은 신뢰수준에서 오차를 1/10로 줄이려면, 식 (9.1.1)로부터 $\sqrt{n}=\sqrt{100}=10$ 이므로 시행횟수는 100배로 늘어나야 함을 알 수 있다.

두 번째 방법은 표본의 분산 s^2을 줄이는 것이다. 분산을 줄이면 반복시행횟수를 늘리지 않고도 오차를 줄일 수 있다. 앞의 예와 동일하게 식 (9.1.1)을 적용해 보면, 오차를 1/10로 줄이려면 분산을 10배 줄이면 된다. 이는 동일한 정확도를 얻기 위해서 필요한 반복시행횟수가 작아도 된다는 의미이다. 이런 관점에서 오차를 줄여서 정확한 추정치를 얻는 효율적인 방법이란 '분산을 줄이는 방법'으로 달리 표현할 수 있다.

분산을 줄여 추정치의 정확도를 높이는 방법을 분산축소기법(Variance Reduction Technique)이라고 한다. 통계적 관점에서는 표본의 분산을 감소시켜 신뢰구간을 최소화하기 위한 기법이다. 앞으로는 분산축소기법을 적용하지 않은 방법, 즉 앞의 8장에서 다룬 적중법이나 표본평균법에 의해 추정치나 분산을 구하는 방법을 원시 또는 기본 몬테칼로법(crude or direct MC)으로 구분해서 부르기로 한다.

분산을 줄이는 것이 무조건 좋은 방법은 아니다. 만약 분산을 줄이기 위해서 시뮬레이션 프로그램 작성에 많은 노력이 필요하거나, 계산시간이 오래 걸린다면 효율이 더 좋다고 할 수 없다. 두 가지 시뮬레이션 방법이 있다고 했을 때, 두 방법의 효율은 다음과 같이 비교할 수 있다.

$$\text{efficiency}=\frac{t_1 s_1^2}{t_2 s_2^2} \tag{9.1.2}$$

여기서 t와 s^2는 각각의 방법으로 시뮬레이션을 할 때 소요되는 시간과 분산을 말한다. 추정치의 분산 s^2을 줄이기 위해서 소요시간 t가 너무 크게 늘어난다면 두 요소 간에 절충이 필요하다. 시뮬레이션의 효율을 높이려면, 소요시간 t를 줄이거나 분산 s^2을 줄여야 한다. 소요시간 t는 계산시간이나 저장용량을 최소화하는 알고리즘을 개발함으로써 줄일 수 있다.

9.1.2 분산축소기법의 종류

분산축소기법에는 여러 가지가 있다. 각 기법들의 특징에 따라 얻어지는 정확도도 다르다. 동일한 기법을 적용하더라도 풀고자 하는 문제의 특성에 따라서 다른 결과들이 얻어질 수도 있다. 분산축소기법을 사용하기 위해서는 충분한 숙련과 주의 깊은 판단이 필요하다. 시뮬레이션에 분산축소기법을 사용하면 분산이 얼마나 감소할 것인지 미리 알 수 있는 방법은 없다. 어떤 경우에는 오히려 나쁜 결과를 초래할 수도 있다. 적절한 기법을 선택하려면 시뮬레이션 모델이 어떻게 동작하는지 완전히 알아야 한다. 대부분의 분산축소기법들은 분산을 줄이기 위한 추가 계산이나 알고리즘이 소요되므로 전체 시뮬레이션 시간이 늘어나는 것이 보통이다. 따라서 원하는 정확도와의 절충이 필요하다.

분산축소기법은 풀려고 하는 문제에서 알려진 정보를 이용한다. 그 문제에 대해 알려진 정보가 아무 것도 없다면 분산축소기법을 사용하는 것은 불가능하다. 이는 역으로 문제에 대해서 완벽히 알고 있다면, 분산은 0이므로 시뮬레이션을 수행할 필요가 없다는 뜻이 된다. 문제에 대한 정보를 얻는 방법은 분산축소기법을 적용하지 않고 시뮬레이션을 해 보는 것이다. 그 다음에는 분산축소기법을 적용해서 작은 규모로 시뮬레이션을 해 보는 것이다. 이로부터 분산축소기법의 효과를 알아본 뒤 본격적인 시뮬레이션을 수행해서 추정치에 대한 정확도를 높일 수 있다. 문제에 대한 정보를 많이 알면 알수록 효율적이다.

분산축소기법들은 그 특징에 따라 다음과 같이 분류할 수 있다.

1. 가중 표본추출 방법

주어진 문제의 특정한 부분에서 표본이 추출되는 확률을 다르게 적용해서 분산을 줄이는 방법이다. 이 방법을 적용하려면 문제에 대한 정량적 또는 정성적인 사전 정보가 필요하다.

- 층별 표본추출법(stratification)
- 중요부 표본추출법(importance sampling)

2. 상관관계를 도입하는 방법

시뮬레이션에 사용되는 확률변수들에다 양 또는 음의 상관관계를 도입해서 분산을 줄이는 방법이다.

- 공통난수법(common random number)
- 대조변수법(antithetic variates)
- 제어변수법(control variates)

3. 변수들의 기댓값을 이용하는 방법

- 조건부 몬테칼로 방법(conditional Monte Carlo)

앞의 상관관계를 이용하는 기법들은 시뮬레이션 모델 그 자체는 별 영향이 없다. 단지 양이나 음의 상관관계를 도입하기 위해 프로그램만 약간 바뀔 뿐이다. 하지만 가중 표본추출 방법을 사용하는 기법은 시뮬레이션 모델의 표본추출 과정이 완전히 바뀌기 때문에 다소 복잡하다. 그럼에도 불구하고 이런 방법들이 반드시 필요한 경우가 있다. 예를 들어, 아주 희귀한 확률로 일어나는 사건을 (rare-event problem) 시뮬레이션하거나 정확도가 아주 높은 답이 요구되는 경우에 기본 몬테칼로 방법으로는 필요한 반복시행횟수가 너무 많아져서 답을 얻기 불가능하다. 이런 경우에 중요부 표본추출법은 적절한 해답을 제공한다.

9.2 층별 표본추출법(Stratified Sampling)

9.2.1 층별 표본추출법에서의 분산축소 개념

분산이 작을수록 정확한 추정치이다. 층별 표본추출법은 분산이 작은 추정치를 얻기 위해서 전체 적분 영역을 잘게 나누는 방법을 사용한다. 잘게 나누어진 구간 하나 하나를 층(層, stratum)이라고 하기 때문에, 이 방법을 층별(또는 층화) 표본추출법이라고 한다. 여기서는 '층'과 '구간'을 따로 구분하지 않기로 한다.

구간을 나누면 왜 분산이 줄어드는가? 답을 위해서는 먼저 분산의 의미를 되짚어볼 필요가 있다. 분산이란 추정치와 기댓값의 차이에 대한 제곱이다.

$$Var(\hat{\theta}) = E\left[\hat{\theta} - E(\hat{\theta})\right]^2$$

이는 추정치들끼리의 차이이기도 하다. 그림 9.2.1(a)를 보라.

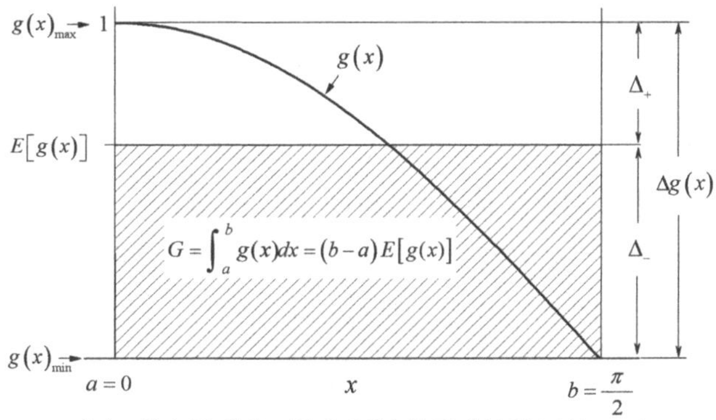

(a) 기본 몬테칼로법에 의한 추정에서의 분산 크기

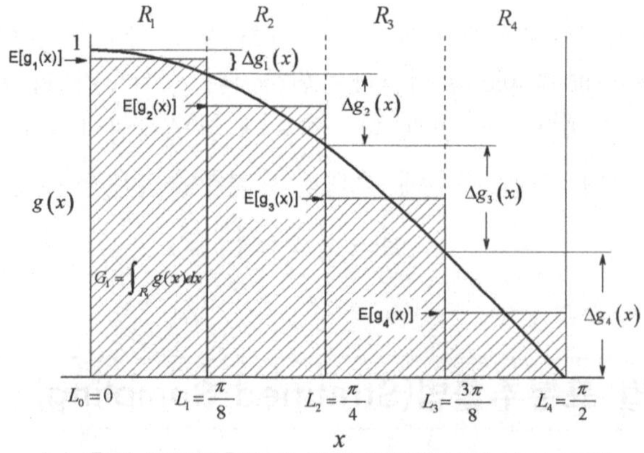

(b) 층별 표본추출법에 의한 추정에서의 분산 크기

[그림 9.2.1] 층별 표본추출법의 개념

기본 몬테칼로법으로 $G = \int_0^{\frac{\pi}{2}} \cos(x)dx$ 의 추정치를 구하는 개념도이다. 적분값은 빗금친 사각형의 면적에 해당한다. 여기서 사각형의 높이 $E[g(x)]$는 적분구간에서의 함수값 $g(x)$들의 평균이다. 따라서 분산의 크기는 함수값 $g(x)$들끼리의 차이에 의존한다. 만약 확률변수 $X = 0$에 가까운 값이 선택되면 함수값 $g(x)$는 1에 가깝게 되고, $X = \frac{\pi}{2}$ 근방의 값이 선택되면 함수값 $g(x)$는 0에 가까운 값을 갖게 된다. 따라서 적분영역 $x = 0 \sim \frac{\pi}{2}$ 에서 함수값들의 최대 차이는 다음과 같다.

$$\Delta g(x) = \left| g(x)_{\max} - g(x)_{\min} \right| = \left| \cos(0) - \cos\left(\frac{\pi}{2}\right) \right| = |1.0 - 0| = 1.0$$

이번에는 층별 표본추출법을 적용해서 적분값을 추정하는 그림 9.2.1(b)를 보라. 여기서 적분영역은 4개의 작은 구간으로 나뉘어 있다. 개별구간에서의 적분값은 앞에서와 동일한 표본평균법을 적용해서 구할 수 있다. 예를 들어, 구간 R_4 의 적분값을 구하는 과정을 보자.

구간 $L_4 - L_3$ 에 해당하는 확률변수를 무작위로 반복적으로 추출해서 함수값을 구해서 이들을 평균하면 $E[g_4(x)]$를 얻을 수 있다. 결국, 구간 R_4의 적분추정치는

$$G_4 = \int_{L_3}^{L_4} \cos(x)dx = (L_4 - L_3)E[g_4(x)]$$

이런 방식으로 모든 구간의 적분추정치들을 구한 다음에, 이들을 더하면 기본 몬테카를로 방법과 동일한 적분추정치를 얻을 수 있다.

$$G = G_1 + G_2 + G_3 + G_4$$

하지만 분산의 크기는 앞의 경우와 달라진다. 구간 R_4 에서의(그림에서 함수값의 차이가 가장 크게 보이는 구간이다) 함수값의 최대 차이를 계산해 보자.

$$\Delta g_4(x) = \left| g_4(x)_{\max} - g_4(x)_{\min} \right| = \left| \cos\left(\frac{3\pi}{8}\right) - \cos\left(\frac{\pi}{2}\right) \right| \approx 0.382$$

이처럼 구간을 여러 개로 나누게 되면 개별구간에서의 함수값의 차이가 작아지게 된다. 따라서 전체 분산도 작아지게 된다.

이제는 해석적 계산을 통해서 분산 감소 정도를 정량적으로 예측해 보자. 표본평균법을 적용할 경우에, 추정하려는 함수 $G = \int_0^{\frac{\pi}{2}} \cos(x)dx$ 의 기댓값과 분산은 다음 식을 통해서 계산할 수 있다.

$$G = \int_a^b \cos(x)dx = \sin(x)\Big|_{x=a}^{x=b} = \sin(b) - \sin(a)$$

$$\sigma_G^2 = (b-a)\int_a^b \cos^2(x)dx - G^2 = (b-a)\left[\frac{x}{2} + \frac{1}{4}\sin(2x)\right]_{x=a}^{x=b} - G^2$$

표 9.2.1은 구간을 나누지 않았을 경우(기본 MC)와, 앞의 그림처럼 4개의 구간으로 나누었을 경우의 계산결과이다.

[표 9.2.1] 해석적 계산에 의한 분산 크기 비교

	구간	적분구간	G_i	$\Delta g_i(x)$	$\sigma_{G,i}^2$
구간을 나누지 않았을 때	-	$[0, \pi/2]$	1.00000	1.0000	~0.233700
구간을 4 개로 나누었을 때	1	$[0, \pi/8]$	~0.382683	~0.0761	~0.000079
	2	$[\pi/8, \pi/4]$	~0.324423	~0.2168	~0.000610
	3	$[\pi/4, 3\pi/8]$	~0.216773	~0.3244	~0.001361
	4	$[3\pi/8, \pi/2]$	~0.076120	~0.3829	~0.001892
		$\sum$	1.00000	~1.0000	~0.003943

이 표에서 주목할 점 몇 가지는 다음과 같다. 먼저, 추정치는 적분구간을 몇 개로 나누는지에 상관없이 동일한 1.0을 얻을 수 있다는 점이다. 둘째, 함수값의 차이 $\Delta g_i(x)$ 가 큰 구간일수록 분산 $\sigma_{G,i}^2$ 도 크다는 것이다. 이런 사실은 다음 계산에서 확인할 수 있다.

$$\frac{\Delta g_4(x)}{\Delta g_1(x)} = \frac{0.3829}{0.0761} \quad \text{vs} \quad \frac{\sigma_{G,4}^2}{\sigma_{G,1}^2} = \frac{0.001892}{0.000079} \approx 25$$

다른 구간들끼리의 비율도 확인해 보라. 구간을 나눔으로써 분산이 감소된 비율은 다음과 같이 계산된다. 수식에서 아래첨자 *CR*은 기본 몬테칼로 방법을, *SS*는 층별 표본추출법을 의미한다.

$$\frac{Var(G_{CR})}{Var(G_{SS})} = \frac{\sigma_G^2}{k\sum_{i=1}^{k}\sigma_{G,i}^2} = \frac{0.23370}{4(0.003943)} \approx 14.8$$

단지 구간을 4개로 나누는 조작만으로도 분산을 15배 정도 줄일 수 있다! 만약에 구간을 더욱 잘게 나누거나, 구간을 더 효율적으로 나누어서 개별구간의 분산이 서로 비슷해진다면, 전체 분산을 더욱 줄일 수 있게 된다.

막상 이 방법을 적용해 보려면, 직관적으로 다음과 같은 의문이 들 것이다.

1. 구간을 어떻게 나눌 것인가?
2. 개별구간에 할당되는 표본의 수를 어떻게 정할 것인가?

구간을 나누는 전제조건은 각 구간들이 서로 겹치지 않아야 한다는 점이다. 일반적인 방법은 동일한 간격으로 나누는 것이지만, 가장 좋은 방법은 개별구간에서의 분산이 서로 비슷해지도록 나누는 것이다. 예로서 함수가 급격히 변하는 영역에서 구간을 잘게 나누면 분산을 효과적으로 줄일 수 있다. 이는 추정하려는 함수의 특성을 아는 경우에만 가능하다.

개별구간에 표본수를 할당하는 일반적인 방법은 모든 구간에 동일한 표본수를 할당하는 것이다. 하지만 전체 분산을 효과적으로 줄이려면, 분산이 큰 구간에 많은 표본을 할당하는 것이 좋다. 그렇지만 개별구간에서의 분산을 아는 경우는 드물기 때문에, 이 방법으로 표본수를 할당하려면 소규모의 예비 시뮬레이션을 수행해야만 한다.

개별구간에 원하는 표본을 할당하는 알고리즘을 알기만 한다면, 대부분의 문제에 이 방법을 손쉽게 적용할 수 있다.

9.2.2 층별 표본추출법의 수학적 정의

다음과 같이 정의되는 1차원 적분을 생각해 보자.

$$G = E_f[g(x)] = \int_R g(x)f(x)dx \tag{9.2.1}$$

전체 적분영역 R 을 $R_i = R_1, \cdots, R_k$ 처럼 k 개의 구간으로 나누면, 나뉜 개별구간의 적분값 G_i는 다음과 같이 표현된다.

$$G_i = \int_{R_i} g(x)f(x)dx \tag{9.2.2}$$

특정 구간 i에서 표본이 추출될 확률은

$$p_i = \Pr(X \in R_i) = \int_{X \in R_i} f(x)dx \tag{9.2.3}$$

단, $p = \sum_{i=1}^{k} p_i = p_1 + \cdots + p_k = 1$ 이다. 개별구간에서 추정하려는 함수와 표본추출을 위한 확률밀도함수는

$$f_i(x) = \begin{cases} \dfrac{f(x)}{p_i}, & x \in R_i \\ 0, & \text{otherwise} \end{cases} \tag{9.2.4}$$

$$g_i(x) = \begin{cases} g(x), & x \in R_i \\ 0, & \text{otherwise} \end{cases} \tag{9.2.5}$$

이므로 식 (9.2.2)는 다음과 같이 바꿔 쓸 수 있다.

$$G_{SS,i} = \int_{R_i} g(x) f_i(x) \frac{p_i}{p_i} dx = p_i \int_{R_i} g(x) \frac{f_i(x)}{p_i} dx = p_i E_{f_i}[g_i(x)] \tag{9.2.6}$$

여기서 $E_{f_i}[g_i(x)]$는 확률밀도함수 $f_i(x)$에 대한 기댓값을 의미한다. 이는 기본 몬테칼로 방법으로 추정할 수 있다.

$$\hat{G}_{SS,i} = p_i \cdot (b-a) \frac{1}{n_i} \sum_{j=1}^{n_i} g(X_{i,j}), \qquad i = 1, \cdots, k \quad j = 1, \cdots, n_i \tag{9.2.7}$$

여기서 $X_{i,j}$ 는 i 번째 층에서 j 번째 선택된 확률변수를 의미한다. n_i는 구간 R_i 에서의 표본수이다. 따라서 전체 표본수는 $\sum_{i=1}^{k} n_i = n$ 이다.

개별구간추정치의 분산은

$$Var\left(\hat{G}_{SS,i}\right) = p_i^2 \frac{\sigma_{G,i}^2}{n_i} \approx s_{\hat{G}_{SS,i}}^2 = p_i^2 \frac{s_{G,i}^2}{n_i} \tag{9.2.8}$$

여기서

$$\sigma_{G,i}^2 = Var_{f_i}\left[g(X)\right] = \frac{1}{p_i}\int_{R_i} g^2(x) f(x) dx - \left(\frac{G_i}{p_i}\right)^2 \tag{9.2.9}$$

이를 표본으로부터 추정하려면 다음 식을 사용하면 된다.

$$s_{G,i}^2 = \frac{1}{n_i - 1}(b-a)^2 \left\{ \sum_{j=1}^{n_i}\left[g(X_{i,j})\right]^2 - \frac{1}{n_i}\left[\sum_{j=1}^{n_i} g(X_{i,j})\right]^2 \right\} \tag{9.2.10}$$

전체 적분은 개별구간의 적분을 모두 더한 것이므로, 층별 표본추출법의 적분은 다음과 같이 쓸 수 있다.

$$G_{SS} = \sum_{i=1}^{k} G_{SS,i} = \sum_{i=1}^{k} \int_{R_i} g(x) f(x) dx = \sum_{i=1}^{k} p_i E_{f_i}\left[g_i(x)\right] \tag{9.2.11}$$

이는 다음 식에 의해서 표본으로부터 추정될 수 있다.

$$\hat{G}_{SS} = \sum_{i=1}^{k} \hat{G}_{SS,i} = \sum_{i=1}^{k} p_i (b-a) \frac{1}{n_i} \sum_{j=1}^{n_i} g\left(X_{i,j}\right) \tag{9.2.12}$$

이 추정치의 분산 $Var\left(\hat{G}_{SS}\right) \approx s_{\hat{G}_{SS}}^2$ 은 다음 식으로 표현된다.

$$Var\left(\hat{G}_{SS}\right) = \sum_{i=1}^{k} Var\left(\hat{G}_{SS,i}\right) = \sum_{i=1}^{k} p_i^2 \frac{\sigma_{G,i}^2}{n_i} \approx \sum_{i=1}^{k} p_i^2 \frac{s_{G,i}^2}{n_i} \tag{9.2.13}$$

9.2.3 구간별 표본 할당

전체 표본수가 동일하더라도, 나누어진 개별구간마다 적절한 표본수를 할당한다면 분산을 효과적으로 줄일 수 있다. 개별구간에 표본수를 할당하는 방법은 두 가지가 있다. 하나는 개별구간의 너비에 비례해서 표본수를 할당하고, 다른 하나는 구간의 분산 크기에 비례하여 표본수를 할당하는 것이다. 특별히, 각 구간들이 동일 간격이면서 동일한 개수의 표본이 할당되는 경우를 계통 표본추출법(systematic sampling)이라고도 한다.

비례할당법

표본이 균등분포로부터 추출될 때, p_i는 구간의 너비에 비례한다. 가장 일반적인 방법은 구간 너비에 비례해서 표본 개수를 할당하는 것이다. 즉, 구간이 넓으면 많은 수의 표본을, 좁으면 적은 수의 표본을 할당한다. 이 경우에는 $n_i = p_i n$이므로 식 (9.2.13)의 분산은 다음과 같이 다시 쓸 수 있다.

$$Var\left(\hat{G}_{SS}\right) = \sum_{i=1}^{k} p_i^2 \frac{\sigma_{G,i}^2}{n_i} = \sum_{i=1}^{k} p_i \frac{\sigma_{G,i}^2}{n} \tag{9.2.14}$$

이를 기본 몬테칼로 방법에 의한 분산과 비교하면, 층별 표본추출법 적용에 의한 분산감소효과를 알 수 있다.

$$\text{efficiency} = \frac{Var\left(\hat{G}_{CR}\right)}{Var\left(\hat{G}_{SS}\right)} = \frac{\dfrac{\sigma_G^2}{n}}{\dfrac{\sum_{i=1}^{k} p_i \sigma_{G,i}^2}{n}} = \frac{\sigma_G^2}{\sum_{i=1}^{k} p_i \sigma_{G,i}^2} \tag{9.2.15}$$

만약 구간이 적절하게 나뉘어져 있다면 위 식은 1보다 클 것이다.

구간의 넓이가 동일할 때 비례할당법에 의해 표본수를 할당한다면, 계통 표본추출법에 해당한다. 이 경우 식 (9.2.12)와 식 (9.2.13)은 다음과 같이 표현된다.

$$\hat{G}_{SS} = \frac{1}{n} \sum_{i=1}^{k} \sum_{j=1}^{n_i} g(X_{i,j}) \tag{9.2.16}$$

$$Var\left(\hat{G}_{SS}\right) = \frac{1}{n} \sum_{i=1}^{k} p_i \sigma_{G,i}^2 = \frac{1}{n^2} \sum_{i=1}^{k} \sum_{j=1}^{n_i} \sigma_{G,i}^2 \tag{9.2.17}$$

최적할당법

만약 다른 구간들에 비해서 특별히 분산이 큰 어떤 구간이 있다면, 그 구간의 분산이 전체 분산의 크기를 좌우하게 된다. 따라서 전체 표본수는 동일하더라도 그런 구간에다 많은 수의 표본을 할당한다면 전체 분산의 크기를 줄일 수 있을 것이다[1]. 이 방법을 적용하려면 분산이 최소가 되는 개별구간의 표본수 n_i 를 구해야 한다. 전체 분산이 최소가 되는 조건은 $n_i \propto p_i \sigma_{G,i}$ 이다. 따라서 최적의 표본수 n_i 는 다음 식으로부터 구할 수 있다.

$$n_i^{optimal} = n \frac{p_i \sigma_{G,i}}{\sum_{i=1}^{k} p_i \sigma_{G,i}} \tag{9.2.18}$$

이 식은 n_i가 구간 너비와 표준편차를 곱한 값에 비례함을 뜻한다. 여기서 표준편차 $\sigma_{G,i}$는 개별구간에서 균등분포 확률변수에 의해 계산된 함수값들의 차이를 말한다. 이 식으로 최적의 n_i를 구하는 데는 한 가지 문제가 있다. 그것은 $\sigma_{G,i}$를 알 수 없다는 것이다. 이를 극복하기 위한 방법은 소규모로 예비 시뮬레이션을 수행해 보는 것이다. 그 절차를 요약하면 다음과 같다.

1) 예비 시뮬레이션을 먼저 수행한다. 개별구간마다 수백 개 정도의 난수 표본을 뽑아서 함수값을 계산하고 그 표준편차 $s_{G,i}$를 구한다.
2) 식 (9.2.18)을 적용해서 구간별 최적의 표본수 n_i를 구한다.
3) 전체 표본수를 크게 늘린 뒤 본 시뮬레이션을 수행한다. 개별구간에 앞 단계에서 결정된 n_i의 비율로 표본을 할당하고 추정치와 분산을 구한다. 이 추정치의 분산은 다음과 같다.

$$Var\left(\hat{G}_{SS}\right) = \frac{1}{n}\left(\sum_{i=1}^{k} p\sigma_{G,i}\right)^2 \tag{9.2.19}$$

9.2.4 시뮬레이션 예

층별 표본추출법은 적분구간을 임의로 잘게 나누고 각 구간에다 의도된 개수만큼의 표본을 할당하는 방법이다. 전체 분산을 최대한 줄이기 위해서는 분산이

---

1) 이런 방식으로 표본을 할당하는 층별 표본추출법은, 9.3절에서 배우게 될 중요부 표본추출법(importance sampling)의 특별한 형태로 볼 수 있다. 그것은 분산을 줄이기 위해 함수의 중요부(함수값이 커서 전체 적분값에 기여가 큰 영역)에서 많은 수의 표본을 사용한다는 점이다. 단지, 중요부 표본추출법은 추정에 필요한 표본을 추출하는 데 있어서 특정한 확률분포를 사용하는 반면에, 층별 표본추출법은 각 구간에서 균등분포를 사용한다는 점이 다르다.

큰 구간에 표본을 많이 할당하면 된다. 이를 위해서는 구간별 분산을 알 필요가 있다. 따라서 시뮬레이션은 다음과 같이 두 단계로 나누어 수행된다.

1. 예비 시뮬레이션: 먼저 구간을 나누고 각 구간에다 표본을 할당한다. 그 다음은 구간별 추정치와 분산을 구한다. 마지막으로 식 (9.2.12 ~ 13)을 적용해서 전체 추정치와 분산을 계산한다.
2. 본 시뮬레이션: 각 구간별 분산의 크기에 비례해서 표본을 재할당한 다음 앞 단계와 동일한 과정을 거친다. 이로써 전체 분산을 더욱 줄일 수 있다. 구간별 분산의 크기를 파악하는 데는 앞 단계의 결과를 이용한다.

반드시 두 단계로 나누어서 시뮬레이션을 수행해야 하는 것은 아니다. 구간별 분산에 비례해서 표본을 할당해도 분산감소효과가 크지 않다면 첫 번째 단계의 시뮬레이션만으로도 충분하다. 두 단계로 수행할 경우, 첫 단계 시뮬레이션은 시간을 줄이기 위해서 소규모의 표본으로 수행하는 것이 보통이다.

다음 적분 문제 풀이를 통해서 층별 표본추출법을 수행하는 절차를 알아보자.

$$G = \int_a^b g(x)dx = \int_0^{\frac{\pi}{2}} \cos(x)dx$$

단계 1: 구간을 잘게 나눈다. 구간수 k는 보통 $k = 5 \sim 50$이다. 구간의 넓이는 동일 간격으로 나누는 것이 가장 쉽다. 여기서는 그림 9.2.1(b)와 같이 4개의 동일 구간으로 나누기로 한다. 따라서 $k = 4$ 이다.

단계 2: 각 구간에 할당될 표본수를 정한다. 여기서는 총 표본수 $n = 16$ 개를 모든 구간에다 같은 수로 할당하기로 한다. $n_1 = \cdots = n_4 = \frac{N}{k} = \frac{16}{4} = 4$, $p_1 = \cdots = p_4 = 0.25$ 이다. 이 경우는 구간 너비와 구간당 표본수가 같기 때문에 계통 표본추출법에 해당한다. 식 (9.2.3)에 의해 정의된 표본이 추출될 확률은 그림 9.2.2에서 보는 것처럼 표본이 추출되는 구간의 너비가 아니라 면적임에 주의해야 한다. 즉, 균등분포로부터 표본을 추출한다면 구간의 너비와 확률은 그림처럼 비례하지만 만약 균등분포가 아니라면 구간 너비와 표본추출확률은 반드시 비례하지 않는다. 그림 9.2.2(b)를 보라.

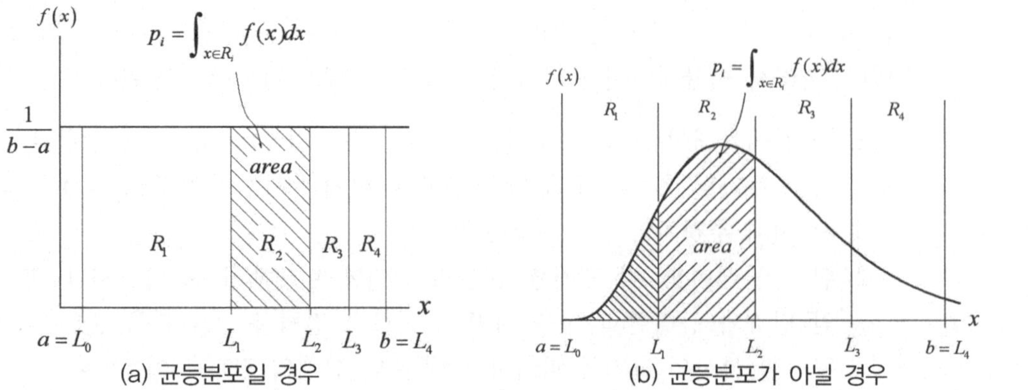

[그림 9.2.2] 표본추출확률과 구간 너비(폭)와의 관계

단계 3: 구간별로 표본을 배치한다. 이 단계가 층별 표본추출법의 핵심이다. 먼저 표준균등분포로부터 해당 구간에 할당된 표본수만큼 난수 $U \sim U(0,1)$를 무작위로 추출한 뒤, 다음 식을 통해서 $U \rightarrow U^*_{i,j}$로 변환시켜야 한다.

$$U^*_{i,j} = U \cdot p_i + \sum_{m=1}^{i-1} p_m \tag{9.2.20}$$

여기서 i와 j는 각각 i번째 구간에서 j번째 표본을 의미한다. $\sum_{m=1}^{i-1} p_m$는 구간별 누적확률이다. 이 예에서 첫 번째 구간의 누적확률은 $p_{m=1} = p_{i=0} = 0$, 두 번째 구간은 $p_0 + p_1 = 0 + 0.25$, 네 번째 구간은 $p_0 + p_1 + p_2 + p_3 = 0 + 0.25 + 0.25 + 0.25 = 0.75$로 계산된다. 상세 변환과정을 보자. 네 번째 구간에서 세 번째 난수 표본을 배치하기 위해서 난수 표본을 추출했는데 $U = 0.304$이었다고 하면,

$$U^*_{4,3} = 0.304 \times 0.25 + 0.75 = 0.826$$

계통 표본추출법의 경우라면, 구간 배치를 위해 다음 변환식을 사용할 수도 있다.

$$U^*_{i,j} = \frac{i-1}{k} + \frac{U}{k} \tag{9.2.21}$$

예를 들어, $U = 0.896$를 구간 2에 배치하려면 $U^*_{2,4} = \frac{2-1}{4} + \frac{0.896}{4} = 0.474$로 변환할 수 있다. 하지만 이 식은 개별구간에서의 표본추출확률 p_i가 각기 다르다면

사용할 수 없다. 따라서 식 (9.2.20)을 사용하기를 권한다.

단계 4: 기본 몬테칼로 방법과 같은 방법으로, 표본추출에 사용된 밀도분포의 특성을 이용해서 추출 후 변환된 난수를 관심 범위의 확률변수로 변환한다. 일반적으로 역변환법 $X_{i,j} \leftarrow F^{-1}\left(U_{i,j}^{*}\right)$을 사용한다. 표본추출에 사용된 밀도분포가 표준균등분포이고, 적분구간이 $a \sim b$라면, 확률변수 $X_{i,j} \leftarrow F^{-1}\left(U_{i,j}^{*}\right)$는 다음과 같이 계산된다(7.3.1절 참조).

$$X_{i,j} = a + (b-a)U_{i,j}^{*} = F^{-1}\left(U_{i,j}^{*}\right) \tag{9.2.22}$$

예로서 구간 1의 4번째 표본은 $X_{1,4} = 0 + \left(\frac{\pi}{2} - 0\right)(0.202) = 0.318$ 이다. 그 다음에는 $X_{i,j}$ 를 함수에 대입하여 함수값을 구한다. 식 (9.2.20)과 식 (9.2.22)를 통해서 $U \rightarrow U_{i,j}^{*} \rightarrow X_{i,j}$와 같이 변환되는 과정은 그림 9.2.3으로 표현할 수 있다.

$$U_{i,j}^{*} = U \cdot p_i + \sum_{m=1}^{i-1} p_m = \int_{-\infty}^{X_{i,j}} f(x)dx \tag{9.2.23}$$

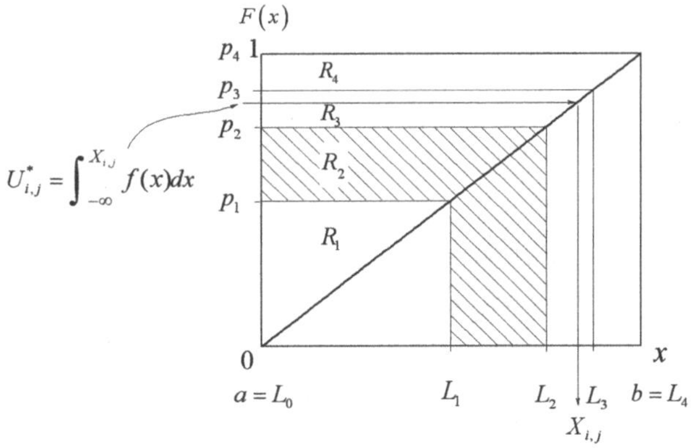

[그림 9.2.3] 난수 표본을 구간에 할당하고 확률변수로 변환하는 과정

지금까지의 절차에 대한 확실한 이해를 위해, 표 14.2.2에 자세한 계산과정을 나타내었다. 이 표는 프로그램 14.2.1을 사용하면 구할 수 있다.

[표 9.2.2] 층별 표본추출법에서의 상세 계산과정

(1) i	(2) j	(3) $U_{i,j}$	(4) $U_{i,j}^* = U_{i,j} \cdot p_i + \sum_{m=1}^{i-1} p_m$	(5) $X_{i,j}$	(6) $g(X_{i,j})$	(7) $g^2(X_{i,j})$
1	1	0.001	0.001×0.25+0.0=0.000	0.000	1.000	1.000
	2	0.564	0.564×0.25+0.0=0.141	0.221	0.976	0.952
	3	0.193	0.193×0.25+0.0=0.048	0.076	0.997	0.994
	4	0.809	0.809×0.25+0.0=0.202	0.318	0.950	0.902
					$\sum = 3.923$	$\sum = 3.849$
2	1	0.585	0.585×0.25+0.25=0.396	0.622	0.812	0.660
	2	0.480	0.480×0.25+0.25=0.370	0.581	0.836	0.699
	3	0.350	0.350×0.25+0.25=0.338	0.530	0.863	0.744
	4	0.896	0.896×0.25+0.25=0.474	0.745	0.735	0.541
					$\sum = 3.246$	$\sum = 2.644$
3	1	0.823	0.823×0.25+0.50=0.706	1.109	0.446	0.199
	2	0.747	0.747×0.25+0.50=0.687	1.079	0.473	0.223
	3	0.174	0.174×0.25+0.50=0.544	0.854	0.657	0.432
	4	0.859	0.859×0.25+0.50=0.715	1.123	0.433	0.188
					$\sum = 2.009$	$\sum = 1.042$
4	1	0.710	0.710×0.25+0.75=0.928	1.457	0.113	0.013
	2	0.514	0.514×0.25+0.75=0.878	1.380	0.190	0.036
	3	0.304	0.304×0.25+0.75=0.826	1.297	0.270	0.073
	4	0.015	0.015×0.25+0.75=0.754	1.184	0.377	0.142
					$\sum = 0.951$	$\sum = 0.264$

단계 5: 개별구간에서의 적분추정치와 그 분산을 계산한다. 식 (9.2.7)과 식 (9.2.8), 식 (9.2.10)을 사용해서

구간 1:

$$\hat{G}_1 = p_i(b-a)\frac{1}{n}\sum_{i=1}^{k} g\left(X_{i,j}\right) = (0.25)\left(\frac{\pi}{2}-0\right)\left(\frac{1}{4}\right)(3.923) \approx 0.385$$

$$s_{G,1}^2 = \frac{(b-a)^2}{n_i - 1}\left[\sum_{j=1}^{n_i} g^2(X_{i,j}) - \frac{1}{n_i}\left(\sum_{j=1}^{n_i} g(X_{i,j})\right)^2\right]^{2)}$$

2) $s_{G,1}^2 \approx 0.001248$. 이 값은 적분구간 전체에서 표본이 추출된 것으로 보고 계산된 것이므로, 해당 개별구간에서 표본이 추출될 확률 p_i 를 고려해야 한다. 따라서 $s_{\hat{G}_{SS},1}^2 = p_1^2 s_{G,1}^2 = (0.25)^2(0.001248) \approx 0.000078$ 로 바꾸면 표 9.2.1의 분산(이는 해당 구간에 대해서만 계산했기 때문에)과 유사한 값을 얻을 수 있다.

$$= \frac{(1.5707)^2}{4-1}\left(3.849 - \frac{1}{4}\times 3.923^2\right) \approx 0.001248^{**}$$

$$s^2_{\hat{G}_{SS},1} = p_i^2 \frac{s^2_{G,i}}{n_i} = (0.25)^2\left(\frac{0.001248}{4}\right) \approx 0.00002$$

구간 2:

$$\hat{G}_2 = (0.25)\left(\frac{\pi}{2} - 0\right)\left(\frac{1}{4}\right)(3.246) \approx 0.319$$

$$s^2_{G,2} = \frac{(1.5707)^2}{4-1}\left(2.644 - \frac{1}{4}\times 3.246^2\right) \approx 0.008118$$

$$s^2_{\hat{G}_{SS},2} = p_i^2 \frac{s^2_{G,i}}{n_i} = (0.25)^2\left(\frac{0.008118}{4}\right) \approx 0.00012$$

구간 3:

$$\hat{G}_3 = (0.25)\left(\frac{\pi}{2} - 0\right)\left(\frac{1}{4}\right)(2.009) \approx 0.197$$

$$s^2_{G,3} = \frac{(1.5707)^2}{4-1}\left(1.042 - \frac{1}{4}\times 2.009^2\right) \approx 0.027121$$

$$s^2_{\hat{G}_{SS},3} = p_i^2 \frac{s^2_{G,i}}{n_i} = (0.25)^2\left(\frac{0.027121}{4}\right) \approx 0.00042$$

구간 4:

$$\hat{G}_4 = (0.25)\left(\frac{\pi}{2} - 0\right)\left(\frac{1}{4}\right)(0.951) \approx 0.093$$

$$s^2_{G,4} = \frac{(1.5707)^2}{4-1}\left(0.264 - \frac{1}{4}\times 0.951^2\right) \approx 0.031167$$

$$s^2_{\hat{G}_{SS},4} = p_i^2 \frac{s^2_{G,i}}{n_i} = (0.25)^2\left(\frac{0.031167}{4}\right) \approx 0.00005$$

단계 6: 전 단계의 개별구간의 계산값을 식 (9.2.12 ~ 13)에 적용해서 전체 적분추정치와 분산을 계산한다.

$$\hat{G}_{SS} = \sum_{i=1}^{k} \hat{G}_i = 0.385 + 0.319 + 0.197 + 0.093 \approx 0.994$$

$$Var\left(\hat{G}_{SS}\right) = \sum_{i=1}^{k} p_i^2 \frac{s^2_{G,i}}{n_i} = 0.00002 + 0.00012 + 0.00042 + 0.00049 \approx 0.00105$$

이 시뮬레이션 결과와 표 9.2.1의 해석적 계산 결과를 비교해 보면 표본수가 16개뿐임에도 불구하고 비교적 잘 일치하고 있다.

만약 기본 몬테칼로 방법으로 시뮬레이션을 수행했다면, 단계 3에서의 난수변환 $U \to U_{i,j}^{*}$ 없이 직접 선택된 U가 계산에 사용된다. 이 경우에 추정치와 분산은

$$\hat{G}_{CR} = 0.991$$

$$Var\left(\hat{G}_{CR}\right) = \frac{0.2203}{16} \approx 0.01377\,.$$

따라서 분산감소 비율을 계산해 보면

$$\frac{Var\left(\hat{G}_{CR}\right)}{Var\left(\hat{G}_{SS}\right)} = \frac{0.01377}{0.00105} \approx 13.1$$

단지 4개의 구간으로 나누었을 뿐인데도 13배 정도의 분산감소효과가 얻어졌다!

[프로그램 9.2.1] 층별 표본추출법에 의한 $G = \int_0^{\frac{\pi}{2}} \cos(x)dx$ 추정치와 분산 구하기

```
include "file_include.h"
#include "rnd_functions.cpp"
#include "tools.cpp"

const int MCS = 51200;              //총 표본수(반복시행횟수)
const int K = 4;                    //구간수

double gx(double x)                 //추정하려는 함수
{
        double gx;
                gx = cos(x);
        return gx;
}

int main()
{
        randomize();                //난수 초기화
        ofstream write_mydata("result.dat", ios::out);

        int i, j, n, ni[K];
        double a, b, uji, xji2;
        double p[K], cum_p[K], gi[MCS], Gi[K], Vari[K];
        double temp1=0, temp2=0, temp4=0, meanSubSum=0, varSubSum=0, psigmaSum=0;


        a = 0.0;                    //적분하한
        b = 0.5*PI;                 //적분상한

        n = MCS;                    //총 표본수

//      p[4] = {0.25, 0.25, 0.25, 0.25};    //구간별 확률을 다르게 대입할 경우
```

```
/////////////// 1. 예비 시뮬레이션: 구간별 할당 표본수 결정을 위한 ///////////////
for(i=0; i<K; i++)
{
          p[i] = (double)1/K;        //구간별 확률을 동일하게 적용
}

for(i=0; i<K; i++)                   //구간수 대로 반복
{
          temp1 += p[i];
          cum_p[i] = temp1;
          if(i == 0) cum_p[i-1] = 0;//누적확률: 구간별 표본 재배치에 필요

          ni[i] = n / K;             //각 구간에 동일한 표본수 할당


          for(j=0; j<ni[i]; j++)     //각 구간에 할당된 표본수만큼 반복
          {
                    uji = rnd()*p[i] + cum_p[i-1];

                    xji2 = a + (b-a)*uji;

                    gi[j] = (b-a)*gx(xji2);
          }

          //구간별 평균 및 분산 계산
          Gi[i] = p[i] * Mean(gi,ni[i]);
          Vari[i] = pow(p[i],2) * Var(gi,ni[i])/ni[i];

          meanSubSum += Gi[i];
          varSubSum += Vari[i];

          psigmaSum += sqrt(Vari[i]);//본 시뮬레이션에서 구간별 표본수를 할당하는 데 필요
}
cout<<"Pilot Simulation: Systematic Sampling"<<endl;
cout<<meanSubSum<<"   "<<varSubSum<<endl<<endl;


/////////////// 2. 표본수를 구간별 분산 크기에 비례해서 할당하기    ////////////////////

meanSubSum = 0;                    //변수 초기화
varSubSum = 0;

for(i=0; i<K; i++)                 //구간별 표본수 재할당
{
          ni[i] = (floor)(n * sqrt(Vari[i]) / psigmaSum );
          if( ni[i] <= 1 ) ni[i] = 2;
          temp2 += ni[i];

          if(i == 0) cum_p[i-1] = 0;
}
if ((n - temp2) != 0)              //정수표현에서 생기는 총 표본수 오차 보정
          ni[K-1] = ni[K-1] + (n - temp2);


///////////////// 3. 본 시뮬레이션   ////////////////////////////////////////////

for(i=0; i<K; i++)                 //구간별 계산
{
          for(j=0; j<ni[i]; j++) //각 구간에 할당된 표본수만큼 반복
          {
```

```
                    uji = rnd()*p[i] + cum_p[i-1];
                    xji2 = a + (b-a)*uji;

                    gi[j] = (b-a)*gx(xji2);
            }

            //구간별 평균 및 분산 계산
            Gi[i] = p[i] * Mean(gi,ni[i]);
            Vari[i] = pow(p[i],2) * Var(gi,ni[i])/ni[i];

            meanSubSum += Gi[i];
            varSubSum += Vari[i];
    }
    cout<<"Main Simulation: Optimum Sample Allocation "<<endl;
    cout<<meanSubSum<<"   "<<varSubSum<<endl;

    write_mydata.close();

    return 0;
}
```

예제 9.2.1

프로그램 9.2.1을 사용해서 $G = \int_0^{\frac{\pi}{2}} \cos(x)dx$ 를 추정하는데, 구간수를 달리하면서 추정치의 분산이 어떻게 달라지는지 확인해 보라. 전체 표본수는 51,200개까지 사용하고 구간수는 2의 배수로 늘려라.

풀이 + 다음 표는 실제 시뮬레이션 결과를 정리한 것이다. 비교를 위해서 매 시뮬레이션에서 동일한 난수 종자값을 사용하였다. 표에 나타난 추정치의 분산과 구간(층)수의 관계는 그림 9.2.4로 표현할 수 있다.

구간수	표본수	$\hat{G}_{SS}$	$s^2_{\hat{G}_{SS}}$	분산감소
1	51200	1.000020	4.562×10^{-6}	1
2	25600	0.999684	1.213×10^{-6}	3.7
4	12800	0.999770	3.075×10^{-7}	14.8
8	6400	0.999879	7.715×10^{-8}	59
16	3200	0.999937	1.931×10^{-8}	236
32	1600	0.999967	4.829×10^{-9}	945
64	800	0.999984	1.207×10^{-9}	3780
128	400	0.999992	3.018×10^{-10}	15116
256	200	0.999996	7.549×10^{-11}	60432
512	100	0.999998	1.889×10^{-11}	241503

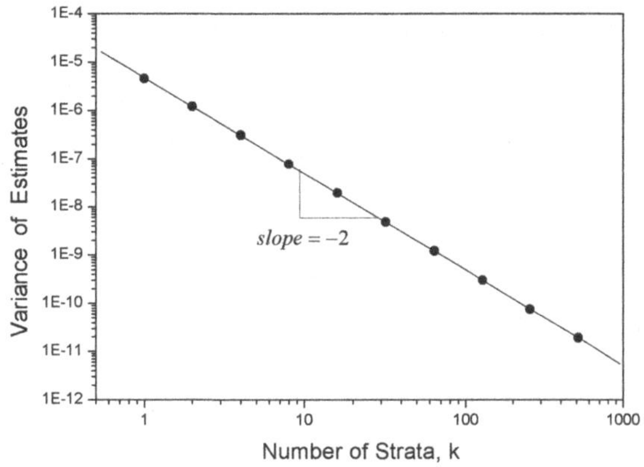

[그림 9.2.4] 구간수와 분산의 관계

이 예제를 통해서 분산감소 비율은 구간수의 제곱에 비례함을 확인할 수 있다.

$$\frac{Var\left(\hat{G}_{CR}\right)}{Var\left(\hat{G}_{SS}\right)} \propto k^2 \qquad (9.2.24)$$

9.3 중요부 표본추출법(Importance Sampling)

9.3.1 중요부 표본추출법에서의 분산 축소 개념

지금까지는 추정하려는 함수 $g(x)$의 모양을 고려하지 않고 무조건 균등분포로부터 난수 표본들을 추출해서 사용해 왔다. 이 절에서 다루는 방법은 추정하려는 함수의 모양에 따라서 표본을 추출하는 분포를 다르게 선택한다(Marshall, 1956). 그 요점은 추정하려는 함수의 '중요부'에 많은 표본이 할당되도록 하는 것이다. 여기서 중요부란 '함수값이 크거나', '함수값의 변화가 심한' 부분을 말한다. 이런 관점에서 중요부 표본추출법은 층별 표본추출법의 특별한 형태로 봐도 좋다.

중요부 표본추출법의 개념을 이해하기 위해서 다음 그림을 보자. 우리의 목적은 계단함수 $g(x)$ 아래의 면적을 구하는 것이다. 편의상 구간을 나누어서 생각하자.

수치적분법으로 이 문제를 푼다면 적분값은 다음과 같이 계산된다. 단, 적분구간 0 ~ 5 를 5개로 나눴고 각 구간의 너비는 1이라고 가정하자.

$$G = \int_0^5 g(x)dx = \sum_{i=I}^{V} Area_i = 10\times1 + 2\times1 + 0.1\times1 + 0\times1 + 0\times1 = 12.1$$

각 구간별 면적을 모두 더한 것, 즉 그림 9.3.1(a)에서 빗금친 부분이 이 계산결과에 해당한다.

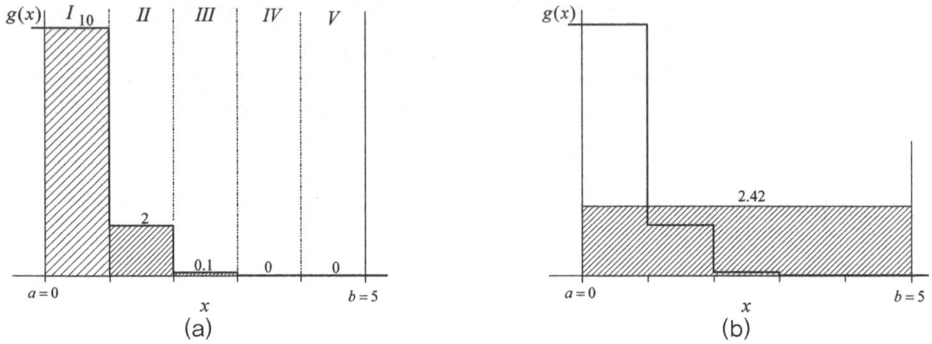

[그림 9.3.1] 중요부 표본추출법의 개념

만약 몬테칼로 방법으로(아직은 기본 몬테칼로 방법만 생각하자) 이 문제를 푼다면, 적분구간 $a \sim b$에서 균등 분포하는 난수 표본들을 추출해서 함수의 평균값 2.42(= 12.1/5)를 구하고 여기에 해당 구간의 너비를 곱할 것이다. 그림 9.3.1(b)의 빗금친 사각형이 이 계산결과에 해당한다. 이 과정을 좀 더 구체적으로 들여다보자. 단, 모두 15개의 표본이 사용됐고, 우연히도 난수 표본들이 각 구간에 3개씩 균등하게 배정되었다고 가정하자.

$$G = \int_0^5 g(x)dx = (b-a)E[g(x)] = (b-a)\frac{1}{n}\sum_{i=1}^{n} g(x_i)$$
$$= (5-0)\times\frac{1}{15}[3\cdot10 + 3\cdot2 + 3\cdot0.1 + 3\cdot0 + 3\cdot0] = 5\times\frac{36.3}{15} = 5\times2.42 = 12.1$$

수치적분법과 몬테칼로법이 사용하는 방법이 다름에도 불구하고, 동일한 계산결과가 얻어졌다.

이 대목에서, 몬테칼로 방법에서 생길 수 있는 다른 경우 하나를 가정해 보자. 앞에서와 똑같이 15개의 난수 표본이 사용되었지만, 구간 I에 할당될 표본 중의 하나가 구간 V로 할당되었다고 하자. 무작위로 난수가 선택되는 시뮬레이션에서 이런 경우는 얼마든지 생길 수 있다. 이 경우 적분값은 다음과 같이 계산된다.

$$G=(5-0)\times\frac{1}{15}[2\cdot 10+3\cdot 2+3\cdot 0.1+3\cdot 0+4\cdot 0]=5\times\frac{26.3}{15}=8.77$$

단지 1개의 표본이 균등하게 할당되지 않았을 뿐인데도 앞에서 보인 계산 결과와는 $12.1-8.77=3.33$만큼의 차이를 보인다. 이런 차이는 구간 Ⅳ나 Ⅴ에 할당될 표본 중의 하나가 구간 Ⅰ로 할당되는 경우에도 마찬가지다.

이번에는 균등분포 대신에 함수의 모양을 고려해서 표본을 할당하는 경우를 예로 들어보자(여기부터가 중요부 표본추출법에 해당한다). 총 표본 개수는 앞의 경우와 동일하게 15개이지만, 구간별 표본의 개수는 각 구간의 면적이 전체 면적에 기여하는 비율에 따라 할당한다. 이처럼 중요부에 표본을 가중 할당하는 표본추출 규칙을 취한다면, 전체 면적에 기여가 거의 없는 구간 Ⅲ, Ⅳ, Ⅴ에는 표본이 할당되지 않고 구간 Ⅰ에는 12개$\left(\approx\frac{10}{12.1}\times 15\right)$, 구간 Ⅱ에는 3개$\left(\approx\frac{2}{12.1}\times 15\right)$의 표본이 할당될 것이다. 이 상태의 적분값은 다음과 같이 계산된다.

$$G=(5-0)\times\frac{1}{15}[12\cdot 10+3\cdot 2+0\cdot 0.1+0\cdot 0+0\cdot 0]=5\times\frac{126}{15}=42.0$$

이 결과는 참값 12.1로부터 심하게 편향되어 있다. 그 이유는 중요부에 가중치가 더해졌기 때문이다. 이를 바로 잡으려면 가중치가 더해진 만큼 다시 없애주면 된다. 그 구체적인 방법은 표본을 추출할 때 사용했던 가중 확률로 결과값을 나누어주는 것이다.

$$G=(5-0)\times\frac{1}{15}\left[\frac{12\cdot 10}{\left(\frac{12}{15}\cdot 5\right)^{3)}}+\frac{3\cdot 2}{\left(\frac{3}{15}\cdot 5\right)}+0\cdot 0.1+0\cdot 0+0\cdot 0\right]=5\times\frac{36}{15}=12.0$$

이 방법의 유용성을 알아보기 위해, 의도했던 확률대로 표본이 추출되지 않고 구간 Ⅰ에 할당될 표본 중의 하나가 구간 Ⅴ에 할당된 경우를 다시 생각해 보자. 즉, 구간 Ⅰ에는 11개, 구간 Ⅱ에 3개, Ⅴ에 1개가 할당되었다면, 이 상태의 적분값은 다음과 같이 계산된다.

3) $\frac{12}{15}\cdot 5=p_i\cdot k=$ 분율×구간수

$$G=(5-0)\times\frac{1}{15}\left[\frac{11\cdot 10}{\left(\frac{12}{15}\cdot 5\right)}+\frac{3\cdot 2}{\left(\frac{3}{15}\cdot 5\right)}+0\cdot 0.1+0\cdot 0+\frac{1\cdot 0}{\left(\frac{0}{15}\cdot 5\right)}\right]=5\times\frac{33.5}{15}=11.17$$

표본 1개가 의도한 대로 추출되지 않았지만, $12.0-11.17\approx 0.83$ 으로 원래 결과값과는 큰 차이를 보이지 않는다(기본 몬테칼로 방법으로는 차이가 3.33이었음을 기억하라). 이런 결과는 전체 면적에 기여가 큰 중요부에 할당된 표본이 많기 때문에 생기는 것이다. 면적이 큰 부분이 여러 개의 표본들에 의해 평가되었기 때문에 면적이 작은 부분은 큰 영향을 미치지 못하게 된다. 만약 균등분포로부터 난수 표본을 뽑는다면, 전체 면적에 전혀 기여하지 못하는 구간 Ⅳ와 구간 V에도 표본이 할당된다. 가용한 표본의 개수가 제한되어 있다면 이런 부분에서 사용된 표본들은 낭비된 것이나 다름없기 때문에 분산이 커지게 된다.

시뮬레이션에서 입력값들은 결과에 큰 영향을 미친다. 입력은 난수 표본이다. 그러므로 결과는 "어떤 확률분포로부터 난수 표본들을 뽑는가"에 따라 그 정확성이 달라진다. 정확한 결과를 얻으려면 앞의 예에서 보인 것처럼 적분하려는 함수의 모양을 고려해서 중요부에 많은 표본들을 할당해야 한다. 균등분포에서 표본을 뽑는 방법으로는 중요부에 가중치를 줄 수 없다. 이 방법의 핵심은 추정하려는 함수 $g(x)$의 중요부에 많은 표본이 추출되도록 확률분포 $f(x)$를 선택하는 일이다. 이 함수를 중요부 함수(importance function)라고 한다.

9.3.2 중요부 표본추출법의 수학적 정의

중요부 표본추출법은 입력 난수 표본을 균등분포가 아닌 중요부 함수 $f(x)$로부터 추출한다. 중요부 함수는 다음 조건을 만족해야 한다.

1) $f(x)>0, \quad a\le x\le b$
2) $\int_a^b f(x)dx=1$
3) $f(x)$ 는 $g(x)$ 와 모양이 비슷해야 한다.

균등분포가 아닌 특정 확률분포로부터 표본을 뽑게 되면, 특정 영역에서 표본추출이 집중되어 편향된 결과를 얻게 된다. 이를 바로 잡으려면 다음과 같이 계산 조건을 바꿔야 한다.

$$G=\int_a^b g(x)dx=\int_a^b\frac{g(x)}{f(x)}f(x)dx=E\left[\frac{g(X)}{f(X)}\right] \tag{9.3.1}$$

이러한 수학적 조작은 $\frac{f(x)}{f(x)}=1$ 이기 때문에 가능하다. 식 (9.3.1)을 적용하면 계산에 포함되었던 가중치만큼 다시 나누어 주는 것이기 때문에 균등하지 않은 분포를 사용하는 데서 오는 편향을 없앨 수 있다.

식 (9.3.1)을 시뮬레이션으로 추정하는 방법은 다음과 같다. 선택된 중요부 함수 $f(x)$로부터 $X_1,\cdots,X_n$와 같이 n개의 표본들을 뽑아 그 값들을 식 (9.3.2)에 대입한다. 단, 표본들은 서로 독립적이어야 한다.

$$\hat{G}_{IS}=\frac{1}{n}\sum_{i=1}^{n}\frac{g(X_i)}{f(X_i)} \tag{9.3.2}$$

식 (9.3.2)로 구해진 추정치 $\hat{G}_{IS}$는 G의 불편추정치이다. 다음 증명을 보라.

$$\begin{aligned}
E\left(\hat{G}_{IS}\right)&=E\left[\frac{1}{n}\sum_{i=1}^{n}\frac{g(X_i)}{f(X_i)}\right]\\
&=\frac{1}{n}E\left[\sum_{i=1}^{n}\frac{g(X_i)}{f(X_i)}\right]\\
&=\frac{1}{n}\sum_{i=1}^{n}E\left[\frac{g(X_i)}{f(X_i)}\right]\\
&=\frac{1}{n}nE\left[\frac{g(X)}{f(X)}\right] \qquad (\because \text{by independence})\\
&=E\left[\frac{g(X)}{f(X)}\right]\\
&=\int_a^b\frac{g(x)}{f(x)}f(x)dx\\
&=G
\end{aligned} \tag{9.3.3}$$

추정치 $\hat{G}_{IS}$의 분산을 살펴보자.

$$\begin{aligned}
Var\left(\hat{G}_{IS}\right)&=Var\left[\frac{1}{n}\sum_{i=1}^{n}\frac{g(X_i)}{f(X_i)}\right]\\
&=\frac{1}{n^2}Var\left[\sum_{i=1}^{n}\frac{g(X_i)}{f(X_i)}\right]
\end{aligned}$$

$$\begin{aligned}
&= \frac{1}{n^2}\sum_{i=1}^{n} Var\left[\frac{g(X_i)}{f(X_i)}\right] \\
&= \frac{1}{n^2} nVar\left[\frac{g(X)}{f(X)}\right] \qquad (\because \text{by independence}) \\
&= \frac{1}{n}Var\left[\frac{g(X)}{f(X)}\right] \\
&= \frac{1}{n}\left\{E\left[\left(\frac{g(X)}{f(X)}\right)^2\right] - E^2\left[\frac{g(X)}{f(X)}\right]\right\} \\
&= \frac{1}{n}\left[\int_a^b \frac{g^2(x)}{f^2(x)} f(x)dx - G^2\right] \\
&= \frac{1}{n}\left[\int_a^b \frac{g^2(x)}{f(x)} dx - G^2\right]
\end{aligned} \tag{9.3.4}$$

이 식에서 $E^2\left[\frac{g(X)}{f(X)}\right] = \left[\int g(x)dx\right]^2 = G^2$이다. 식 (9.3.4)는 $Var\left(\hat{G}_{IS}\right) = \frac{Var(G)}{n}$의 형태이다. 여기서 분자항인 분산만 따로 쓰면

$$Var(G) = \int_a^b \frac{g^2(x)}{f(x)} dx - G^2 \tag{9.3.5}$$

이는 다음 식을 사용해서 표본으로부터 추정할 수 있다.

$$s^2_{\hat{G}_{IS}} = \frac{1}{n}s^2_G = \frac{1}{n}\left[\frac{1}{n-1}\sum_{i=1}^{n}\frac{g^2(X_i)}{f^2(X_i)} - \hat{G}^2_{IS}\right] \tag{9.3.6}$$

또는

$$s^2_{\hat{G}_{IS}} = \frac{1}{n}s^2_G = \frac{1}{n}\left\{\frac{1}{n-1}\left[\sum_{i=1}^{n}\frac{g^2(X_i)}{f^2(X_i)} - \frac{1}{n}\left(\sum_{i=1}^{n}\frac{g(X_i)}{f(X_i)}\right)^2\right]\right\} \tag{9.3.6'}$$

결국, $(1-\alpha)100\%$ 신뢰구간은 다음과 같은 형태로 얻어진다.

$$\hat{G}_{IS} \pm Z_{1-\frac{\alpha}{2}}\sqrt{Var\left(\hat{G}_{IS}\right)} \text{ 또는 } \hat{G}_{IS} \pm Z_{1-\frac{\alpha}{2}}\sqrt{\hat{s}^2_{\hat{G}_{IS}}}$$

9.3.3 표본추출을 위한 확률분포 선택

그림 9.3.2(a)에서 보는 것처럼, 표본추출을 위한 분포 $f(x)$는 함수 $g(x)$의 증가나 감소 경향을 잘 따라가는 형태를 선택해야 한다. 이런 경향을 보일 때 분산이 줄어드는 이유는 함수 $g(x)$ 자체의 변동폭보다는 $\frac{g(x)}{f(x)}$의 변동폭이 더 작기 때문이다. 만약에 그림 9.3.2(b)와 같이 반대의 경향을 갖는 표본추출함수를 선택하게 되면 분산이 더욱 커지는 역효과가 생긴다.

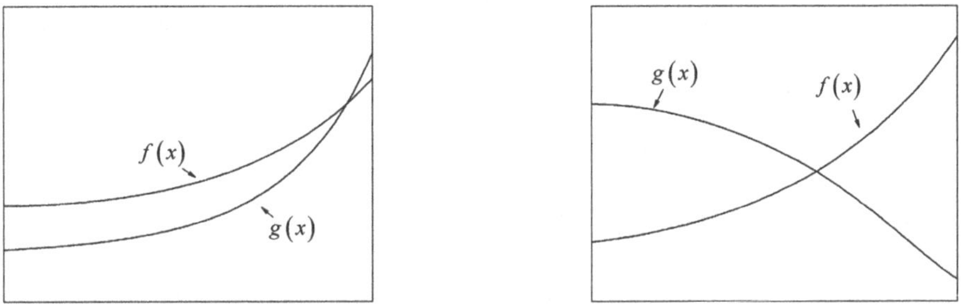

(a) 분산감소　　(b) 분산증가

[그림 9.3.2] $f(x)$의 선택에 의한 분산 의존성

분산을 최소화하려면 중요부 함수 $f(x)$가 다음 조건을 만족하도록 하면 된다. 단, $g(x)>0$ 이어야 한다.

$$f(x)=\frac{g(x)}{G} \tag{9.3.7}$$

이 식을 식 (9.3.4)에 대입하면 다음과 같이 분산이 0이 되는 것을 확인할 수 있다.

$$Var\left(\hat{G}_{IS}\right)=\frac{1}{n}\left\{\int_a^b \frac{g^2(x)}{\frac{g(x)}{G}}dx-G^2\right\}=\frac{1}{n}\left\{\left(\int_a^b g(x)dx\right)^2-G^2\right\}=0 \tag{9.3.8}$$

식 (9.3.7)을 사용해서 분산이 작아지는 $f(x)$를 선택하려면 G를 알아야만 한다. 이는 G에 대한 사전 정보가 있어야 함을 의미하지만 실제는 그렇지 못하다. 우리의 원래 목적이 G를 구하는 것이었음을 생각해 보라. 하지만 정확한 정보가 아니더라도 쓸모가 아주 없지는 않다. 모양이 비슷하면, 즉 $f(x)\approx g(x)$ 이라면 반드시 분산이 줄어들기 때문에, 현실적인 측면에서 $|g(x)|$ 와 비슷한 분포 $f(x)$

를 선택하면 충분하다. 이는 적분구간에서 $\frac{|g(x)|}{f(x)}$가 거의 일정하게 유지되는 함수가 분산감소에 좋다는 뜻이다.

중요부 함수 $f(x)$를 선택할 때는 표본추출에 어려움이 없는지 살펴봐야 한다. 특히 추정해야 될 함수 $|g(x)|$에 대한 정보가 없는 경우라면 더욱 그렇다. $f(x)$는 삼각분포함수처럼 가능한 단순해야 한다. 분산을 줄여서 정확성을 개선하는 것보다 표본추출에 들어가는 노력과 시간이 더 크다면 이 방법을 사용하는 이점이 없어지기 때문이다. 중요부 함수의 선택은 주어진 문제에 의존한다. 일반적으로 최적의 중요부 함수를 찾는 것은 어렵다. 게다가 중요부 표본추출법을 사용한다고 해서 반드시 분산이 감소된다는 보장도 없기 때문에 조심스러운 선택이 필요하다.

9.3.4 시뮬레이션 예(1)

$G=\int_0^\infty e^{-\frac{x^2}{2}}dx \approx 1.25331$를 95% 신뢰구간으로 추정하는 과정을 통해서 중요부 표본추출법에 대한 이해를 확실히 하자. 이 함수를 추정하는 방법은 이미 예제 8.2.4에서 다룬 바 있다. 여기서는 편의상 적분구간을 $0 \sim \infty$ 대신에 $0 \sim 5$로 국한하자.

단계 1: 먼저 추정하려는 함수와 비슷한 형태의 표본추출 또는 중요부 함수를 선정한다. 이 예에서는 3개의 표본추출함수를 선택하였다.

$f_0(x)=\frac{1}{b-a}$: 이는 균등분포함수$(a=0, b=5)$이다.

$f_1(x)=\frac{2(k-x)}{k^2}$: 이는 삼각형분포함수$(a=0, b=k=5, c=0)$이다.

$f_2(x)=\frac{e^{-x}}{1-e^{-k}}$: 이는 $x=k=5$에서 끝이 잘린(truncated) 지수분포함수이다.

그림 9.3.3에서 추정하려는 함수 $g(x)$와 표본추출함수 $f(x)$들의 모양을 보라. 함수 $f_1(x)$ 보다는 $f_2(x)$가 함수 $g(x)$에 더 가까운 모양이다. 따라서 $f_1(x)$ 보다는 $f_2(x)$로부터 표본을 추출하는 것이 분산감소효과가 더 클 것으로 예상된다. 하지만 $f_1(x)$의 경우도 최소한 추정하려는 함수 $g(x)$와 경향이 크게 다르지 않기 때문에 어느 정도의 분산감소효과를 기대할 수 있다. $f_0(x)$는 기본 몬테칼로 방법에서 사용하는 것이지만, 분산감소효과를 비교하기 위해서 선택하였다.

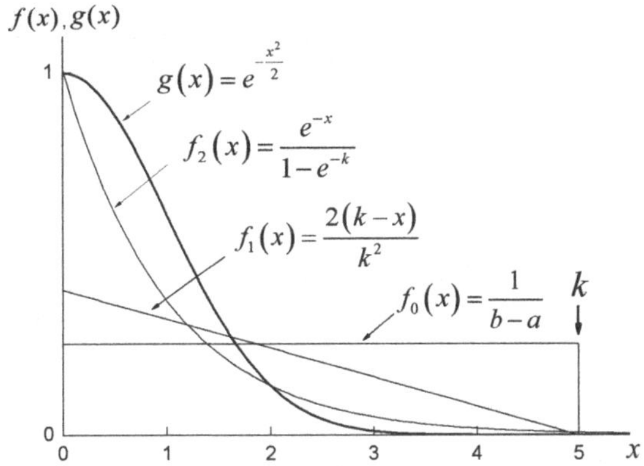

[그림 9.3.3] 추정하려는 함수와 표본추출함수의 모양

단계 2: 표본추출함수로부터 난수 표본을 만든다. 이런 형태의 함수들은 역변환법을 사용하는 것이 무난하다. 역변환법을 사용하려면 각 밀도함수들을 적분해서 분포함수부터 구해야 한다. 그 다음은 분포함수를 $F(x)=U$로 놓고 x에 대해서 푸는 것이다. 역변환법에 의한 난수를 만들기 위한 식들은 각각 다음과 같다. 여기서 $k=5$이다.

균등분포: $X_i = a+(b-a)U_i$

삼각형분포: $F(x)=1-\frac{(k-x)^2}{k^2}$ [4], $X_i = k-k\sqrt{1-U_i}$ [5]

지수분포: $F(x)=\frac{1-e^{-x}}{1-e^{-k}}$ [6], $X_i = -\ln\left[1-\left(1-e^{-k}\right)U_i\right]$ [7]

단계 3: 확률변수를 추출하고 이를 함수 $g(x)$에 대입하는 일을 반복한다. 식 (9.3.2)와 식 (9.3.6)을 통해서 추정치와 분산을 구한다.

단계 4: 신뢰구간을 계산한다.

4) 4장의 삼각형분포를 참고하라.

5) $F(x)=U$ 이므로 $(k-x)^2=k^2(1-U)$ 이다. x로 정리하면 $x=k-k\sqrt{(1-U)}$ 이다.

6) $F(x)=\int_0^x \frac{e^{-t}}{1-e^{-k}}dt=\frac{1}{1-e^{-k}}\left(e^{-t}\right)\Big|_0^x=\frac{1}{1-e^{-k}}\left(1-e^{-x}\right)$

7) $F(x)=\frac{1-e^{-x}}{1-e^{-k}}$. $F(x)=U$ 이므로 $\left(1-e^{-k}\right)U=1-e^{-x}$ 이다. 1을 이항하고 로그를 취하면 $x=-\ln\left[1-\left(1-e^{-k}\right)U\right]$가 된다.

$$\hat{G}_{IS} \pm Z_{1-\frac{\alpha}{2}} \sqrt{Var\left(\hat{G}_{IS}\right)}$$

다음 프로그램은 이를 계산하기 위한 것이다.

[프로그램 9.3.1] 중요부 표본추출법으로 $g(x) = \int_0^5 e^{-\frac{x^2}{2}} dx$ 적분값 구하기

```
#include "file_include.h"
#include "rnd_functions.cpp"
#include "tools.cpp"

const int MCS = 10000;                  //반복시행횟수

double gx(double x)                     //추정하려는 함수
{
        double gx;
                gx = exp(-x*x/2.0);
        return gx;
}

int main()
{
        randomize();                            //난수 초기화
        ofstream write_mydata("result.dat", ios::out);

        int i, n;
        double a, b, Z, error, u, x0, x1, x2, gx1, fx1, gx2, fx2;
        double gxfx0[MCS], gxfx1[MCS],gxfx2[MCS];

        Z = 1.960;                              //Two-sided interval at 95% confidence level
        n = MCS;                                //반복시행횟수

        a = 0.0;                                //적분하한
        b = 5.0;                                //적분상한


        for(i=0; i<n; i++)
        {
                u = rnd();
                //////////기본 표본추출법
                x0 = a + (b - a) * u;

                gxfx0[i] = (b-a) * gx(x0);

                //////////삼각형분포를 사용한 중요부 표본추출법
                x1 = b - b*sqrt(1 - u);

                gx1 = gx(x1);
                fx1 = 2*(b - x1) / (b*b);

                gxfx1[i] = gx1 / fx1;

                //////////Exp(-x)분포를 사용한 중요부 표본추출법
```

```
            x2 = -log(1 - (1 - exp(-b)) * u);

            gx2 = gx(x2);
            fx2 = exp(-x2) / (1 - exp(-b));

            gxfx2[i] = gx2 / fx2;
        }
        cout<<"CR(uni): "<<Mean(gxfx0,n)<<"  "<<Var(gxfx0,n)<<endl;
        cout<<"IS(tri): "<<Mean(gxfx1,n)<<"  "<<Var(gxfx1,n)<<endl;
        cout<<"IS(exp): "<<Mean(gxfx2,n)<<"  "<<Var(gxfx2,n)<<endl;

        //confidence interval when f2(x)
        error = Z * sqrt(Var(gxfx0,n)/n);
        cout<<"[ "<<Mean(gxfx2,n)-error<<"; "<<Mean(gxfx2,n)+error<<" ]"<<endl;

        write_mydata.close();

            return 0;
}
```

그림 9.3.4는 실제 시뮬레이션 예로서, $n = 50$번의 반복시행 동안 계산된 $g(x)$값을 나타낸 것이다. 표본추출함수의 선택에 따라 분산이 달라지는 것을 확인할 수 있다. 균등분포보다는 삼각형분포로부터, 삼각형분포보다는 지수분포로부터 표본을 추출했을 때가 기댓값에 가까운 추정치들이 얻어진다.

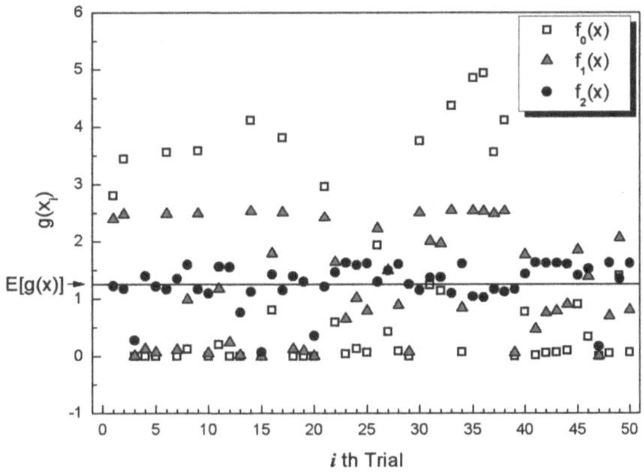

[그림 9.3.4] 중요부 표본추출법: 표본추출분포에 따른 분산감소의 효과

표본추출함수의 선택이 분산에 미치는 영향을 강조하기 위해서, 각각의 경우 95% 신뢰구간을 시뮬레이션으로 구하였다. 시뮬레이션은 각각 3회씩 수행되었고 매 시뮬레이션에서 반복시행횟수는 n =10,000이었다. 그 결과를 표 9.3.1에 나타내었다. 오차 계산에 필요한 검정통계치는 $Z_{1-\frac{\alpha}{2}} = 1.960$ 이다.

[표 9.3.1] 시뮬레이션 결과: 중요부 표본추출법에 의한 분산감소효과

방법	시뮬레이션 번호	$\hat{G}$	s_G^2	$\sqrt{Var(\hat{G})} = \frac{s_G}{\sqrt{n}}$	95% CI
기본 MC	1	1.2463	2.8833	0.0169	1.2130; 1.2796
	2	1.2474	2.8754	0.0170	1.2141; 1.2806
	3	1.2400	2.8345	0.0168	1.2070; 1.2730
삼각형분포	1	1.2361	0.9452	0.0097	1.2170; 1.2552
	2	1.2486	0.9536	0.0097	1.2294; 1.2677
	3	1.2560	0.9563	0.0098	1.2368; 1.2751
지수분포	1	1.2513	0.1488	0.0039	1.2438; 1.2589
	2	1.2554	0.1481	0.0038	1.2478; 1.2629
	3	1.2559	0.1482	0.0038	1.2483; 1.2634

추정하려는 함수와 모양이 비슷한 표본추출함수를 선택할수록 분산감소 비율은 다음과 같이 커진다.

삼각형분포의 경우: $\dfrac{Var(G_{CR})}{Var(G_{IS\_tri})} = \dfrac{2.8644}{0.9517} \approx 3.0$

지수분포의 경우: $\dfrac{Var(G_{CR})}{Var(G_{IS\_\exp})} = \dfrac{2.8644}{0.1484} \approx 19.3$

따라서 동일한 반복시행횟수를 적용하더라도 좁은 신뢰구간이 얻어지는 것을 확인할 수 있다. 그림 9.3.5를 보라.

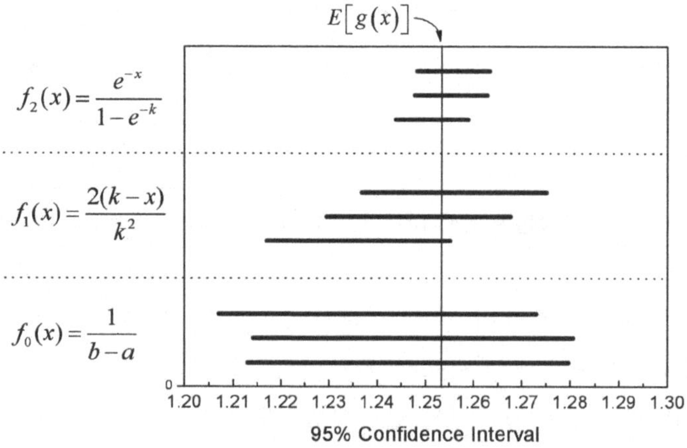

[그림 9.3.5] 표본추출함수 선택에 따른 분산의 변화

9.3.5 시뮬레이션 예(2)

지금까지는 추정하려는 함수와 모양이 비슷한 표본추출함수를 선택하는 데에만 집중해 왔다. 만약 추정하려는 함수에 대한 정보가 없다면 어떻게 중요부 표본추출법을 적용할 수 있을까? 실제 우리가 시뮬레이션으로 풀어야 할 문제들 대부분은 간단하지 않기 때문에 함수의 모양을 아는 것이 쉽지 않다. 이 예에서 다루는 방법은 추정하려는 함수에 대한 정보가 없어도, 그리고 표본추출함수를 선택하는 데 별 다른 고민을 하지 않고도 분산을 줄일 수 있는 방법이다. 그 요점은 층별 표본추출법의 개념을 변형하는 것이다.

먼저, 적분 영역을 몇 개의 구간으로 나눈다. 각 구간의 중간에 해당하는 함수값을 계산해서 추정하려는 함수의 대략적인 모양을 파악한다. 그 다음은 기본 몬테칼로 표본평균법과 동일한 과정을 거친다. 단, 개별구간이 선택되는 확률은 각 구간의 함수값의 비율에 따라서 결정된다. 그 핵심은 전체 면적에 기여가 큰 구간에서는 표본이 자주 추출되도록 하는 것이다. 따라서 표본추출분포를 결정하는 데 고민할 필요가 없다.

층별 표본추출법과 다른 점은 개별구간에서의 추정치나 분산을 계산하지 않는다는 것이다. 구간이 나뉘어져 있음에도 불구하고, 표본은 적분영역 전구간에 걸쳐서 추출되기 때문에 구간 정의가 층별 표본추출법처럼 엄격한 것은 아니다. 구간은 단지 가상의 것으로써, 추정하려는 함수의 모양에 따라 표본추출확률을 결정하기 위한 수단일 뿐이다. 전체 적분영역에서 부분적으로 표본추출확률이 다르기 때문에 추정치에 편향이 생기게 된다. 따라서 시행마다 결과값에 포함된 가중 확률을 다시 나누어 주는 과정이 필요하다. 다음 문제를 풀면서 자세한 절차를 알아보자.

$$G = \int_{-1}^{2} e^{-x} dx$$

해석적으로 적분값과 분산을 구하면 다음과 같다.

$$G = \int_{-1}^{2} e^{-x} dx = -e^{-x}\Big|_{x=-1}^{x=2} = e - e^{-2} \approx 2.5829$$

$$\sigma_G^2 = 3\int_{-1}^{2} e^{-2x} dx - G^2 = -\frac{1}{2} e^{-2x}\Big|_{x=-1}^{x=2} - G^2 = \frac{3}{2}\left(e^2 - e^{-4}\right) - G^2$$

$$= 11.0561 - 2.5829^2 \approx 4.3847$$

단계 1: 적분구간 $(b-a)$를 일정한 간격 $i=1,\cdots,k$ 로 나눈다. 잘게 나눌수록 정확한 결과를 얻는다. 여기서는 6개 구간으로 나누었다. 즉, $k=6$ 이다.

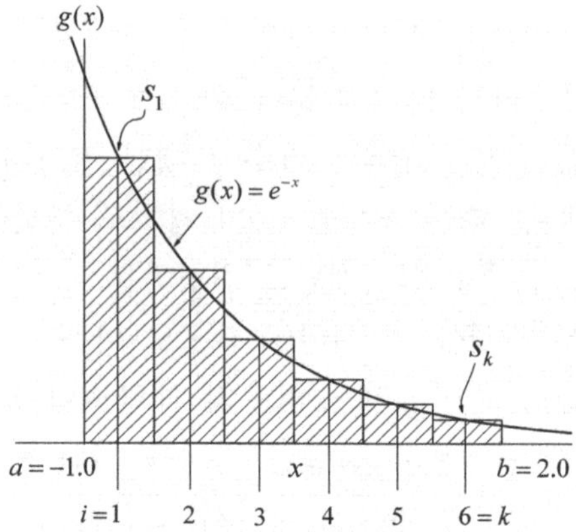

[그림 9.3.6] 층별 표본추출법을 응용한 중요부 표본추출법

단계 2: 각 구간의 중간에 해당하는 변수를 함수에 대입해서 함수값 s_i 들과 그 누적값을 계산한다.

구간 너비: $h = \dfrac{b-a}{k} = \dfrac{2-(-1)}{6} = 0.5$

구간의 중간값: $x_i = a + i\left(\dfrac{b-a}{k}\right) = a + (i)(h)$

구간 중간의 함수값: $s_i = g(x_i) = \exp(-x_i)$

구간별 표본추출확률: $p_i = \dfrac{\sum_{1}^{i} s_i}{\sum_{i=1}^{k} s_i} - \dfrac{\sum_{1}^{i-1} s_i}{\sum_{i=1}^{k} s_i}$

i	x_i	$s_i = \exp(-x_i)$	$\sum_{1}^{i} s_i$	$\sum_{1}^{i} s_i \Big/ \sum_{i=1}^{k} s_i$	p_i
1	−0.75	2.117	2.117	0.414	0.414
2	−0.25	1.284	3.401	0.665	0.251
3	0.25	0.779	4.180	0.817	0.152
4	0.75	0.472	4.652	0.910	0.093
5	1.25	0.287	4.939	0.966	0.056
6	1.75	0.174	5.113	1.000	0.034

단계 3: 무작위로 구간 하나를 임시로 선택한다. 그 방법은 난수 $U_1 = U(0,1)$ 를 추출한 다음 $U_1 \times \sum_{i=1}^{k} s_i$ 로 계산하면 가능하다. 예로서 $U_1 = 0.821$ 이라면,

$$U_1 \times \sum_{i=1}^{k} s_i = 0.821 \times 5.113 = 4.198$$

이는 3번째 구간에 해당된다. 이것으로 난수의 선택이 끝난 것이 아니다. 이 난수의 채택 여부는 그 구간이 전체 면적에 기여하는 비율에 따라 결정된다. 이러한 채택 확률은 조건 $\sum_{1}^{i} s_i \ < \ U_1 \times \sum_{i=1}^{k} s_i$ 이 만족되는 구간 i 를 찾으면 된다. 예를 들어, 난수 $U_1 = 0.821$ 일 경우 3번째 구간에 해당되고, 3번째 구간의 누적값인 $\sum_{1}^{i} s_i = 4.180$ 보다 크기 때문에

$$\sum_{1}^{i} s_i = 4.180 \ < \ U_1 \times \sum_{i=1}^{k} s_i = 4.198$$

조건이 만족된 것이다. 따라서 이 난수는 3번째 구간에 채택된 것이다. 만약 이 조건이 만족되지 않으면, 다른 난수를 추출해서 구간 i 를 다시 정하고 그 구간이 채택될 확률이 만족되는지 조사한다. 이 과정을 위 조건이 만족될 때까지 반복한다.

이 구간이 선택될 확률은 $0.817 - 0.665 = 0.152$ 이다.

$$p_3 = \frac{\sum_{1}^{3} s_i}{\sum_{i=1}^{6} s_i} - \frac{\sum_{1}^{3-1} s_i}{\sum_{i=1}^{6} s_i} = \frac{4.180}{5.113} - \frac{3.401}{5.113} \approx 0.152$$

단계 4: 선택된 구간 내에서 균등분포로부터 난수 $U_2 = U(0,1)$ 를 발생시킨다. 이 난수를 다음 식을 써서 확률변수 X_j 로 변환한다.

$$X_j = x_i - \frac{h}{2} + (U_2)(h)$$

예로서 3번째 구간에서 $U_2 = 0.6$ 라면, $X_j = 0.25 - \frac{0.5}{2} + (0.6)(0.5) = 0.3$ 이다.

이를 함수에 대입하면 $s_j = \exp(-X_j) = \exp(0.3) \approx 1.350$ 이다. 여기서 j는 j번째 반복시행을 의미하는 것으로써 $j = 1, \cdots, n$ 이다.

단계 5: 표본추출과정에서 가중된 확률만큼 결과값에 반영한다.

$$g(s_j) = \frac{s_j}{p_i \times k}$$

예로서 3번째 구간에서 무작위로 선택된 확률변수가 $s_j = 1.350$ 이었다면

$$g(s_j) = \frac{1.350}{0.152 \times 6} \approx 1.480$$

단계 6: 단계 3 ~ 5를 n만큼 반복한다.

단계 7: 평균값과 분산을 계산한다.

$$\hat{G}_{IS} = (b-a)\frac{1}{n}\sum_{j=1}^{n} g(s_j)$$

$$s_G^2 = (b-a)^2 \frac{1}{n-1}\left[\sum_{j=1}^{n} g^2(s_j) - \frac{1}{n}\left(\sum_{j=1}^{n} g(s_j)\right)^2\right]$$

$$s_{\hat{G}_{IS}}^2 = \frac{s_G^2}{n}$$

다음 프로그램을 참고하기 바란다.

[프로그램 9.3.2] 중요부 표본추출법으로 $g(x) = \int_{-1}^{2} e^{-x} dx$ 추정하기

```
#include "file_include.h"
#include "rnd_functions.cpp"
#include "tools.cpp"

const int MCS = 10000;                              //반복시행횟수
const int K = 6;                                    //구간수

double gx(double x)                                 //추정하려는 함수
{
          double gx;
                    gx = exp(-x);
          return gx;
}

int main()
```

```
{
        randomize();                              //난수 초기화
        ofstream write_mydata("result.dat", ios::out);

        int i, j, n;
        double a, b, h, xi, pi, Z, error;
        double intvl_xMid[K], sMid[K], cum_sMid[K], gxfx[MCS];
        double sum_sMid=0, choice_intvl=0;

        n = MCS;                                  //반복시행횟수
        Z =1.960;                                 //95% confidence

        a = -1.0;                                 //적분하한
        b = 2.0;                                  //적분상한

        h = (b - a) / K;                                           //구간 너비

        for(i=0; i<K; i++) cum_sMid[i] = 0;                        //구간별 누적치 초기화


        //함수 모양 파악을 위한 구간별 함수값 계산
        for(i=0; i<K; i++)
        {
                intvl_xMid[i] = a + (b-a) * (double)i/K + h/2;     //구간 중간값

                sMid[i] = gx(intvl_xMid[i]);                       //구간 중간함수값

                sum_sMid += sMid[i];                               //구간별 함수값 누적
                cum_sMid[i] = sum_sMid;
        }

        for(j=0; j<n; j++)
        {
                choice_intvl = sum_sMid * rnd();    //임의의 구간 하나를 선택하기 위해서

                i = 0;                              //단, 확률에 비례해서 구간 선택
                do
                {
                        i++;
                }
                while(cum_sMid[i-1] < choice_intvl);
                i = i - 1;                            //i 루프는 0 에서부터 시작했으므로

                xi = (intvl_xMid[i] - h/2) + rnd() * h;//선택된 구간 내에서 임의의 변수 선택

                pi = sMid[i] / sum_sMid;              //선택된 구간의 확률

                write_mydata<<i+1<<endl;
                gxfx[j] = (b-a)*gx(xi) / (pi * K);    //함수값 계산(확률가중에 의한 편향제거)
        }
        error = Z * sqrt(Var(gxfx,n)/n);
        cout<<Mean(gxfx,n)-error<<"  "<<Mean(gxfx,n)+error<<endl;

        write_mydata.close();

        return 0;
}
```

이 경우에는 구간수 증가에 따른 분산감소효과가

$$\frac{Var\left(\hat{G}_{CR}\right)}{Var\left(\hat{G}_{IS}\right)} \propto k^1 \tag{9.3.9}$$

으로, k^2 에 비율로 감소하는 층별 표본추출법[식 (9.2.24)]보다 좋지는 않다. 프로그램을 사용해서 확인해 보기 바란다.

9.4 공통난수법(Common Random Numbers)

두 확률변수 X 와 X^*[8]의 차이는 새로운 확률변수 X_{CRN} 가 된다.

$$X_{CRN} = X - X^* \tag{9.4.1}$$

이 새로운 변수의 기댓값과 분산은 각각 다음과 같다.

$$E(X_{CRN}) = E\left(X - X^*\right) = E(X) - E\left(X^*\right) \tag{9.4.2}$$

$$Var(X_{CRN}) = Var(X) + Var\left(X^*\right) - 2Cov\left(X, X^*\right) \tag{9.4.3}$$

만약 X 와 X^* 가 서로 독립적이라면 $Cov\left(X, X^*\right) = 0$ 이므로, 식 (9.4.3)은 식 (9.4.4)로 줄여 쓸 수 있다.

$$Var(X_{CRN}) = Var(X) + Var\left(X^*\right) \tag{9.4.4}$$

하지만 두 변수들 간에 상관관계가 존재한다면 식 (9.4.4)는 성립하지 않는다. 만약 상관관계가 '양'이라면, 즉 공분산이 $Cov\left(X, X^*\right) > 0$ 이라면, 전체 분산은 공분산의 크기에 비례해서 줄어든다.

$$Var(X_{CRN}) \le Var(X_{CR}) \tag{9.4.5}$$

---

8) X^* 의 위 첨자는 미분 기호가 아니다. 단지, X 와 '비슷한 실험환경'에 놓인 확률변수란 의미에서 둘을 구분하기 위한 것이다.

식 (9.4.5)에서 $Var(X_{CR})$ 는 상관관계가 없는 경우의 분산을 의미한다.

공통변수법의 특징은 분산을 줄이기 위해서 시뮬레이션에 '양'의 상관관계를 도입한다는 점이다. 두 변수 X 와 X^* 가 양의 상관관계를 갖도록 하는 것은 간단하다. 변수 X 를 계산하는 데 사용되었던 난수를 변수 X^* 를 계산하는 데에도 사용하면 된다. 즉 어떤 시뮬레이션의 i 번째 시행에서, 확률변수 X 를 계산하기 위해 난수 $U_i \sim U(0,1)$ 을 사용했다면, 확률변수 X^* 도 그것과 같은 난수 U_i 를 사용하여 계산한다. 그러면 이들 변수끼리는 양의 공분산을 갖게 된다. 하지만 이는 정확한 표현이 아니다.

일반적으로 입력변수들 간에 상관관계가 있다고 해서 출력변수들이 반드시 상관관계를 갖는다는 보장은 없다. 상관관계는 출력변수를 어떻게 만드는지에 따라 달라진다. 다행히도 역변환법을 사용하면 단조함수의 특성 때문에 두 변수 사이에는 상관관계가 만들어진다. 역변환법에서는 입력변수를 출력변수로 변환하기 위해서 분포함수의 역함수 F^{-1} 를 사용하는데 이 함수가 단조함수의 특성을 갖기 때문이다(Wilson, 1983; Fishman, 2000). 따라서 출력변수 X 와 X^* 를 만들 때, 동일한 난수 U_i 를 각각의 역변환법에 적용하면, 두 변수 사이에는 '양'의 상관관계 $Cov(X,X^*) > 0$ 가 만들어진다.

$$X \leftarrow F^{-1}(U_i)$$
$$X^* \leftarrow F^{*-1}(U_i)$$

예제 9.4.1

변수 $X = g(x) = x^2$ 이고, 변수 $X^* = g^*(x) = x^3$ 이다. 두 변수의 차이를 추정하려고 한다. 단, 시뮬레이션에 사용되는 난수는 표준균등분포에서 추출한다. 즉 $U \sim U(0,1)$ 를 사용한다. 두 변수 간에 상관관계를 도입하면 분산이 얼마나 줄어드는지 계산해 보라.

풀이 1 (상관관계가 없는 경우): 이 경우는 $Cov(X,X^*) = 0$ 이므로

$$\begin{aligned} Var(X - X^*) &= Var(X) + Var(X^*) = Var(x^2) + Var(x^3) \\ &= Var(U^2) + Var(U^3) \approx 0.0889 + 0.0804 \simeq 0.1693 \end{aligned}$$

$$\because Var(U^2)=E(U^4)-E^2(U^2)=\frac{1}{5}-\left(\frac{1}{3}\right)^2 \simeq 0.0889$$ 9)

$$Var(U^3)=E(U^6)-E^2(U^3)=\frac{1}{7}-\left(\frac{1}{4}\right)^2 \simeq 0.0804$$

풀이 2 (상관관계가 있는 경우): 이 경우는 $Cov(X, X^*)$를 계산해야 한다.

$$\begin{aligned}Var(X-X^*) &= Var(U^2)+Var(U^3)-2Cov(U^2,U^3)\\ &\approx 0.0889+0.0804-2(0.0833)\approx 0.0027\\ &\because Cov(U^2,U^3)=E(U^2U^3)-E(U^2)E(U^3)\\ &\qquad =\frac{1}{6}-\left(\frac{1}{3}\right)\left(\frac{1}{4}\right)\simeq 0.0833\end{aligned}$$

따라서 공통난수법을 적용하면 분산을 98.4%까지 줄일 수 있다.

$$\frac{Var(X_{CR})-Var(X_{CRN})}{Var(X_{CR})}=\frac{0.1693-0.0027}{0.1693}\times 100\% = 98.4\%$$

공통난수법은 두 시뮬레이션 모델(또는 시스템) 간의 차이를 비교하는 데 유용하게 사용될 수 있다. 두 모델 중의 어느 하나에 작은 변화를 주고 그로 인해서 결과가 달라지는지 알기를 원한다고 하자. 작은 변화만 도입되었기 때문에 이 두 모델들은 '비슷한 실험환경'에 놓여 있다고 봐도 좋다. 따라서 시뮬레이션 후의 결과에서 차이가 발견되었을 때, 그 차이가 실제 도입된 변화 때문에 나타난 것인지 아니면 비슷한 실험환경에 포함된 통계적 요동 때문인지 구분하기 힘들 수도 있다. 다음의 예제를 보자.

예제 9.4.2

어떤 시뮬레이션 모델 $g(x, y)=kx^2y$ 가 있다. k 에 변화를 주고 그 효과를 알아보려고 한다. 이를 위해서 $k_A=1.00$ 와 $k_B=1.05$ 로 다르게 해서 모델 A와 B로 구분했다. $G_A=g(x,y)=x^2y$; $G_B=g^*(x,y)=1.05x^2y$. 이는 두 모델 사이에

9) $E(U^k)=\int_0^1 U^k du=\frac{1}{k+1}$ 이다. 예를 들어, $E(U^2)=\frac{1}{3}$ 이고, $E(U^3)=\frac{1}{4}$ 이다.

0.05만큼의 변화가 도입되었다는 의미다. 만약 기본 몬테칼로 방법을 적용하여 어떤 차이가 관찰되었다면, 그것이 도입된 변화로 인해 나타나는 것인지 아니면 통계적 요동에 의해 나타나는 것인지 구분할 수 있는가? 만약 구분할 수 없다면 공통난수법을 적용하는 경우에는 구분이 가능한가? 단, 확률변수들은 역변환법에 의해 만들어지는데 각기 $X \leftarrow U \sim U(0,1)$ 와 $Y \leftarrow V \sim U(0,1)$ 으로 정의된다고 하자.

풀이 + 두 가지 방법이 가능하다. 하나는 각 모델에 대한 추정치와 분산을 따로 구해서 그 차이를 알아보는 것이고(방법 1: 이는 두 모델이 독립적이므로 상관관계가 없는 경우이다), 다른 하나는 두 모델의 차이에 대한 추정치와 분산을 구해서 차이를 알아보는 것(방법 2: 이는 두 모델 간에 상관관계가 도입되는 경우다)이다.

<u>방법 1(상관관계가 없는 경우)</u>: 모델 A와 B의 기댓값과 분산을 따로 계산한 후에 그 차이를 구한다. 먼저, 모델 A와 B에 대해 각각 n번의 반복시행으로 이루어진 시뮬레이션을 하는 경우를 해석적으로 계산해 보면(독립적인 시행이므로 i번째 시행에서 $U_{A,i} \neq U_{B,i}$ 이고 $V_{A,i} \neq V_{B,i}$ 임을 주목하라),

모델 A:

$$G_A = E\left(\overline{G}_A\right) = E\left(\frac{1}{n}\sum_{i=1}^{n} U_{A,i}^2 V_{A,i}\right) = \frac{1}{n}E\left(\sum_{i=1}^{n} U_{A,i}^2 V_{A,i}\right) = \frac{1}{n}nE\left(U_A^2 V_A\right)$$

$$= E\left(U_A^2 V_A\right) = \int_0^1 \int_0^1 U^2 V dU dV = \frac{1}{6}$$

$$Var\left(\overline{G}_A\right) \approx s_{\overline{G}_A}^2 = Var\left(\frac{1}{n}\sum_{i=1}^{n} U_{A,i}^2 V_{A,i}\right) = \frac{1}{n^2}Var\left(\sum_{i=1}^{n} U_{A,i}^2 V_{A,i}\right) = \frac{1}{n}Var\left(U_A^2 V_A\right)$$

$$= \frac{1}{n}\left[E\left(U^4 V^2\right) - E^2\left(U^2 V\right)\right] = \frac{1}{n}\left[\frac{1}{15} - \left(\frac{1}{6}\right)^2\right] = \frac{1}{n}\left(\frac{7}{180}\right)$$

모델 B:

$$G_B = E\left(\overline{G}_B\right) = 1.05E\left(U_B^2 V_B\right) = \frac{1}{6}(1.05)$$

$$Var\left(\overline{G}_B\right) \approx s_{\overline{G}_B}^2 = \frac{1}{n}\left[(1.05)^2 Var\left(U_B^2 V_B\right)\right] = \frac{1}{n}\left[\frac{7}{180}(1.05)^2\right].$$

결국, 두 모델 간의 추정치 차이와 분산을 계산하면 다음과 같다(이 경우 공분산은 0이다).

$$\Delta G = |G_A - G_B| = \left|\frac{1}{6} - \frac{1.05}{6}\right| \approx 0.00833$$

$$Var(\Delta G) = Var(G_A) + Var(G_B) = \frac{1}{n}\left[\frac{7}{180} + \frac{7(1.05)^2}{180}\right] \approx \frac{0.08176}{n}$$

<u>방법 2(상관관계가 도입된 경우)</u>: 모델 A와 B의 차이 $\Delta G = |G_A - G_B|$ 에 대한 기댓값과 분산을 구한다. 먼저 해석적으로 계산해 보자(이 경우에는 공통난수를 사용하므로 i 번째 시행에서 $U_{A,i} = U_{B,i} = U_i$ 이고 $V_{A,i} = V_{B,i} = V_i$ 이다).

$$\begin{aligned}\Delta G = E\left(\overline{\Delta G}\right) &= E\left(\frac{1}{n}\sum_{i=1}^{n}|G_{A,i} - G_{B,i}|\right) = \frac{1}{n}E\left(\sum_{i=1}^{n}\left|U_i^2V_i - 1.05U_i^2V_i\right|\right)\\ &= E\left(\left|U^2V - 1.05U^2V\right|\right) = E\left(0.05U^2V\right) = \frac{0.05}{6} \approx 0.00833\end{aligned}$$

이 경우에는 동일한 난수 사용으로 인해 공분산이 도입되었기 때문에, 추정치 차이의 분산은 다음과 같이 줄어든다.

$$\begin{aligned}Var\left(\overline{\Delta G}\right) \approx s_{\overline{\Delta G}}^2 &= Var\left(\frac{1}{n}\sum_{i=1}^{n}|G_{A,i} - G_{B,i}|\right) = \frac{1}{n^2}Var\left(\sum_{i=1}^{n}\left|U_i^2V_i - 1.05U_i^2V_i\right|\right)\\ &= \frac{1}{n}Var\left(U^2V - 1.05U^2V\right) = \frac{1}{n}Var\left(0.05U^2V\right)\\ &= \frac{1}{n}\left[E\left(0.05^2U^4V^2\right) - E^2\left(0.05U^2V\right)\right] = \frac{1}{n}\left[\frac{0.05^2}{15} - \left(\frac{0.05}{6}\right)^2\right]\\ &= \frac{1}{n}\left[\frac{7}{180}(0.05)^2\right] \approx \frac{0.0000972}{n}\end{aligned}$$

참고로 공분산을 따로 구해서 식 (9.4.3)으로 계산해도 같은 결과를 얻을 수 있다.

$$\begin{aligned}Var\left(\overline{\Delta G}\right) &= \frac{1}{n}\left[Var(G_A) + Var(G_B) - 2Cov(G_A, G_B)\right]\\ &= \frac{1}{n}\left\{\frac{7}{180} + \frac{7}{180}(1.05)^2 - 2\left[\frac{7}{180}(1.05)\right]\right\} \approx \frac{0.0000972}{n}\end{aligned}$$

$$\begin{aligned}Cov(G_A, G_B) &= E\left(1.05U^4V^2\right) - E\left(1.05U^2V\right)E\left(U^2V\right)\\ &= \frac{1.05}{15} - \frac{1.05}{36} = \frac{7}{180}(1.05)\end{aligned}$$

지금까지의 계산결과를 요약하면 다음 표와 같다.

	$E(\Delta G)$ 또는 $E(\overline{\Delta G})$	$Var(\Delta G)$ 또는 $Var(\overline{\Delta G})$	비고
방법 1	0.00833…	0.08176…	$Var(G_A)+Var(G_B)$
방법 2	0.00833…	0.0000972…	$Var(G_A)+Var(G_B)$ $-2Cov(G_A, G_B)$

두 모델 간에 0.00833 만큼의 차이가 있다고 해서 변화 도입으로 인한 차이가 있는 것으로 결론내릴 수 있는가? 방법 2는 가능하지만 방법 1은 경우에 따라서는 불가능할 수도 있다. 그 이유를 살펴보자.

시뮬레이션 결과로부터 어떤 결론을 내릴 때는 다음과 같이 오차를 고려해서 신뢰구간의 형태로 나타내어야 한다. 일반적으로 반복시행횟수 n은 크기 때문에 정규분포를 사용할 수 있다.

$$\Delta G \pm z_{1-\frac{\alpha}{2}}\sqrt{\frac{S_{\Delta G}^2}{n}}$$

예를 들어 $n=100$이고 신뢰수준 95%라면, 시뮬레이션 방법에 따른 신뢰구간은 각각 다음과 같다.

$$\text{방법 1:}\quad 0.00833 \pm 1.960\sqrt{0.08176/100} = 0.00833 \pm 0.05604$$

$$\text{방법 2:}\quad 0.00833 \pm 1.960\sqrt{0.0000972/100} = 0.00833 \pm 0.00193$$

방법 1의 경우에는 신뢰구간이 '0'을 포함하고 있다. 어떤 값에서 다른 어떤 값을 뺀 것이 '0'이라는 의미는 서로 차이가 없다는 것이다. 따라서 '주어진 신뢰수준 내에서 모델 A와 B의 차이가 유의하다'고 결론내릴 수 없다. 하지만 방법 2의 경우는 다르다. 이 결과는 신뢰구간에 '0'이 포함되어 있지 않다. 따라서 '주어진 신뢰수준 내에서 모델 A와 B의 차이가 유의하다'고 결론내릴 수 있다.

만약 반복시행횟수가 $n=10,000$으로 늘어난다면 오차가 줄어들기 때문에, 방법 1의 경우에도

$$0.00833 \pm 1.960\sqrt{0.08176/10000} = 0.00833 \pm 0.005604$$

으로 신뢰구간에 '0'이 포함되지 않는다. 따라서 관찰된 차이가 유의하다는 결론

을 내릴 수 있게 된다. 이 비교로부터 분산축소기법을 사용하면 반복시행을 적게 하고도 정확한 결론을 내릴 수 있음을 알 수 있다. 다음 프로그램은 예제 9.4.2를 확인하기 위한 것이다. 참고하기 바란다.

[프로그램 9.4.1] 두 모델 간의 차이 시뮬레이션(기본 MC vs. 공통난수법)

```
#include "file_include.h"
#include "rnd_functions.cpp"
#include "tools.cpp"

const int MCS = 10000;

//simulation model A
double fa(double x, double y)
{
        return x * x * y;
}

//simulation model B
double fb(double x, double y)
{
        return 1.05 * x * x * y;
}

// Monte Carlo simulation
int main()
{
        int i, n;
        double xa[MCS], ya[MCS], xb[MCS], yb[MCS], ga[MCS], gb[MCS], gcrn[MCS];

        randomize();

        n = MCS;

        // 1. main simulation
        for(i=0; i<n; i++)
        {
                //Crude simualtion method
                xa[i] = Uni_Real_rnd(0,1);
                ya[i] = Uni_Real_rnd(0,1);
                ga[i] = fa(xa[i],ya[i]);   //model A

                xb[i] = Uni_Real_rnd(0,1);
                yb[i] = Uni_Real_rnd(0,1);
                gb[i] = fb(xb[i],yb[i]);   //model B

                //CRN(with correlation) method
                gcrn[i] = fabs(fa(xa[i],ya[i]) - fb(xa[i],ya[i]));       //Ga-Gb
                //Or, gcrn[i] = fabs(fa(xb[i],yb[i]) - fb(xb[i],yb[i])); //Ga-Gb
        }

        // 2. Display Results
        cout<<"Ga:  "<<Mean(ga,n)<<"   "<<Var(ga,n)<<endl;
        cout<<"Gb:  "<<Mean(gb,n)<<"   "<<Var(gb,n)<<endl;
        //Without correlation(Crude MC)
        cout<<"Gb-Ga(Crude): "<<Mean(gb,n)-Mean(ga,n)<<"  "<<Var(ga,n)+Var(gb,n)<<endl;
```

```
        //with correlation(Common Random Numbers)
        cout<<"Gb-Gb(CRN)  : "<<Mean(gcrn,n)<<"   "<<Var(gcrn,n)<<endl;

        return 0;
}
```

그림 9.4.1와 그림 9.4.2는 이 프로그램을 약간 변형시켜서 얻은 시뮬레이션 결과들이다. 시뮬레이션은 두 가지 방법으로 수행되었다. 한 가지 방법은 각각의 모델을 독립적으로 시뮬레이션한 것이고, 다른 한 가지는 공통난수법(두 모델 간에 상관관계를 도입)을 적용한 것이다. 두 가지 방법 모두 $n=100$ 의 시행으로 이루어져 있다.

공통난수법을 적용하면 양의 상관관계를 얻을 수 있음을 그림 9.4.1에서 확인할 수 있다. 그림에서 흰색과 검은색 원은 매 시행에서 계산된 두 모델의 결과값 $G_{A,i}$ 와 $G_{B,i}$ 를 산포도로 나타낸 것이다. 독립적으로 두 모델을 시뮬레이션한 경우에는(흰색), 동일한 i 번째 시행에서 각각의 값이 아무런 상관관계 없이 무질서하게 분포하는 반면에, 공통난수법을 적용한 경우에는(검은색) 매 시행에서 $G_{A,i}$ 가 크면 $G_{B,i}$ 도 큰 분명한 상관관계가 나타나고 있다.

그림 9.4.2(a)는 독립적인 시뮬레이션으로 상관관계가 없는 경우이고, 그림 9.4.2(b)는 공통난수법을 적용하여 상관관계가 있는 경우이다. 해석적인 경우로만 생각하면 $k_B=1.05>k_A=1.00$ 이므로 모델 B는 모델 A보다 매 시행에서 높은 값을 가져야, 즉 $G_{B,i}\geq G_{A,i}$ 이어야 한다. 이는 그림에서 흰색 기호가 검은색보다 위쪽에

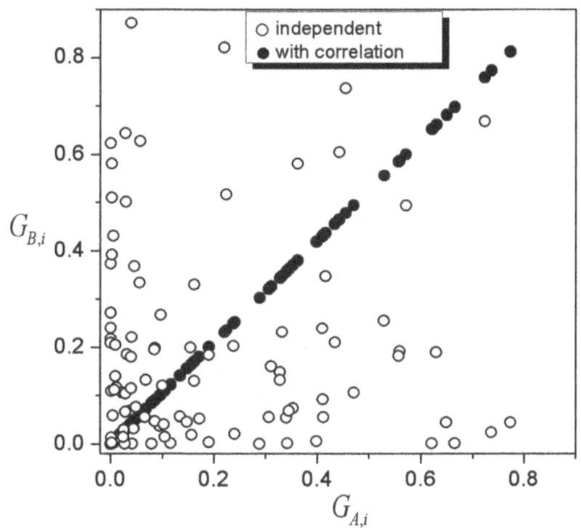

[그림 9.4.1] 공통난수법에 의해 얻어진 상관관계

있어야 함을 의미한다. 하지만 상관관계가 없는 그림 9.4.2(a)에서는 반대의 경우인 $G_{A,i} > G_{B,i}$ 인 시행이 자주 발견되고 있다. 뿐만 아니라 시행마다 $|G_{A,i} - G_{B,i}|$ 도 일정하지 않아서 편차가 아주 크다. 이처럼 분산이 큰 이유는 시뮬레이션의 어떤 시행에서 각 모델에서 동일한 역할을 하는 확률변수에 서로 다른 난수들이 사용되었기 때문이다. 이와 반면에 상관관계가 도입된 그림 9.4.1(b)에서는 매 시행이 $G_{B,i} \geq G_{A,i}$ 인 결과를 보일 뿐만 아니라 두 모델 간의 결과값의 차이도 작다. 이는 두 모델에서 동일한 역할을 하는 확률변수에 동일한 난수가 사용되었기 때문이다. 확률변수들 간의 차이가 작다는 것은 분산이 작다는 의미이다.

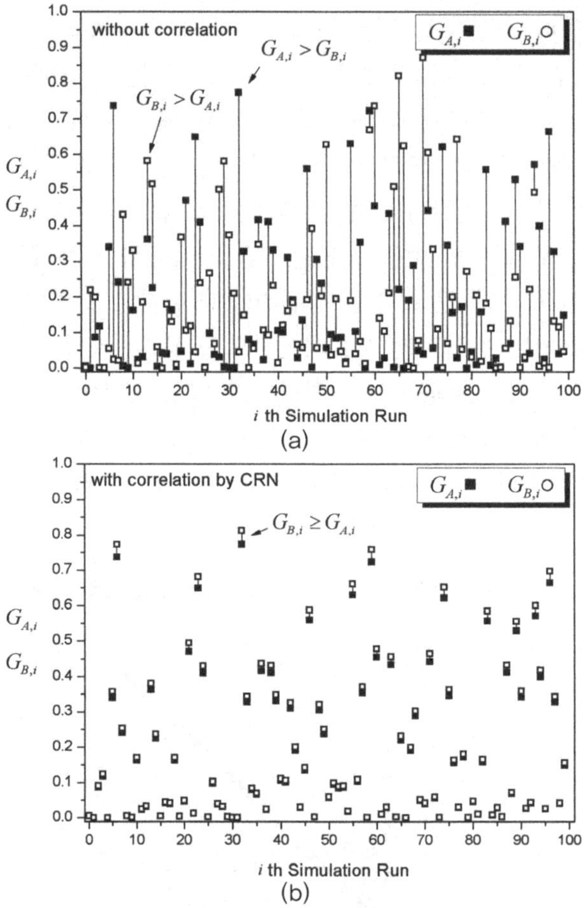

[그림 9.4.2] 두 시뮬레이션에서의 분산 크기: (a) 기본 MC, (b) 공통난수법

시뮬레이션 알고리즘

다음은 공통난수법을 수행하기 위한 알고리즘이다. 이 경우는 함수가 하나의 확률변수로만 이루어진 예이다.

for $i=1$ to n
  generate $U_i \sim U(0,1)$
  $X_i \leftarrow g\left[F^{-1}(U_i)\right]$; $X_i^* \leftarrow g^*\left[F^{-1}(U_i)\right]$
  calculate
  $G_{CRN,i} \leftarrow X_i - X_i^*$
end for

$$\overline{G}_{CRN} = \frac{1}{n}\sum_{i=1}^{n} G_{CRN,i}$$

$$s^2_{\overline{G}_{CRN}} = \frac{1}{n}\sum_{i=1}^{n}\left(G_{CRN,i} - \hat{G}_{CRN}\right)^2$$

$$100(1-\alpha)\%\ CI = \overline{G}_{CRN} \pm z_{1-\frac{\alpha}{2}}\ s^2_{\overline{G}_{CRN}}$$

주의할 점

공통난수법은 시스템에 작은 변화가 주어졌을 때 그 효과를 알아내는 데 유용하게 쓰일 수 있다. 하지만 이를 효율적으로 시뮬레이션에 적용하기 위한 공식 같은 것은 없다. 이 방법을 적용한다고 해서 언제나 분산이 작아진다는 보장도 할 수 없다. 이 방법의 효율은 시뮬레이션 모델과 확률변수의 특성에 따라 달라진다.

시뮬레이션을 하려는 함수 또는 확률변수가 난수 $U(0,1)$ 에 대해 단조함수의 특성을 가지는 것이 분산감소에 유리하다. 단, 단조함수의 특성을 갖더라도 그 방향이 같아야 한다. 그림 9.4.3(a)처럼, X 가 $U(0,1)$ 에 대해 단조증가하면 X^* 도 단조증가해야 한다. 이 경우에는 양의 상관관계이기 때문에 분산이 감소된다. 하지만 그림 9.4.3(b)처럼 X 가 $U(0,1)$ 에 대해 단조증가하는데 X^* 는 단조감소한다면 오히려 최종 결과의 분산이 증가하는 역효과가 생긴다. 이런 상관관계의 부호는 음이기 때문이다.

또 다른 주의할 점은 비교하려는 모델들에 포함된 각 확률변수들을 '동기'시키는 일이다. 일반적으로 시뮬레이션 모델은 $G = g\{X, Y, Z, \cdots\}$ 처럼 여러 개의 확률변수들이 복잡하게 얽혀 있다. 이런 경우에 각각의 시뮬레이션 모델에서 동일한 위치 또는 동일한 목적으로 사용되는 확률변수를 잘 구별해서 같은 난수가 사용되도록 하는 것이 중요하다. 만약 확률변수들이 동기되지 않고 독립적인 다른 난수들이 사용된다면, 의도한 상관관계가 만들어지지 않기 때문에 분산감소를 기대하기 힘들다.

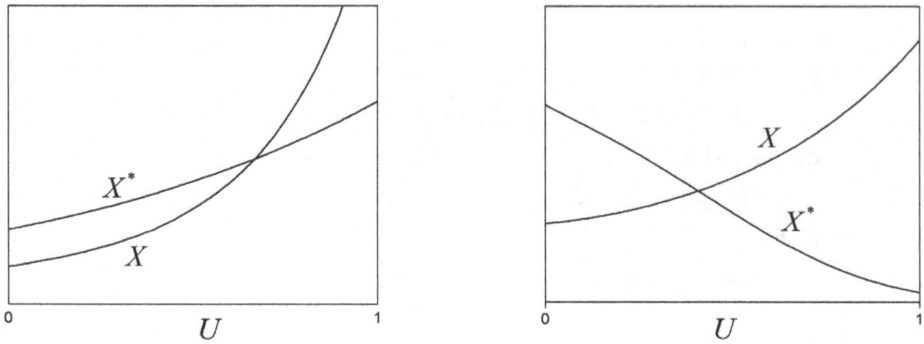

(a) 방향이 같은 단조함수들 (b) 방향이 다른 단조함수들

[그림 9.4.3] 분산감소에 영향을 주는 단조함수의 방향

9.5 대조변수법(Antithetic Variates)

두 확률변수 X 와 X^{*} [10]의 평균은 새로운 확률변수 X_{AV} 가 될 수 있다.

$$X_{AV} = \frac{1}{2}\left(X + X^{*}\right) \tag{9.5.1}$$

이 새로운 변수의 기댓값과 분산은 각각 다음과 같다.

$$E\left(X_{AV}\right) = \frac{1}{2}\left[E\left(X\right) + E\left(X^{*}\right)\right] \tag{9.5.2}$$

$$Var\left(X_{AV}\right) = \frac{1}{2^{2}}\left[Var\left(X\right) + Var\left(X^{*}\right) + 2Cov\left(X, X^{*}\right)\right] \tag{9.5.3}$$

만약 X 와 X^{*} 가 서로 독립적이라면 $Cov\left(X, X^{*}\right) = 0$ 이므로, 식 (9.5.3)은 식 (9.5.4)로 줄여 쓸 수 있다.

10) X^{*} 의 위 첨자는 X 와 한 쌍을 이루는 변수라는 뜻으로 X 와 구별하기 위한 것이다.

$$Var(X_{AV}) = \frac{1}{4}\left[Var(X) + Var(X^*)\right] \tag{9.5.4}$$

하지만 두 변수들 간에 '음'의 상관관계가 존재한다면, 즉 공분산이 $Cov(X, X^*) < 0$ 이라면, 전체 분산은 공분산의 크기만큼 줄어든다.

$$Var(X_{AV}) \le Var(X_{CR}) \tag{9.5.5}$$

여기서 $Var(X_{CR})$ 는 상관관계가 없는 경우의 분산을 의미한다.

대조변수법은 공통변수법과 비슷하게 시뮬레이션에 일부러 상관관계를 도입한다. 대조변수법의 특징은 두 변수 사이에 '음'의 상관관계가 만들어지도록 한다는 점이다. '음'의 공분산을 도입하면 분산을 줄일 수 있다.

두 변수 X 와 X^*가 음의 상관관계를 갖도록 하는 것은 간단하다. 변수 X 를 계산하는 데 사용했던 난수를, 변수 X^* 를 계산하는 데에 다시 사용하는 것이다. 재사용 시에는 처음 사용했을 때와는 반대(또는 대조)가 되는 특성을 갖도록 약간의 변형이 가해진다. 이렇게 만들어진 한 쌍의 변수들을 대조변수라고 한다. 대조변수 쌍을 만드는 구체적인 과정을 보자.

어떤 시뮬레이션의 i 번째 시행에서 확률변수 X를 계산하기 위해 난수 $U_i \sim U(0,1)$ 을 사용했다면, 이것과 쌍을 이루는 확률변수 X^*는 동일한 난수 $1-U_i$ 를 사용하여 계산한다. 만약 변수 X 가 $i=1,2,\cdots,k$ 개의 확률변수들로 이루어진 함수이고 다음과 같이 역변환을 사용해서 만들어진다면,

$$X_i = g\left[F^{-1}(U_1), F^{-1}(U_2), \cdots, F^{-1}(U_k)\right]$$

이것의 대조변수인 함수 X^*는 다음과 같이 구해진다.

$$X_i^* = g\left[F^{-1}(1-U_1), F^{-1}(1-U_2), \cdots, F^{-1}(1-U_k)\right]$$

여기서 F^{-1} 는 역변환법에서 사용하는 분포함수의 역함수이다. 사용된 U 와 $1-U$ 사이에는 분명한 음의 상관관계가 있기 때문에, X 와 X^* 사이에도 음의 상관관계가 생길 것으로 기대할 수 있다. 특히, 함수 g가 단조 특성을 갖는 경우에는 더욱 그러하다(Wilson, 1983). 따라서 $U_1,\cdots,U_k$ 를 사용해서 X 를 만들었다면 그 대조변수 X^*를 만들기 위해서 다른 방법을 사용하는 것보다는 $1-U_1, \cdots, 1-U_k$ 를 사용하는 것이 좋다(사실, 역변환법을 사용하지 않고 대조변수법을 실행할 방법은 아직 알려진 바 없다). 음의 공분산이 만들어질 뿐만 아니라 새로

운 난수를 만드는 데 소요되는 시간도 줄일 수 있기 때문이다. U 와 $1-U$ 는 모두 $U(0,1)$ 인 같은 분포로부터 만들어진 것이므로 X 와 X^* 도 동일한 분포를 갖는다.

예로서 확률변수가 X 가 평균 β 인 지수분포의 경우, 대조변수 쌍을 만드는 과정을 보자. 먼저 표준균등분포 $U(0,1)$ 에서 난수 U_i 를 뽑고 이를 역변환법을 사용해서 평균 1인 지수분포변수로 변환한다. 이 변수의 대조변수 X^* 는 아까 사용했던 난수 U_i 를 다시 사용한다.

$$X_i \leftarrow -\beta \ln U_i$$
$$X_i^* \leftarrow -\beta \ln(1-U_i)$$

대조변수법은 '두 관측값들의 평균은 그들이 독립적일 때보다 기댓값에 더 가깝다'는 개념에 근거한다. 예를 들어 난수 U_i 가 0에 가깝다면, 함수 $X_i = g\left[F^{-1}(U_i)\right]$ 는 기댓값보다 작은 값을 가질 것이다. 이때 U_i 와 쌍을 이루는 난수 $1-U_i$ 는 당연히 1에 가까운 값을 갖기 때문에, 함수 $X_i^* = g\left[F^{-1}(1-U_i)\right]$ 는 기댓값보다 높은 값을 갖게 된다. 이 둘의 평균을 취하면 항상 기댓값에 가까운 값을 얻을 수 있기 때문에 분산을 줄일 수 있게 된다.

예제 9.5.1

확률변수 X 가 0과 1 사이에서 균등분포할 때, 함수 $g(x) = e^x$ 의 평균을 추정하고자 한다. 대조변수법을 사용한다면 원시 몬테칼로 방법에 비해 분산을 얼마나 줄일 수 있는지 1) 해석적 방법으로 계산해 보고, 2) 실제 프로그램을 작성하여 그 결과를 확인하라.

풀이 + 이 문제는 적분 $G = E\left[g(x)\right] = \int_0^1 e^x dx$ 를 푸는 것과 같다.

1) 원시 몬테칼로 방법

시뮬레이션 방법에 따른 분산의 크기를 비교하려면 표본크기를 동일하게 해야 한다. 대조변수법에 의한 시뮬레이션이 n 번의 반복시행으로 이루어진다면, 원시 MC에서는 $2n$ 개의 난수가 필요하다는 것을 감안해야 한다. 주어진 문제에서 확률변수 X 는 $0 \sim 1$ 사이의 균등분포이므로, 난수 $U \sim U(0,1)$ 를 추출해서 $X = U$ 로 놓는다. 따라서 평균 추정치는

$$\overline{G}_{CR} = \frac{1}{2n}\sum_{i=1}^{2n} e^{X_i} = \frac{1}{2n}\sum_{i=1}^{2n} e^{U_i}, \qquad i = 1, 2, \cdots, n$$

이 추정치의 기댓값과 분산은 다음과 같이 계산된다.

$$E\left(\overline{G}_{CR}\right) = E\left(\frac{1}{2n}\sum_{i=1}^{2n} e^{U_i}\right) = \frac{1}{2n}E\left(\sum_{i=1}^{2n} e^{U_i}\right) = \frac{1}{2n}\cdot 2n \cdot E\left(e^{U}\right)$$
$$= E\left(e^{U}\right) = \int_0^1 e^{U} dU = e - 1 \approx 1.718$$
$$Var\left(\overline{G}_{CR}\right) = Var\left(\frac{1}{2n}\sum_{i=1}^{2n} e^{U_i}\right) = \frac{1}{4n^2}Var\left(\sum_{i=1}^{2n} e^{U_i}\right) = \frac{1}{4n^2}\cdot 2n \cdot Var\left(e^{U}\right)$$
$$= \frac{1}{2n}Var\left(e^{U}\right) \approx \frac{0.242}{2n} \approx \frac{0.121}{n}$$

분산 $Var\left(e^{U}\right)$의 계산과정은 다음 풀이를 참고하라.

$$Var\left(e^{U}\right) = E\left(e^{2U}\right) - E^2\left(e^{U}\right) = 3.1945 - 1.7183^2 \approx 0.242$$
$$\because\ E\left(e^{2U}\right) = \int_0^1 e^{2U} dU = \left.\frac{e^{2U}}{2}\right|_0^1 = \frac{1}{2}\left(e^2 - 1\right) \approx 3.1945$$
$$E\left(e^{U}\right) = \int_0^1 e^{U} dU = e - 1 \approx 1.7183$$

2) 대조변수법

$X = U$ 로 놓고, 그 대조변수는 $X^* = 1 - U$ 로 놓는다.

$$\overline{G} = \frac{1}{n}\sum_{i=1}^{n} e^{X_i} = \frac{1}{n}\sum_{i=1}^{n} e^{U_i}\ ;\ \overline{G}^* = \frac{1}{n}\sum_{i=1}^{n} e^{1-X_i} = \frac{1}{n}\sum_{i=1}^{n} e^{1-U_i}$$

결국 대조변수법에 의한 추정치는,

$$\overline{G}_{AV} = \frac{1}{2}\left(\overline{G} + \overline{G}^*\right) = \frac{1}{2n}\sum_{i=1}^{n}\left(e^{U_i} + e^{1-U_i}\right)$$

이 추정치의 기댓값과 분산은 다음과 같이 계산된다.

$$E(\overline{G}_{AV}) = E\left[\frac{1}{2n}\sum_{i=1}^{n}\left(e^{U_i}+e^{1-U_i}\right)\right] = \frac{1}{2n}E\left[\sum_{i=1}^{n}\left(e^{U_i}+e^{1-U_i}\right)\right]$$ 11)

$$= \frac{1}{2n}\cdot n\cdot E\left(e^{U}+e^{1-U}\right) = \frac{1}{2}E\left(e^{U}+e^{1-U}\right) = \frac{1}{2}\cdot 2(e-1) \approx 1.718$$

$$Var(\overline{G}_{AV}) = Var\left[\frac{1}{2n}\sum_{i=1}^{n}\left(e^{U_i}+e^{1-U_i}\right)\right] = \frac{1}{4n^2}Var\left[\sum_{i=1}^{n}\left(e^{U_i}+e^{1-U_i}\right)\right]$$

$$= \frac{1}{4n^2}\cdot n\cdot Var\left(e^{U}+e^{1-U}\right) = \frac{1}{4n}\cdot Var(W) \approx \frac{0.0157}{4n} \approx \frac{0.004}{n}$$

분산 $Var(W)$의 계산과정은 다음 풀이를 참고하라.

$$Var(W) = E\left(W^2\right) - E^2(W) \approx 11.825 - (3.437)^2 \approx 0.0157$$

$$\because E\left(W^2\right) = E\left[\left(e^{U}+e^{1-U}\right)^2\right] = \int_0^1 e^{2U}dU + 2e + \int_0^1 e^{2(1-U)}dU$$

$$= \frac{1}{2}\left(e^2-1\right) + 2e + \frac{1}{2}\left(e^2-1\right) \approx 11.825$$

$$\because E(W) = 2(e-1) \approx 3.437$$

3) 분산감소 비율

$$\frac{Var\left(\overline{G}_{CR}\right) - Var\left(\overline{G}_{AV}\right)}{Var\left(\overline{G}_{CR}\right)} \approx \frac{0.121-0.004}{0.121}\times 100\% \approx 96.7\%$$

대조변수법을 사용하면 분산을 줄일 수 있기 때문에 원시 MC보다 효율적인 결과를 얻을 수 있다.

4) 음의 공분산

참고로 대조변수법을 사용함으로써 생기는 공분산의 크기를 알아보자.

$$Cov\left(e^{U}, e^{1-U}\right) = E\left(e^{U}e^{1-U}\right) - E\left(e^{U}\right)E\left(e^{1-U}\right)$$

$$= e - (e-1)\left(e^1\int_0^1 e^{-U}dU\right) = e - (e-1)\left[e^1\left(-e^{-U}\right)\Big|_0^1\right]$$

$$= e - (e-1)(e-1) \approx -0.2342$$

11) $E\left(e^{U}+e^{1-U}\right) = \int_0^1 e^{U}dU + \int_0^1 e^{1-U}dU = (e-1)+(e-1) = 2(e-1)$

이 결과와 식 (9.5.3)을 이용해서 분산을 계산하면 같은 결과를 얻을 수 있다.

$$\begin{aligned} Var\left(\overline{G}_{AV}\right) &= \frac{1}{4n} Var\left(e^U + e^{1-U}\right) \\ &= \frac{1}{4n}\left[Var(e^U) + Var(e^{1-U}) + 2Cov(e^U, e^{1-U})\right] \\ &= \frac{1}{4n}\left[0.242 + 0.242 + 2(-0.2342)\right] \approx \frac{0.004}{n} \end{aligned}$$

참고로, U가 균등분포이면 $1-U$도 균등분포이므로 $Var\left(e^U\right) = Var\left(e^{1-U}\right) \approx 0.242$.

5) 시뮬레이션 프로그램

프로그램 9.5.1을 조금만 변형시키면 간단하게 만들 수 있기 때문에 생략하기로 한다. 그림 9.5.1과 그림 9.5.2는 $n=100$의 시행으로 이루어진 시뮬레이션 결과들이다. 시뮬레이션은 원시 몬테칼로 방법(상관관계가 없는)과 대조변수법, 두 가지 방법으로 수행되었다.

그림 9.5.1로부터 시뮬레이션 방법에 따른 상관관계의 차이를 확인할 수 있다. 흰색 원들은 매 시행에서 g_i와 g_i^*를 독립적으로(상관관계 없이) 구한 결과들이다. 무작위한 분포를 보여 상관관계를 찾기 힘들다. 반면에 검은색 원들은 대조변수법에 의해 상관관계가 도입된 결과이다. 따라서 g_i가 크면 g_i^*가 작고, g_i가 작으면 g_i^*가 커지는 분명한 음의 상관관계를 보인다.

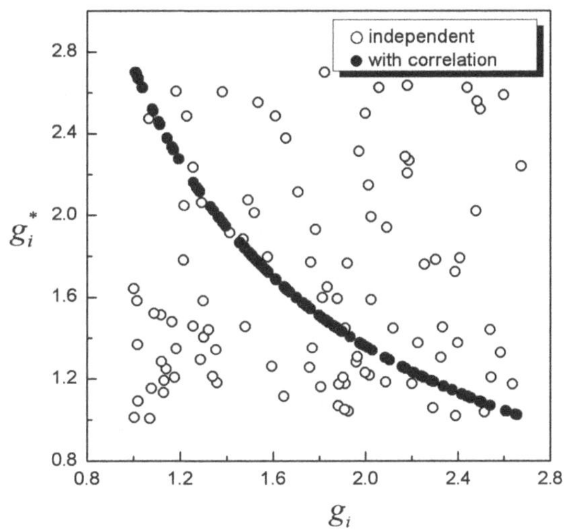

[그림 9.5.1] 대조변수법에 의해 얻어진 음의 상관관계

그림 9.5.2(a)는 매 시행에서 g_i와 g_i^*를 독립적으로 구하고 이를 평균한 결과 $\left(g_i + g_i^*\right)/2$를 한꺼번에 나타낸 것이다. 두 개의 결과를 평균했음에도 불구하고 그 평균값(검은 원)은 기댓값(점선)인 $E(g)$로부터 심한 편차를 보이며 분포한다. 점선을 기준으로 검은색 원들의 간격이 들쭉날쭉한 것을 보라. 반면에 g_i와 g_i^*사이에 음의 상관관계가 존재하는 그림 9.5.2(b)의 경우에는 평균값 $\left(g_i + g_i^*\right)/2$이 기댓값 근방에 집중되어 있는 것을 볼 수 있다. '점선으로부터의 검은 원까지의 거리'가 매 시행에서 거의 비슷하게 분포한다는 것은 분산이 작다는 의미이다.

두 가지 경우 모두 동일하게 2개의 난수를 사용한 결과를 평균하는 방식임에도 불구하고 상관관계에 따라 분산이 큰 차이를 보인다. 이를 통해서 상관관계의 중요성을 알 수 있을 것이다.

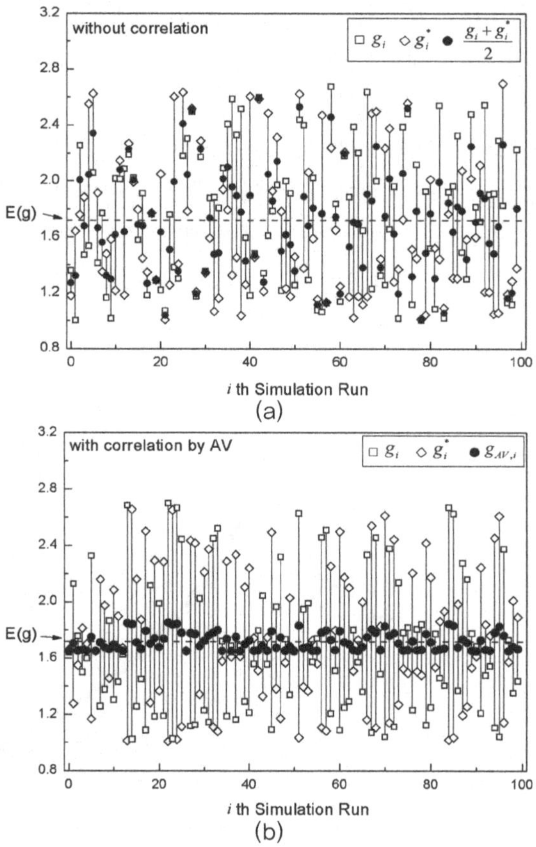

[그림 9.5.2] 두 시뮬레이션에서의 분산 크기: (a) 원시 MC, (b) 대조변수법

시뮬레이션 알고리즘

대조변수법을 수행하기 위한 알고리즘을 요약하면 다음과 같다.

for $i=1$ to n
  generate $U_i \sim U(0,1)$
    $X_i \leftarrow g\left[F^{-1}(U_i)\right]$; $X_i^* \leftarrow g\left[F^{-1}(1-U_i)\right]$
  calculate
    $G_{AV,i} \leftarrow \dfrac{X_i + X_i^*}{2}$
end for
  $$\overline{G}_{AV} = \frac{1}{n}\sum_{i=1}^{n} G_{AV,i}$$
  $$s_{\overline{G}_{AV}}^2 = \frac{1}{n}\sum_{i=1}^{n}\left(G_{AV,i} - \hat{G}_{AV}\right)^2$$
$$100(1-\alpha)\%\ CI = \overline{G}_{AV} \pm z_{1-\frac{\alpha}{2}}\ s_{\overline{G}_{AV}}^2$$

주의할 점

이 방법도 공통난수법과 마찬가지로 확률변수끼리의 '동기'가 중요하다. 복잡한 시뮬레이션 모델에서 같은 역할을 하는 확률변수와 그에 대응되는 대조변수를 구별해내서 동일한 난수가 사용되도록 해야 한다. '동기'되지 않으면 의도한 음의 상관관계는 만들어지지 않는다.

대조변수법은 주로 하나의 시스템을 대상으로 어떤 특성을 추정할 때 사용된다. 이 방법은 원시 몬테칼로 방법보다 2배의 계산시간을 필요로 한다. 따라서 분산을 2배 이상 줄일 수 있는 경우, 즉 $Var\left(\overline{G}_{AV}\right) \le \frac{1}{2} Var\left(\overline{G}_{CR}\right)$ 인 경우에 사용해야 효율적이다. 대부분의 분산축소기법들이 그렇듯이 대조변수법 역시 분산이 줄어드는지 미리 판단할 방법이 없다. 따라서 대조변수법을 적용하지 않은 경우와 적용한 경우를 소규모로 시뮬레이션을 하여 그 결과를 비교한 다음에 적용여부를 판단해야 한다.

다음 예제들은 대조변수법에 대한 이해를 돕기 위한 것들이다.

예제 9.5.2

함수 g는 서로 독립적인 확률변수 X 와 Y 의 곱이다. 즉, $g(x, y) = xy$ 이다. 변수 X 가 0 ~ 1 사이의 균등분포이고 변수 Y 가 1 ~ 3 사이의 균등분포일 때, 이 함수의 평균을 대조변수법으로 추정하고자 한다. 원시 MC에 비해 분산이 얼마나 줄어드는지 계산해 보고, 프로그램을 작성하여 그 결과를 확인하라.

풀이 + 통계적으로 서로 독립적인 2개의 난수 표본 $U \sim U(0,1)$과 $V \sim U(0,1)$를 사용한다. 난수 U는 변수 X를 위한 것이고, 난수 V는 변수 Y를 위한 것이다. 주어진 조건에 따르면, 변수 X의 범위는 $0 \le x \le 1$이므로 표준균등분포인 $U \sim U(0,1)$를 바로 사용하면 되지만, 변수 Y는 $1 \le x \le 3$이므로 역변환법으로 범위를 바꿔야 한다. 역변환법에 의하면, $a \sim b$ 사이의 균등분포 난수는 $a + (b-a)V$으로 구할 수 있다. 따라서 표준균등분포로 변환된 각 확률변수들은 다음과 같이 표현된다.

$$
\begin{aligned}
X &= U \\
Y &= 1 + 2V \\
G &= XY = U(1 + 2V)
\end{aligned}
$$

1) 원시 MC 방법

$$\overline{G}_{CR} = \frac{1}{2n}\sum_{i=1}^{2n} X_i Y_i = \frac{1}{2n}\sum_{i=1}^{2n} U_i(1 + 2V_i)$$

이 추정치의 기댓값과 분산은 다음과 같이 계산된다.

$$
\begin{aligned}
E\left(\overline{G}_{CR}\right) &= \frac{1}{2n}E\left[\sum_{i=1}^{2n} U_i(1+2V_i)\right] = \frac{1}{2n}\cdot 2n \cdot E\left[U_i(1+2V_i)\right] = E(U)E(1+2V) \\
&= \frac{1}{2}\left(1 + 2\cdot\frac{1}{2}\right) = 1 \\
Var\left(\overline{G}_{CR}\right) &= \frac{1}{4n^2}Var\left[\sum_{i=1}^{2n} U_i(1+2V_i)\right] = \frac{1}{4n^2}\cdot 2n \cdot Var\left[U_i(1+2V_i)\right] \\
&= \frac{1}{2n}Var\left[U_i(1+2V_i)\right] = \frac{1}{2n}Var(U + 2UV) = \frac{1}{2n}Var(W) \\
&\approx \frac{0.444}{2n} \approx \frac{0.222}{n}
\end{aligned}
$$

위 식에서 $W = U + 2UV$ 이다. 계산과정은 다음의 상세 풀이를 참조하라.

$$Var(W) = E(W^2) - E^2(W) = \frac{13}{9} - 1^2 \approx 0.444$$

$$\begin{aligned}\because E(W^2) &= E(U^2 + 4U^2V + 4U^2V^2) \\ &= \int_0^1 \int_0^1 (U^2 + 4U^2V + 4U^2V^2)\,dUdV \\ &= \frac{1}{3}\int_0^1 (1 + 4V + 4V^2)\,dV = \frac{13}{9}\end{aligned}$$

$$\begin{aligned}E(W) = E(U + 2UV) &= \int_0^1 \int_0^1 (U + 2UV)\,dUdV \\ &= \int_0^1 \left(\frac{1}{2} + V\right) dV = 1\end{aligned}$$

2) 대조변수법

확률변수 X와 Y와 쌍을 이루는 대조변수는 각각 다음과 같다.

$$\begin{aligned} &X = U && X^* = 1 - U \\ &Y = 1 + 2V && Y^* = 1 + 2(1 - V) = 3 - 2V \\ &G = XY = U_i(1 + 2V_i) && G^* = X^*Y^* = (1 - U)(3 - 2V)\end{aligned}$$

시뮬레이션이 n개의 난수로 이루진다면, 대조변수법에 의한 시뮬레이션 추정치는 다음으로 표현할 수 있다.

$$\begin{aligned}\overline{G}_{AV} &= \frac{1}{2}\left(\overline{G} + \overline{G}^*\right) \\ &= \frac{1}{2n}\sum_{i=1}^{n}\left[X_iY_i + X_i^*Y_i^*\right] = \frac{1}{2n}\sum_{i=1}^{n}\left[U_i(1 + 2V_i) + (1 - U_i)(3 - 2V_i)\right] \\ &= \frac{1}{2n}\sum_{i=1}^{n}(4U_iV_i - 2U_i - 2V_i + 3)\end{aligned}$$

이 추정치의 기댓값과 분산은 다음과 같이 계산된다.

$$\begin{aligned}E\left(\overline{G}_{AV}\right) &= \frac{1}{2n}\cdot n \cdot E(4UV - 2U - 2V + 3) = \frac{1}{2}E(4UV - 2U - 2V + 3) \\ &= \frac{1}{2}\left[(4)\left(\frac{1}{2}\right)(2) - (2)\left(\frac{1}{2}\right) - (2)(2) + 3\right] = 1\end{aligned}$$

$$Var\left(\overline{G}_{AV}\right)=\frac{1}{4n^2}\cdot n\cdot Var(4UV-2U-2V+3)=\frac{1}{4n}Var(W)$$
$$=\frac{0.111}{4n}\approx\frac{0.028}{n}$$

여기서 $W=4UV-2U-2V+3$ 이다. 분산은

$$Var(W)=E\left(W^2\right)-E^2(W)=\frac{37}{9}-2^2\approx 0.111$$
$$\because E\left(W^2\right)=\int_0^1\int_0^1\left(16U^2V^2-16U^2V-16UV^2+32UV\right.$$
$$\left.+4U^2+4V^2-12U-12V+9\right)dUdV$$
$$=\frac{1}{3}\int_0^1\left(4V^2-4V+13\right)dV=\frac{37}{9}$$
$$E(W)=\int_0^1\int_0^1(4UV-2U-2V+3)dUdV=\int_0^1 2dV=2$$

3) 분산감소 비율

$$\frac{Var\left(\overline{G}_{CR}\right)-Var\left(\overline{G}_{AV}\right)}{Var\left(\overline{G}_{CR}\right)}=\frac{0.222-0.028}{0.222}\times 100\%\approx 87.4\%$$

[프로그램 9.5.1] 대조변수법으로 $G=\int_1^3\int_0^1 xydxdy$ 구하기(95% 신뢰구간)

```
#include "file_include.h"
#include "rnd_functions.cpp"
#include "tools.cpp"

const int MCS = 10000;

//response function or Output variable
double f(double u, double v)
{
        double x, y, xL, xH, yL, yH;
                //inverse transformation
                xL = 0.0,  xH = 1.0; //range of variable X
                yL = 1.0,  yH = 3.0; //range of variable Y

                x = xL + (xH - xL) * u;
                y = yL + (yH - yL) * v;
        return x * y;
}

// Monte Carlo simulation
int main()
{
```

```
        int i, n, nav;
        double u, v, u1, u2, v1, v2;
        double z, se_g, se_gav, g[MCS], gav[MCS];

        randomize(); //initialize the random number

        //1. input parameters for simulation ////////////////////////////
        n = MCS;      // the number of total sample by crude simulation
        nav = MCS/2; // the number of total sample by VRT

        //2. crude simulation      ///////////////////////////////////////
        for(i=0; i<n; i++)
        {
                u = Uni_Real_rnd(0,1);
                v = Uni_Real_rnd(0,1);

                g[i] = f(u,v);
        }

        //3. Antithetic Variate simulation   ////////////////////////////
        for(i=0; i<nav; i++)
        {
                u1 = Uni_Real_rnd(0,1);
                v1 = Uni_Real_rnd(0,1);

                u2 = 1.0 - u1;
                v2 = 1.0 - v1;

                gav[i] = (f(u1,v1) + f(u2,v2)) / 2.0;
        }

        //standard error calculation
        z = 1.960;   //standard normal deviate(95% confidence level)

        se_g = z * sqrt(Var(g,n)/n);          //for Crude
        se_gav = z * sqrt(Var(gav,nav)/nav); //for VRT

        cout<<"Crude simulation Results "<<endl;
        cout<<"[ "<<Mean(g,n)-se_g<<", "<<Mean(g,n)+se_g<<" ]"<<endl<<endl;

        cout<<"Antithetic variate Results "<<endl;
        cout<<"[ "<<Mean(gav,nav)-se_gav<<", "<<Mean(gav,nav)+se_gav<<" ]"<<endl;

        return 0;
}
```

예제 9.5.3

함수 g는 서로 독립적인 두 확률변수 X 와 Y 의 합이다. 즉, $g(x, y) = x + y$ 이다. 변수 X 는 $0 \sim 1$ 사이의 균등분포이고 변수 Y 는 $\beta = 1$ 인 지수분포이다. 이 함수의 평균을 대조변수법으로 추정할 때 분산이 감소하는 정도를 계산해 보고 프로그램을 실행시켜 그 결과를 확인하라.

풀이 + 서로 독립적인 2개의 난수 표본 $U \sim U(0,1)$과 $V \sim U(0,1)$를 사용한다. 난수 U는 변수 X를 위한 것이고, 난수 V는 변수 Y를 위한 것이다. 변수 X는 표준균등분포인 $U \sim U(0,1)$를 사용하고, 변수 Y는 역변환법을 통해서 V를 지수분포변수 $Y \sim \exp(\beta = 1)$로 바꿔야 한다. 역변환법에 의하면, 평균 1인 지수분포변수는 $-\ln V$으로 구할 수 있다. 결국, 표준균등분포로 표현된 각 확률변수들과 함수는 다음과 같이 표현된다.

$$
\begin{aligned}
X &= U \\
Y &= -\ln V \\
G &= X + Y = U - \ln V
\end{aligned}
$$

1) 원시 MC 방법

$$\overline{G}_{CR} = \frac{1}{2n}\sum_{i=1}^{2n}(X_i + Y_i) = \frac{1}{2n}\sum_{i=1}^{2n}(U_i - \ln V_i)$$

이 추정치의 기댓값과 분산은 다음과 같이 계산된다.

$$
\begin{aligned}
E\left(\overline{G}_{CR}\right) &= E(U_i - \ln V) = E(U) + E(-\ln V) \\
&= \int_0^1 U dU + \int_0^1 -\ln V dV = \frac{1}{2} + 1 = \frac{3}{2} \quad ^{12)} \\
Var\left(\overline{G}_{CR}\right) &= \frac{1}{2n}Var(U - \ln V) = \frac{1}{2n}Var(W) \approx \frac{1.083}{2n} \approx \frac{0.542}{n}
\end{aligned}
$$

분산 $Var(W)$의 계산과정은

$$
\begin{aligned}
Var(W) &= E\left(W^2\right) - E^2(W) = \frac{10}{3} - \left(\frac{3}{2}\right)^2 = 1.083 \\
\because E\left(W^2\right) &= E\left(U^2\right) - 2\left[E(U\ln V)\right] + E\left[(\ln V)^2\right] \\
&= \int_0^1 U^2 dU - 2\int_0^1\int_0^1 (U\ln V)\, dU dV + \int_0^1 (\ln V)^2 dV \quad ^{13)} \\
&= \frac{1}{3} - 2\left(-\frac{1}{2}\right) + 2 = \frac{10}{3}
\end{aligned}
$$

---

12) $\int_0^1 -\ln V dV = -(V\ln V - V)\big|_0^1 = 1$

$$E(W)=\frac{3}{2}$$

2) 대조변수법

확률변수 X, Y와 쌍을 이루는 대조변수는 각각 다음과 같이 정의된다.

$$\begin{aligned} &X=U && X^*=1-U \\ &Y=-\ln V && Y^*=-\ln(1-V) \\ &G=X+Y=U-\ln V && G^*=X^*+Y^*=(1-U)-\ln(1-V) \end{aligned}$$

따라서 대조변수법에 의한 시뮬레이션 추정치는 다음으로 표현할 수 있다.

$$\begin{aligned} \overline{G}_{AV} &= \frac{1}{2}\left(\overline{G}+\overline{G}^*\right)=\frac{1}{2n}\sum_{i=1}^{n}\left[(X+Y)+\left(X^*+Y^*\right)\right] \\ &\qquad\qquad \because X+X^*=U+1-U=1 \\ &=\frac{1}{2n}\sum_{i=1}^{n}\left[1+Y+Y^*\right]=\frac{1}{2n}\sum_{i=1}^{n}\left[1-\ln V-\ln(1-V)\right] \end{aligned}$$

이 추정치의 기댓값과 분산은 다음과 같이 계산된다.

$$\begin{aligned} E\left(\overline{G}_{AV}\right) &= \frac{1}{2n}\cdot n\cdot E\left(1+Y^*+Y^{**}\right)=\frac{1}{2}\{1+E(-\ln V)+E[-\ln(1-V)]\} \\ &= \frac{1}{2}\left[1+\int_0^1 -\ln V dV+\int_0^1 -\ln(1-V)dV\right] \\ &= \frac{1}{2}(1+1+1)=\frac{3}{2} \end{aligned}$$

$$Var\left(\overline{G}_{AV}\right)=\frac{1}{4n^2}\cdot n\cdot Var\left(1+Y+Y^*\right)=\frac{1}{4n}Var(W)\approx\frac{0.710}{4n}\approx\frac{0.178}{n}$$

여기서 분산 $Var(W)=Var[1-\ln V-\ln(1-V)]$은 다음 계산으로부터 얻어진 것이다.

$$Var(W)=E\left(W^2\right)-E^2(W)=9.710-3^2=0.710$$

---

13) $\int_0^1 U(\ln V)dUdV=\frac{1}{2}(V\ln V-V)\Big|_0^1=-\frac{1}{2}$.

$\int(\ln V)^n dV=n(\ln V)^n-n\int_0^1(\ln V)^{n-1}dV+C$ 이므로, $\int_0^1(\ln V)^2 dV=\left[2(\ln V)^2-2(V\ln V-V)\right]_0^1=2$

$$\because E(W^2) = E\{1 - 2\ln V + (\ln V)^2 - 2\ln(1-V)$$
$$+2\ln V\ln(1-V) + [\ln(1-V)]^2\}$$
$$= 1 - 2\int_0^1 \ln V dV + \int_0^1 (\ln V)^2 dV - 2\int_0^1 \ln(1-V) dV$$
$$+ 2\int_0^1 \ln V \ln(1-V) dV + \int_0^1 [\ln(1-V)]^2 dV \text{ 14)}$$
$$= 1 + 2 + 2 + 2 + 2\left(2 - \frac{\pi^2}{6}\right) + 2 \approx 9.710$$
$$E(W) = E[1 - \ln V - \ln(1-V)] = 1+1+1 = 3$$

3) 분산감소 비율

$$\frac{Var(\overline{G}_{CR}) - Var(\overline{G}_{AV})}{Var(\overline{G}_{CR})} = \frac{0.542 - 0.178}{0.542} \times 100\% = 67.1\%$$

4) 음의 공분산

공분산의 크기를 감안해서 앞에서와 다른 방법으로도 분산을 계산할 수 있다.

$$Var(\overline{G}_{AV}) = \frac{1}{4n} Var(1 + Y + Y^*)$$
$$= \frac{1}{4n} Var(Y + Y^*) \qquad \because Var(1) = 0$$
$$= \frac{1}{4n}\left[Var(Y) + Var(Y^*) + 2Cov(Y, Y^*)\right]$$
$$= \frac{1}{4n}[1 + 1 + 2(-0.645)] = \frac{0.178}{n}$$

---

14) $\int_0^1 \ln V \ln(1-V) dV$

$$= \{-Li_2(V) + 2V + V(-\ln V) + \ln(V-1) + \ln(1-V)[(V-1)\ln V - V]\}\Big|_0^1 = 2 - \frac{\pi^2}{6}$$
$$\because Li_2(V) = poly\ln(2,1) = \frac{\pi^2}{6}$$

$$\because Cov(Y,Y^*) = Cov[-\ln V, -\ln(1-V)]$$
$$= E[\ln V \ln(1-V)] - E(-\ln V)E[-\ln(1-V)]$$
$$= \left(2 - \frac{\pi^2}{6}\right) - 1\times 1 \approx -0.645$$

예제 9.5.4

적분 $G = \int_0^\infty xe^{-x}dx$ 를 두 가지 방법으로 풀어라. 하나는 중요부 표본추출법을 사용하고, 다른 하나는 중요부 표본추출법과 대조변수법 모두를 사용하라.

풀이 + $G = E[g(X)] = \int_0^\infty xe^{-x}dx = 1$ 이다[15].

1) 중요부 표본추출법을 적용해 보자. 표본추출함수로써 균등분포 대신에 평균이 1 $(\beta=1)$ 인 지수분포 $f(x) = e^{-x}$ 를 선택하자.

$$G_{IS} = E\left[\frac{g(X)}{f(X)}\right] = E\left[\frac{Xe^{-X}}{e^{-X}}\right] = E[X]$$

그러면, $X_1, \cdots, X_n \sim \exp(\beta=1)$ 처럼 표본들을 뽑아서 다음 식에 대입하면 추정치를 구할 수 있다.

$$\overline{G}_{IS} = \frac{1}{n}\sum_{i=1}^{n} X_i$$

2) 위와 같은 중요부 표본추출법 풀이과정에 대조변수법을 추가로 적용해 보자. $\beta=1$인 지수분포 확률변수들은 $X_1^{(i)} = F^{-1}(U_i)$에 의해서 만들 수 있다. 여기서 $U_i \sim U(0,1)$이다. 이번에는 $X_1^{(i)}$의 대조변수를 만들어 보자. $(1-U) \sim U(0,1)$이므로, $X_2^{(i)} = F^{-1}(1-U_i)$도 $\beta=1$인 지수분포이다. 이 확률변수들은 F^{-1}가 단조함수이기 때문에 '음'의 상관관계를 갖는다. 추정을 위해 각각 n개의 난수를 발생시켜 $X_1^{(i)}$와 $X_2^{(i)}$들을 만들고, 이를 새로운 변수 $G_i =$

15) $\int ue^{au}du = \frac{e^{au}}{a}\left(u - \frac{1}{a}\right) + C$ 이므로, $\int_0^\infty xe^{-x}dx = -e^{-x}(x+1)\Big|_0^\infty = 1$ 이다$(\because e^{-\infty} = 0)$.

$\dfrac{X_1^{(i)}+X_2^{(i)}}{2}$ 로 만들어 다음 식에 대입한다.

$$\overline{G}_{IS+AV}=\frac{1}{n}\sum_{i=1}^{n}G_i,\ i=1,\cdots,n$$

3) 다음 표 9.5.1은 프로그램 9.5.2를 사용해서 각각 3번씩 시뮬레이션한 결과를 나타낸 것이다. 중요부 표본추출법은 $n=1,000$ 으로, 중요부 표본추출법에다 대조변수법을 동시에 적용한 경우는 $n=500$ 으로 시뮬레이션한 것이다. 이 표에서 알 수 있듯이, 대조변수법을 사용하면 그렇지 않은 경우에 비해 정확한 값으로 추정할 수 있다. 더군다나 표본수가 절반임을 생각해 보라!

[표 9.5.1] 대조변수법을 적용한 시뮬레이션의 효과

Importance Sampling: $n=1,000$			
시뮬레이션 번호	$\overline{G}_{IS}$	$Var(\overline{G}_{IS})\simeq s^2_{\overline{G}_{IS}}$	95% 신뢰구간
1	0.99566	0.00088	0.93743, 1.05389
2	0.98437	0.00105	0.92076, 1.04798
3	1.01221	0.00113	0.94622, 1.07809
Importance Sampling + Antithetic Variate : $n=500$			
시뮬레이션 번호	$\overline{G}_{IS+AV}$	$Var(\overline{G}_{IS+AV})\simeq s^2_{\overline{G}_{IS+AV}}$	95% 신뢰구간
1	1.00609	0.00035	0.96952, 1.04266
2	0.99999	0.00035	0.96334, 1.03664
3	0.99099	0.00031	0.95645, 1.02552

[프로그램 9.5.2] $G=\int_0^\infty xe^{-x}dx$ (중요부 표본추출법과 대조변수법을 동시에 적용)

```
#include "file_include.h"
#include "rnd_functions.cpp"

//중요부 표본추출법과 대조변수법을 동시에 적용해서 g(x)=xexp(-x) 적분치 구하기

int main( )
{
        unsigned seed;                                    //난수 초기화
        cout<<"Enter a seed number for randomizing:";
        cin>>seed;
        srand(seed);
```

```
        int i, NCR, NAV;
        double xL, xH, U1, U2, x1, x2, gx;
        double mean_Gn = 0, dev_Gn = 0, mean_GnAV = 0, dev_GnAV = 0;;

        xL = 0;                                   //적분하한
        xH = 10;                                  //적분상한 ∞

        NCR = 1000;                               //총 표본수 Importance Sampling
        NAV = 500;                //총 표본수 IS + AV Simulation
        //Importance Sampling
        double sumi=0, sumi2=0;
        for(i=0; i<NCR; i++)
        {
                U1 = rnd( );
                x1 = -log(U1);                    //Inverse Transformation; x <- U

                gx = x1;

                sumi += gx;                       //평균과 분산을 위한 중간 계산
                sumi2 += gx*gx;
        }
        mean_Gn = sumi / NCR;
        dev_Gn = ((sumi2 - (sumi*sumi)/NCR) / (NCR-1))/NCR;
        cout<<"IS       : ";
        cout<<setprecision(5)<<"mean = "<<mean_Gn<<"   s2 = "
                                  <<dev_Gn<<"  se = "<<sqrt(dev_Gn)<<endl;
        cout<<mean_Gn-1.96 * sqrt(dev_Gn)<<"  "<<mean_Gn+1.96 * sqrt(dev_Gn)<<endl;

        //Importance Sampling + Antithetic Variate Simulation
        double sumiAV=0, sumi2AV=0;
        for(i=0; i<NAV; i++)
        {
                U1 = rnd( );                      //U2 = (1.0 - U1);
                x1 = -log(U1);                    //Inverse Transformation; x <- U
                x2 = -log(1-U1);                  //U2를 사용한다면 x2 = -log(U2)도 가능

                gx = (x1 + x2) / 2;

                sumiAV += gx;                     //평균과 분산을 위한 중간 계산
                sumi2AV += gx*gx;
        }
        mean_GnAV = sumiAV / NAV;
        dev_GnAV = ((sumi2AV - (sumiAV * sumiAV)/NAV) / (NAV-1)) / NAV ;
        cout<<"IS + AV : ";
        cout<<setprecision(5)<<"mean = "<<mean_GnAV<<"   s2 = "
                                  <<dev_GnAV<<"  se = "<<sqrt(dev_GnAV)<<endl;
        cout<<mean_GnAV-1.96*sqrt(dev_GnAV)<<" "<<mean_GnAV+1.96*sqrt(dev_GnAV)<<endl;

        return 0;
}
```

9.6 제어변수법(Control Variates)

제어변수 도입

어떤 시뮬레이션의 결과로써 얻어지는 변수 또는 응답변수를 X라고 할 때, 그 기댓값 $\mu=E(X)$과 분산 $\sigma^2=Var(X)$을 구하려고 한다. 원시 시뮬레이션에서는 $\overline{X}=\frac{1}{n}\sum_{i=1}^{n}X_i$ 의 방법으로 기댓값을 추정한다. 하지만 이와 같이 직접적으로 X를 추정하는 방법보다는, 간접적인 확률변수 C를 시뮬레이션에 도입하고 그 정보를 이용하여 추정의 정확성을 높일 수 있는 방법도 있다. 단, 도입된 확률변수 C는 X와 상관관계를 가져야 하고, 기댓값 $E(C)=\mu_C$ 을 알고 있거나 추정할 수 있어야 한다. C를 '제어변수'라고 한다. 제어변수가 도입된 새로운 변수 $X_{CV(\beta)}$는 다음과 같이 정의된다.

$$X_{CV(\beta)}=X-\beta(C-\mu_C) \tag{9.6.1}$$

여기서 β는 상수이다. 이 확률변수의 기댓값과 분산은,

$$E\left(X_{CV(\beta)}\right)=E(X)-\beta\left[E(C)-\mu_C\right]=E(X)-\beta\times 0=E(X) \tag{9.6.2}$$

$$Var\left(X_{CV(\beta)}\right)=Var(X)+\beta^2 Var(C)-2\beta Cov(X,C) \tag{9.6.3}$$

식 (9.6.2)에서 알 수 있는 사실은 원래의 변수 X 의 기댓값과 제어변수 C를 도입한 변수 $X_{CV(\beta)}$ 의 기댓값이 같다는 것이다. 즉 $E\left(X_{CV(\beta)}\right)$와 $E(X)$ 모두 X 의 불편추정치이다. 만약 식 (9.6.3)에서 다음 조건이 만족된다면,

$$\beta^2 Var(C)-2\beta Cov(X,C)<0 \tag{9.6.4}$$

새로운 변수 $X_{CV(\beta)}$ 의 분산은 원래의 변수 X 의 분산보다 작아질 수 있다.

$$Var\left(X_{CV(\beta)}\right)<Var(X) \tag{9.6.5}$$

제어변수의 의미와 역할

제어변수를 도입하면 어떻게 해서 추정의 정확성을 높일 수 있는지 개념적으

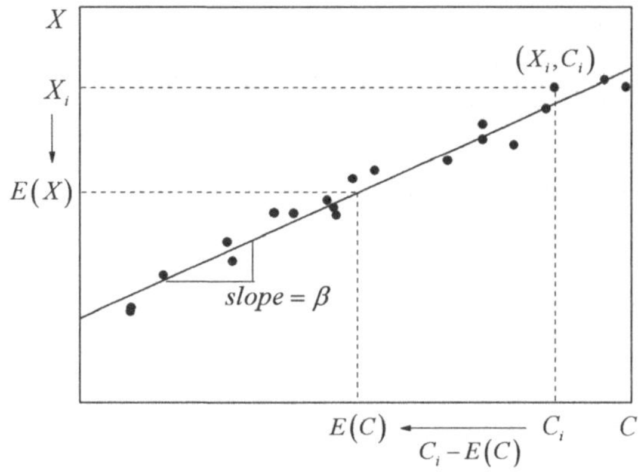

[그림 9.6.1] 제어변수의 의미

로 살펴보자. 먼저 이 방법은 상관관계를 이용한다는 점을 염두에 두어야 한다. 두 변수 간에 상관관계가 있다면(부호는 중요하지 않다), 한 변수에 대한 정보는 다른 변수에 대한 정보를 유추해 내는 데 사용될 수 있다. 시뮬레이션에서 두 변수 간에 상관관계를 도입하는 것은 간단하다. 각 변수를 만드는 데 동일한 난수를 사용하면 '양'이나 '음'의 상관관계를 갖게 된다. 그림 9.6.1은 어떤 두 변수 쌍 (X_i, C_i)의 산포도이다. 그림에서 변수 X와 변수 C는 '양'의 상관관계에 있다. 즉, C가 크면 X도 크고, C가 작으면 X도 작다.

우리는 변수 C의 기댓값 $E(C)=\mu_C$를 알고 있기 때문에, i번째 시뮬레이션에서 선택된 값 C_i가 $E(C)$보다 크거나 작다는 사실을 알 수 있다. 이로부터 동일한 난수에 의해 추출된 X_i에 대해서도 같은 판단을 내릴 수 있다. 예를 들어, 그림처럼 $C_i > E(C)$임을 알면, 다른 변수 X_i도 그 기댓값 $E(X)$보다 큰 값이 선택되었음을 알 수 있다. 따라서 이를 보정하려면 X_i를 $E(X)$쪽으로 $C_i - E(C)$에 해당하는 만큼 이동시켜야 한다. 이동량과 방향은 결국 기울기 β에 의존하게 된다. 식 (9.6.1)에서 β의 부호는 상관관계의 부호와 동일하다. 즉, 상관관계가 '양'이면 '+'이고, '음'이면 '−'가 된다. 확률변수 C는 이런 방식으로 원래 선택된 변수 X_i가 기댓값 $E(X)$에 가깝게 되도록 위치나 크기를 조절 또는 제어하는 역할을 하기 때문에 '제어변수'라고 한다. 제어변수에 의해 보정된 변수 $X_{CV(\beta),i}$는 기댓값에 가깝기 때문에 분산이 줄어들게 된다.

최적의 β^*와 공분산 크기의 영향

분산 $Var\left(X_{CV(\beta)}\right)$를 가장 크게 줄일 수 있는 조건은 식 (9.6.3)을 β로 미분해서 0으로 놓으면 구할 수 있다.

$$\frac{dVar\left(X_{CV(\beta)}\right)}{d\beta}=2\beta Var(C)-2Cov(X,C)=0$$

이를 β에 대해서 정리하면,

$$\beta^*=\frac{Cov(X,C)}{Var(C)} \tag{9.6.6}$$

β^*는 $Var\left(X_{CV(\beta)}\right)$를 최소화시킬 수 있는 β라는 의미이다. 식 (9.6.6)을 다시 식 (9.6.3)에 대입하면,

$$\begin{aligned}Var\left(X_{CV(\beta^*)}\right)&=Var(X)+\frac{Cov^2(X,C)}{Var^2(C)}Var(C)-\frac{2Cov^2(X,C)}{Var(C)}\\&=Var(X)-\frac{Cov^2(X,C)}{Var(C)}.\end{aligned} \tag{9.6.7}$$

공분산과 상관계수의 관계는 $\rho^2_{X,C}=\dfrac{Cov^2(X,C)}{Var(X)Var(C)}$ 이므로, 식 (9.6.7)은 식 (9.6.8)로 표현 가능하다.

$$Var\left(X_{CV(\beta^*)}\right)=Var(X)\left(1-\rho^2_{XC}\right) \tag{9.6.8}$$

이 식은 공분산 $\rho_{XC}\neq 0$ 이기만 하면 분산을 줄이는 효과가 있다는 뜻이다. 상관관계의 부호는 중요하지 않다. 하지만 분산감소 정도는 공분산 ρ_{XC}의 크기에 따라 민감하게 달라진다. 예를 들어 $\rho_{XC}=0.95$인 경우 분산감소는 $\left(1-0.95^2\right)^{-1}\approx 10$배 정도 줄지만, 공분산이 $\rho_{XC}=0.70$로 낮아지면 분산은 $\left(1-0.70^2\right)^{-1}\approx 2$배 밖에 줄지 않는다. 따라서 공분산 ρ_{XC}이 ±1에 가까운 값이 얻어지도록 제어변수 또는 제어함수를 선택하는 것이 중요하다.

β^*를 식 (9.6.1)에 대입하면, 제어변수법 시뮬레이션의 매 시행에서 얻어지는 결과값은 아래와 같고

$$X_{CV(\beta^*),i}=X_i-\beta^*(C_i-\mu_C),\ \ i=1,2,\cdots,n \tag{9.6.9}$$

그 평균 추정치는 다음을 통해서 구할 수 있다.

$$\overline{X}_{CV(\beta^*)} = \frac{1}{n}\sum_{i=1}^{n} X_{CV(\beta^*),i} \tag{9.6.10}$$

최적의 β^* 추정

실제 시뮬레이션을 수행하려면 한 가지 문제에 부딪히게 된다. 그것은 β^* 를 모른다는 점이다. 식 (9.6.6)으로부터 알 수 있듯이 β^*를 구하려면 먼저 공분산 $Cov(X,C)$ 와 분산 $Var(C)$를 알아야 한다. 그러나 공분산은 X 가 시뮬레이션을 수행해야만 얻어지는 값이기 때문에 알 수가 없다. 게다가 제어변수의 분산 $Var(C)$ 까지도 모르는 경우가 대부분이다. 이를 해결하는 방법은 시뮬레이션으로부터 β^*를 추정하는 것이다.

시뮬레이션이 n 의 반복시행으로 이루진다면 추정치 $\hat{\beta}^*$는 다음 식들을 사용해서 구할 수 있다.

$$\hat{Cov}(X,C) = \frac{1}{n-1}\sum_{i=1}^{n}\left(X_i - \overline{X}_n\right)\left(C_i - \mu_C\right),\ i = 1, 2, \cdots, n. \tag{9.6.11}$$

$$\hat{Var}(C) = \frac{1}{n-1}\sum_{i=1}^{n}\left(C_i - \mu_C\right)^2,\ i = 1, 2, \cdots, n. \tag{9.6.12}$$

만약 제어변수의 분산 $Var(C)$ 를 안다면 식 (9.6.12)는 사용할 필요가 없다. 식 (9.6.11) ~ (9.6.12)에서 μ_C 까지 모른다면(해석적 방법으로 계산할 수 있는 것이 가장 좋지만 제어변수의 선택에 따라서 계산하기 힘들 수도 있다), 이 역시 추정치 $\overline{C}_n = \frac{1}{n}\sum_{i=1}^{n} C_i \approx \mu_C$ 를 사용할 수 있다. 결국 추정치 $\hat{\beta}^*$는 아래와 같이 바꿔 쓸 수 있다.

$$\hat{\beta}^* = \frac{\hat{Cov}(X,C)}{\hat{Var}(C)} = \frac{\sum_{i=1}^{n}\left(X_i - \overline{X}_n\right)\left(C_i - \overline{C}_n\right)}{\sum_{i=1}^{n}\left(C_i - \overline{C}_n\right)^2} \tag{9.6.13}$$

식 (9.6.13)을 적용해서 식 (9.6.9)와 식 (9.6.10)을 다시 쓰면

$$X_{CV(\hat{\beta}^*),i} = X_i - \hat{\beta}^*\left(C_i - \mu_C\right),\ i = 1, 2, \cdots, n \tag{9.6.14}$$

$$\overline{X}_{CV(\hat{\beta}^*)} = \frac{1}{n}\sum_{i=1}^{n} X_{CV(\hat{\beta}^*),i} \tag{9.6.15}$$

추정된 $\hat{\beta}^*$ 에 의해서 구해진 $\overline{X}_{CV(\hat{\beta}^*)}$ 는 엄밀하게는 $\overline{X}$ 의 불편추정치가 아니다. 하지만 $n_p \to \infty$ 라면 $\hat{\beta}^* \to \beta^*$ 로 볼 수 있기 때문에 현실적으로 사용 가능하다. 추정치 $\hat{\beta}^*$ 의 사용으로 인한 편향 문제는 뒤에서 다시 다루기로 한다.

예제 9.6.1

함수 $g(x) = e^x$ 의 평균을 제어변수법으로 추정하면, 분산이 얼마나 줄어들 수 있는지 계산해 보라. 단, $0 \le x \le 1$ 이다.

풀이 + $G = E\left[g(x)\right] = E\left(e^x\right)$

1. 먼저 제어함수 또는 변수를 선택해야 한다. 제어함수를 $g(x)_C = x$ 로 결정하자. 이는 x가 커지면 e^x 도 커지는 양의 상관관계가 있고, 그 기댓값을 알고 있기 때문에 가능하다. 시뮬레이션을 위한 난수로 표준균등분포 $U \sim U(0,1)$ 를 사용한다면 $E\left[g(x)_C\right] = \frac{1}{2}$ 이다. $X \to U$ 로 놓고 취급할 수 있다.

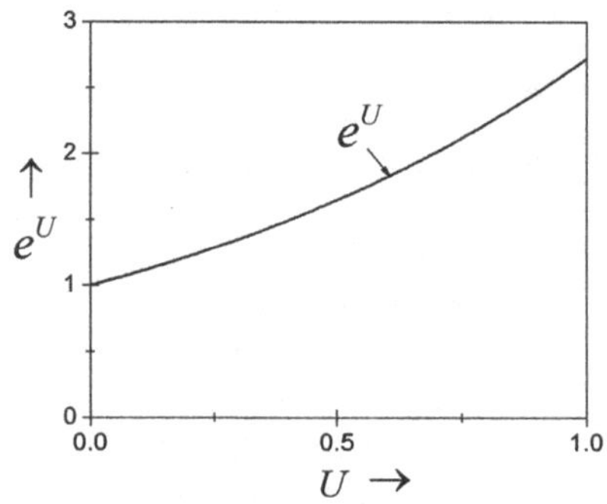

2. 분산축소기법을 사용하지 않을 때

$$G = E\left(e^U\right) = e - 1 \approx 1.718$$
$$Var(G) = Var\left(e^U\right) \approx 0.2420$$

3. 제어변수법을 사용할 때

$g(x)_{CV} = g(x) - \beta^*\{g(x)_C - E[g(x)_C]\}$ 이므로

$$G_{CV} = e^U - \beta^*\left(U - \frac{1}{2}\right)$$

식 (9.6.6)을 적용해서 $Var\left(G_{CV(\beta^*)}\right)$를 최소로 만드는 β^*를 구한다.

$$\beta^* = \frac{Cov\left(e^U, U\right)}{Var(U)} = \frac{0.14086}{\frac{1}{12}} \approx 1.690$$

공분산 계산은 다음 풀이과정을 참고하라.

$$\begin{aligned} Cov\left(e^U, U\right) &= E\left(Ue^U\right) - E(U)E\left(e^U\right) \\ &= \int_0^1 Ue^U dU - \left(\int_0^1 UdU\right)\left(\int_0^1 e^U dU\right) = e^U(e-1)\Big|_0^1 - \left(\frac{1}{2}\right)(e-1)^{16)} \\ &= 1 - \left(\frac{1}{2}\right)(e-1) = 0.14086 \end{aligned}$$

$$Var(U) = \frac{1}{12}^{17)}$$

마지막으로 이 값들을 식 (9.6.7)에 대입하면

$$Var\left(G_{CV(\beta^*)}\right) = Var\left(e^U\right) - \frac{Cov^2\left(e^U, U\right)}{Var(U)} = 0.242 - \frac{(0.14086)^2}{\frac{1}{12}} \approx 0.004$$

따라서 제어변수법을 사용하면 원시 MC에 비해 분산을 98.4%까지 줄일 수 있다.

$$\frac{Var(G_{CR}) - Var\left(G_{CV(\beta^*)}\right)}{Var(G_{CR})} = \frac{0.242 - 0.004}{0.242} \times 100\% = 98.4\%$$

---

16) $\int ue^{au}du = \frac{e^{au}}{a}\left(u - \frac{1}{a}\right) + C$ 이므로.

17) 균등분포의 분산은 $Var(U) = E\left(U^2\right) - E^2(U)$ 이다. $E(U) = \int_0^1 xf(x)dx = \frac{1}{2}$ 이고, $E\left(U^2\right) = \int_0^1 x^2 f(x)dx = \frac{1}{3}$ 이므로 $Var(U) = \frac{1}{3} - \left(\frac{1}{2}\right)^2 = \frac{1}{12}$ 이다.

예제 9.6.2

적분 $g(x,y)=e^{x+y}$를 제어변수법으로 풀어보자. 변수 X와 Y는 표준균등분포이다. 제어변수를 달리하여 분산감소효과를 살펴보자.

풀이 + 이 문제는 적분 $G=\int_0^1\int_0^1 e^{x+y}dxdy$을 푸는 것과 같다. 서로 독립적인 표준균등분포 난수 $U,V \sim U(0,1)$를 뽑아 두 확률변수 $X \leftarrow U$와 $Y \leftarrow V$에 대응시킨다.

1. 원시 MC에 의한 평균과 분산은

$$E(g)=E\left(e^{U+V}\right)=\int_0^1\int_0^1 e^{U+V}dUdV=(e-1)\int_0^1 e^V dV=(e-1)^2\approx 2.952$$

$$Var(g)=Var\left(e^{U+V}\right)=E\left[\left(e^{U+V}\right)^2\right]-E^2\left(e^{U+V}\right)$$

$$=\int_0^1\int_0^1 e^{2(U+V)}dUdV-(e-1)^2=\frac{1}{4}\left(e^2-1\right)^2-(e-1)^4\approx 1.488$$

2. 먼저, 제어변수로 $g(x,y)_{C_1}=x+y$를 선택한 경우를 풀어보자. 제어변수의 기댓값과 분산은

$$E(g_C)=E(U+V)=\frac{1}{2}+\frac{1}{2}=1$$

$$Var(g_C)=E\left(g_C^2\right)-E^2(g_C)=E\left(U^2+2UV+V^2\right)-E^2(U+V)$$

$$=\left[\frac{1}{3}+2\left(\frac{1}{2}\right)\left(\frac{1}{2}\right)+\frac{1}{3}\right]-(1)^2=\frac{1}{6}\approx 0.167$$

따라서 제어변수법에 의한 함수 $g(x,y)_{CV(\beta^*)}$의 분산은

$$Var\left(g_{CV(\beta^*)}\right)=Var(g)-\frac{Cov^2(g,g_C)}{Var(g_C)}=1.488-\frac{(0.484)^2}{0.167}\approx 0.082\,.$$

$$\because Cov(g,g_C)=Cov\left(e^{U+V},U+V\right)$$

$$=E\left[(U+V)e^{U+V}\right]-E\left(e^{U+V}\right)E(U+V)$$

$$=2(e-1)-(e-1)^2(1)\approx 0.484$$

$$\beta^*=\frac{Cov(g,g_C)}{Var(g_C)}=\frac{0.484}{0.167}\approx 2.904$$

따라서 분산감소는

$$\frac{Var(G)-Var\left(G_{CV(\beta^*)}\right)}{Var(G)}=\frac{1.488-0.082}{1.488}\times 100\%=94.5\%$$

3. 이번에는 제어변수로 $g(x,y)_{C_2}=(x+y)^2$ 를 선택한 경우를 풀어보자.

$$E(g_C)=E\left[(U+V)^2\right]=E\left(U^2+2UV+V^2\right)=\frac{1}{3}+2\left(\frac{1}{2}\right)\left(\frac{1}{2}\right)+\frac{1}{3}=\frac{7}{6}$$

$$\begin{aligned}Var(g_C)&=E\left[(U+V)^4\right]-E^2\left[(U+V)^2\right]\\&=E\left(U^4+4U^3V+6U^2V^2+4UV^3+V^4\right)-E^2\left(U^2+2UV+V^2\right)\\&=\int_0^1\left(\frac{1}{5}+V+2V^2+2V^3+V^4\right)dV-\left(\frac{7}{6}\right)^2=\frac{31}{15}-\left(\frac{7}{6}\right)^2\approx 0.706\end{aligned}$$

따라서 제어변수법에 의한 분산은

$$Var\left(G_{CV(\beta^*)}\right)=Var(g)-\frac{Cov^2(g,g_C)}{Var(g_C)}=1.488-\frac{(1.024)^2}{0.706}\approx 0.0028.$$

$$\begin{aligned}\because Cov(g,g_C)&=Cov\left[e^{U+V},(U+V)^2\right]\\&=E\left[(U+V)^2e^{U+V}\right]-E\left(e^{U+V}\right)E\left[(U+V)^2\right]\\&=\int_0^1\left[(e-2)e^V+2Ve^V+(e-1)e^V\right]dV-(e-1)^2\left(\frac{7}{6}\right)\\&=\left[(e-2)(e-1)+2+(e-1)(e-2)\right]-3.445\approx 1.024\end{aligned}$$

$$\beta^*=\frac{Cov(g,g_C)}{Var(g_C)}=\frac{1.024}{0.706}=1.450$$

따라서 분산감소는

$$\frac{Var(G)-Var\left(G_{CV(\beta^*)}\right)}{Var(G)}=\frac{1.488-0.0028}{1.488}\times 100\%=99.8\%$$

4. 이번에는 제어함수를 $g(x,y)_{C_3}=e^{x+y}$ 로 선택한 경우를 보자.

$$E(g_C)=E\left(e^{U+V}\right)=(e-1)^2=2.95249\cdots$$

$$Var(g_C)=Var(e^{U+V})=\frac{1}{4}(e^2-1)^2-(e-1)^2=1.48780\cdots$$

따라서 제어변수법에 의한 분산은

$$Var\left(G_{CV(\beta^*)}\right)=Var(g)-\frac{Cov^2(g,g_C)}{Var(g_C)}=1.48780\cdots-\frac{(1.48780\cdots)^2}{1.48780\cdots}=0.$$

$$\because Cov(g,g_C)=Cov\left[e^{U+V},e^{U+V}\right]=E\left[e^{2(U+V)}\right]-E\left(e^{U+V}\right)E\left(e^{U+V}\right)$$

$$=\frac{1}{4}(e^2-1)^2-(e-1)^2(e-1)^2=1.48780\cdots$$

$$\beta^*=\frac{Cov(g,g_C)}{Var(g_C)}=\frac{1.48780\cdots}{1.48780\cdots}=1$$

그림 9.6.2에 원래 함수 $g(x,y)$와 선택된 제어함수 $g(x,y)_C$ 들을 나타내었다. 이 그림과 앞의 계산결과로부터 제어함수가 $g(x,y)$에 가까울수록 분산감소효과가 커지는 것을 볼 수 있다.

사실, 맨 마지막의 경우처럼 원래 추정하려고 했던 함수와 동일한 함수를 제어함수로 선택하는 것은 의미가 없다. 제어함수는 기댓값을 알고 있어야 하기 때문에, 이미 아는 값을 다시 추정한다는 것은 무의미하다. 단지 이 예는 제어함수가 원래의 함수에 근접할수록 분산감소효과가 커진다는 것을 강조하기 위한 것이다.

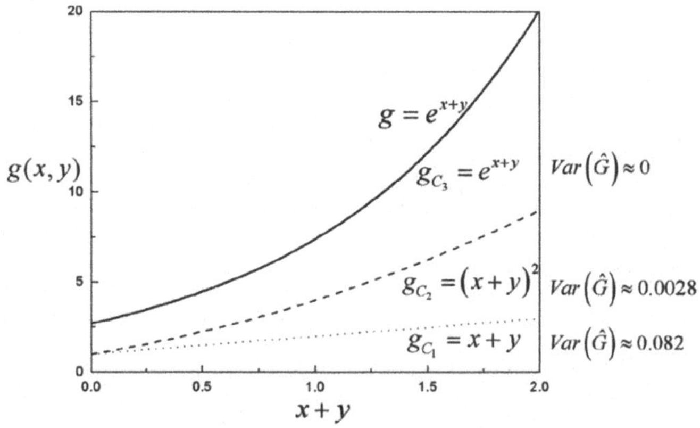

[그림 9.6.2] 제어함수 선택과 분산감소효과

[프로그램 9.6.1] 제어변수법으로 $g(x,y)=e^{x+y}$ 의 평균 추정치와 분산 구하기

```
#include "file_include.h"
#include "rnd_functions.cpp"

const int MCS = 100000;

//Example for the Control Variates Simulation(9.6.2)

double fo(double x, double y)          //Original function to estimate
{
         double gx;
                   gx = exp(x+y);
         return gx;
}

double fc(double x, double y)          //control function to reduce the variation
{
         double gcx;
                   gcx = (x+y)*(x+y);  //E(gc)=7.0/6.0
         return gcx;
}

double Mean(double x[], int n)         //calcuration of Mean
{
         double sumgx=0;
         for(int i=0; i<n; i++)
                   sumgx += x[i];
         return sumgx/n;;
}

double Var(double x[], int n)          //calcuration of Variance
{
         double sumgx=0, sumgx2=0;
         for(int i=0; i<n; i++)
         {
                   sumgx += x[i];
                   sumgx2 += x[i] * x[i];
         }
         return (sumgx2 - (sumgx*sumgx)/n)/(n - 1);
}


// Monte Carlo simulation
int main( )
{
         int i, np, n;
         double x[MCS], y[MCS], gx[MCS], gcx[MCS], gxcv[MCS];
         double Cov, CovXC, beta, sumCov=0;


         // 0. initialize the random number
         unsigned seed;
         cout<<"Enter a seed number for randomizing:";
         cin>>seed;
         srand(seed);


         // 1. pilot simulation for obtaining Beta*
         np = MCS/5;
```

```
        n = MCS;

        for(i=0; i<np; i++)
        {
                x[i] = Uni_Real_rnd(0,1);
                y[i] = Uni_Real_rnd(0,1);

                gx[i] = fo(x[i],y[i]);
                gcx[i] = fc(x[i],y[i]);
        }
        for(i=0; i<np; i++)
        {
                Cov = (fo(x[i],y[i]) - Mean(gx,np)) * (fc(x[i],y[i]) - Mean(gcx,np));
                sumCov += Cov;
        }
        CovXC = sumCov / (np - 1);
        beta = CovXC / Var(gcx,np);


        // 2. Main simulation by the control variate for estimating the g(x)
        for(i=0; i<n; i++)
        {
                x[i] = Uni_Real_rnd(0,1);
                y[i] = Uni_Real_rnd(0,1);

                gx[i] = fo(x[i],y[i]);
                gxcv[i] = fo(x[i],y[i]) - beta*(fc(x[i],y[i]) - 7.0/6.0);
        }
        // 3. Display Results
        cout<<"Crude   MC:  "<<Mean(gx,n)<<"   "<<Var(gx,n)<<endl;
        cout<<"Control MC:  "<<Mean(gxcv,n)<<"   "<<Var(gxcv,n)<<endl;


        return 0;
}
```

다중제어변수

$C_1, C_2, \cdots, C_m$ 처럼 여러 개의 제어변수를 한 시뮬레이션에서 사용할 수 있다. 물론 각 C_k 들의 기댓값 $E(C_k)=\mu_{C_k}$ 은 알고 있어야 한다. $k=1,2,\cdots,m$ 이다. 이 경우에 제어변수법에 의한 추정치와 그 분산은 다음과 같다.

$$X_{CV(\boldsymbol{\beta})} = X - \boldsymbol{\beta}^T(\mathbf{C}-\boldsymbol{\mu}_{\mathbf{C}}). \tag{9.6.16}$$

$$Var\left(X_{CV(\boldsymbol{\beta})}\right) = Var\left[X - \boldsymbol{\beta}^T(\mathbf{C}-\mu_C)\right] = Var(X) - 2\boldsymbol{\beta}^T\Sigma_{\mathbf{XC}} + \boldsymbol{\beta}^T\Sigma_{\mathbf{C}}\boldsymbol{\beta}. \tag{9.6.17}$$

여기서 강조체로 쓰인 변수들은 벡터(또는 행렬)를 의미하고, T 는 전치행렬을 뜻한다. $\boldsymbol{\beta}=(\beta_1,\beta_2,\cdots,\beta_m)^T$ 는 $m\times1$ 행렬이고, $\mathbf{C}$ 는 제어변수끼리의 공분산행렬 $\Sigma_{\mathbf{C}}$ 을 뜻하는 것으로 $m\times m$ 행렬이다. $\Sigma_{\mathbf{XC}}$ 는 X 와 제어변수 C_k 들과의 공분산

을 나타내는 것으로 $m\times 1$ 행렬이다.

식 (9.6.17)의 분산을 최소화시키는 β_k^* 는 다음과 같다.

$$\boldsymbol{\beta}^* = \Sigma_{\mathbf{C}}^{-1}\Sigma_{X\mathbf{C}}. \tag{9.6.18}$$

$\Sigma_{\mathbf{C}}^{-1}$ 은 $\Sigma_{\mathbf{C}}$ 의 역행렬이다. 식 (9.6.18)을 식 (9.6.17)에 다시 대입하면,

$$Var\left(X_{CV(\boldsymbol{\beta}^*)}\right) = Var(X)\left(1 - R_{X\mathbf{C}}^2\right). \tag{9.6.19}$$

여기서 $R_{X\mathbf{C}}^2$ 은 X 와 $\mathbf{C}$ 의 다중상관계수의 제곱으로써 다음과 같다(Lavenberg et al., 1982).

$$R_{X\mathbf{C}}^2 = \frac{\Sigma_{X\mathbf{C}}^T\ \Sigma_{\mathbf{C}}^{-1}\ \Sigma_{X\mathbf{C}}}{Var(X)} \tag{9.6.20}$$

이 값은 원시 시뮬레이션에 비해 감소된 분산의 비율을 뜻한다. 식 (9.6.19)로부터 $|R_{X\mathbf{C}}|$ 가 클수록 분산감소량도 커진다는 것을 알 수 있다.

다중제어변수를 사용할 때에도, 제어변수가 하나인 경우와 마찬가지로 $\Sigma_{X\mathbf{C}}$와 $\Sigma_{\mathbf{C}}$를 모르기 때문에 최적의 $\boldsymbol{\beta}^*$는 추정을 통해서 구해야 한다. 식 (9.6.18)을 n 개의 표본으로부터 추정하는 경우로 표현을 바꾸면,

$$\hat{\boldsymbol{\beta}}_n^* = s_{\mathbf{C}}^{-1} s_{X\mathbf{C}}. \tag{9.6.21}$$

이는 다음 식들을 통해서 구할 수 있다.

$$s_X^2 = \frac{1}{n-1}\sum_{i=1}^{n}\left(X_i - \overline{X}_n\right)^2 \tag{9.6.22}$$

$$s_{\mathbf{C}} = s_{C_q C_r} = \frac{1}{n-1}\sum_{i=1}^{n}\left(C_{q,i} - \overline{C}_{q\,n}\right)\left(C_{r,i} - \overline{C}_{r\,n}\right), \qquad q, r = 1, \cdots, m \tag{9.6.23}$$

$$s_{X\mathbf{C}} = s_{XC_k} = \frac{1}{n-1}\sum_{i=1}^{n}\left(X_i - \overline{X}_n\right)\left(C_{k,i} - \overline{C}_{k\,n}\right), \qquad k = 1, \cdots, m \tag{9.6.24}$$

여기서, $\overline{X}_n = \frac{1}{n}\sum_{i=1}^{n} X_i$ 이고 $\overline{\mathbf{C}}_n = \frac{1}{n}\sum_{i=1}^{n} \mathbf{C}_i$ 이다. $i = 1, \cdots, n$ 이다. $C_{q,i}$ 는 시뮬레이션

의 i 번째 시행에서 q 번째(m 개 중에서) 제어변수를 의미하고, $\overline{C_{qn}}$ 은 n 번의 반복시행으로부터 구한 $C_{q,i}$ 의 평균을 말한다. 식 (9.6.21)을 적용하면 결국 시뮬레이션 추정치는 다음과 같이 쓸 수 있다.

$$X_{CV(\hat{\boldsymbol{\beta}}^*),i} = X_i - \hat{\boldsymbol{\beta}}^{*T}(\mathbf{C}_i - \boldsymbol{\mu}_{\mathbf{C}}) \tag{9.6.25}$$

$$\overline{X}_{CV(\hat{\boldsymbol{\beta}}^*),i} = \frac{1}{n}\sum_{i=1}^{n} X_{CV(\hat{\boldsymbol{\beta}}^*),i} \tag{9.6.26}$$

식 (9.6.16) ~ (9.6.18)까지의 설명에 대한 이해를 돕기 위해서, 2개의 제어변수 C_1 과 C_2 를 사용하는 경우로 한정해서 β_k^* 를 구하는 과정을 자세히 살펴보자. 식 (9.6.16)을 풀어쓰면,

$$X_{CV(\beta)} = X - \beta_1(C_1 - \mu_{C_1}) - \beta_2(C_2 - \mu_{C_2}) \quad .$$

이 경우의 분산은 반응변수 X 와 제어변수 C_k 들과 상관관계뿐만 아니라 제어변수들끼리의 상관관계도 고려해야 하므로 다음과 같이 풀어쓸 수 있다.

$$\begin{aligned} Var(X_{CV(\beta)}) = & Var(X) + \beta_1^2 Var(C_1) + \beta_2^2 Var(C_2) \\ & - 2\beta_1 Cov(X, C_1) - 2\beta_2 Cov(X, C_2) + 2\beta_1\beta_2 Cov(C_1, C_2) \end{aligned}$$

이 분산을 최소화시킬 수 있는 β_k^* 는 위의 식을 β_k 로 각각 미분해서 0으로 놓고, 그 결과 생기는 연립선형방정식을 풀면 구할 수 있다.

$$\frac{\partial Var(X_{CV(\beta)})}{\partial \beta_1} = 2\beta_1 Var(C_1) - 2Cov(X, C_1) + 2\beta_2 Cov(C_1, C_2) = 0$$
$$\frac{\partial Var(X_{CV(\beta)})}{\partial \beta_2} = 2\beta_2 Var(C_2) - 2Cov(X, C_2) + 2\beta_1 Cov(C_1, C_2) = 0$$

이를 정리하면 m 개의 미지 변수를 포함한 연립선형방정식을 얻을 수 있다.

$$\begin{aligned} \beta_1 Var(C_1) + \beta_2 Cov(C_1, C_2) = Cov(X, C_1) \\ \beta_1 Cov(C_2, C_1) + \beta_2 Var(C_2) = Cov(X, C_2) \end{aligned}$$

이 선형방정식을 쉽게 풀기 위해 벡터(또는 행렬) 형식으로 다시 쓰면,

$$\begin{bmatrix} Cov(C_1,C_1) & Cov(C_1,C_2) \\ Cov(C_2,C_1) & Cov(C_2,C_2) \end{bmatrix} \begin{bmatrix} \beta_1 \\ \beta_2 \end{bmatrix} = \begin{bmatrix} Cov(X,C_1) \\ Cov(X,C_2) \end{bmatrix}.$$

참고로 $Cov(C_i,C_i)=Var(C_i)$ 이다. 이 식은 $\mathbf{AX}=\mathbf{B}$ 의 형태이다. 따라서 미지의 변수는 $\mathbf{X}=\mathbf{A}^{-1}\mathbf{B}$ 의 형태로부터 구할 수 있다. 여기서 연립선형방정식의 계수 $\mathbf{A}$ 는 $\Sigma_{\mathbf{C}}$, $\mathbf{B}$ 는 $\Sigma_{X\mathbf{C}}$, $\mathbf{X}$ 는 $\boldsymbol{\beta}$ 에 해당한다. $\mathbf{A}^{-1}$ 은 $\Sigma_{\mathbf{C}}^{-1}$ 이므로 결국 식 (9.6.18)과 같다. 자세한 계산과정은 다음의 예제를 참고하기 바란다.

예제 9.6.3

$g(x)=e^x$ 의 평균을 추정하고자 한다. 제어함수로 $g(x)=x$ 와 $g(x)=x^2$ 의 2개를 사용한다면 분산을 얼마나 줄어드는지 1) 해석적 방법으로 계산해 보고, 2) 실제 프로그램을 작성하여 그 결과를 확인하라.

풀이 +

1) 먼저 함수들의 기댓값과 분산을 계산한다. 단, 난수는 표준균등분포에서 추출한다고 가정한다.

- 추정하고자 하는 함수: $g(x)=e^x$

$$E\left(e^U\right)=\int_0^1 e^U dU = e-1 = 1.7182818\cdots$$

$$Var\left(e^U\right)=E\left(e^{2U}\right)-E^2\left(e^U\right)=\frac{e^2-1}{2}-(e-1)^2=0.2420356\cdots$$

- 제어함수 1: $g(x)_{C1}=x$

$$E(U)=\frac{1}{2}$$

$$Var(U)=\frac{1}{12}$$

- 제어함수 2: $g(x)_{C2}=x^2$

$$E\left(U^2\right)=\frac{1}{3}$$

$$Var\left(U^2\right)=E\left(U^4\right)-E^2\left(U^2\right)=\frac{1}{5}-\left(\frac{1}{3}\right)^2=\frac{4}{45}$$

2) $\boldsymbol{\beta}^* = \Sigma_{\mathbf{C}}^{-1}\Sigma_{X\mathbf{C}}$ 를 구하기 위해서, 공분산(제어함수끼리, 추정함수와 제어함수)을 계산한다.

$$\Sigma_{\mathbf{C}} = \begin{bmatrix} Cov(C_1,C_1) & Cov(C_1,C_2) \\ Cov(C_2,C_1) & Cov(C_2,C_2) \end{bmatrix} = \begin{bmatrix} \frac{1}{12} & \frac{1}{12} \\ \frac{1}{12} & \frac{4}{45} \end{bmatrix}$$

$$\because Cov(C_1,C_1) = Var(C_1) = Var(U) = \frac{1}{12}$$

$$Cov(C_1,C_2) = Cov(C_2,C_1)$$

$$= Cov\left(U^2,U\right) = E\left(U^3\right) - E\left(U^2\right)E(U) = \frac{1}{4} - \left(\frac{1}{3}\right)\left(\frac{1}{2}\right) = \frac{1}{12}$$

$$Cov(C_2,C_2) = Var(C_2) = Var\left(U^2\right) = \frac{4}{45}$$

$$\Sigma_{X\mathbf{C}} = \begin{bmatrix} Cov(X,C_1) \\ Cov(X,C_2) \end{bmatrix} = \begin{bmatrix} \frac{3-e}{2} \\ \frac{2e-5}{3} \end{bmatrix}$$

$$\because Cov(X,C_1) = Cov\left(e^U,U\right) = E\left(e^U U\right) - E\left(e^U\right)E(U)$$

$$= (e-1)e^U\Big|_0^1 - (e-1)\left(\frac{1}{2}\right) = \frac{3-e}{2} = 0.1408591\cdots$$

$$Cov(X,C_2) = Cov\left(e^U,U^2\right) = E\left(e^U U^2\right) - E\left(e^U\right)E\left(U^2\right)$$

$$= e^U\left(U^2 - 2U + 2\right)\Big|_0^1 - (e-1)\left(\frac{1}{3}\right) = \frac{2e-5}{3} = 0.1455212\cdots$$

$$\Sigma_{\mathbf{C}}^{-1} = \frac{19440}{9}\begin{bmatrix} \frac{4}{45} & -\frac{1}{12} \\ -\frac{1}{12} & \frac{1}{12} \end{bmatrix} = \begin{bmatrix} 192 & -180 \\ -180 & 180 \end{bmatrix}$$

$$\boldsymbol{\beta}^* = \begin{bmatrix} \beta_1^* \\ \beta_2^* \end{bmatrix} = \Sigma_{\mathbf{C}}^{-1}\Sigma_{X\mathbf{C}} = \begin{bmatrix} 192 & -180 \\ 180 & 180 \end{bmatrix}\begin{bmatrix} \frac{3-e}{2} \\ \frac{2e-5}{3} \end{bmatrix} = \begin{bmatrix} 0.85112505\cdots \\ 0.83918397\cdots \end{bmatrix}$$

$\beta_1^* = 0.85112505\cdots$ 와 $\beta_2^* = 0.83918397\cdots$ 이므로, 분산은 식 (9.6.17)에 따라,

$$Var\left(X_{CV(\beta^*)}\right) = Var(X) - 2\boldsymbol{\beta}^T\Sigma_{X\mathbf{C}} + \boldsymbol{\beta}^T\Sigma_{\mathbf{C}}\boldsymbol{\beta}$$

$$= 0.2420356\cdots - 2(0.242007772) + 0.242007772$$

$$= 0.000027835\cdots$$

제어변수가 1개일 경우에 비해(예제 9.6.1에서 ~ 0.004), 분산을 크게 줄일 수 있다.

[프로그램 9.6.2] 다중제어변수법으로 $g(x) = e^x$ 의 평균 추정치와 분산 구하기

```
#include "file_include.h"
#include "rnd_functions.cpp"

const int MCS = 10000;

//Example for the Multiple Control Variates Simulation(9.6.3)

double fo(double x) //Original function to estimate
{
	double gx;
		gx = exp(x);
	return gx;
}

double fc1(double x) //1st control variate
{
	double gc1x;
		gc1x = x;		//E(gc1) = 1.0/2.0
	return gc1x;
}

double fc2(double x) //2nd control variate
{
	double gc2x;
		gc2x = x * x;		//E(gc) = 1.0/3.0
	return gc2x;
}

double Mean(double x[], int n)  //calculation of Mean
{
	double sumgx=0;
	for(int i=0; i<n; i++)
		sumgx += x[i];
	return sumgx/n;;
}

double Var(double x[], int n)   //calculation of Variance
{
	double sumgx=0, sumgx2=0;
	for(int i=0; i<n; i++)
	{
		sumgx += x[i];
		sumgx2 += x[i] * x[i];
	}
	return (sumgx2 - (sumgx*sumgx)/n)/(n - 1);
}


//////////////    Multiple Control Variates Method    //////////////////////
int main()
{
	int i, np, n;
	double x[MCS], gx[MCS], gc1x[MCS], gc2x[MCS], gxcv[MCS];
```

```
//        double CocCC[2][2], CovXC[2][2];
          double CovC1C1, CovC1C2, CovC2C1, CovC2C2, CovXC1, CovXC2;
          double sumCovC1C1=0, sumCovC1C2=0, sumCovC2C2=0, sumCovXC1=0, sumCovXC2=0;
          double det, iCovC1C1, iCovC1C2, iCovC2C1, iCovC2C2, beta1, beta2;

          double Efc1, Efc2;

          Efc1 = 0.5;                  //expectation of 1st control
          Efc2 = 1.0 / 3.0;        //expectation of 2nd control


          ////////////////////////////////////////////////////////////////////////
          //0. initialize the random number

          unsigned seed;
          cout<<"Enter a seed number for randomizing:";
          cin>>seed;
          srand(seed);


          ////////////////////////////////////////////////////////////////////////
          //1. pilot simualtion for obtaining Beta*

          np = MCS/5;
          n = MCS;

          for(i=0; i<np; i++)
          {
                    x[i] = Uni_Real_rnd(0,1);

                    gx[i] = fo(x[i]);
                    gc1x[i] = fc1(x[i]);
                    gc2x[i] = fc2(x[i]);
          }
          for(i=0; i<np; i++)
          {
                    // covariance matrix of CC:
                    // cov(c1,c1)=var(c11); cov(c1,c2)=cov(c2,c1);cov(c2,c2)=var(c22)
                    CovC1C1 = pow((fc1(x[i]) - Mean(gc1x,np)),2);
                    CovC1C2 = (fc1(x[i]) - Mean(gc1x,np)) * (fc2(x[i]) - Mean(gc2x,np));
                    CovC2C2 = pow((fc2(x[i]) - Mean(gc2x,np)),2);

                    sumCovC1C1 += CovC1C1;
                    sumCovC1C2 += CovC1C2;
                    sumCovC2C2 += CovC2C2;

                    //covariance matrix of XC: cov(X,c1); cov(X,c2)
                    CovXC1 = (fo(x[i]) - Mean(gx,np)) * (fc1(x[i]) - Mean(gc1x,np));
                    CovXC2 = (fo(x[i]) - Mean(gx,np)) * (fc2(x[i]) - Mean(gc2x,np));

                    sumCovXC1 += CovXC1;
                    sumCovXC2 += CovXC2;
          }
          CovC1C1 = sumCovC1C1 / (np - 1);
          CovC1C2 = sumCovC1C2 / (np - 1);
          CovC2C1 = CovC1C2;
          CovC2C2 = sumCovC2C2 / (np - 1);

          CovXC1 = sumCovXC1 / (np - 1);
```

```
        CovXC2 = sumCovXC2 / (np - 1);

        /////// Matrix calculation to obtain b1, b2
        // 1) inverse matrix of covariance of control variates
        det = CovC1C1*CovC2C2 - CovC1C2*CovC2C1;
        if (det == 0)
        {
                cerr<<"Inverse matrix does not exist!"<<endl;
                exit(0);
        }
        iCovC1C1 = CovC2C2/det;
        iCovC1C2 = -CovC1C2/det;
        iCovC2C1 = -CovC2C1/det;
        iCovC2C2 = CovC1C1/det;

        // 2) multiplication of Inverse Cov(C,C) * Cov(X,C)
        beta1 = iCovC1C1*CovXC1 + iCovC1C2*CovXC2;
        beta2 = iCovC2C1*CovXC1 + iCovC2C2*CovXC2;

        ///////////////////////////////////////////////////////////////////////
        //2. Main simulation by Two control variates

        for(i=0; i<n; i++)
        {
                x[i] = Uni_Real_rnd(0,1);

                gx[i] = fo(x[i]);
                gxcv[i] = fo(x[i])-(beta1*(fc1(x[i])-Efc1) + beta2*(fc2(x[i])-Efc2));
        }

        ///////////////////////////////////////////////////////////////////////
        //3. Display Results

        cout<<"Crude   MC:  "<<Mean(gx,n)<<"   "<<setprecision(10)<<Var(gx,n)<<endl;
        cout<<"Control MC:  "<<Mean(gxcv,n)<<"   "<<setprecision(10)<<Var(gxcv,n)<<endl;

        return 0;
}
```

추정치 $\hat{\beta}^*$ 사용으로 인한 문제

$\boldsymbol{\beta}^*$ 에 대한 정보가 없기 때문에 실제 시뮬레이션에서는 이를 추정해서 사용해야 한다. 추정치 $\hat{\boldsymbol{\beta}}_n^*$ 는 $\overline{X}_{CV}$ 를 추정하기 위한 시뮬레이션 자체에서 계산될 수 있다. 하지만 시뮬레이션 결과 계산에 필요한 인자들을 동일한 시뮬레이션으로부터 구해서 사용하면 편향이 생기게 된다. 즉, 추정치 $\hat{\boldsymbol{\beta}}_n^*$ 는 $\overline{\mathbf{C}}$ 와 독립적이지 않고 또한 표본크기에 따라서 달라지는 확률변수이기 때문에 $E\left[\hat{\beta}^*\left(\overline{\mathbf{C}}-\boldsymbol{\mu}_{\mathbf{C}}\right)\right] \neq 0$ 이 된다. 이는 식 (9.6.15)나 식 (9.6.26)을 통해서 구한 $\overline{X}_{CV(\hat{\beta}^*)}$ 가 $\overline{X}$ 의 편향 추정치라는 뜻이다. 반복시행 횟수가 많아지면, 즉 n 이 커지면 이러한 편향을 무시할 수 있다. 하지만 분산감소 방법을 사용하는 본질적인 이유가 반복시행횟수를 줄이면서 정밀도를 높이기 위한 것임을 상기해 볼 때 이것은 타당한 접근 방법이 아니다.

향 문제를 해결하기 위한 간단한 방법이 있다. 이는 본 시뮬레이션과는 별도로(독립적으로) 소규모의 예비 시뮬레이션(pilot simulation)을 통해서 $\boldsymbol{\beta}^*$ 를 추정하는 것이다. 이렇게 구해진 추정치 $\hat{\boldsymbol{\beta}}_n^*$ 를 본 시뮬레이션에 사용하면 구해진 추정치는 반복시행횟수, 즉 표본크기에 상관없이 불편추정치가 된다.

$\hat{\boldsymbol{\beta}}_n^*$ 의 사용으로 인한 추정치 편향을 보완하기 위한 여러 가지 방법들이 제안되고 있다(Wilson, 1984; Nelson, 1990).

시뮬레이션 알고리즘

제어변수법 시뮬레이션 알고리즘을 요약하면 다음과 같다. 지금까지는 편의를 위해서 변수 X와 C로 간단하게 표현했지만, 여기서는 추정하려는 함수 $g(X)$와 제어함수 $g(X)_C$로 표현하기로 한다. 만약 X도 벡터라면, 즉 추정하고자 하는 함수가 여러 개의 변수를 포함하는 경우(응답변수가 여러 개인 경우)라면, 문헌(Rubinstein and Marcus, 1985)을 참고하라.

```
//Pilot simulation
for j=1 to n_p
        U_j ← U(0,1)
        generate g(U_j) and g(U_j)_C
        //if multiple control variates, then
                                          g(U_j)_{C_1}, g(U_j)_{C_2}, ..., g(U_j)_{C_m}
end for
```

$$\hat{\beta}^* = \frac{\sum_{j=1}^{n_p}\left[g(U_j)-\bar{g}(U_j)_{n_p}\right]\left[g(U_j)_C-\mu_C\right]}{\sum_{j=1}^{n_p}\left[g(U_j)_C-\mu_C\right]^2}$$

```
        //if multiple control variates,
                then calculate β̂*_k by multiple regression method


//main simulation
for i=1 to n
        U_j ← U(0,1)
```

```
        generate g(U_i) and g(U_i)_C
        //if multiple control variates, then
        g(U_i)_{C_1}, g(U_i)_{C_2}, ..., g(U_i)_{C_m}
```

$$g(x_i)_{CV(\hat{\beta}^*)} = g(U_i) - \hat{\beta}^* \left[g(U_i)_C - \mu_C \right]$$

```
        //if multiple control variates, then
```

$$g(x_i)_{CV(\hat{\beta}^*)} = g(U_i) - \sum_{k=1}^{m} \hat{\beta}_k^* \left[g(U_i)_{C_k} - \mu_{C_k} \right]$$

```
end for
```

$$\bar{g}(x)_{CV(\hat{\beta}^*)} = \frac{1}{n} \sum_{i=1}^{n} g(x_i)_{CV(\hat{\beta}^*)}$$

$$s^2_{\bar{g}(x)_{CV(\hat{\beta}^*)}} = \frac{1}{n-1} \sum_{i=1}^{n} \left[g(x_i)_{CV(\hat{\beta}^*)} - \bar{g}(x)_{CV(\hat{\beta}^*)} \right]^2$$

$$100(1-\alpha)\%\ CI = \bar{g}(x)_{CV(\hat{\beta}^*)} \pm z_{1-\frac{\alpha}{2}} s^2_{\bar{g}(x)_{CV(\hat{\beta}^*)}}$$

9.7 조건부 몬테칼로법(Conditional Monte Carlo)

분산을 줄이기 위해서 이 방법이 채택하는 개념은 '해석적으로 계산할 수 있는 부분은 시뮬레이션을 수행하지 않는다'는 것이다. 따라서 이 방법을 적용하려면 추정하고자 하는 시스템에 대한 정보를 알고 있어야 한다. 주어진 적분 문제를 풀 때 해석적 방법을 사용하면 시뮬레이션 방법보다 더 정확한 결과를 얻을 수 있다. 그럼에도 불구하고 시뮬레이션 방법을 사용하는 이유는 해석적 방법으로는 주어진 적분을 쉽게 풀 수 없기 때문이다. 적분을 풀 때, 어떤 경우에는 주어진 적분을 여러 부분(적분공간이나 변수들)으로 나누는 것이 더 편리할 수도 있다. 만약 나누어진 일부분을 해석적으로 풀 수 있다면 나머지 부분만 시뮬레이션으로 풀면 된다. 다음의 예를 보자.

우리의 관심이 서로 독립적인 두 확률변수 X와 Y의 합인 $W = X + Y$를 추정하는 데 있다고 하자. 이 추정치를 원시 몬테칼로 방법으로 구하려면

$$\overline{W} = \frac{1}{n}\sum_{i=1}^{n}(X_i + Y_i) = \frac{1}{n}\sum_{i=1}^{n}W_i \tag{9.7.1}$$

X와 Y의 표본을 각각 추출하고 이를 더해서 목표 확률변수 W의 표본으로 만들고 이들의 평균을 구한다. 하지만 확률변수 X에 대한 기댓값 $E(X)$를 안다면, 다음과 같이 Y에 대해서만 시뮬레이션을 수행하면 될 것이다.

$$\overline{W} = E(X) + \frac{1}{n}Y_i \tag{9.7.2}$$

이처럼 주어진 문제에서 해석적으로 구할 수 있는 부분을 제외한 나머지 부분만 시뮬레이션을 수행하면, 해석적으로 구한 부분에 포함되어 있던 확률 변동이 줄어들기 때문에 전체 분산을 줄일 수 있게 된다.

지금까지의 설명은 개념을 이해하기 위한 것으로써, 조건부 몬테칼로 방법을 정확히 기술한 것은 아니다. 이러한 개념을 시뮬레이션에 적용하기 위한 실질적 방법은 일부 확률변수를 그 조건부기댓값(conditional expectation)으로 대체하는 것이다. 2.4절에서 다루었던 조건부확률의 기댓값에 대한 내용을 되짚어보기로 하자.

확률변수 X가 동일 시스템에 포함된 다른 확률변수 Y에 따라서 결정될 때, X는 $X|Y=y$인 조건부확률분포를 따른다. 그 기댓값 $E(X|Y=y)$는 확률변수 Y가 y로 고정되었을 때 확률변수 X의 평균이다[식 (2.4.13)].

$$E(X|Y=y) = \begin{cases} \sum_{x} x \cdot p_{X|Y}(x|y), & \text{discrete} \\ \int_{-\infty}^{\infty} x \cdot f_{X|Y}(x|y)dx, & \text{continuous} \end{cases} \tag{2.4.13}$$

조건부확률 X의 기댓값 $E(X|Y)$도 y값에 따라서 달라지는 확률변수이다.

$$W = h(Y) = E(X|Y) \tag{2.4.16}$$

따라서 존재 가능한 모든 y값에 대해 X의 조건부확률의 기댓값 $E[E(X|Y)]$도 구할 수 있다. 이 전체 기댓값은 $E(X)$와 동일하다.

$$E(W) = E_Y[E(X|Y)] = E(X) \tag{2.4.17}$$

여기서 아래 첨자는 Y의 분포에 대해서 기댓값이 취해졌다는 뜻이다. 이 식이 가지는 중요한 의미는 $E_Y\left[E(X|Y)\right]$도 $E(X)$의 불편추정치라는 것이다. 즉, 기

댓값 $E(X)$는 조건부확률의 기댓값 $E_Y\left[E(X|Y)\right]$으로부터도 계산할 수 있다.

$$E(X)=E_Y\left[E(X|Y)\right]=\begin{cases}\sum_y E(X|Y=y)\Pr(Y=y), & \text{discrete}\\ \int_{-\infty}^{\infty} E(X|Y=y)\,f_Y(y)dy, & \text{contineous}\end{cases} \tag{2.4.18}$$

이 특성을 이용해서 한 확률변수를 적당한 조건으로 고정하면 다른 확률변수의 기댓값을 쉽게 계산할 수 있다. 식 (2.4.18)에서 y가 주어지면 $E(X|Y=y)$를 해석적으로 구할 수 있다. 문제는 우리가 확률 $\Pr(Y=y)$ 또는 $f_Y(y)$ 를 알지 못한다는 것이다.

하지만 시뮬레이션에서는 확률변수 Y의 분포로부터 표본 y를 취해서 $E(X|Y=y)$를 구할 수 있다. 이를 반복하여 평균한 결과는 $E[E(X|Y)]$에 해당한다. 이것은 X의 기댓값인 $E(X)$와 동일하다. 이 분산축소 방법의 핵심은 $E(X)$를 추정하기 위해서 직접 X의 표본 $X_1,\cdots,X_n$ 을 추출하는 것이 아니라, X에 영향을 주는 Y의 표본 $Y_1,\cdots,Y_n$을 뽑아서 $W=E(X|Y)$를 구하는 것이다. 이 방법을 사용하려면 최소한 다음 두 가지 조건이 충족되어야 한다.

1) 해석적 또는 수치적으로 $E(X|Y)$를 구할 수 있어야 한다.
2) 시뮬레이션을 할 때 Y의 표본을 쉽게 추출할 수 있어야 한다.

만약 Y를 추출하는 일이 직접 X를 추출하는 것보다 훨씬 어렵고 시간이 많이 든다면, 분산이 감소되더라도 비효율적일 수 있다. 이는 선택의 문제이다.

이 표본추출 방법에 의한 추정치와 분산은 다음과 같다.

$$\hat{G}_{CMC}=\overline{X}_{CMC}=\frac{1}{n}\sum_{i=1}^{n}E(X|Y_i)=\frac{1}{n}\sum_{i=1}^{n}W_i \tag{9.7.3}$$

$$Var\left(\hat{G}_{CMC}\right)=Var\left(\overline{X}_{CMC}\right)=\frac{1}{n}Var\left[E(X|Y_i)\right]=\frac{1}{n}Var(W) \tag{9.7.4}$$

이런 방법으로 구한 기댓값은 직접 X로부터 얻은 기댓값보다 더 좋은 추정치가 된다. 분산 $Var\left(\overline{X}_{CMC}\right)$이, 직접 X를 표본추출해서 추정한 경우의 분산 $Var\left(\overline{X}_{CR}\right)$보다 더 작기 때문이다. 그 이유를 살펴보자.

조건부확률의 분산[식 (2.4.19)],

$$
\begin{aligned}
Var(X) &= E(X^2) - E^2(X) \\
&= E\left[E\left(X^2|Y\right)\right] - E^2\left[E(X|Y)\right] \\
&= \underbrace{E\left[E\left(X^2|Y\right)\right] - E\left[E^2(X|Y)\right]}_{E[Var(X|Y)]} + \underbrace{E\left[E^2(X|Y)\right] - E^2\left[E(X|Y)\right]}_{Var[E(X|Y)]} \\
&= E\left[Var(X|Y)\right] + Var\left[E(X|Y)\right]
\end{aligned}
$$

을 다음과 같이 다르게 표현할 수 있다.

$$Var\left[E(X|Y)\right] = Var(X) - E\left[Var(X|Y)\right] \tag{9.7.5}$$

그런데 이 구성요소 중 조건부확률의 분산 $Var(X|Y)$도 Y에 의존하는 확률변수이므로 항상 $Var(X|Y) > 0$ 이다. 따라서 다음과 같은 부등식이 성립될 수 있다.

$$Var\left[E(X|Y)\right] \le Var(X) \tag{9.7.6}$$

다시 식 (9.7.4)로 돌아가서, 식 (9.7.5)의 형태로 다시 쓰면

$$Var\left(\overline{X}_{CMC}\right) = \frac{1}{n}Var\left[E(X|Y)\right] = \frac{1}{n}\left\{Var(X) - E\left[Var(X|Y)\right]\right\} \tag{9.7.7}$$

이를 식 (5.3.3)의 원시 몬테칼로 방법의 분산 $Var\left(\overline{X}_{CR}\right) = \frac{1}{n}Var(X)$ 와 비교하면

$$Var\left(\overline{X}_{CMC}\right) \le Var(\overline{X}) \tag{9.7.8}$$

이로써 조건부확률에 의한 추정치의 분산이 더 작음을 알 수 있다. 즉, W가 X보다 좋은 추정치를 제공한다는 것이다.

지금까지의 논의가 성립하기 위해서는 X와 Y가 서로 독립적이 않아야 한다.

시뮬레이션 알고리즘

다음은 조건부 몬테칼로 방법을 수행하기 위한 알고리즘이다. 실제로 시뮬레이션을 수행하기 전에 해야 할 일은 식 (9.7.8)을 만족하는 $E(X|Y)$를 해석적으로 구하는 것이다.

```
for to
   generate U_i ~ U(0,1)
            Y_i ← F^{-1}(U_i)
   calculate
         W_i = E(X|Y_i)
end for
```

$$\overline{G}_{CMC} = \overline{W} = \frac{1}{n}\sum_{i=1}^{n} W_i$$

$$s^2_{\overline{G}_{CMC}} = \frac{1}{n}\sum_{i=1}^{n}\left(W_i - \overline{W}\right)^2$$

$$100(1-\alpha)\%\ CI = \overline{G}_{CMC} \pm z_{1-\frac{\alpha}{2}} \frac{s_{\overline{G}_{CMC}}}{\sqrt{n}}$$

예제 9.7.1

어떤 장치가 고장 나는 데 걸리는 시간 X는 지수분포를 따른다. 즉, $t = X \sim Exp(u)$ 이다. 그런데 이 지수분포의 평균 $u = \beta$은 고정된 값이 아니고 확률변수의 특성을 갖는다. 이 확률변수 B는 균등분포 $u = B = U(a,b)$를 따른다.

1) 조건부확률 $X|B = u$의 기댓값 $E(X|B)$를 해석적으로 구하라.
2) $a = 20, b = 100$ 시간일 때, 고장까지의 평균시간 $E(X)$을 해석적으로 구하라.
3) $E(X)$를 위한 시뮬레이션 알고리즘과 프로그램을 써라(원시 및 조건부 방법).

풀이 1 문제에서 주어진 정보를 정리하면 다음과 같다.

확률변수 B: 균등분포의 확률밀도 $f_B(u) = \dfrac{1}{b-a}$

확률변수 X: 지수분포의 확률밀도 $f_X(t) = \dfrac{1}{u} e^{-\frac{1}{u}t}$

따라서 결합확률밀도함수는 $f(t,u) = \dfrac{1}{b-a}\dfrac{1}{u} e^{-\frac{1}{u}t}$ 이다. 여기서 $a < u < b$이고 $0 < t < \infty$ 이다[18].

18) 참고로, 문제에서 $f_B(u)$가 주어지지 않고 결합확률밀도함수 $f(t,u)$만 주어졌다면, 주변확률밀도 $f_B(u)$는 다음과 같이 계산할 수도 있다.

$$f_B(u) = \int_0^\infty \frac{1}{b-a}\frac{1}{u} e^{-\frac{1}{u}t} dt = \frac{1}{b-a}\left[e^{-\frac{1}{u}t}\right]_{t=0}^{t=\infty} = \frac{1}{b-a}$$

조건부확률 $X|B=u$의 기댓값 $E(X|B)$은

$$E\left(X|B=u\right)=\int_{-\infty}^{\infty}t\cdot f_{X|B}(t|u)dt\ .$$

여기서 조건부확률 $f_{X|B}(t|u)=\dfrac{f(t,u)}{f_B(u)}=\dfrac{\dfrac{1}{b-a}\dfrac{1}{u}e^{-\frac{1}{u}t}}{\dfrac{1}{b-a}}=\dfrac{1}{u}e^{-\frac{1}{u}t}$ 이므로

$$E\left(X|B=u\right)=\int_{-\infty}^{\infty}t\cdot f_{X|B}(t|u)dt=\int_{0}^{\infty}t\cdot\frac{1}{u}e^{-\frac{1}{u}t}dt=\left[-e^{-\frac{1}{u}t}\left(t+u\right)\right]_{t=0}^{t=\infty}=u$$

따라서 $E\left(X|B\right)=B$ 의 형태가 된다.

풀이 2 $a=20, b=100$ 시간이므로, 고장까지의 평균시간은 식 (2.4.18)으로부터

$$E\left(X\right)=\int_{-\infty}^{\infty}E\left(X|B=u\right)\cdot f_B(u)du=\int_{-\infty}^{\infty}u\cdot\frac{1}{b-a}du=\frac{b+a}{2}$$

$$E\left(X\right)=\frac{b+a}{2}=\frac{100+20}{2}=60\ \text{시간}.$$

풀이 3 $E(X)$를 추정하기 위한 시뮬레이션 알고리즘은

1) 원시 MC의 경우

```
for i=1 to n
        B_i ← U(a,b)
        X_i ← Exp(B_i)
end for
```

$$\overline{X}_{CR}=\frac{1}{n}\sum_{i=1}^{n}X_i$$

2) 조건부 MC의 경우

```
for i=1 to n
        B_i ← U(a,b) //E(X|B)
end for
```

$$\overline{X}_{CMC}=\frac{1}{n}\sum_{i=1}^{n}B_i \quad //E(X) = E[E(X|B)]$$

[프로그램 9.7.1] 조건부 MC에 의한 평균 추정치와 분산 구하기

```
#include "file_include.h"
#include "rnd_functions.cpp"
#include "tools.cpp"

const int MCS = 10000;

// Control Monte Carlo simulation
int main()
{
	int i, n;
	double b, xcr[MCS], xcmc[MCS];

	randomize();

	n = MCS;

	for(i=0; i<n; i++)
	{
		b = Uni_Real_rnd(20,100);

		xcr[i] = exp_rnd(b, 0);
		xcmc[i] = b;    //E(X|B)
	}
	cout<<Mean(xcr,n)<<"  "<<Var(xcr,n)<<endl;
	cout<<Mean(xcmc,n)<<"  "<<Var(xcmc,n)<<endl; //mean = E(X) = E[E(X|B)]


	return 0;
}
```

이 프로그램에 의한 시뮬레이션 결과를 비교해 보면

$$\overline{X}_{CR} = 61.1346 \qquad Var\left(\overline{X}_{CR}\right) = 4895.29$$

$$\overline{X}_{CMC} = 59.9329 \qquad Var\left(\overline{X}_{CMC}\right) = 541.63$$

평균 추정치는 두 경우 모두 해석적 계산결과와 비슷하다. 하지만 추정치의 분산은 조건부 MC의 경우가 원시 MC의 경우에 비해 현저히 작다.

조건부확률을 이용한 확률 추정

기댓값과 확률은 동일하게 취급할 수 있다. 한 확률변수의 조건을 고정하면 다른 확률변수의 확률을 쉽게 계산할 수 있다. 임의의 사건 Z의 발생 여부를 나타내는 함수 I_Z(사건 Z가 발생하면 $I_Z = 1$이고 그렇지 않으면 $I_Z = 0$)를 조건부 확률의 경우로 확장하면,

$$\Pr(Z) = E(I_Z) = E_Y\left[E(I_Z|Y)\right] = E_Y\left[\Pr(Z|Y)\right]$$

$$= \begin{cases} \sum_y \Pr(Z|Y=y)\Pr(Y=y), \text{discrete} \\ \int_{-\infty}^{\infty} \Pr(Z|Y=y) f_Y(y)dy, \text{ contineous} \end{cases} \tag{2.4.22}$$

조건부확률의 특성을 적용한 이 식은 다른 확률변수의 확률 계산을 용이하게 한다.

예제 9.7.2

확률변수 X와 Y가 서로 독립적이다. X가 평균 1인 지수분포이고, Y는 $X=x$인 조건에서 평균이 x인 지수분포를 따른다. $\Pr(XY \le 3)$를 추정하라.

풀이 + 먼저 지시함수를 정의하면,

$$I_Z = \begin{cases} 1, & \text{if } XY \le 3 \\ 0, & \text{otherwise} \end{cases}$$

우리의 최종목표는 $E(I_Z)$를 추정하는 것이다. 추정을 위해서 문제를 식 (2.4.22)의 형태, 즉 조건부확률을 이용한 기댓값 또는 확률 계산의 형태로 바꾸면

$$\begin{aligned} E(I_Z|X=x) &= \Pr(Z|X=x) \\ &= \Pr(XY \le 3|X=x) \\ &= \Pr(xY \le 3|X=x) \\ &= \Pr\left(Y \le \frac{3}{x}\middle|X=x\right) \\ &= 1-\exp\left(-\frac{3}{x^2}\right). \end{aligned}$$

(이 계산의 전개과정은 뒤에서 자세히 다루겠다)

따라서 최종 확률은 다음 식을 통해서 추정할 수 있다.

$$\Pr(Z) = \Pr(XY \le 3) = E_Y\left[E(I_Z|X)\right] = E_Y\left[1-\exp\left(-\frac{3}{X^2}\right)\right]$$

이를 시뮬레이션하기 위한 알고리즘은 다음과 같다.

1) 조건부 MC의 경우

for $i=1$ to n
  $X_i \leftarrow \text{Exp}(\beta=1)$
  calculate $Z_i = 1-\exp\left(-\frac{3}{X_i^2}\right)$
end for
$\overline{X}_{CMC} = \frac{1}{n}\sum_{i=1}^{n} Z_i$

2) 기본 MC의 경우

for $i=1$ to n
  $X_i \leftarrow \text{Exp}(\beta=1)$
  $Y_i \leftarrow Exp(X_i)$
  if $(X_iY_i \le 3)\ Z = Z+1$
end for
$\overline{X}_{CR} = \frac{1}{n}\sum_{i=1}^{n} Z$

다음은 앞의 조건부확률의 기댓값 $E(I_Z|X) = \Pr\left(Y \le \frac{3}{x}\middle| X = x\right) = 1-\exp\left(-\frac{3}{X^2}\right)$를 계산하는 과정이다. 먼저, 문제에서 주어진 조건을 정리하면

X의 확률밀도함수: $f(x) = e^{-x}$

Y의 확률밀도함수: $f(y) = \frac{1}{x}e^{-\frac{y}{x}}$

이들이 서로 독립적이므로 $f(x,y) = f(x)f(y)$ 이다. 따라서

$$f(x,y) = \begin{cases} \frac{1}{x}e^{-\frac{y}{x}}e^{-x}, & 0 < x < \infty,\ 0 < y < \infty \\ 0, & \text{otherwise} \end{cases}$$

$$f_X(x) = \int_{-\infty}^{\infty} f(x,y)dy = \int_0^{\infty} \frac{1}{x}e^{-\frac{y}{x}}e^{-x}dy = \left[-e^{-\frac{y}{x}-x}\right]_{y=0}^{y=\infty} = e^{-x}$$

$$f_{Y|X}(y|x) = \frac{f(x,y)}{f_X(x)} = \frac{\frac{1}{x}e^{-\frac{y}{x}}e^{-x}}{e^{-x}} = \frac{1}{x}e^{-\frac{y}{x}}$$

결국, Y의 조건부확률분포는

$$f_{Y|X}(y|x) = \begin{cases} \frac{1}{x}e^{-\frac{y}{x}}, & 0 < x < \infty,\ 0 < y < \infty \\ 0, & \text{otherwise} \end{cases}$$

그런데 $\Pr(Y \in B) = F(y) = \int_B f(y)dy$ 이므로 이 특성을 조건부확률의 경우로도 확장하면 $\Pr(Y \in B | X = x) = F_{Y|X}(y|x) = \int_B f_{Y|X}(y|x)dy$ 이다. 이를 처음으로 돌아가서 적용하면

$$\begin{aligned} \Pr\left(Z \le \frac{3}{x}\middle| X = x\right) &= \int_{Z \le \frac{3}{x}} f_{Y|X}(y|x)dy \\ &= \int_0^{\frac{3}{x}} \frac{1}{x}e^{-\frac{y}{x}}dy \\ &= -\exp\left(-\frac{y}{x}\right)\Bigg|_{y=0}^{y=\frac{3}{x}} \\ &= 1 - \exp\left(-\frac{3}{x^2}\right) \end{aligned}$$

예제 9.7.3

확률변수 Y가 평균이 1.0인 지수분포를 따르고, 확률변수 X는 $Y = y$로 주어지면 평균 y이고 분산이 4인 정규분포인 조건부확률을 따른다. $G = \Pr(X > 1.0)$를 조건부 MC와 기본 MC로 추정하기 위한 알고리즘과 프로그램을 제시하라.

풀이 + 문제에서 주어진 조건에 따라 지시함수를 정의해 보면

$$I_Z = \begin{cases} 1, & \text{if } X > 1.0 \\ 0, & \text{otherwise} \end{cases}$$

우리의 목표는 $G = E(I_Z) = \Pr(Z) = \Pr(X > 1.0)$를 구하는 것이다. $Y = y$의 조건부확률로 표현하면

$$E(I_Z | Y = y) = \Pr(X > 1.0 | Y = y)$$

여기서 $Y = y$의 조건에 따라서 다음과 같이 새로운 변수를 만들면

$$W = \frac{X - y}{\sqrt{4}} = \frac{X - y}{2} \sim N(0,1)$$

표준정규분포의 확률 특성을 이용해서 문제를 간단히 할 수 있다.

$$
\begin{aligned}
E\left(I_Z \middle| Y=y\right) &= \Pr\left(X > 1.0 \middle| Y=y\right) \\
&= \Pr\left(\frac{X-y}{2} > \frac{1-y}{2}\right) \\
&= 1-\Phi\left(\frac{1-y}{2}\right) \qquad \because \Phi(W)=\Pr(W \le w)
\end{aligned}
$$

여기서 Φ 는 표준정규분포의 누적분포함수이다.

<u>조건부 MC 알고리즘</u>

for $i=1$ to n

$y_i \leftarrow Exp(\beta=1)$

$w_i \leftarrow \dfrac{1-y_i}{2}$

evaluate $Z_i = 1-\Phi(W_i)$

end for

$$\overline{G}_{CMC} = \overline{Z} = \frac{1}{n}\sum_{i=1}^{n} Z_i$$

$$s^2_{\overline{G}_{CMC}} = \frac{1}{n-1}\sum_{i=1}^{n}\left(Z_i - \overline{Z}\right)^2$$

<u>기본 MC 알고리즘</u>

for $i=1$ to n

$y_i \leftarrow Exp(\beta=1)$

$x_i \leftarrow N(y, 4)$

count $I_Z = \begin{cases} 1, & \text{if } x_i > 1.0 \\ 0, & \text{otherwise} \end{cases}$

end for

$$\overline{G}_{CR} = \frac{1}{n}\sum_{i=1}^{n} I_Z$$

$$s^2_{\overline{G}_{CR}} = \frac{1}{n}\overline{G}_{CR}\left(1-\overline{G}_{CR}\right)$$

[프로그램 9.7.2] 조건부 MC에 의한 평균 추정치와 분산 구하기

```
#include "file_include.h"
#include "rnd_functions.cpp"
#include "tools.cpp"
```

```
#include "normal CDF.cpp"

const int MCS = 10000;

int main()
{
	int i, n;
	double x[MCS], y[MCS], cmc[MCS];
	double p;

	randomize();

	n = MCS;

	double count=0;
	for(i=0; i<n; i++)
	{
		y[i] = exp_rnd(1.0, 0);  //mean = 1
		x[i] = normal_rnd(y[i], 4); //mean = y, std = sqrt(4)

		//by Crude simulation
		if(x[i] > 1.0) count++;  //if x>1, then 1; otherwise, 0

		//by conditional Monte Carlo: use Y instead of X
		cmc[i] = 1.0 - normcdf(0.5*(1-y[i]));//E(Iz|Y=y)=Pr(Z|Y=y)
		}
	p = (double)count / n;   //sum(I{X>1}) / total trials

	//E(p) and Var(p) by Crude Simulation
	cout<<p<<"   "<<p*(1-p)<<endl;

	//E(cmc) and Var(cmc) by Control MC
	cout<<Mean(cmc,n)<<"  "<<Var(cmc,n)<<endl;Pr(Z) = E[E(Iz|Y)]=E[Pr(Z|Y=y)]

	return 0;
}
```

예제 9.7.4

X가 평균 1인 지수분포이고 Y가 평균 2인 지수분포이다. X와 Y는 독립적이다. $\Pr(X < Y)$를 해석적으로 계산해 보고, 이를 추정하는 알고리즘을 제시하라.

풀이 + 주어진 문제에서 지시함수는

$$I_Z = \begin{cases} 1, & \text{if } X < Y \\ 0, & \text{otherwise} \end{cases}$$

X의 확률밀도는 $f(x) = e^{-x}$이고, Y의 확률밀도는 $f(y) = \frac{1}{2}e^{-\frac{y}{2}}$이다. 여기서 $0 < x < \infty$이고 $0 < y < \infty$이다.

$$\begin{aligned} E(I_Z|Y=y) &= \Pr(Z|Y=y) \\ &= \Pr(X<Y|Y=y) \\ &= \Pr(X<y) \\ &= F_X(y) \\ &= \int_{-\infty}^{y} f_X(x)dx \\ &= \int_0^y e^{-x}dx \\ &=1-e^{-y} \end{aligned}$$

따라서 평균 2인 지수분포로부터 y를 추출해서 $1-e^{-y}$에 대입하는 것을 반복해서 평균을 구한다.

해석적으로 확률 $\Pr(X<Y)$를 구해 보면

$$\begin{aligned} \Pr(X<Y) &= \int_y \Pr(X<Y|Y=y)\, f_Y(y)dy \\ &= \int_y \Pr(X<y)\, f_Y(y)dy \qquad \text{by indepedence} \\ &= \int_y F_X(y)\, f_Y(y)dy \\ &= \int_y (1-e^{-y})e^{-x}dy = \frac{1}{6}(2-6e^{-y})e^{-\frac{3}{2}y}\Bigg|_{y=0}^{y=\infty} \\ &= \frac{2}{3} \approx 0.6667 \end{aligned}$$

예제 9.7.5

예제 8.2.2에서 다루었던 1/4원의 면적으로부터 π를 구하는 문제를 조건부 MC로 푸는 알고리즘을 제시하라.

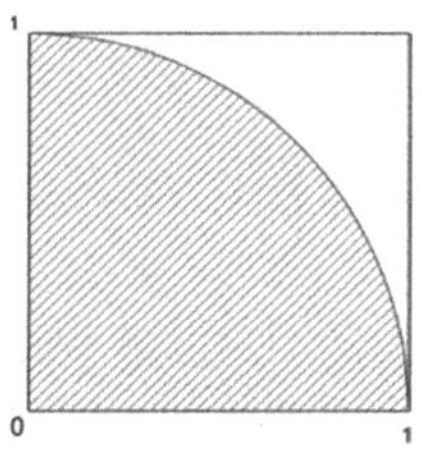

풀이 + 먼저 지시함수를 정의한다.

$$I_{\{U^2+V^2\le 1\}} = \begin{cases} 1, & \text{if } U^2+V^2 \le 1 \\ 0, & \text{otherwise} \end{cases}$$

여기서 $U \sim U(0,1)$ 와 $V \sim U(0,1)$ 는 서로 독립적이다.

조건부 MC를 적용하기 위해 확률변수 Y의 조건을 고정하면, 즉 $V=v$로 놓으면, X의 조건부확률에 의한 기댓값 또는 확률은

$$\begin{aligned} E\left(I_{\{U^2+V^2\le 1\}} \middle| V=v\right) &= \Pr\left(U^2+V^2 \le 1 \middle| V=v\right) \\ &= \Pr\left(U^2 \le 1-v^2\right) \\ &= \Pr\left(-\sqrt{1-v^2} \le U \le \sqrt{1-v^2}\right) \\ &= \int_{-\sqrt{1-v^2}}^{\sqrt{1-v^2}} \frac{1}{2} du \\ &= \sqrt{1-v^2} \end{aligned}$$

결국, $E\left(I_{\{U^2+V^2\le 1\}} \middle| V\right) = E\left(\sqrt{1-V^2}\right)$ 이다. 따라서 하나의 난수 $V \sim U(0,1)$ 만 뽑아서 계산하면 된다.

$$\hat{G}_{CMC} = \frac{1}{n}\sum_{i=1}^{n}\sqrt{1-V_i^2}$$

$$Var\left(\hat{G}_{CMC}\right) = \int_0^1 (1-v^2)dv - \left(\frac{\pi}{4}\right)^2 \approx 0.0498$$

이 절차는 표본평균법과 동일하다. 반면에, 원시 시뮬레이션 방법을 사용한다면 2개의 독립적인 확률변수 X와 Y에 해당하는 난수 $U \sim U(0,1)$ 와 $V \sim U(0,1)$ 를 이용해서 적중법으로 추정해야 한다.

$$\hat{G}_{CR} = \frac{1}{n}\sum_{i=1}^{n} I_{\{U^2+V^2\le 1\},i}$$

$$Var\left(\hat{G}_{CR}\right) = \frac{\pi}{4} - \left(\frac{\pi}{4}\right)^2 \approx 0.1686$$

조건부 MC을 사용함으로써 분산이 4배 정도 감소된다는 것을 확인할 수 있다.

참고문헌

- Asmussen, S. and P.W. G1ynn(eds), Stochastic Simulations: Algorithms and Analysis, Springer (2007) p. 138
- Bauer, K.W. and J.R. Wilson, Control-variate selection criteria, Naval Reaserch Logistics, **39** (1992) 307-321
- Beichl, I. and F. Sullivan, The importance of importance sampling, Computing in Science and Engineering, **1** (1999) 71-73
- Borcherds, P.H., Importance sampling: an illustrative introduction, Eur. J. Phys., **21** (2000) 405-411
- Denny, M., Introduction to importance sampling in rare-event simulations, Eur. J. Phys., **22** (2001) 403-411
- Fishman, G.S. and B.D. Huang, Antithetic variates revisited, Communications of the ACM, **26**, (1983) 964-971
- Fishman, G.S.(ed), Monte Carlo Concepts, Algorithms, and Applications, section 4.4, Springer (2000) p. 311
- Fishman, G.S.(ed), A First Course in Monte Carlo, Thomson, (2006) p.146
- Glasserman, P.(ed), Monte Carlo Methods in Financial Engineering, Springer (2004) p.185
- Glynn, P.W., Efficiency improvement techniques, Annals of Operations Research, **53**, (1994) 175-197
- Glynn, P.W. and R. Szechtman, Some new perspectives on the method of control variates, Monte Carlo and Quasi-Monte Carlo Methods 2000, K.T. Fang, F.J. Hickernell, and H. Niederreiter(eds), Springer (2002) 27~49
- Hammersley, J.M. and D.C. Handscomb(eds): Monte Carlo Methods, Chapman & Hall, (1964) p. 59
- James, B.A.P., Variance reduction Techniques, J. Operational Research Society, **36**(6), (1985) 525-530
- Kahn, H. and A.W. Marshall, Methods of reducing sample size in Monte Carlo computation, J. Operational Research Society of America, **1**(5), (1953) 263-278
- Kahn, H., Use of Different Monte Carlo Sampling Techniques, Symposium on Monte Carlo Methods(ed: H.A. Meyer) (1956) 146-190
- Kececioglu, D. and S. Jiang, Error band estimation on Monte Carlo simulations, Proceedings Institute of Environmental Sciences, (1990) 124-128
- Kleijnen, J.P.C.(ed), Statistical Techniques in Simulation, Part I, section III, Marcel Dekker, Inc., (1974) p. 105
- Lavenberg, S.S. and P.D. Welch, A perspective on the use of control variables to increase the efficiency on Monte Carlo simulations, Management Science, 27 (1981) 322-335

- Lavenberg, S.S., T.L. Moeller and P.D. Welch, Statistical Results on Control Variates with Application to Queueing Network Simulation, Operations Research, 30 (1982) 182-202
- L'Ecuyer, P., Efficiency improvement and variance reduction, Proc. the 1994 Winter Simulation Conference, (1994) 122-132
- L'Ecuyer, P., Variance Reduction's Greatest Hits, 2007 European Simulation and Modeling Conference
- Lewis, P.A.W. and E.J. Orav(eds), Simulation Methodology for Statisticians, Operations Analysts, and Engineers, Vol. 1, Wadsworth Inc, (1989) p. 334
- Lewis, A.M. and W.D. Keltion(eds), Simulation Modeling and Analysis, Mcgraw-Hill, (1991) p. 612
- Marshall, A.W., The Use of Multi-Stage Sampling Scheme in Monte Carlo Computations, Symposium on Monte Carlo Methods (H.A. Meyer(ed.)), John Wiley & Sons Inc., NY, (1956) 123-140
- McGeoch, C., Analyzing algorithms by simulation: Variance reduction techniques and simulation, ACM Computing Surveys, 24, (1992) 195-212
- McGrath, E.J. and D.C. Irving, Techniques for efficient Monte Carlo simulations Volume III. Variance reduction, (1973) AD 762723
- Nelson, B.L. and B.W. Schmeiser, Decomposition of some well-known variance reduction techniques, J. Statist. Comput. Simul., **23**, (1986) 183-209
- Neison, B.L., Variance reduction for simulation practitioners, Proc. the 1987 Winter Simulation Conference, (1987) 43-68
- Nelson, B.L., On control variate estimators, Comput. Opns. Res., 14 (1987) 219-225
- Nelson, B.L., Control variate remedies, Operations Research, 38 (1990) 974-992
- Pharr, M. and G. Humphreys(eds), Physically Based Rendering: from theory to implementation (chap. 14. Monte carlo integration I: Basic concepts, chap. 15. Monte carlo integration II: Improving efficiency), Elsevier Inc, (2004) 631-718
- Rothery, P., The use of control variates in Monte Carlo estimation of power, Appl. Statist., 31 (1982) 125-129
- Rubinstein, R.Y.(ed), Simulation and the Monte Carlo Method, John Wiley and Sons (1981)
- Rubinstein, R.Y. and R. Marcus, Efficiency of multivariate control variates in Monte Carlo Simulation, Operational Research, 33, (1985) 661-677
- Smith, P.J., Quick simulation: A review of importance sampling techniques in communications systems, IEEE J. Selected Areas in Communications, 15 (1997) 597-613 (IS history method survey)
- Szechtman, R., Control Variate Techniques for Monte Carlo Simulation, Proceedings of the 2003 Winter Simulation Conference, S. Chick, P.J. Sanchez, D. Ferrin, D.J. Morrice(eds), 144-149
- Wilson, J.R., Variance reduction techniques for digital simulation, American J. Mathematical and Management Sciences, 4, (1984) 277-312

10장

데이터로부터 분포의 모수추정

10.1 데이터 분석 절차

어떤 확률 현상을 서술하거나 설명하려면 실험, 관찰, 또는 시뮬레이션으로부터 얻은 데이터를 확률분포로 나타내야 한다. 확률변수의 밀도함수와 그 모수들을 알면 특정한 확률변수값에 의해 규정되는 사건의 확률을 알 수 있기 때문이다. 일단 어떤 확률분포 또는 모델이 만들어지고 나면, 입력변수를 달리해서 보다 복잡한 현상을 시뮬레이션하는 데 사용할 수도 있다.

데이터가 어떤 분포를 보이는가를 결정하는 데는 여러 가지 방법이 있다.

1) 첫째는 데이터를 히스토그램으로 그려보는 것이다. 하지만 대부분의 경우, 해당 히스토그램에 적합해 보이는 분포는 하나 이상 존재한다. 때문에 최적의 분포가 어떤 것인지 가려낼 방법이 추가적으로 필요하다.
2) 둘째는 확률지(probability paper)를 사용하는 것이다. 이 방법은 후보로 적합해 보이는 분포의 확률지에다 누적확률과 그에 대응되는 데이터를 표시해 이들의 관계로부터 그 후보 분포가 적합한지 판단한다. 때문에 해당 확률지가 필요하고 데이터를 수작업으로 표시하는 일이 필요하다. 컴퓨터가 발달된 요즘에는 비효율적일 수 있다.

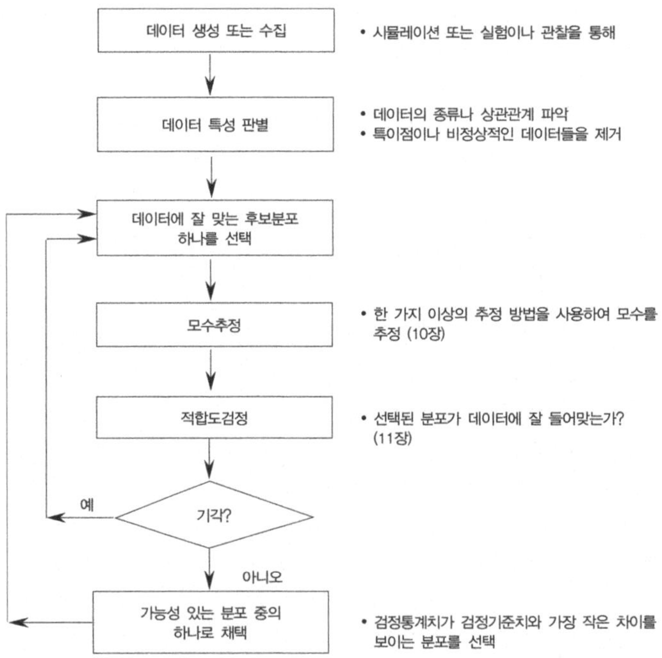

[그림 10.1.1] 데이터 분석 절차

3) 셋째는 통계적 방법이다. 이는 적합도검정을 통해 후보가 될 만한 분포들 중에서 최적의 분포를 찾아내는 것이다.

주어진 데이터로부터 분포를 결정하는 일련의 과정은 그림 10.1.1로 요약할 수 있다. 먼저 데이터를 잘 표현할 수 있는 후보 확률분포를 고르고, 그 분포의 '모수를 추정'하는 작업이 필요하다. 이후에는 선정된 분포가 의도한 분포와 일치되는지 통계적으로 확인하는 것이다. 이 장에서는 데이터로부터 분포의 모수를 구하는 방법에 대해 알아보기로 하자. 모수에 의해서 분포의 특징, 즉 모양, 위치 또는 크기 등이 결정되기 때문에 아주 중요하다(2.5절 참조).

10.2 분포의 모수추정 방법

모수추정이란, 표본 데이터로부터 그것이 추출된 모집단의 정보를 알아내는 일이다. 이런 점에서 모수추정은 현실과 이상적인 확률모델을 연결하는 고리라고 볼 수 있다. 모수추정을 위해서는 적절한 후보 확률분포, 가용한 관찰 데이터, 통계적 추정 방법이 있어야 한다.

추정치를 정의하는 방법은 점추정과 구간추정의 두 가지이다. 점추정은 추정치가 하나의 값으로 정의되는 반면에, 구간추정은 참값이 포함될 추정구간이 확률적으로 정의된다. 후자의 구간추정은 이미 5장에서 충분히 다루었기 때문에, 여기서는 점추정 방법에 대해 알아보기로 하자. 분포의 모수추정에 주로 사용되는 방법들로 다음을 들 수 있다(Kececioglu, 2002; Haldar and Mahadevan, 2000; Kapur and Lamberson, 1977).

1) 모멘트 방법(Moment Estimator)
2) 최대우도 방법(Maximum Likelihood Estimator)
3) 확률지에 의한 방법 (Probability Plotting)

어떤 방법을 사용하더라도 동일한 표본을 사용한다면 비슷한 결과가 얻어질 것이다.

10.2.1 모멘트 방법

모멘트 방법은 우리가 추정하려는 모수가 모멘트의 함수라는 가정으로부터 출발한다. 2.5절에서 논의한 대로, 1차 모멘트는 평균이고 2차는 분산이다. 3차는 왜도, 4차는 첨도와 관련된다. 이런 모멘트들은 분포의 모양을 결정짓기 때문에 어떻게든 분포의 모수들과 관련된다. 어떤 경우에는 모수들이 모멘트 자체이기도 하고, 또 다른 경우에는 모수들이 모멘트와 수학적인 관계를 가지기도 한다. 구체적인 예를 보자. 정규분포의 확률밀도함수는 아래와 같다.

$$f(x) = \frac{1}{\sqrt{2\pi\sigma^2}} \exp\left[-\frac{(x-\mu)^2}{2\sigma^2} \right]$$

여기서 모수는 μ 와 σ 으로 2개이다. 이 모수들은 1차 모멘트인 평균 $E(X)$ 과 2차 모멘트인 분산 $Var(X)$ 에 대해 다음과 같은 관계를 가진다.

$$\mu = E(X)$$
$$\sigma = \sqrt{Var(X)}$$

다른 예로, 레일리 분포의 확률밀도함수는 $f(x) = \frac{x}{\beta^2} \exp\left[-\frac{1}{2}\left(\frac{x}{\beta}\right)^2 \right]$ 이다. 여기서 모수는 β 로 1개다. 이 모수는 1차 모멘트인 평균과 다음과 같은 관계를 가진다.

$$\beta = \frac{E(X)}{\sqrt{\pi/2}}$$

이런 관계를 이용해서 모멘트로부터 분포의 모수를 추정할 수 있다. 한 가지 중요한 점은 추정해야 될 모수의 개수만큼의 모멘트들이 필요하다는 것이다. 즉, 모수가 1개이면 1개의 모멘트만 있으면 된다. 이 경우, 보통 필요한 모멘트는 평균이다.

이 방법은 표본으로부터 계산되는 모멘트를 사용하기 때문에 간단하다는 장점이 있다. 하지만 다음에서 다룰 최대우도 방법에 의한 추정치보다는 특성이 좋지 않다. 때문에 이 방법으로 구한 추정치는 최대우도추정치 계산을 위한 수치해법의 초기 입력값으로 주로 사용된다.

10.2.2 최대우도 방법

이 방법은 표본 데이터가 얻어질 확률이 가장 높은 모수를 찾는다. 이 확률은 우도함수(likelihood function)로 표현된다. 즉, 우도함수를 최대로 만드는 모수의 값을 구하는 것이다.

우도함수를 다루기 전에, 최대우도추정치에 대한 개념을 파악하기 위해서 다음 예에 대해서 생각해 보자. 열 번의 시도(n)에서 한 번의 성공(x)이 관찰될 가능성이 가장 크려면 매 시도의 성공확률 p는 얼마이어야 할까? 이것은 이항분포의 대표적인 예로 대부분은 별도의 계산 없이도 $p = 0.1$임을 알 것이다. 만약 답을 정확히 계산하려면 이항분포의 확률밀도함수가 필요하다.

$$
\begin{aligned}
f(x) &= \frac{n!}{x!(n-x)!} p^x (1-p)^{n-x} \\
&= \frac{10!}{1!(10-1)!} p^1 (1-p)^{10-1}
\end{aligned}
$$

위 식에다 p값을 변화시켜 가면서 대입하면, 확률 $f(x)$를 가장 커지게 만드는 p를 찾을 수 있을 것이다. 이는 간단한 프로그램으로 해결할 수 있다. 그림 10.2.1은 그 결과를 나타낸 것이다.

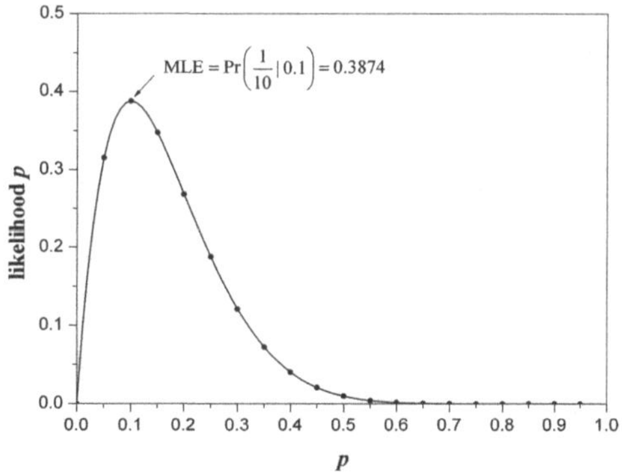

[그림 10.2.1] 최대우도추정 개념

그림에서 세로축은 10번의 시도 중에서 1번의 성공이 나타날 가능성 또는 확률이고, 가로축은 p값이다. 그림에서 볼 수 있듯이 가장 높은 확률은 $p = 0.1$일 때 얻어진다. 이 예에서 조건부확률이 최대가 되는 p를 찾는 일을 통계적 수식으로 표현하면 다음과 같다.

$$
\text{MLE} = \max\left\{ \Pr\left(\frac{x}{n} \mid p_i \right) \right\}
$$

이제 본격적으로 우도함수를 다루기로 하자. 우도함수란 관찰된 데이터들이 얻어질 가능성을 극대화시키는 함수를 말한다. 자세한 설명을 위해, n개의 데이터 $x_1, x_2, \cdots, x_n$ 로 이루어진 표본이 있다고 하자. "모수는 관찰된 이 표본들이 얻어질 가능성이 가장 큰 값"일 것이라는 관점으로부터 출발한다. x_i 는 확률변수 X의 가능한 값 중의 하나이고 확률밀도함수 $f(x;\theta)$ 를 따른다면, 계속해서 x_i 를 무작위로 추출해 낼 때, 추출된 값들이 얻어질 가능성은 그 밀도함수에 비례한다. 그 가능성을 '우도'라고 하는데 다음과 같은 결합확률밀도로 정의된다.

$$f\left(x_1, x_2, \cdots, x_n \mid \theta_p, \theta_q, \cdots\right) = \\ f(x_1;\theta_p,\theta_q,\cdots)\cdot f(x_2;\theta_p,\theta_q,\cdots)\cdots\cdots f(x_n;\theta_p,\theta_q,\cdots) \tag{10.2.1}$$

여기서 θ 는 모수이다. 분포에 따라서 여러 개의 모수가 존재할 수 있기 때문에 $\theta_p, \theta_q, \cdots$ 와 같이 표현한 것이다. 식 (10.2.1)을 모수에 대한 함수로 간단히 표현하면 식 (10.2.2)가 되는데 이것이 우도함수이다.

$$L(\theta_j) = \prod_{i=1}^{n} f(x_i;\theta_j) \tag{10.2.2}$$

이 식에서 $j = p, q, \cdots$ 로 모수의 개수를 의미하고, $\prod_{i=1}^{n}(\cdot)$ 는 어떤 함수나 변수를 계속해서 곱하는 조작을 의미하는 것으로, $\prod_{i=1}^{n} a_i = a_1 \times a_2 \times \cdots \times a_n$ 로 풀어 쓸 수 있다. 우도함수는 이러한 승법특성(계속해서 곱해지는)을 갖기 때문에 로그를 취하면 수학적으로 간단해진다. 어떤 함수가 거듭제곱의 특성을 가질 때, 로그를 취하면 수학적으로 간단해지는 과정을 살펴보자.

$$f = ab^{x_1} \times ab^{x_2} \times \cdots \times ab^{x_n} = \prod_{i=1}^{n} ab^{x_i} = a^n b^{nx_i} = a^n b^{\sum_{i=1}^{n} x_i}$$

여기에 로그를 취하면 다음처럼 곱하기 연산을 더하기 연산으로 바꿔 쓸 수 있다.

$$\ln f = \ln\left(\prod_{i=1}^{n} ab^{x_i}\right) = n \ln a + \left(\sum_{i=1}^{n} x_i\right) \ln b$$

우리의 목적은 '최대우도추정치', 즉 우도함수를 최대로 만드는 모수값을 구하는 것이다. 이는 식 (10.2.2)의 우도함수를 모수로 미분해서 0으로 놓으면 된다. 물론, 수학적 편의를 위해 앞에서 설명한 대로 우도함수에 로그를 취할 필요가 있다. 결국 모수추정에 필요한 방정식은 다음과 같이 정의된다.

$$\frac{\partial(\ln L)}{\partial \theta_j} = 0, \qquad j = p, q \cdots \tag{10.2.3}$$

이 식은 로그가 취해진 우도함수를 각각의 모수로 미분하는 것을 의미한다. 자세한 계산 예는 다음 절을 참고하기 바란다.

최대우도추정 방법은, 표본이 많을 때는 최소분산 불편추정량을 구할 수 있는 최적의 방법이다. 단점은 간단한 몇 가지 경우를 제외하면 수학적으로 복잡하다는 것이다. 또한 표본의 수가 작으면 추정치가 심한 편향을 보이는 경향이 있다.

10.2.3 확률지 방법

확률지를 이용하는 도식적인 방법이다. 확률지는 후보 분포의 누적분포함수를 확률변수와 직선적 관계를 갖도록 변환시켜 만들어진다(그림 10.2.2). 따라서 특정한 확률분포마다 그것에 대응되는 특정한 확률지가 있어야 한다. 예로서 균등분포의 경우, 확률변수값과 누적분포함수값이 별도의 변환 없이도 직선적(그림 2.2.6 참조)이지만, 다른 분포들은 직선관계를 얻기 위한 특별한 변환이 필요하다. 자세한 방법은 예제 10.4.4에서 다루기로 한다.

이 방법은 데이터를 후보 확률지에 타점하고, 그 데이터들이 직선으로 나열되는 정도로부터 후보 분포가 해당 데이터를 잘 대표하는지를 판단한다. 분포의 모수는 직선의 기울기나 절편 등의 정보로부터 추정된다.

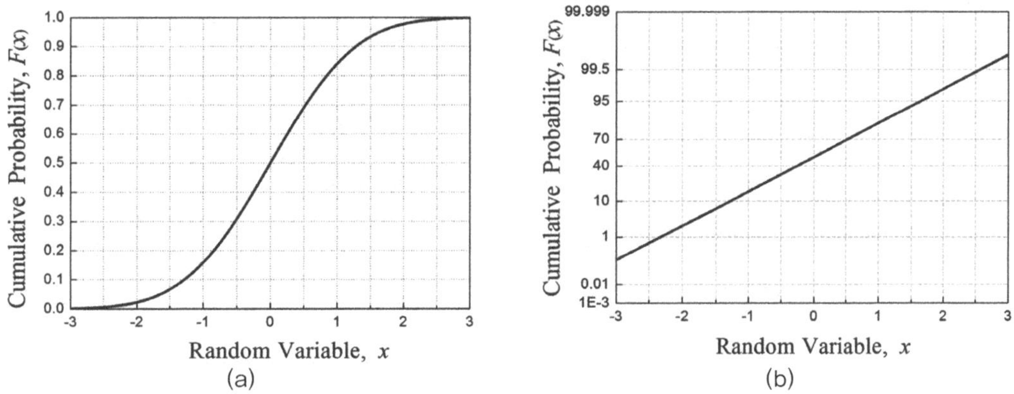

[그림 10.2.2] 확률지 방법에서 누적분포함수의 직선 변환(정규분포의 예: $a \rightarrow b$)

10.3 이산형 분포의 모수추정

여기서는 사용빈도가 높은 몇 가지 이산형 분포들에 대한 모수추정법을 다룬다.

10.3.1 균등분포

1) 모멘트 추정치

$$\hat{a} = \overline{x} + \frac{1}{2} - \frac{\sqrt{12s^2+1}}{2}$$
$$\hat{b} = 2\overline{x} - \hat{a} \qquad (10.3.1)$$

2) 최대우도추정치(연속형 균등분포를 참조하라)

$$\hat{a} = \min_{all\ i} x_i$$
$$\hat{b} = \max_{all\ i} x_i \qquad (10.3.2)$$

10.3.2 베르누이 분포

1) 모멘트 추정치

$$\hat{p} = E(X) = \overline{x} \qquad (10.3.3)$$

2) 최대우도추정치

$$L(x \mid p) = \prod_{i=1}^{n} p^{x_i}(1-p)^{1-x_i}$$

양변에 로그를 취하고, 이를 p로 미분해서 0으로 놓는다.

$$\ln L = \left(\sum_{i=1}^{n} x_i\right)\ln p + \left(n - \sum_{i=1}^{n} x_i\right)\ln(1-p)$$
$$\frac{\partial \ln L}{\partial p} = \frac{1}{p}\left(\sum_{i=1}^{n} x_i\right) - \frac{1}{1-p}\left(n - \sum_{i=1}^{n} x_i\right) = 0$$

이를 p로 정리하면,

$$\hat{p} = \frac{1}{n}\sum_{i=1}^{n} x_i \tag{10.3.4}$$

$\sum_{i=1}^{n} x_i$ 은 성공한 횟수이므로 $\hat{p}$ 는 n번의 시도에서 성공한 분율이다.

10.3.3 이항분포

베르누이 시행을 여러 번 반복하면 이항분포가 된다.

1) 모멘트 추정치

$$\hat{p} = \frac{1}{n}E(X) = \frac{1}{n}\overline{x} \tag{10.3.5}$$

2) 최대우도추정치

$$L(x \mid p) = \prod_{i=1}^{n} \frac{n!}{x!(n-x)!} p^{x_i}(1-p)^{n-x_i}$$

이항분포에서 $\frac{n!}{x!(n-x)!}$ 은 모수에 영향을 미치지 않으므로 상수로 취급할 수 있다. 따라서 베르누이 분포와 같은 방법으로 풀 수 있다. 위 식의 양변에 로그를 취하고, 이를 p로 미분해서 0으로 놓는다.

$$\ln L = C + \left(\sum_{i=1}^{n} x_i\right)\ln p + \sum_{i=1}^{n}(n - x_i)\ln(1-p)$$

$$\frac{\partial \ln L}{\partial p} = \frac{1}{p}\left(\sum_{i=1}^{n} x_i\right) - \frac{1}{1-p}\sum_{i=1}^{n}(n - x_i) = 0$$

이를 p로 정리하면,

$$\hat{p} = \frac{1}{n^2}\sum_{i=1}^{n} x_i = \frac{\overline{x}}{n} \tag{10.3.6}$$

10.3.4 포아송 분포

1) 모멘트 추정치

$$\hat{\lambda} = \overline{x} \tag{10.3.7}$$

2) 최대우도추정치

$$L(x_1, x_2, \cdots, x_n \mid \lambda) = \prod_{i=1}^{n} \frac{\exp(-\lambda)\lambda^{x_i}}{x_i!} = \frac{\exp(-n\lambda)\lambda^{\sum_{i=1}^{n} x_i}}{\prod_{i=1}^{n}(x_i!)}$$

양변에 로그를 취하고, 이를 p 로 미분해서 0으로 놓는다.

$$\ln L = -n\lambda + \left(\sum_{i=1}^{n} x_i\right)\ln\lambda - \ln\prod_{i=1}^{n}(x!) = -n\lambda + \left(\sum_{i=1}^{n} x_i\right)\ln\lambda - \sum_{i=1}^{n}\ln(x_i!)$$

$$\frac{\partial \ln L}{\partial \lambda} = -n + \frac{1}{\lambda}\sum_{i=1}^{n} x_i = 0$$

이를 p로 정리하면,

$$\hat{\lambda} = \frac{1}{n}\sum_{i=1}^{n} x_i \tag{10.3.8}$$

10.4 연속형 분포의 모수추정

여기서는 사용빈도가 높은 몇 가지 연속형 분포들에 대한 모수추정법을 다룬다.

10.4.1 균등분포

이 분포의 확률밀도함수는 $f(x) = \dfrac{1}{b-a}$ 이다.

1) 모멘트 추정치

1차 모멘트 $E(X) = \bar{x} = \dfrac{a+b}{2}$ 이고, 2차 모멘트 $Var(X) = s^2 = \dfrac{(b-a)^2}{12}$ 이므로 이를 a와 b에 대해서 정리하면 다음과 같다.

$$\begin{aligned} \hat{a} &= \bar{x} - \sqrt{3}s \\ \hat{b} &= \bar{x} + \sqrt{3}s \end{aligned} \tag{10.4.1}$$

2) 최대우도추정치

$$L(x_1, x_2, \cdots, x_n \mid a, b) = \prod_{i=1}^{n} \frac{1}{b-a} I\left[a \le (x_1, x_2, \cdots, x_n) \le b\right]$$
$$= (b-a)^{-n} I\left[a \le \min_{all\ i} x_i\right] I\left[\max_{all\ i} x_i \le b\right]$$

여기서 지시함수 $I(A)$ 는 다음과 같은 특성을 갖는다.

$$I(A) = \begin{cases} 1, & A \\ 0, & \text{not}\, A \end{cases}$$

따라서 $a \le x_1$, $x_n \le b$ 인 조건이 만족되지 않으면, 즉 데이터 중 어느 하나라도 $[a,b]$ 구간 내에 있지 않으면 지시함수는 0이 된다. 이는 최종식인 우도함수도 0이 된다는 뜻이다. 따라서 앞의 조건이 만족되어 지시함수가 1이 되어야 한다. 지시함수가 1인 경우 우도함수는 감소함수이다. 이를 최대화하려면 a는 x_1 에, b는 x_n 에 가능한 한 가까워야 한다. 결국 모수추정치는 다음과 같이 정의된다.

$$\hat{a} = \min_{all\ i} x_i \qquad\qquad (10.4.2)$$
$$\hat{b} = \max_{all\ i} x_i$$

10.4.2 지수분포

이 분포의 확률밀도함수는 $f(x) = \frac{1}{\beta} \exp\left(-\frac{x}{\beta}\right)$ 이다.

1) 모멘트 추정치

모수가 1개이므로 1차 모멘트만 있으면 가능하다.

$$\hat{\beta} = E(X) = \bar{x} \qquad\qquad (10.4.3)$$

2) 최대우도추정치

$$L(x_1, x_2, \cdots, x_n \mid \beta) = \prod_{i=1}^{n} \frac{1}{\beta} \exp\left(-\frac{x}{\beta}\right)$$

양변에 로그를 취하고 모수 β 로 미분하면,

$$\ln L = n \ln \frac{1}{\beta} - \frac{1}{\beta} \sum_{i=1}^{n} x_i$$

$$\frac{\partial(\ln L)}{\partial\beta} = -n\frac{1}{\beta} + \frac{1}{\beta^2}\sum_{i=1}^{n} x_i = 0$$

$$cf: \ \ln\frac{1}{x} = -\ln x, \ \ \frac{d}{dx}\ln x = \frac{1}{x}$$

위 식을 β에 대해서 정리하면,

$$\hat{\beta} = \frac{1}{n}\sum_{i=1}^{n} x_i = \overline{x} \qquad (10.4.4)$$

즉, 지수분포의 모수추정치는 데이터의 산술평균과 동일하다.

예제 10.4.1

수명시험에서 10개의 데이터를 얻었는데 그 값이 80, 86, 95, 102, 110, 120, 130, 140, 150, 180시간이다. 이것이 지수분포를 따른다고 했을 때 모수를 추정하라.

풀이 +

$$\hat{\beta} = \frac{1}{n}\sum_{i=1}^{n} x_i = \frac{1}{10}(80 + 86 + \cdots + 150 + 180) = 119.3hr$$

10.4.3 정규분포

이 분포의 밀도함수는 $f(x) = \frac{1}{\sqrt{2\pi}\sigma}\exp\left[-\frac{1}{2}\left(\frac{x_i - \mu}{\sigma}\right)^2\right]$이다.

1) 모멘트 추정치

$$\hat{\mu} = E(X) = \overline{x}$$
$$\hat{\sigma} = \sqrt{Var(X)} = \sqrt{s^2} = s \qquad (10.4.5)$$

2) 최대우도추정치

$$L(x_1, x_2, \cdots, x_n \mid \mu, \sigma) = \prod_{i=1}^{n}\frac{1}{\sqrt{2\pi}\sigma}\exp\left[-\frac{1}{2}\left(\frac{x_i - \mu}{\sigma}\right)^2\right]$$

양변에 로그를 취하고, 모수 μ와 σ에 대해 각각 미분하면,

$$\ln L = -n\ln\sqrt{2\pi} - n\ln\sigma - \frac{1}{2}\sum_{i=1}^{n}\left(\frac{x_i-\mu}{\sigma}\right)^2$$

$$\frac{\partial \ln L}{\partial \mu} = \frac{1}{2}\cdot\frac{1}{\sigma^2}\sum_{i=1}^{n}2(x_i-\mu) = 0$$

$$\frac{\partial \ln L}{\partial \sigma} = -\frac{n}{\sigma} + \frac{1}{2}\cdot\frac{2}{\sigma^3}\sum_{i=1}^{n}(x_i-\mu)^2 = 0$$

이 두 식을 μ 와 σ 에 대해 정리하면 모수추정치는 다음과 같이 정의된다.

$$\hat{\mu} = \frac{1}{n}\sum_{i=1}^{n}x_i = \overline{x}$$

$$\hat{\sigma} = \sqrt{\frac{1}{n}\sum_{i=1}^{n}(x_i-\overline{x})^2} = s \qquad (10.4.6)$$

σ 에 대한 불편추정치를 얻고 싶으면 위 식의 $\frac{1}{n}$ 대신에 $\frac{1}{n-1}$ 을 사용한다.

10.4.4 로그정규분포

이 분포의 밀도함수는 $f(x) = \frac{1}{x\sigma_z\sqrt{2\pi}}\exp\left(-\frac{(\ln x-\mu_z)^2}{2{\sigma_z}^2}\right)$ 이다(단, $z = \ln X$).

1) 모멘트 추정치

$$\hat{\mu}_Z = \ln\mu_X - \frac{\sigma_Z^2}{2}$$

$$\hat{\sigma}_Z = \sqrt{\ln\left(\frac{\sigma_X^2}{\mu_X^2}+1\right)} \qquad (10.4.7)$$

2) 최대우도추정치

이 분포의 확률변수는 정규분포의 확률변수 X 에 로그를 취한 것이므로, 정규분포의 모수를 변환시켜 간단하게 구할 수 있다.

$$\hat{\mu}_Z = \frac{1}{n}\sum_{i=1}^{n}\ln x_i$$

$$\hat{\sigma}_Z = \sqrt{\frac{1}{n}\sum_{i=1}^{n}(\ln x_i - \hat{\mu}_Z)^2} \qquad (10.4.8)$$

σ에 대한 불편추정치를 얻고 싶으면 위 식의 $\frac{1}{n}$ 대신에 $\frac{1}{n-1}$을 사용한다.

예제 10.4.2

고속도로 어느 톨게이트에 다섯 대의 차들이 도착하는 시간을 초 단위로 쟀다. 그 결과는 다음과 같다.

53, 36, 30, 74, 58

이 데이터들이 로그정규분포를 따른다고 가정했을 때 1) 모멘트 방법과 2) 최대우도 방법으로 모수를 추정하라.

풀이 +

1) 모멘트 방법

$$\hat{\mu}_X = \frac{1}{5}(53+36+30+74+58) = 50.2$$

$$\sigma_X^2 = \frac{1}{5-1}\Big[(53-50.2)^2 + (36-50.2)^2 + (30-50.2)^2 + (74-50.2)^2 + (58-50.2)^2\Big] = 311.2$$

따라서 로그 정규분포의 모수는

$$\hat{\sigma}_Z = \sqrt{\ln\left(\frac{311.2}{(50.2)^2}+1\right)} = 0.116$$

$$\hat{\mu}_Z = \ln 50.2 - \frac{0.116}{2} = 3.858$$

2) MLE 방법

$$\hat{\mu}_Z = \frac{1}{5}(\ln 53 + \ln 36 + \ln 30 + \ln 74 + \ln 58) = 3.864$$

$$\sigma_Z = \left\{\frac{1}{5}[(\ln 53 - 3.864)^2 + (\ln 36 - 3.864)^2 + (\ln 30 - 3.864)^2 + (\ln 74 - 3.864)^2 + (\ln 58 - 3.864)^2]\right\}^{\frac{1}{2}} = 0.327$$

10.4.5 와이블 분포

이 분포의 확률밀도함수는 $f(x)=\frac{\alpha}{\beta}\left(\frac{x}{\beta}\right)^{\alpha-1}\exp\left[-\left(\frac{x}{\beta}\right)^{\alpha}\right]$ 이다.

1) 모멘트 추정치

$$\begin{aligned}&\beta\Gamma\left(1+\frac{1}{\alpha}\right)=\bar{x}\\&\beta^2\left[\Gamma\left(1+\frac{2}{\alpha}\right)-\Gamma^2\left(1+\frac{1}{\alpha}\right)\right]=s^2\end{aligned} \tag{10.4.9}$$

이 연립방정식은 변동계수 $\text{COV}=\frac{s}{\bar{x}}$ 를 이용하면 다음처럼 간단한 형식으로 나타낼 수 있다. 이 식을 수치해석으로 풀어 $\hat{\alpha}$ 를 구할 수 있다.

$$\text{COV}=\frac{s}{\bar{x}}=\sqrt{\frac{\Gamma\left(1+\frac{2}{\alpha}\right)}{\Gamma^2\left(1+\frac{1}{\alpha}\right)}-1} \tag{10.4.10}$$

이런 방법 이외에도 α 가 클 때는 다음과 같은 근사식을 풀어 구할 수도 있다 (Johnson et al., 1994).

$$\begin{aligned}&\bar{x}\simeq\beta\left[1-\frac{\gamma}{\alpha}+\frac{1}{2\alpha^2}\left(\gamma^2+\frac{\pi^2}{6}\right)\right]\simeq\beta\left[1-\frac{0.5772}{\alpha}+\frac{0.98905}{\alpha^2}\right]\\&s^2\simeq\beta^2\left(\frac{\pi^2}{6\alpha^2}\right)\simeq\beta^2\left(\frac{1.64493}{\alpha^2}\right)\end{aligned} \tag{10.4.11}$$

2) 최대우도추정치

$$\begin{aligned}L(x_1,x_2,\cdots,x_n\mid\alpha,\beta)&=\frac{\alpha}{\beta}\left(\frac{x}{\beta}\right)^{\alpha-1}\exp\left[-\left(\frac{x}{\beta}\right)^{\alpha}\right]\\&=\frac{\alpha^n}{\beta^{\alpha n}}\left(\prod_{i=1}^{n}x_i^{\alpha-1}\right)\exp\left(-\frac{1}{\beta^{\alpha}}\sum_{i=1}^{n}x_i^{\alpha}\right)\end{aligned}$$

양변에 로그를 취하고, 이를 β 와 α 에 대해 각각 미분한다.

$$\ln L = n\ln\alpha - n\alpha\ln\beta + (\alpha-1)\sum_{i=1}^{n} x_i - \frac{1}{\beta^{\alpha}}\sum_{i=1}^{n} x_i^{\alpha}$$

$$\frac{\partial \ln L}{\partial \beta} = -\frac{n\alpha}{\beta} + \frac{\alpha}{\beta^{\alpha+1}}\sum_{i=1}^{n} x_i^{\alpha}$$

$$\frac{\partial \ln L}{\partial \alpha} = \frac{n}{\alpha} - n\ln\beta + \sum_{i=1}^{n}\ln x_i - \frac{1}{\beta^{\alpha}}\left[\sum_{i=1}^{n} x_i^{\alpha}\ln x_i - \ln\beta\sum_{i=1}^{n} x_i^{\alpha}\right] = 0$$

이 미분방정식들을 α 와 β 로 정리하면 다음 식이 얻어진다.

$$\frac{\sum_{i=1}^{n} x_i^{\hat{\alpha}}\ln x_i}{\sum_{i=1}^{n} x_i^{\hat{\alpha}}} - \frac{1}{\hat{\alpha}} - \frac{1}{n}\sum_{i=1}^{n}\ln x_i = 0 \tag{10.4.12}$$

$$\beta^{\hat{\alpha}} = \frac{1}{n}\sum_{i=1}^{n} x_i^{\hat{\alpha}} \quad \text{또는} \quad \hat{\beta} = \left(\frac{1}{n}\sum_{i=1}^{n} x_i^{\hat{\alpha}}\right)^{1/\hat{\alpha}} \tag{10.4.13}$$

이 연립방정식은 쉽게 풀리지 않는다. 먼저 Newton-Raphson 수치해법으로, 식 (10.4.12)에서 $\hat{\alpha}$ 를 구하고, 그 결과를 식 (10.4.13)에 대입하여 $\hat{\beta}$ 를 구한다. 수치해석을 위해 식 (10.4.12)를 $\hat{\alpha}$ 에 대해 정리하면 다음과 같다.

$$\hat{\alpha}_{k+1} = \frac{1}{\dfrac{\sum_{i=1}^{n} x_i^{\hat{\alpha}_k}\ln x_i}{\sum_{i=1}^{n} x_i^{\hat{\alpha}_k}} - \dfrac{1}{n}\sum_{i=1}^{n}\ln x_i} \tag{10.4.14}$$

이 식은 반복계산식이다. α_k 를 대입해서 계산한 결과가 원하는 정확도 안에 들 때까지, 종전의 입력값 대신 방금 구해진 결과를 입력값으로 바꾸어($\alpha_k \rightarrow \alpha_{k+1}$) 계산을 반복한다. 최초 입력값은 다음과 같이 결정한다(Thoman et al., 1969).

$$\hat{\alpha}_0 = \frac{1}{\sqrt{\dfrac{\dfrac{6}{\pi^2}\left[\sum_{i=1}^{n}(\ln x_i)^2 - \left(\sum_{i=1}^{n}\ln x_i\right)^2 \Big/ n\right]}{n-1}}} \tag{10.4.15}$$

[프로그램 10.4.1] 와이블 분포 모수추정(MLE)

```
#include "file_include.h"
const int MAX =10000; // 데이터 갯수
int main( )
{
	// 데이터 파일 읽어들이기
	ifstream read_mydata("mydata.dat", ios::in);
	int i =0, n = 0;
	double value = 0;
	double data_value[MAX];

	while(!read_mydata.eof( ))
	{
		read_mydata>>value;
		data_value[n] = value;
		n++;
	}
	read_mydata.close( );

	double error =0, tolerance = 0.001;
	double alpha = 0, new_alpha =0, beta = 0;
	double lnx = 0, lnx2 = 0, sum_inx = 0, sum_lnx2 = 0;
	double x_pow_alpha = 0, x_pow_alpha_lnx = 0;

	//alpha 초기값 : 식 (10.4.15)
	for(i=0; i<n; i++)
	{
		lnx = log(data_value[i]);
		lnx2 = pow(lnx,2);

		sum_inx += lnx;
		sum_lnx2 += lnx2;
	}
					//0.6079271 = 6/pi^2
	alpha = 1.0 /sqrt((0.6079271 * (sum_lnx2 - pow(sum_inx,2)/n))/(n-1));

	//alpha 구하기(by Newton-Raphson method)
	do{
		double sum1 = 0, sum2 = 0, sum3 = 0, sum4 = 0;

		for(i=0; i<n; i++)
		{
			x_pow_alpha = pow(data_value[i],alpha);
			x_pow_alpha_lnx = x_pow_alpha * log(data_value[i]);

			sum1 = sum1 + x_pow_alpha;
			sum2 = sum2 + x_pow_alpha_lnx;
			sum3 = sum3 + log(data_value[i]);
		}
		new_alpha = 1.0 / (sum2/sum1 - sum3/n);
		error = fabs(new_alpha - alpha);
		alpha = new_alpha;
	}while(error > tolerance);

	//alpha 대입하여 beta 구하기
	double sum4 = 0;
	for(i=0; i<n; i++)
```

```
        {
                x_pow_alpha = pow(data_value[i],alpha);
                sum4 = sum4 + x_pow_alpha;
        }
        beta = pow((sum4/n),(1.0/alpha));
        cout<<alpha<<"  "<<beta<<endl;

        return 0;
}
```

예제 10.4.3

다음 표 10.4.1과 같은 실험 데이터가 있다. 이 데이터들은 배치(batch) 간 특성 차이를 무시할 만하기 때문에 전체 30개의 데이터를 동질의 것으로 볼 수 있다. 이 30개 데이터가 와이블 분포를 따른다고 가정하고, 프로그램 10.4.1을 사용하여 모수를 추정하라.

[표 10.4.1] 와이블 분포 표본 데이터(MIL-HDBK-17-1F, 2002)

배치	데이터	배치	데이터
1	136.64	6	139.35
1	125.91	6	119.03
1	144.45	6	125.81
2	107.79	7	120.00
2	114.58	7	121.94
2	110.70	7	132.58
3	125.50	8	119.28
3	118.79	8	118.30
3	131.24	8	126.12
4	125.91	9	109.50
4	127.86	9	121.23
4	125.91	9	130.03
5	134.41	10	118.71
5	124.60	10	126.56
5	127.54	10	124.60

프로그램 10.4.1에 의하면 최초입력값은 19.050으로 계산되고, 이 값은 식 (10.4.14)에 대입된다. 수치해석을 수행하면 모수추정치는 다음과 같이 계산된다.

$$\hat{\alpha}=15.354,\quad \hat{\beta}=128.392$$

이 값은 참고문헌에 나타난 값과 정확히 일치되는 것이다. 이로써 제시된 프로그램의 타당성을 확인할 수 있다. 다른 방법으로 식 (10.4.9)의 모멘트 방법으로도 확인할 수 있다. 표 10.4.1 데이터의 평균과 분산은 $\bar{x}=124.5$, $\sigma^2=70.56$이다. 따라서

앞에서 구한 모수들을 식 (10.4.9)에 대입하면

$$(128.39)\Gamma\left(1+\frac{1}{15.35}\right)=123.7 \Rightarrow \bar{x}$$

$$(128.39)^2\left[\Gamma\left(1+\frac{2}{15.35}\right)-\Gamma^2\left(1+\frac{1}{15.35}\right)\right]=97.95 \Rightarrow \sigma^2$$

크게 다르지 않음을 알 수 있다. 추정된 모수들을 확률밀도함수에 대입해서 히스토그램과 같이 표현하면 다음과 같다.

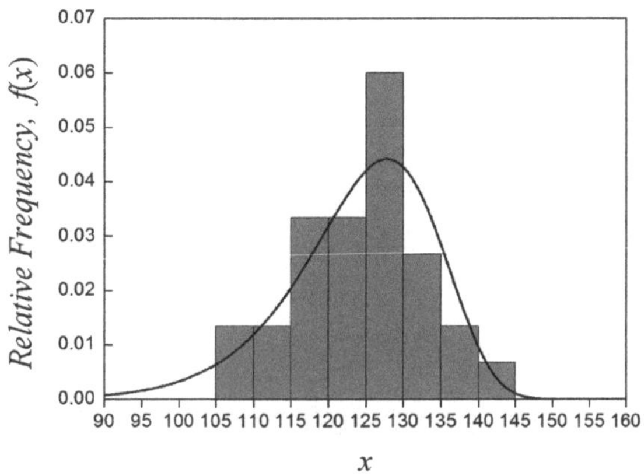

[그림 10.4.1] 추정된 모수를 사용한 와이블 확률밀도함수(실선)

독자들은 7장의 와이블 분포 난수생성 프로그램 7.3.5로 임의의 모수를 가진 데이터를 만들고, 이 데이터를 프로그램 10.4.1로 분석하여 난수생성 시 입력으로 사용했던 모수와 비슷한 값이 구해지는지 확인해 보라.

예제 10.4.4

확률지 방법을 적용해서, 표 10.4.1의 와이블 데이터 분포의 모수를 추정하라.

풀이 + 확률지는 세로축의 누적분포함수와 가로축의 확률변수로 구성된다. 이들이 직선관계를 보이도록 누적분포함수의 변환이 필요하다. 즉, 다음의 와이블 분포의 누적분포함수를

$$F(x) = Q(x) = 1 - \exp\left(-\left(\frac{x}{\beta}\right)^{\alpha}\right) \tag{10.4.16}$$

$y = ax + b$의 형태로 직선 변환해야 한다. 그 과정은,

$$\begin{aligned}
&\ln(1 - F(x)) = \ln\left[\exp\left(-\left(\frac{x}{\beta}\right)^{\alpha}\right)\right] \\
&\ln(1 - F(x)) = -\left(\frac{x}{\beta}\right)^{\alpha} \\
&\ln[-\ln(1 - F(x))] = \alpha \ln\left(\frac{x}{\beta}\right) \\
&\underbrace{\ln\left[\ln\left(\frac{1}{1 - F(x)}\right)\right]}_{y} = \underbrace{\alpha}_{a}\ \underbrace{\ln(x)}_{x} - \underbrace{\alpha \ln(\beta)}_{b}
\end{aligned} \tag{10.4.17}$$

그래서 와이블 분포 확률지의 척도는 가로축은 $\ln(x)$, 세로축은 $\ln\left[\ln\left(\frac{1}{1 - F(x)}\right)\right]$가 된다. 이 확률지에서 직선의 기울기는 α, 절편은 $\alpha \ln(\beta)$에 해당한다. 확률지에 데이터를 타점하기 위해서는 $F(x)$가 필요한데, 이는 다음 식으로 정의되는 중위수 순위법(median rank)에 의해서 구할 수 있다(Abernethy et al.,1984; Ang and Tang,2007).

$$MR = \frac{i - 0.3}{N + 0.4} \tag{10.4.18}$$

여기서 N은 데이터 총 개수, i는 정렬된 데이터의 순번이다. 와이블 분포 확률지에 타점하려면, 표 10.4.1의 데이터는 먼저 크기순으로 정렬되어야 한다. 타점을 위한 계산과정을 정리하면 표 10.4.2와 같다.

표에서 (3)열을 가로축에, (5)열을 세로축에 나타내면 그림 10.4.2가 얻어진다. 회귀분석으로 구한 직선의 기울기는 17.27이다. 따라서 이 데이터의 와이블 분포의 형상모수는 $\hat{\alpha}$=17.27 이다. 이 값은 직선을 어떻게 긋느냐에 따라서 달라질 수 있다. 나머지 척도모수는 $x = \beta$를 식 (10.4.16)에 대입하는 것으로 시작할 수 있다.

$$
\begin{aligned}
F(x) &= 1-\exp\left(-\left(\frac{\beta}{\beta}\right)^{\alpha}\right) \\
&= 1-\exp(-1) \\
&= 0.632 \\
&= 63.2\%
\end{aligned}
\qquad (10.4.19)
$$

모수 β 는 $F(x) = 63.2\%$인 수평선과 데이터를 이은 직선이 교차하는 지점에서 아래로 연장되는 가로축의 값이다. 그림에서 보듯이, 이 값은 $\hat{\beta} = 128.51$ 에 해당한다. 이 값들을 최대우도추정치와 비교하면 크게 다르지 않음을 알 수 있다.

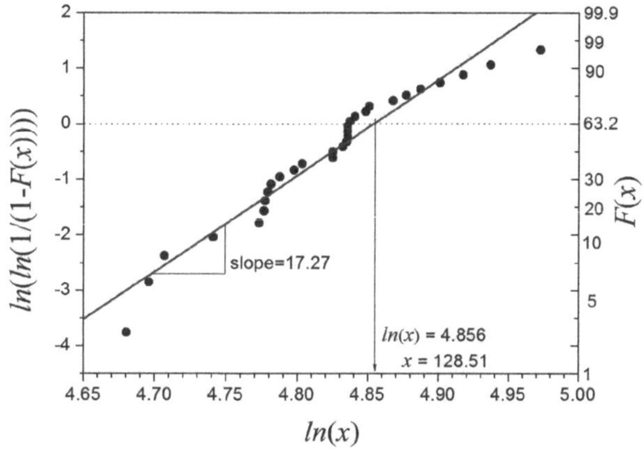

[그림 10.4.2] 와이블 분포 확률지에 데이터 타점 및 모수추정

확률지 방법은 데이터들이 직선 경향 여부에 따라 후보 분포를 쉽게 식별할 수 있는 장점이 있다. 반면에, 데이터의 직선 경향이나 기울기에 대한 판단기준이 애매하기 때문에 분석자에 따라서 모수추정치들이 다를 수 있다. 게다가 데이터 수가 많아지면 수작업으로 처리가 번거롭기 때문에 전용 소프트웨어가 필요하다. 이런 단점들 때문에 확률지 방법의 사용빈도는 점차 줄어드는 추세이다. 이에 반해, 컴퓨터 연산 능력의 발달에 힘입어 최대우도 방법이나 회귀분석 방법처럼 계산에 의존하는 방법들이 주된 추정 방법이 되고 있다.

[표 10.4.2] 와이블 분포 확률지 타점을 위한 정보 계산

(1) i	(2) x	(3) $\ln(x)$	(4) $MR = \frac{i-0.3}{N+0.4}$	(5) $\ln\left(\ln\left(\frac{1}{1-F(x)}\right)\right)$
1	107.79	4.680	0.023	-3.759
2	109.50	4.696	0.056	-2.855
3	110.70	4.707	0.089	-2.375
4	114.58	4.741	0.122	-2.042
5	118.30	4.773	0.155	-1.784
6	118.71	4.777	0.188	-1.572
7	118.79	4.777	0.220	-1.390
8	119.03	4.779	0.253	-1.231
9	119.28	4.781	0.286	-1.087
10	120.00	4.787	0.319	-0.956
11	121.23	4.798	0.352	-0.835
12	121.94	4.804	0.385	-0.722
13	124.60	4.825	0.418	-0.615
14	124.60	4.825	0.451	-0.512
15	125.50	4.832	0.484	-0.414
16	125.81	4.835	0.516	-0.319
17	125.91	4.836	0.549	-0.227
18	125.91	4.836	0.582	-0.136
19	125.91	4.836	0.615	-0.046
20	126.12	4.837	0.648	0.043
21	126.56	4.841	0.681	0.133
22	127.54	4.848	0.714	0.224
23	127.86	4.851	0.747	0.317
24	130.03	4.868	0.780	0.414
25	131.24	4.877	0.813	0.515
26	132.58	4.887	0.845	0.624
27	134.41	4.901	0.878	0.745
28	136.64	4.917	0.911	0.884
29	139.35	4.937	0.944	1.059
30	144.45	4.973	0.977	1.327

참고문헌

- Abernethy, R.B., Breneman, J.E., Medlin, C.H. and G.L. Reinmam, Weibull Analysis Handbook, AFWAL-TR-83-2079, AD-A143100 (1984)
- Ang, A.H.S. and W.H. Tang, Probability Concepts in Engineering, John Wiley & Sons, NY, (2007) Chap. 7
- Composite Materials Handbook, vol. 1, Polymer matrix composites guidelines for characterization of structural materials, MIL-HDBK-17-1F, (2002)
- Haldar, A. and S. Mahadevan, Probability, Reliability, and Statistical Methods in Engineering Design, John Wiley & Sons, NY, (2000)
- Johnson, N.L., Kotz, S. and N. Balakrishnan(eds.), Continuous univariate distributions, vol.1, John Wiley & Sons, (1994)
- Kapur, K.C. and L.R. Lamberson, Reliability in Engineering Design, John Wiley & Sons, NY, (1977)
- Kececioglu, D.B., Reliability and Life Testing Handbook, vol. 1, DEStech Publications, (2002)
- Thoman, D.R., Bain, L.J. and C.E. Antle, Inferences on the parameters of the Weibull distribution, Technometrics, 11, (1969) 445-460

11 장

적합도검정

11.1 개요

실험이나 시뮬레이션의 목적은 데이터를 얻기 위함이다. 얻어진 데이터들이 어떤 분포를 따르는지 알아야 그것을 근거로 정확한 최종 결론을 내릴 수 있다. 이를 위한 통계적 방법이 적합도검정(goodness-of-fit test)이다.

적합도검정이란 비교 대상인 두 분포들이 통계적으로 같은 것인지 비교 판단하는 것이다. 여기서 비교 대상은 실험분포와 실험분포일 수도 있고 아니면 실험분포와 이론분포일 수도 있다. 실험분포(empirical distribution)란, 실험이나 관찰 또는 시뮬레이션 등으로부터 얻어진 데이터들이 이루는 분포를 말한다. 일반적 의미에서 적합도검정이란 실험 데이터들이 어떤 이론분포에 속하는지를 판단하기 위한 통계적 도구로 받아들여진다.

완전히 동일한 것이 아닌 이상, 비교 대상인 분포들의 특성은 차이가 나기 마련이다. "어느 정도까지의 차이를 허용하고 같은 분포로 볼 것인가?" 이는 유의수준에 의해 결정된다. 유의수준에 대해서는 이미 5장에서 충분히 설명하였다. 유의수준 범위 내에서 비교 대상들의 특성이 일치하면 두 분포는 같은 것으로, 그렇지 않으면 다른 것으로 결론을 내린다. 이를 통계적 용어로 표현하면 다음과 같다. 두 분포를 같은 것으로 볼 때는, 식 (11.1.1)의 "귀무가설 H_0 를 채택한다"라고 표현한다. 이는 "실험분포 $S_n(x)$ 이 이론분포 $F(x)$ 와 동일하다는 가정이 타당하다" 또는 "표본 데이터들은 비교했던 이론분포로부터 나온 것이다"라고 해석된다. 이와 반대로 두 분포가 다른 것으로 볼 때는, 식 (11.1.1)의 "귀무가설 H_0 를 기각하고 대립가설 H_1 을 채택한다"라고 표현한다.

$$\begin{aligned} H_0 &: S_n(x) = F(x) \\ H_1 &: S_n(x) \neq F(x) \end{aligned} \tag{11.1.1}$$

적합도검정 방법은 다음과 같이 크게 두 가지로 나눌 수 있다(D'Agostino and M.A. Stephens, 1986; Kececioglu, 1991; Lawless, 1982).

1. 카이제곱(χ^2)검정 방법
2. 실험누적분포검정 방법
   - Kolmogorov-Smirnov 검정(K-S)
   - Anderson-Darling 검정(A-D)
   - Cramer-von Mises 검정(CvM)

검정 방법에 따라 '두 분포의 어떤 특성을 비교할 것인가'가 달라진다. 카이제곱 검정 방법의 경우는 각 분포의 밀도함수들을 비교하는 반면에, 다른 방법들은 각 분포의 누적분포들을 비교한다.

이 장에서는 예제를 통해 이들 각각의 검정 방법에 대한 원리와 절차를 설명하고자 한다. 여기에 포함된 내용들 일부는 어떤 측면에서 너무 자세한 게 아닌가 하는 걱정도 있다. 그 이유는 현재 통용되는 대부분의 통계 패키지 프로그램들이 이들 검정 방법들을 포함하고 있기 때문이다. 하지만 단순한 사용자의 입장에서 벗어나 분석 결과로부터 올바른 결론을 내리려면 그 원리와 절차를 알아야 한다고 본다.

11.2 카이제곱검정

카이제곱(χ^2) 적합도검정은 Pearson에 의해 오래전에 고안된 방법이다. 이 방법은 비교대상인 두 분포의 밀도함수를 비교한다. 좀 더 구체적으로 설명하자면, 실험분포를 구간별로 나누어 그룹을 짓고, 각 그룹에서의 데이터 빈도를 이론분포에서의 빈도와 비교하는 것이다. 비교 결과, 빈도 차이가 허용된 범위 이내이면 두 분포가 같은 것으로 보고, 그렇지 않으면 비교했던 두 분포가 다른 것으로 결론을 내린다. 자세한 절차를 요약하면 다음과 같다.

1. n개의 데이터를 크기순으로 정렬하고 적당한 몇 개의($=k$) 구간으로 나눈다.
2. 각 구간($i=1,2,\cdots,k$)에 속하는 데이터들의 개수, 즉 표본빈도 n_i를 구한다. 여기서 $\sum_{i=1}^{k} n_i = n$이다. 이는 각 구간에서의 데이터 개수를 모두 더하면 총 데이터 개수라는 의미이다. 지금까지는 히스토그램을 그리는 과정과 동일하다. 정확한 표현은 아니지만, 이렇게 만들어진 분포를 실험분포 또는 표본분포로 정의하자.
3. 실험분포와 잘 들어맞는다고 생각되는 이론분포를 고른다.
4. 각 구간에서 이론분포의 빈도 e_i를 계산한다. 물론 이 구간들은 실험분포의 구간에 대응되는 것이어야 한다.
5. 두 분포 간의 빈도 차이를 다음 식에 의해 계산한다.

$$Y = \sum_{i=1}^{k} \frac{(n_i - e_i)^2}{e_i} \tag{11.2.1}$$

이 확률변수 Y를 '검정통계치'라고 한다. 검정통계치는 판단기준인 검정기준치와 비교하기 위한 양이다. 이는 확률변수이기 때문에 표본마다 다른 분포양상을 보이게 된다. 일반적으로 확률변수 Y는 $n \to \infty$ 일 때 자유도 ν 인 χ^2 분포를 따른다. 자유도는 다음 식으로 표현된다.

$$\nu = k - c \tag{11.2.2}$$

여기서 k는 구간수, c는 검정하려는 이론분포의 모수의 개수에다 1을 더한 값이다. 예를 들어 정규분포라면, 모수는 평균과 표준편차의 2개이므로 $c = 2 + 1 = 3$이다. 만약 두 분포가 서로 잘 들어맞는다면 확률변수 Y는 0에 가까워질 것이다. 반대로 두 분포가 잘 맞지 않는다면 Y값은 커지게 된다.

6. 두 분포 간의 차이가 허용된 범위 안에 있는지 판단한다.

$$\Pr\left(Y < \chi^2_{1-\alpha,\nu}\right) = 1 - \alpha \tag{11.2.3}$$

식 (11.2.3)의 조건을 만족하면 실험분포는 이론분포에 잘 들어맞는 것으로 결론을 내린다. 이는 표본 데이터들이 이론분포를 가진 모집단으로부터 추출되었다는 것과 동일한 의미이다. 여기서 α는 유의수준으로 보통 0.05 또는 0.1이 선택된다. 만약 유의수준이 0.05라면, 결론이 사실이 아닐 확률이 5%라는 뜻이다.

그림 11.2.1은 식 (11.2.3)의 의미를 나타낸 것이다. χ^2_{cr} 값은 자유도와 유의수준에 따라서 달라진다. 유의수준이 결정되어 있다면 자유도가 클수록 χ^2_{cr} 값은 커진다. 동일한 유의수준에서 χ^2_{cr} 값이 크다면, 검정통계치 Y가 크더라도 귀무가설이 채택될 가능성이 커진다[식 (11.2.3) 참조]. 이런 특성은 카이제곱검정에서 적절한 구간수 선택이 중요함을 의미한다. 자유도는 식 (11.2.2)에서 알 수 있듯이 구간수에 의존하기 때문이다. 그렇다고 해서 무작정 구간수를 늘리는 것도 좋지 않다. 1개 구간에 최소 5개 정도의 데이터가 있어야 타당한 검정 결과를 얻을 수 있기 때문이다.

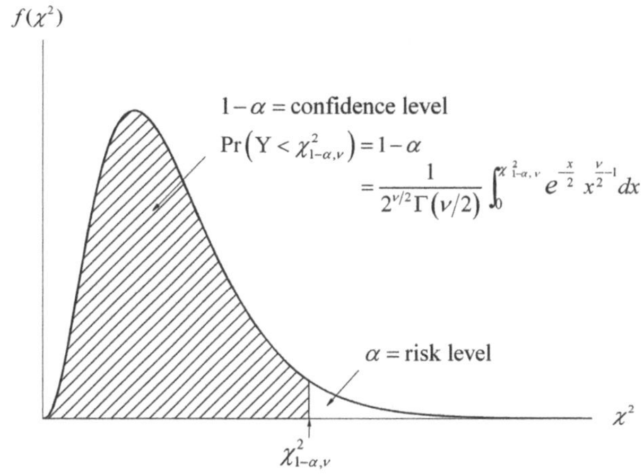

[그림 11.2.1] 카이제곱검정을 위한 유의수준과 검정기준치 $\chi^2_{1-\alpha,\nu}$ 의 의미

예제 11.2.1

표 11.2.1과 같은 100개의 데이터가 있다. 이 데이터들은 정규분포 난수생성 프로그램 7.3.3을 이용해서 만들어진 것이다. 이 데이터들이 정규분포임을 카이제곱검정으로 입증해 보자.

[표 11.2.1] 정규분포 난수생성 프로그램에 의해 만들어진 100개의 데이터

162	443	449	557	389	617	399	380	489	544
308	461	444	482	412	359	397	501	419	572
366	263	516	689	396	431	458	441	481	490
379	413	563	594	622	504	466	471	491	557
454	387	467	423	493	446	335	394	448	550
329	315	404	404	449	338	467	299	408	507
384	390	462	484	418	408	404	414	384	430
468	325	509	469	318	598	525	390	284	499
330	475	414	559	551	401	480	689	442	489
603	550	463	498	453	451	534	484	368	527

1. 데이터를 적당한 구간으로 나누고 각 구간에서의 빈도를 구한다.
   1.1 먼저 데이터를 오름차순이나 내림차순으로 정렬한다.
   1.2 구간수를 결정한다. 여기서는 Sturges의 규칙(Sturges, 1926)을 따르기로 하자.

$$k = 1 + 3.322 \times \log_{10} n$$
$$= 1 + 3.322 \times \log_{10} 100 = 1 + (3.322)(2) = 7.644 \simeq 8$$

1.3 데이터의 범위를 구한다.

$$r = X_{\max} - X_{\min} = 689 - 162 = 527$$

1.4 구간의 너비를 구한다.

$$w = \frac{r}{k} = \frac{527}{8} = 65.875 \simeq 66$$

1.5 각 구간의 시작값, 끝값, 중간값, 상한값, 하한값을 구한다. 그 결과는 표 11.2.2와 같다.

[표 11.2.2] 각 구간의 계산값과 빈도

구간번호	하한값	시작값	중간값	끝값	상한값	빈도
1	161.5	162	194.5	227	227.5	1
2	227.5	228	260.5	293	293.5	2
3	293.5	294	326.5	359	359.5	10
4	359.5	360	392.5	425	425.5	27
5	425.5	426	458.5	491	491.5	33
6	491.5	492	524.5	557	557.5	17
7	557.5	558	590.5	623	623.5	8
8	623.5	624	656.5	689	689.5	2
						$\sum_{i=1}^{k} n_i = 100$

1) 시작값

구간 1 = $X_{\min} = 162$
구간 2 = 구간 1 시작값 + w = 162 + 66 = 228
구간 3 = 구간 2 시작값 + w = 228 + 66 = 294
⋮ ⋮ ⋮

2) 끝값: 각 구간의 시작값에 $(w-\varepsilon)$를 더한다. ε는 데이터의 정확도를 말한다. 이 예제의 경우 $\varepsilon = 1$이다. 만약 데이터들이 162, 443, 449, …와 같이 1의 자리 정확도가 아니고 160, 440, 490처럼 모두 10의 자리 정확도를 가진다면 $\varepsilon = 10$이 된다.

구간 1 = $162 + (w - \varepsilon) = 162 + (66 - 1) = 227$
구간 2 = 228 + 65 = 293
구간 3 = 294 + 65 = 359
⋮ ⋮ ⋮

3) 중간값

구간 1 = 시작값 + $(w-\varepsilon)/2 = 162 + (66-1)/2 = 194.5$
구간 2 = 228 + 32.5 = 260.5
구간 3 = 294 + 32.5 = 326.5
⋮ ⋮ ⋮

4) 하한값

구간 1 = 시작값 $-\varepsilon/2 = 162 - 0.5 = 161.5$
구간 2 = 228 − 0.5 = 227.5
구간 3 = 294 − 0.5 = 293.5
⋮ ⋮ ⋮

5) 상한값

구간 1 = 끝값 + $\varepsilon/2 = 227 + 0.5 = 227.5$
구간 2 = 293 + 0.5 = 293.5
구간 3 = 359 + 0.5 = 359.5
⋮ ⋮ ⋮

6) 빈도: 각 구간의 시작값 이상이고, 끝값 이하인 데이터들의 수를 센다.

1.6 각 구간 중간값을 가로축으로, 각 구간의 데이터 빈도를 세로축으로 해서 히스토그램을 그린다. 이때 빈도는 두 가지 방법으로 표현할 수 있다. 하나는 구간 내에 존재하는 데이터의 개수로 표현하는 것이고, 다른 하나는 빈도를 분율로 표현하는 것이다. 분율이란 각 구간 내의 데이터 개수를 전체 데이터 수로 나눈 것이다. 예를 들어, 구간 1은 $\frac{1}{100} = 0.01$, 구간 2는 $\frac{2}{100} = 0.02,$, 구간 3은 $\frac{10}{100} = 0.10, \cdots$ 이 된다.

2. 이론빈도 또는 예측빈도를 구한다.

2.1 분포의 모수를 구한다.

히스토그램이 정규분포의 특성에 가깝다고 생각될 때, 표 11.2.2의 그룹화된 데이터를 이용하여 평균과 표준편차를 구하는 방법이 있다(Kececioglu, 1991). 표 11.2.3은 그 계산과정을 나타낸 것이다. 4열의 u_i 는 다음과 같이 결정된다. 최빈값을 가진 구간을 0으로 놓는다. 그보다 큰 값을 가진 상위구간은 +1, 차상위구간은 +2, ⋯ 방식으로 증가시키고, 그보다 낮은 값을 가진 하위구간은 −1, 차하위구간은 −2, ⋯와 같은 방식으로 감소시키면서 모든 구간을 채운다.

[표 11.2.3] 그룹화된 데이터로부터 정규분포의 평균과 표준편차 구하기

구간번호 i	중간값 $\bar{x}_i$	빈도 n_i	u_i	$n_i \cdot u_i$	$n_i \cdot u_i^2$
1	194.5	1	-4	-4	16
2	260.5	2	-3	-6	18
3	326.5	10	-2	-20	40
4	392.5	27	-1	-27	27
5	458.5	33	0	0	0
6	524.5	17	1	17	17
7	590.5	8	2	16	32
8	656.5	2	3	6	18
		$\sum_{i=1}^{k} n_i = 100$		$\sum_{i=1}^{k}(n_i \cdot u_i) = -18$	$\sum_{i=1}^{k}(n_i \cdot u_i^2) = 168$

평균은 다음 식으로부터 구해진다.

$$\bar{x} = \frac{w}{n}\sum_{i=1}^{k}(n_i \cdot u_i) + A \tag{11.2.4}$$

이 식에서 A는 최빈 구간의 중간값이다. 따라서 평균은

$$\bar{x} = \frac{66}{100}(-18) + 458.5 = 446.6$$

표준편차는 다음 식에 의해서 구할 수 있다.

$$\sigma = w\sqrt{\frac{n\sum_{i=1}^{k}(n_i \cdot u_i^2) - \left[\sum_{i=1}^{k}(n_i \cdot u_i)\right]^2}{n(n-1)}} \tag{11.2.5}$$

$$\sigma = 66\sqrt{\frac{100(168) - (-18)^2}{100(100-1)}} = 85.1$$

이렇게 구해진 모수들은 밀도함수에 대입되어 이론빈도를 구하는 데 사용된다.

참고로 표 11.2.1처럼 비그룹화 데이터로 간주하면, 평균과 표준편차는 각각 식 (2.5.10)과 식 (2.5.12)의 제곱근에 의해 450.2와 88.68이다. 앞의 그룹화 데이터로부터 구해진 값과 비교하면, 평균은 거의 차이가 없고 표준편차만 약 4% 정도의 차이를 보인다.

$$\Delta \text{ mean} = \frac{446.6 - 450.2}{450.2} = 0.785\%$$

$$\Delta \text{ std\_dev} = \frac{85.12 - 88.68}{88.68} = 4.02\%$$

2.2 이론빈도 계산하기

각 구간의 이론빈도는 다음 식으로 정의된다.

$$e_i = n[F(X_{iU}) - F(X_{iL})] \tag{11.2.6}$$

여기서 n 는 총 데이터 개수이고, $F(\cdot)$ 는 표준화된 정규분포함수 아래의 면적을 나타내는 분포함수이다. $F(X_{iU})$ 는 각 구간의 상한값에 해당하는 면적이고, $F(X_{iL})$ 는 각 구간의 하한값에 해당하는 면적이다. 이것을 수식으로 표현하면 다음과 같다.

$$F(X_{iU}) - F(X_{iL}) = \int_{X_{iL}}^{X_{iU}} f(x)dx = \int_{Z_{iL}}^{Z_{iU}} \phi(z)dz \tag{11.2.7}$$

여기서 $\phi(z) = \frac{1}{\sqrt{2\pi}} \exp\left(-\frac{1}{2}z^2\right)$ 이다[식 (5.2.7)]. 이 함수의 인자 z는 다음과 같이 정의된다.

$$z_i = \frac{x_i - \overline{x}}{\sigma} \tag{11.2.8}$$

식 (11.2.6)을 누적분포함수 $F(z) = \Phi(z) = \int_{-\infty}^{z} \phi(y)dy$ (식 [5.2.8])의 형태로 바꿔쓰면, 다음과 같다.

$$e_i = n[\Phi(Z_{iU}) - \Phi(Z_{iL})] \tag{11.2.9}$$

$\Phi(z)$ 를 구하기 위해서는 먼저 z_i 를 계산해야 한다. 다음을 보자.

$$\text{구간 } 1 \rightarrow z_{1L} = \frac{x_{1L} - \overline{x}}{\sigma} = \frac{161.5 - 446.6}{85.1} = -3.34869$$

$$z_{1U} = \frac{x_{1U} - \overline{x}}{\sigma} = \frac{227.5 - 446.6}{85.1} = -2.57359$$

$$\text{구간 } 2 \rightarrow z_{2L} = \frac{x_{2L} - \overline{x}}{\sigma} = \frac{227.5 - 446.6}{85.1} = -2.57359$$

$$z_{2U} = \frac{x_{2U} - \bar{x}}{\sigma} = \frac{293.5 - 446.6}{85.1} = -1.79843$$
$$\vdots \qquad\qquad \vdots \qquad\qquad \vdots$$

따라서 각 구간의 이론빈도는 다음과 같이 계산된다.

$$e_1 = 100[\Phi(-2.5739) - \Phi(-3.3487)]$$
$$e_2 = 100[\Phi(-2.5739) - \Phi(-1.7984)]$$
$$\vdots \qquad\qquad \vdots$$

누적분포함수 $\Phi(z)$ 는 많은 통계서적들의 부록이나 엑셀의 통계함수에 있는 NORMSDIST로부터 구할 수 있다.

그림 11.2.2는 지금까지의 계산결과를 나타낸 것이다. 실선으로 된 막대그림이 표본빈도 또는 실험빈도이고, 점선으로 된 막대그림이 이론빈도이다. 히스토그램과 겹쳐 그려진 밀도함수 곡선은 다음과 같이 얻어진다. 그림에서 빈도가 각 구간 내에 존재하는 데이터 개수로 표현되었기 때문에, 밀도함수는 식 (11.2.10)으로 정의된다. 여기서 n은 전체 데이터 수, w는 구간의 넓이이다. 이 식에다 앞서 구한 모수 $\bar{x}$, σ와 전체 데이터 범위에 해당하는 x값들을 대입하면 곡선을 그릴 수 있다. 만약 빈도가 분율로 표현된 경우라면, 식 (4.3.1)의 정규분포 밀도함수식을 사용하면 된다.

$$f(x) = \frac{nw}{\sqrt{2\pi}\sigma} \exp\left[-\frac{1}{2}\left(\frac{x - \bar{x}}{\sigma} \right)^2 \right] \tag{11.2.10}$$

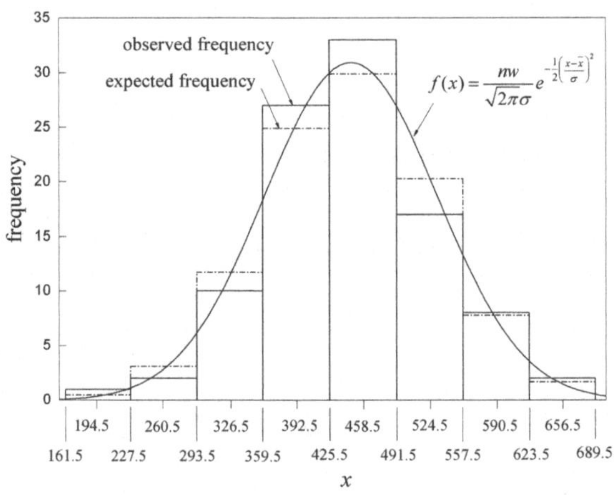

[그림 11.2.2] 카이제곱검정을 위한 히스토그램

3. 카이제곱검정통계치 구하기

3.1 각 구간별 카이제곱검정통계치 계산 결과를 요약하면 표 11.2.4와 같다.

[표 11.2.4] 검정통계치 계산결과

구간번호 i		이론빈도 e_i		표본빈도 n_i		카이제곱검정통계치 $(n_i - e_i)^2/e_i$
1		0.4627		1		
2	1	3.1026	15.2698	2	13	0.3374
3		11.7045		10		
4	2	24.8944		27		0.1781
5	3	29.8894		33		0.3237
6	4	20.2647		17		0.5259
7	5	7.7531	9.4244	8	10	0.0352
8		1.6713		2		
		$\sum_{i=1}^{k} e_i = 99.7426$		$\sum_{i=1}^{k} n_i = 100$		$Y = 1.4003$

카이제곱검정은 구간을 어떻게 나누느냐에 따라서 결과가 달라진다. 카이제곱검정이 타당하기 위해서는 각 구간 내에서의 이론빈도수가 최소 5개는 되어야 한다. 따라서 이 조건을 만족시키지 못하는 구간들은, 이론빈도가 5개 이상이 되도록 인접 구간들과 통합한 후에 검정통계치를 계산해야 한다. 이런 이유 때문에 구간 1, 2, 3과 구간 7, 8은 각각 하나의 구간으로 통합되었다. 그 결과, 총 구간수는 8개에서 5개로 줄어들었다.

3.2 검정통계치와 카이제곱 임계값과 비교하여 판정하기

카이제곱분포의 분위수 $\chi^2_{1-\alpha,\nu}$는 자유도와 유의수준에 의해 결정된다. 유의수준은 $\alpha = 0.05$로 하자. 자유도는 식 (11.2.2)에 의해 다음과 같이 계산된다.

$$\nu = k - c = 5 - 3 = 2$$

이제는 분위수 $\chi^2_{0.95,2}$를 구하는 일만 남았다. 이 값은 통계서적 부록이나 엑셀의 통계함수 CHIINV로부터 구할 수 있다(엑셀 프로그램에서는 $1-\alpha = 0.05$ 대신에 0.95를 사용해야 한다).

$$\chi^2_{0.95,2} = 5.9915$$

여기서 한 가지 주의할 점이 있다. 카이제곱분포는 대칭이 아니기 때문에 $\chi^2_{1-\alpha,\nu}$과 $\chi^2_{\alpha,\nu}$에 대한 정의가 명확해야 한다. 여러 책에서 이 두 가지 정의가 서로 바뀌어서 사용되는 경우가 많다. 여기서는 그림 11.2.1의 정의를 염두에 두면 될 것이다.

검정통계치와 검정임계치는 다음과 같으므로

$$Y = 1.4123 < \chi^2_{0.95,2} = 5.9915$$

주어진 유의수준에서 이 데이터들이 정규분포라는 가정을 받아들일 수 있다.

카이제곱 적합도검정은 데이터가 충분해야 한다. 이 방법은 데이터를 그룹 짓는 과정에서 정보를 잃게 되므로 다른 검정 방법에 비해 정확성이 떨어진다. 하지만 다른 검정 방법들과는 달리 이산형 분포에도 적용할 수 있는 장점도 있다. 다음은 지금까지의 검정절차를 프로그램으로 만든 것이다.

[프로그램 11.2.1] 카이제곱검정 프로그램

```
#include "file_include.h"

const int MAX =100;                                         // 배열크기

int main()
{
        double sort(int n, double sort_arr[]);
        double nmdt(double Z);

        int n = 0;                                          //데이터 개수
        double value, data_value[MAX];

/* 0. 데이터 파일 읽어들이기 */
/*
        char read_filename[30];
        cout<<"Enter the file name to read: ";
loop:
        cin>>read_filename;

        ifstream read_mydata(read_filename, ios::in);
                        if(!read_mydata)
        {
                cerr<<"File does not exist. Please retry!"<<endl;
                goto loop;
        }
*/
        ifstream read_mydata("bbb", ios::in);

        while(!read_mydata.eof())
```

```
        {
                read_mydata>>value;
                data_value[n] = value;
                n++;
        }
        read_mydata.close();
        cout<<"end the reading.........."<<endl;

/* 1. 표본분포의 히스토그램 구하기  */

        sort(n, data_value);                        //데이터 정렬

        double e = 1.0;                             //데이터 정확도
        double k, w;                                //구간수, 구간넓이
        double r, xmin, xmax;                       //데이터 범위, 최솟값, 최댓값

        k = 1 + 3.322 * log10(n);                   //구간수 결정
        k = floor(k+0.5);                           //반올림
        xmax = data_value[n-1];                     //데이터 최솟값
        xmin = data_value[0];                       //데이터 최댓값

        r = xmax - xmin;                            //데이터 범위

        w = double(r) / double(k);                  //구간넓이
        w = ceil(w);

        double sta_class[20], end_class[20], mid_class[20], lowbd_class[20],
       uppbd_class[20];
        int of[20], per_of[20];    //표본빈도

        //각 구간의 경계값 구하기
        for(int i = 0; i < k; i++)
        {
                sta_class[0] = xmin;
                sta_class[i+1] = sta_class[i] + w;                  //구간 시작값
                end_class[i] = sta_class[i] + (w - e);              //구간 끝값
                mid_class[i] = sta_class[i] + (w - e) / 2.0;        //구간 중간값
                lowbd_class[i] = sta_class[i] - e / 2.0;            //구간 하한값
                uppbd_class[i] = end_class[i] + e / 2.0;            //구간 상한값
        }

        //각 구간에서의 빈도 구하기
        for(i = 0; i < k; i++)   //배열 초기화
        {
                of[i] = 0;
                per_of[i] = 0;
        }
        for(i = 0; i < k; i++)
        {
```

```
            for(int q = 0; q < n; q++)
            {
            if((data_value[q] >= sta_class[i]) && (data_value[q] <= end_class[i]))
                        of[i]++;
            }
            per_of[i] = of[i] / (double) n;
    }

/* 2. 이론분포 구간별 빈도 구하기 */
/* 2.1 그룹화 정규분포 데이터의 평균과 표준편차 구하기 */

    double fu, fu2, A, mean =0, std_dev = 0, fsum = 0, fsum2 = 0;
    double ZL, ZU;
    double tf[20], tfsum = 0; //각 구간에서의 이론빈도, 이론빈도합=표본수
    double stfsum=0, sofsum=0, etfsum=0, eofsum=0, start=0, end=0;
    int max, stand, u_class[20];

    //Ui 결정하기
    max = of[0];
    for(i = 0; i < k; i++)
            if(max < of[i])
            {
                        max = of[i];
                        stand = i;
            }

    for(i = 0; i < k; i++)
    {
            if(i < stand)
            {
                        u_class[0] = 0 - stand;
                        u_class[i+1] = u_class[i] + 1;
            }
            else if(i == stand)
            {
                        u_class[i] = 0;
                        A = mid_class[i];
            }
            else
                        u_class[i] = u_class[i-1] + 1;
    }

    for(i = 0; i < k; i++)
    {
            fu = of[i] * u_class[i];
            fu2 = of[i] * u_class[i]* u_class[i];

            fsum += fu;
            fsum2 += fu2;
    }

    mean = w * fsum / n + A;                                //평균
```

```
        std_dev = w * sqrt((n*fsum2 - fsum*fsum)/(n*(n-1.0)));    //표준편차

/* 2.2 이론빈도 구하기*/
        for(i = 0; i < k; i++)
        {
                ZL = (lowbd_class[i] - mean) / std_dev;
                ZU = (uppbd_class[i] - mean) / std_dev;

                if(i==0)
                {
                        tf[i] = n* (nmdt(ZU) - 0);
                        tfsum += tf[i];
                }
                else
                {
                        tf[i] = n* (nmdt(ZU) - nmdt(ZL));
                        tfsum += tf[i];
                }
//              cout<<i+1<<"  "<<tf[i]<<endl;
        }
//      cout<<tfsum<<endl<<endl;

/* 3. 검정통계치 구하기*/

        //5개보다 작은 데이터인 구간들은 1개 구간으로 합치기
        for(i = 0; i < k; i++)
        {
                //모드보다 작은 값을 가진 구간에서 데이터 수가 작을 때
                if(i < stand && of[i] < 5)
                {
                        start++;
                        stfsum += tf[i];
                        sofsum += of[i];
                }
                //모드보다 큰 값을 가진 구간에서 데이터 수가 작을 때
                if(i > stand && of[i] < 5)
                {
                        end++;
                        etfsum += tf[i];
                        eofsum = eofsum + of[i];
                }
        }

        //합쳐진 구간으로 다시 계산하기
        for(i=start; i<(k-end); i++)
        {
                if(i==start)
                {
                        tf[i] = tf[i]+ stfsum;
                        of[i] = of[i]+ sofsum;
                }
                if(i==(k-end-1))
```

```
                {
                                tf[i] = tf[i]+ etfsum;
                                of[i] = of[i]+ eofsum;
                }
        }

        //카이제곱 통계치
        double Y, sumY = 0;

        for(i = start; i < (k-end); i++)
        {
                Y = pow((of[i] - tf[i]),2)/tf[i];
                sumY += Y;
        }

/* 4. 검정통계치와 검정임계치 비교하기*/

        //자유도 v = (k-end-1) - c(=3)
        //신뢰수준 alpha

        //crit = chi2(alpha,v)
        //if Y < crit, accept

        return 0;
}

double sort(int n, double sort_arr[])
{
        cout<<"Sorting ....."<<endl;
        double temp;

        for(int i=0; i<n; i++)
        {
                for(int j=i; j<n; j++)
                {
                        if(sort_arr[i]>sort_arr[j])
                        {
                            temp =sort_arr[i];
                            sort_arr[i] = sort_arr[j];
                            sort_arr[j] = temp;
                        }
                }
        }
        return sort_arr[i];
}

double nmdt(double Z)
{
        static double a[3]={0.4361836, -0.1201676, 0.9372986};
        double r = 0.33267, f = 0.3989423;
        double t, P;

        t = 1.0 / (1.0 + r * fabs(Z));
        P = (f * exp(-Z*Z*0.5)) * t*(a[0] + t * (a[1] + t*a[2]));

        if(Z>=0.0) P = 1.0 - P;

        return P;
}
```

11.3 실험분포함수에 근거한 적합도검정

실험분포함수(edf: empirical distribution function)란 표본 데이터로부터 계산되는 계단함수이다(그림 11.3.1 참조). 이 실험분포함수가 이론분포함수와 보이는 차이를 검정통계치로 삼는다. 검정통계치가 주어진 유의수준에서 검정기준치 이내에 있으면 표본 데이터들이 이론분포를 따르는 것으로 결론 내린다. 검정기준치는 검정통계치 분포의 유의수준에 대한 분위수이다(그림 11.2.1과 같은 개념이다). 이런 검정방식은 여러 가지가 있지만 여기서는 다음 세 가지 방법에 한해 다루기로 한다.

- Kolmogorov-Smirnov 검정(K-S)
- Anderson-Darling 검정(A-D)
- Cramer-von Mises 검정(CvM)

각 검정 방법에 따라서 검정통계치들은 다르게 정의된다. 따라서 검정의 정확도 역시 조금씩 차이가 난다. 하지만 어떤 방법을 사용하든 동일한 데이터를 사용한다면 비슷한 결론이 얻어질 것이다. 이 방법들은 연속분포의 경우에만 적용가능하다. 그리고 검정하려는 이론분포의 모수를 알고 있을 때만 적용할 수 있다. 하지만 수정된 검정기준치를 사용한다면, 모수가 표본으로부터 계산된 경우에도 적용 가능하다.

11.3.1 Kolmogorov-Smirnov 적합도검정

앞으로는 간단히 K-S 검정으로 쓰겠다. 이 검정 방법에서 검정통계치는 실험누적분포와 이론누적분포와의 수직거리 차이의 최댓값이다. 최댓값이 검정기준치보다 작으면 동일한 분포인 것으로 결론 내린다. 자세한 절차를 알아보자.

1. 먼저 검정하려는 n개의 표본 데이터를 오름차순으로 정렬한다.

$$x_1 \le x_2 \le x_3 \le \cdots \le x_n, \quad i=1,2,3,\ \cdots,n \tag{11.3.1}$$

2. 누적분포 차이의 최댓값을 구한다.

$$D_n = \max\left|F(x_i) - S_n(x_i)\right| \tag{11.3.2}$$

여기서 $F(x_i)$는 이론누적분포이고, $S_n(x_i)$는 실험(또는 표본)누적분포이다. 실험누적분포를 더 자세히 표현하면 식 (11.3.3)과 같다.

$$S_n(x_i)=\begin{cases} 0, & x < x_1 \\ \dfrac{m}{n}, & x_m \le x \le x_{m+1} \\ 1, & x \ge x_n \end{cases} \tag{11.3.3}$$

이 함수는 x 값이 증가하는 $\frac{1}{n}$ 만큼 높이 만큼 높아지는 계단함수이다. 식에서 m은 x_i 이하의 값을 가진 표본 데이터의 총 수이므로, $\frac{m}{n}$은 x_i 이하의 값을 가진 표본 데이터 분율을 의미한다.

D_n 은 이론누적분포에서 실험누적분포를 뺀 값이다. 차이의 절대적 크기만 의미가 있기 때문에 부호가 '양'이든 '음'이든 상관없다. 이 통계치는 표본 데이터 하나 하나마다 존재한다. 이 통계치를 세분하면 D_n^+ 과 D_n^- 의 두 가지이다. 이 2개의 값 중에서 큰 것이 D_n 이다. 식 (11.3.4)는 이를 의미한다.

$$D_n = \max\{D_n^+, D_n^-\} \tag{11.3.4}$$

D_n^+ 과 D_n^- 은 각각 다음과 같이 정의된다.

$$D_n^+ = \max\left| \frac{i}{n} - F(x_i) \right| \tag{11.3.5}$$

$$D_n^- = \max\left| F(x_i) - \frac{i-1}{n} \right| \tag{11.3.6}$$

지금까지의 설명에 대한 이해를 돕기 위해 간단한 예를 들자. 균등분포 $U(0 \sim 1)$ 에서 뽑아낸 다음과 같은 7개의 데이터가 있다. K-S 검정을 위한 인자들이 어떻게 결정되는지 다음 표 11.3.1과 그림 11.3.1을 보라.

0.6, 0.2, 0.5, 0.9, 0.1, 0.4, 0.2.

표에서 1열은 데이터 누적 개수, 2열은 데이터들을 오름차순으로 정렬한 결과, 3열은 식 (11.3.3)으로 구한 실험누적분포, 4열은 이론누적분포이다. 균등분포의 이론누적분포함수는 $F(x)=\frac{x-a}{b-a}$ 인데, $a=0$, $b=1$ 이므로 $F(x)=x$ 이다. 따라서 2열의 데이터 값들을 차례대로 채우면 된다. 5열과 6열은 누적분포의 차이로 각

[표 11.3.1] K-S 검정을 위한 계산 예

m	x_i	$S_n(x_i)=\frac{m}{n}$	균등분포 $F(x_i)$	$D_n=\max\{D_n^+,D_n^-\}$	
				D_n^+	D_n^-
1	0.1	$\frac{1}{7}=0.143$	0.100	0.043	0.100
2	0.2	$\frac{2}{7}=0.286$	0.200	0.086	0.057
3	0.2	$\frac{3}{7}=0.429$	0.200	0.229	0.086
4	0.4	$\frac{4}{7}=0.571$	0.400	0.171	0.029
5	0.5	$\frac{5}{7}=0.714$	0.500	0.214	0.071
6	0.6	$\frac{6}{7}=0.857$	0.600	**0.257**	0.114
7	0.9	$\frac{7}{7}=1.000$	0.900	0.100	0.043

각 식 (11.3.5)와 식 (11.3.6)으로 계산된 것이다. 예로서 4행의 경우를 보자.

$$D_7^+=\left|\frac{i}{n}-F(x_i)\right|=\left|\frac{4}{7}-0.400\right|=0.171$$
$$D_7^-=\left|F(x_i)-\frac{i-1}{n}\right|=\left|0.400-\frac{4-1}{7}\right|=0.029$$

모든 데이터에 대해 이런 방식으로 두 누적분포끼리의 차이를 계산하여 빈칸을 채운다. 가장 큰 D_n 값을 찾는다. 여기서는 6행의 0.257이다. 그림 11.3.1을 통해 지금까지의 계산결과가 나타내는 의미를 확인해 보라. 실험누적분포는 계단함수인데 반해, 이론누적분포는 연속함수이다. 다소 복잡해 보였을지 모르지만, 지금까지의 절차는 이 두 분포곡선 사이의 최대거리를 찾는 단순한 과정이었다.

3. D_n과 검정기준치 $D_{n,\alpha}^{cr}$를 비교하여 판정을 내린다.

표 11.3.2에 검정기준치 $D_{n,\alpha}^{cr}$를 나타내었다. 이 값은 표본크기와 유의수준에 따라서 달라진다. 판정기준은 식 (11.3.7)과 같다. 이 조건을 만족하면 표본 데이터들의 분포가 가정했던 이론분포와 유의수준 범위 내에서 동일한 것으로 판단한다.

$$\Pr\left(D_n\le D_{n,\alpha}^{cr}\right)=1-\alpha \tag{11.3.7}$$

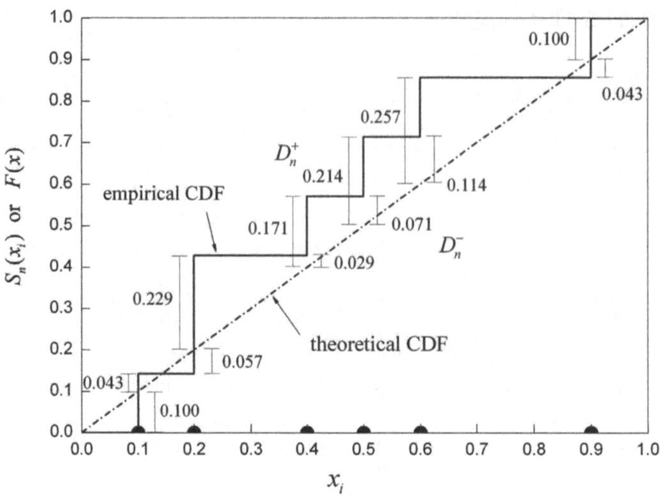

[그림 11.3.1] K-S 검정에서 각 인자들의 정의와 개념

앞의 경우에서 $D_n = 0.257$ 이었다. 유의수준이 $\alpha = 0.05$ 라면, $D_{n,\alpha}^{cr}$ 은 $n = 7$ 이므로 표 11.3.2로부터 $D_{7,0.05}^{cr} = 0.486$ 이다.

$$\Pr\left(D_n = 0.257 \le D_{7,0.05}^{cr} = 0.486\right) = 0.95$$

따라서 표본 데이터는 균등분포라는 가정, 즉 $F(x_i) = S_n(x_i)$ 라는 가정을 유의수준 5% 범위 내에서 받아들일 수 있다.

여기서 한 가지 주의해야 할 점이 있다. 표 11.3.2의 검정기준치 $D_{n,\alpha}^{cr}$ 은 분포의 모수를 정확히 알고 있을 때에만 타당하다. 만약 표본 데이터로부터 모수를 추정해야 한다면, 표 11.3.2 대신에 수정된 검정기준치를 사용해야 한다(Crutcher, 1975). 그 이유는 검정통계치 D_n 이 확률변수이기 때문이다. 즉, 검정통계치의 분포는 검정하려는 이론분포, 추정된 모수값, 모수를 추정한 방법, 표본크기에 따라서 달라진다. 이런 특성 때문에 검정기준치를 결정하는 일은 쉽지 않다. 다행히 정규분포(Stephens, 1974; Lilliefors, 1967), 지수분포(Lilliefors, 1969; Schafer et al., 1972; Durbin, 1975), 와이블 분포(Evans, 1989; Mann et al., 1973; Woodruff et al., 1983), 감마 분포(Woodruff et al., 1984)와 같은 몇 가지 분포들에 대한 검정기준치들이 제시되어 있다. 보통의 공학적 용도라면 표 11.3.2의 표준 검정기준치를 사용해도 크게 무리는 없지만, 정확한 검정이 필요할 때는 수정된 검정기준치를 판단기준으로 삼는 것이 바람직하다. 참고로 검정에 자주 사용되는 정규분포와 지수분포의 수정 검정기준치를 보자(Stephens, 1974).

[표 11.3.2] 표준 K-S 검정기준치(Standard Critical Values of $D_{n,\alpha}^{cr}$)

n	0.20	0.15	0.10	0.05	0.01
1	0.900	0.925	0.950	0.975	0.995
2	0.684	0.726	0.776	0.842	0.929
3	0.565	0.597	0.642	0.708	0.828
4	0.494	0.575	0.564	0.624	0.733
5	0.446	0.474	0.510	0.563	0.669
6	0.410	0.436	0.470	0.521	0.618
7	0.381	0.405	0.438	0.486	0.577
8	0.358	0.381	0.411	0.457	0.543
9	0.339	0.360	0.388	0.432	0.514
10	0.322	0.342	0.368	0.409	0.486
11	0.307	0.326	0.352	0.391	0.468
12	0.295	0.313	0.338	0.375	0.450
13	0.284	0.302	0.325	0.361	0.433
14	0.274	0.292	0.314	0.349	0.418
15	0.266	0.283	0.304	0.338	0.404
16	0.258	0.274	0.295	0.328	0.392
17	0.250	0.266	0.286	0.318	0.381
18	0.244	0.259	0.278	0.309	0.371
19	0.237	0.252	0.272	0.301	0.363
20	0.231	0.246	0.264	0.294	0.356
25	0.21	0.22	0.24	0.26	0.32
30	0.19	0.20	0.22	0.24	0.29
35	0.18	0.19	0.21	0.23	0.27
40	0.17	0.18	0.19	0.21	0.25
45	0.16	0.17	0.18	0.20	0.24
50	0.15	0.16	0.17	0.19	0.23
>50	$\frac{1.07}{\sqrt{n}}$	$\frac{1.14}{\sqrt{n}}$	$\frac{1.22}{\sqrt{n}}$	$\frac{1.36}{\sqrt{n}}$	$\frac{1.63}{\sqrt{n}}$

[표 11.3.3] 수정된 K-S 검정기준치(분포의 모수가 표본으로부터 추정되었을 때)

분포	추정된 모수	수정 검정통계치	검정기준치(percentage point), D^{cr*}				
			0.15	0.10	0.05	0.025	0.01
정규분포	$\mu=\bar{x}$ $\sigma=\hat{s}$	D_n^*	0.775	0.819	0.895	0.995	1.034
지수분포	$\beta=1/\bar{x}$	D_n^*	0.926	0.990	1.094	1.190	1.308

표 11.3.3의 수정된 검정기준치를 이용하기 위해서는 먼저 정규분포는 식 (11.3.8)에 의해서, 지수분포는 식 (11.3.9)에 의해서 검정통계치를 수정하여야 한다.

$$D_n^* = D_n\left(\sqrt{n}\ \text{-}0.01+\frac{0.85}{\sqrt{n}}\right) \tag{11.3.8}$$

$$D_n^* = \left(D_n - \frac{0.2}{n}\right)\left(\sqrt{n}\ +0.26+\frac{0.5}{\sqrt{n}}\right) \tag{11.3.9}$$

예제 11.3.1

다음의 20개 데이터가 있다. 이 데이터들이 정규분포에서 나온 것인지 유의수준 0.05로 검정해 보자. 이론누적분포 $F(x_i)$를 계산할 때 필요한 모수들을 모르기 때문에, 표본으로부터 평균과 표준편차를 추정하였다. 평균은 1,426, 표준편차 211이다. 이 경우에는 모수가 표본으로부터 추정되었기 때문에 표준 검정기준치 대신에 수정된 검정기준치를 판정기준으로 삼아야 한다.

1,450 1,250 1,610 1,040 1,810 1,240 1,710 1,360 1,400 1,580
1,210 1,430 1,010 1,470 1,490 1,520 1,500 1,470 1,270 1,700

앞에서 설명한 방법에 따라서 검정통계치를 구하면 표 11.3.4와 그림 11.3.2로 정리할 수 있다. 표의 4열에서 정규누적분포는 통계서적 부록의 확률표나 엑셀 프로그램의 통계함수 NORMSDIST를 통해서 구할 수 있다. 자세한 계산과정은 프로그램 11.3.1을 참고하기 바란다.

[표 11.3.4] 정규분포 예제의 K-S 검정 계산결과

m	x_i	$S_n(x_i)=\frac{m}{n}$	정규누적분포 $F(x_i)$	$D_n=\max\{D_n^+, D_n^-\}$	
				D_n^+	D_n^-
1	1,010	0.05	0.0243	0.026	0.024
2	1,040	0.10	0.0337	0.066	0.016
3	1,210	0.15	0.1530	0.002	0.053
4	1,240	0.20	0.1890	0.011	0.039
5	1,250	0.25	0.2021	0.048	0.002
6	1,270	0.30	0.2299	0.070	0.020
7	1,360	0.35	0.3772	0.027	0.077
8	1,400	0.40	0.4509	0.051	0.029
9	1,430	0.45	0.5076	0.058	0.101
10	1,450	0.50	0.5453	0.045	**0.108***
11	1,470	0.55	0.5826	0.033	0.095
12	1,470	0.60	0.5826	0.017	0.085
13	1,490	0.65	0.6192	0.031	0.032
14	1,500	0.70	0.6371	0.063	0.019
15	1,520	0.75	0.6720	0.078	0.028
16	1,580	0.80	0.7673	0.033	0.017
17	1,610	0.85	0.8084	0.042	0.008
18	1,700	0.90	0.9030	0.003	0.053
19	1,710	0.95	0.9108	0.039	0.011
20	1,810	1.00	0.9656	0.034	0.016

검정통계치, 즉 실험누적분포와 이론누적분포의 차이가 가장 큰 경우는 $x=$ 1,450일 때이고, $D_{\max}=D_n^-=0.108$ 이다. 우선 표준 검정기준치로 판단해 보자. 표 11.3.2에서, $n=20$, $\alpha=0.05$ 일 때 검정기준치는 $D_{20,0.05}^{cr}=0.294$ 이다. 식 (11.3.7)의 조건을 만족하므로 데이터가 정규분포라는 가정은 타당한 것으로 결론내릴 수 있다.

$$D_n=0.108 \le D_{20,0.05}^{cr}=0.294$$

하지만, 모수들이 표본으로부터 추정되었기 때문에 수정된 검정기준치를 적용하여야 한다. 표 11.3.3과 식 (11.3.8)을 적용하면,

$$D_n^*=D_n\left(\sqrt{n}\ -0.01+\frac{0.85}{\sqrt{n}}\right)=0.108\left(\sqrt{20}\ -0.01+\frac{0.85}{\sqrt{20}}\right)=0.502$$

$$D_n^*=0.502 \le D_{\alpha=0.05}^{cr*}=0.895$$

또는 참고문헌(Lilliefors, 1967)에서 이 경우의 검정기준치는 0.190이므로,

$$D_n = 0.108 \le D^{cr**}_{20,0.05} = 0.190$$

모두 식 (11.3.7)의 조건을 만족한다. 따라서 데이터들이 추정된 모수를 가진 정규분포에서 나왔다는 가정은 타당한 것으로 결론내릴 수 있다.

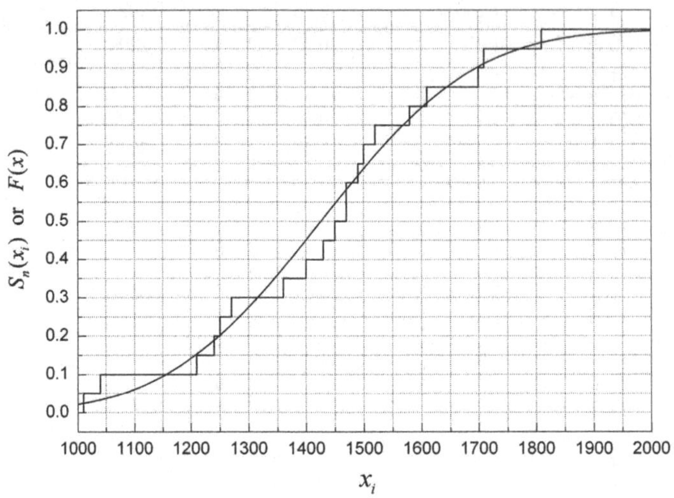

[그림 11.3.2] 표본 데이터 누적분포와 이론 정규누적분포의 차이

예제 11.3.2

다음의 20개 데이터가 지수분포인지 검정해 보자. 유의수준은 0.05이다.

97	101	264	5	100	260	102	240	71	61
66	21	44	26	30	180	99	76	140	61

지수분포의 누적분포함수는 식 (4.2.2)의 $F(x) = 1 - \exp\left(-\dfrac{x}{\beta}\right)$ 이다. 여기서 β 는 지수분포의 모수로 평균을 의미한다. 이 표본들이 추출된 모집단의 모수를 모르기 때문에, 이론누적분포 계산에 필요한 모수는 표본으로부터 추정된 모수 $\beta = 102.2$를 사용하기로 하자. 검정통계치를 구하는 과정과 결과는 표 11.3.5와 그림 11.3.3으로 정리할 수 있다. 프로그램 11.3.1을 참고하기 바란다.

[표 11.3.5] 지수분포 예제의 K-S 검정 계산결과

m	x_i	$S_n(x_i)=\frac{m}{n}$	지수누적분포 $F(x_i)$	$D_n=\max\{D_n^+,D_n^-\}$	
				D_n^+	D_n^-
1	5	0.05	0.0477	0.002	0.048
2	21	0.10	0.1857	0.086	0.136
3	26	0.15	0.2246	0.075	0.125
4	30	0.20	0.2544	0.054	0.104
5	44	0.25	0.3498	0.100	0.150
6	61	0.30	0.4495	0.149	**0.199***
7	61	0.35	0.4495	0.099	0.149
8	66	0.40	0.4758	0.076	0.126
9	71	0.45	0.5007	0.051	0.101
10	76	0.50	0.5246	0.025	0.075
11	97	0.55	0.6129	0.063	0.113
12	99	0.60	0.6204	0.020	0.070
13	100	0.65	0.6241	0.072	0.024
14	101	0.70	0.6278	0.119	0.022
15	102	0.75	0.6314	0.078	0.069
16	140	0.80	0.7459	0.054	0.004
17	180	0.85	0.8282	0.022	0.028
18	240	0.90	0.9045	0.004	0.053
19	260	0.95	0.9215	0.029	0.054
20	264	1.00	0.9245	0.076	0.021

실험누적분포와 이론누적분포의 차이가 가장 큰 경우는 $x=61$일 때이고, 검정통계치는 $D_{\max}=D_n^-=0.199$이다. 표 11.3.2의 표준 검정기준치 $D_{20,0.05}^{cr}=0.294$를 사용하면,

$$D_n=0.199 \le D_{20,0.05}^{cr}=0.294\,.$$

표본이 추정되었기 때문에, 표 11.3.3과 식 (11.3.9)를 적용하거나,

$$D_n^*=\left(D_n-\frac{0.2}{n}\right)\left(\sqrt{n}+0.26+\frac{0.5}{\sqrt{n}}\right)=\left(0.199-\frac{0.2}{20}\right)\left(\sqrt{20}+0.26+\frac{0.5}{\sqrt{20}}\right)=0.916$$

$$D_n^*=0.916 \le D_{20,0.05}^{cr*}=1.094\,.$$

참고문헌(Lilliefors, 1969)의 검정기준을 적용하면,

$$D_n = 0.199 \le D^{cr*}_{20,0.05} = 0.234 .$$

모두 식 (11.3.7)의 조건을 만족하므로 데이터가 지수분포라는 가정은 타당한 것으로 결론을 내릴 수 있다.

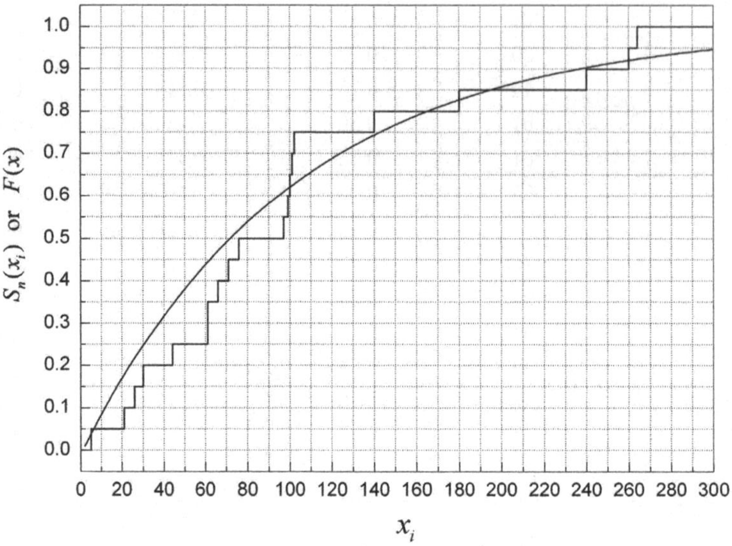

[그림 11.3.3] 표본 데이터 누적분포와 이론 지수누적분포의 차이

[프로그램 11.3.1] K–S 검정(정규분포와 지수분포의 경우)

```
#include "file_include.h"

const int MAX =20;                                    // 배열크기 정의

int main( )
{
        double sort(int n, double sort_arr[ ]);
        double normal_cdf(double value);
        double nmdt(double z);

        int i, n = 0;                                 //데이터 개수
        double value, data_value[MAX];

/* 0. 데이터 파일 읽어들이기 */

        char read_filename[30];
        cout<<"Enter the file name to read: ";
loop:
        cin>>read_filename;

        ifstream read_mydata(read_filename, ios::in);
                                if(!read_mydata)
```

```
        {
                cerr<<"File does not exist. Please retry!"<<endl;
                goto loop;
        }

        while(!read_mydata.eof())
        {
                read_mydata>>value;
                data_value[n] = value;
                n++;
        }
        read_mydata.close();
        cout<<"end the reading.........."<<endl;

        ofstream write_mydata("result.dat", ios::out); //파일출력

/* 1. 데이터 정렬하기  */

        sort(n, data_value);

        double sn[MAX], fx[MAX], dplus[MAX], dminus[MAX], dmax[MAX];
        double supmax=0, supmax_i=0;


/* 2. 표본 데이터로부터 모수 구하기: 평균 또는 분산 */

        double sum=0, sum2=0, mean=0, std_dev=0;

        for(i=0; i<n; i++)
                sum += data_value[i];
        mean = sum/n;                   //평균

        for(i=0; i<n; i++)
                sum2 += pow((data_value[i]-mean),2);
        std_dev = sqrt(sum2/(n-1));     //분산

        cout<<"mean= "<<mean<<"  std= "<<std_dev<<endl<<endl;

/* 3. 정규분포 검정 시작 */
/* 만약 지수분포로 검정한다면 아래 부분을 주석 처리할 것 */
        cout<<"--------Normal test---------"<<endl;

        double z;
        for(i=0; i<n; i++)
        {
                sn[i] = (double) (i+1) / (double) n;         //표본분포

                value = data_value[i];                       //이론누적분포
                z = (value - mean) / std_dev;
                fx[i] = nmdt(z);

                //누적분포 차이 계산
                dplus[i] = fabs(sn[i] - fx[i]);
                dminus[i] = fabs(fx[i] - (double) i / (double) n);

                dmax[i] = dplus[i];
                if(dplus[i] < dminus[i]) dmax[i] = dminus[i];
```

```
                cout<<i+1<<" "<<data_value[i]<<" "<<sn[i]<<" "<<fx[i]
                        <<" "<<dplus[i]<<"  "<<dminus[i]<<endl;
                write_mydata<<i+1<<" "<<data_value[i]<<" "<<sn[i]<<" "<<fx[i]
                        <<" "<<dplus[i]<<"  "<<dminus[i]<<endl;
        }
/* 3. 정규분포검정 끝  */

/* 4. 지수분포검정 시작 */
/* 만약 정규분포로 검정한다면 아래 부분을 주석 처리할 것 */
/*
        cout<<"--------Exponential test---------"<<endl;

        for(i=0; i<n; i++)
        {
                sn[i] = (double) (i+1) / (double) n;          //표본분포

                value = data_value[i];                         //이론누적분포
                fx[i] = 1.0 - exp(-value/mean);

                //누적분포 차이 계산
                dplus[i] = fabs(sn[i] - fx[i]);
                dminus[i] = fabs(fx[i] - (double) i / (double) n);

                dmax[i] = dplus[i];
                if(dplus[i] < dminus[i]) dmax[i] = dminus[i];

                cout<<i+1<<" "<<data_value[i]<<" "<<sn[i]<<" "<<fx[i]
                        <<" "<<dplus[i]<<"  "<<dminus[i]<<endl;
                write_mydata<<i+1<<" "<<data_value[i]<<" "<<sn[i]<<" "<<fx[i]
                        <<" "<<dplus[i]<<"  "<<dminus[i]<<endl;
        }
/* 4. 지수분포검정 끝  */

/* 5. 분포차이가 가장 큰 값 찾기 */
        supmax = dmax[0];
        for(i=1; i<n; i++)
        {
                if(supmax < dmax[i])
                {
                        supmax = dmax[i];
                        supmax_i = i;
                }
        }
        cout<<endl<<"supmax["<<supmax_i+1<<"]= "<<supmax<<endl;

        write_mydata.close();
        return 0;
}

double sort(int n, double sort_arr[])
{
        cout<<"Sorting ....."<<endl;
        double temp;

        for(int i=0; i<n; i++)
        {
```

```
                for(int j=i; j<n; j++)
                {
                        if(sort_arr[i]>sort_arr[j])
                        {
                            temp =sort_arr[i];
                            sort_arr[i] = sort_arr[j];
                            sort_arr[j] = temp;
                        }
                }
        }
        return sort_arr[i];
}

double nmdt(double Z)
{
        static double a[3]={0.4361836, -0.1201676, 0.9372986};
        double r=0.33267, f=0.3989423;
        double t, P;

        t = 1.0 / (1.0 + r * fabs(Z));
        P = (f * exp(-Z*Z*0.5)) * t*(a[0] + t * (a[1] + t*a[2]));

        if(Z>=0.0) P = 1.0 - P;
        return P;
}
```

11.3.2 Anderson-Darling 적합도검정과 Cramer-von Mises 적합도검정

간단히 A-D 검정과 CvM 검정으로 쓰겠다. 검정 방법은 K-S 검정과 유사하다. 다만, 검정통계치를 구하는 방법이 다를 뿐이다. 검정통계치는 앞서 K-S 검정에서는 식 (11.3.4)의 D_n 이었지만, A-D 검정에서는 식 (11.3.10)의 A_n^2, CvM 검정에서는 식 (11.3.11)의 W_n^2 으로 정의된다.

$$D_n = \max\left\{D_n^+, D_n^-\right\} \tag{11.3.4}$$

$$A_n^2 = -n - \frac{1}{n}\sum_{i=1}^{n}\left\{(2i-1)\ln\left[F(x_i)\right] + (2n+1-2i)\ln\left[1-F(x_i)\right]\right\} \tag{11.3.10}$$

$$W_n^2 = \sum_{i=1}^{n}\left(F(x_i) - \frac{i-0.5}{n}\right)^2 + \frac{1}{12n} \tag{11.3.11}$$

검정통계치가 다르기 때문에 검정기준치가 다른 것은 당연하다. K-S 검정에서의 검정기준치는 검정하려는 이론분포와 무관한 반면에, 이 검정 방법들에서의 검정기준치는 검정하려는 이론분포에 따라서 달라진다. 이는 각 분포마다 다른 검정기준치들이 필요함을 의미한다.

검정기준치는 원칙적으로 $n \to \infty$ 인 검정통계치 분포(asympototic distirbution)로

부터 결정된 분위수를 사용해야 한다. 하지만 다음 식들에 의해 표본크기를 감안한 검정통계치로 수정하면 한정된 수의 표본에서 구해진 검정통계치 분포도 큰 오차 없이 사용될 수 있다.

$$D_n^{**} = D_n\left(\sqrt{n} + 0.12 + \frac{0.11}{\sqrt{n}}\right) \tag{11.3.12}$$

$$A_n^{2**} = A_n^2, \qquad n \geq 5 \tag{11.3.13}$$

$$W_n^{2**} = \left(W - \frac{0.4}{n} + \frac{0.6}{n^2}\right)\left(1.0 + \frac{1.0}{n}\right) \tag{11.3.14}$$

이와 같은 수정식들은, 표 11.3.2처럼 큰 규모의 표를 사용하는 대신에 다음과 같은 간단한 표로도 검정을 가능하게 한다.

[표 11.3.6] A–D 검정과 CvM 검정을 위한 표준 검정기준치(분포의 모수를 알 때)

검정통계치	수정 검정통계치	검정기준치(percentage point), A_{cr}^{2*}, W_{cr}^{2*}, D_n^{cr*}				
		0.15	0.10	0.05	0.025	0.01
D_n	D_n^*	1.138	1.224	1.358	1.480	1.628
A_n^2	A_n^{2*}	1.610	1.933	2.492	3.070	3.880
W_n^2	W_n^{2*}	0.284	0.347	0.461	0.581	0.743

표 11.3.2에서 $n = 20$, $\alpha = 0.05$ 일 때, 검정기준치는 $D_{20,0.05}^{cr} = 0.294$ 이었다. 이 표에서 제시하는 검정기준치와 어떻게 다른지 비교해 보자. 식 (11.3.12)에서 통계치 수정을 위해 곱해진 값으로 표 11.3.6의 기준치를 다시 나누면 비교가 가능할 것이다.

$$\sqrt{20} + 0.12 + \frac{0.11}{\sqrt{20}} = 4.6167$$

$$\frac{1.358}{4.6167} = 0.2941$$

이 결과는 $D_{20,0.05}^{cr} = 0.294$ 와 거의 동일한 값이다. 표 11.3.2과 표 11.3.6을 비교해 보라. 이로부터 수정된 검정통계치 사용의 유용성을 알 수 있을 것이다.

다음 조건을 만족하면 표본 데이터가 이론분포와 동일한 것으로 결론 내린다.

$$A_n^2 < A_{cr}^{2*},\ W_n^2 < W_{cr}^{2*} \tag{11.3.15}$$

지금까지의 과정은 검정하려는 분포의 모수를 알고 있는 경우에 해당한다. 하지만 실제의 경우에는 모수를 모르기 때문에 표본으로부터 모수를 추정하는 것이 일반적이다. 이 경우에는 앞서 K-S 검정의 경우와 마찬가지로 표 11.3.6의 표준 검정기준치 대신에 수정된 검정기준치들이 사용되어야 한다. 그 이유는 A-D 검정통계치와 CvM 검정통계치들의 분포가 검정하려는 분포군에 따라서 달라지기 때문이다. 이는 각 분포군마다 수정된 검정기준치가 필요함을 의미한다. 검정기준치는 검정하려는 분포군과 모수가 추정된 상황에 따라서 결정된다. 그 방법은 앞서 표 11.3.6에서 검정기준치를 구하기 위해 검정통계치들에 수정이 가해진 것과 유사하다. 대표적으로 정규분포와 지수분포의 경우를 살펴보자(Stephens, 1974). 수정된 검정기준치는 표 11.3.7과 같다.
정규분포에서 각각의 검정통계치는 다음과 같이 수정되어야 한다.

1. 식 (2.5.10)에 의해 평균이 추정된 경우

$$A_n^{2**} = A_n^2 \tag{11.3.16}$$

$$W_n^{2**} = W_n^2 \tag{11.3.17}$$

2. 식 (2.5.12)의 제곱근에 의해 표준편차가 추정된 경우

$$A_n^{2**} = A_n^2, \qquad \text{for } n \ge 5 \tag{11.3.18}$$

$$W_n^{2**} = W_n^2, \qquad \text{for } n \ge 5 \tag{11.3.19}$$

3. 식 (2.5.10)과 식 (2.5.12)의 제곱근에 의해 평균과 표준편차 모두 추정된 경우

$$A_n^{2**} = A_n^2\left(1 + \frac{4}{n} - \frac{25}{n^2}\right) \tag{11.3.20}$$

$$W_n^{2**} = W_n^2\left(1 + \frac{0.5}{n}\right) \tag{11.3.21}$$

지수분포에서 각각의 검정통계치는 다음과 같이 수정되어야 한다.

1. 식 (2.5.10)에 의해 평균이 추정된 경우

$$A_n^{2**} = A_n^2\left(1+\frac{0.6}{n}\right) \tag{11.3.22}$$

$$W_n^{2**} = W_n^2\left(1+\frac{0.16}{n}\right) \tag{11.3.23}$$

[표 11.3.7] A-D 검정과 CvM 검정을 위한 수정 검정기준치(모수가 추정된 경우)

분포	추정된 모수	수정 검정통계치	검정기준치(percentage point), A_{cr}^{2**}, W_{cr}^{2**}				
			0.15	0.10	0.05	0.025	0.01
정규분포	μ	A_n^{2**}	-	0.908	1.105	1.304	1.573
		W_n^{2**}	-	0.135	0.165	0.196	0.237
	σ	A_n^{2**}	-	1.760	2.323	2.904	3.690
		W_n^{2**}	-	0.329	0.443	0.562	0.723
	μ, σ	A_n^{2**}	0.576	0.656	0.787	0.918	1.092
		W_n^{2**}	0.091	0.104	0.126	0.148	0.178
지수분포	β	A_n^{2**}	0.922	1.078	1.341	1.606	1.957
		W_n^{2**}	0.149	0.177	0.224	0.273	0.337

예제 11.3.3

예제 11.3.1의 정규분포 데이터를 A-D 검정 방법과 CvM 검정 방법으로 검정해 보자. 유의수준은 0.05이다. 계산과정과 결과는 표 11.3.8에 요약하였다.

[표 11.3.8] 정규분포 예제의 A-D 검정과 CvM 검정 계산과정과 결과

m	x_i	$\frac{2i-1}{n}$	$\frac{i-0.5}{n}$	정규분포 $F(x_i)$	A_i	$\left(F(x_i)-\frac{i-0.5}{n}\right)^2$
1	1,010	0.05	0.025	0.0243	-4.677	0.000001
2	1,040	0.15	0.075	0.0337	-11.435	0.001699
3	1,210	0.25	0.125	0.1530	-15.200	0.000794
4	1,240	0.35	0.175	0.1890	-18.576	0.000202
5	1,250	0.45	0.225	0.2021	-21.389	0.000515
6	1,270	0.55	0.275	0.2299	-23.746	0.002022
7	1,360	0.65	0.325	0.3772	-25.461	0.002737
8	1,400	0.75	0.375	0.4509	-26.936	0.005777
9	1,430	0.85	0.425	0.5076	-27.821	0.006816
10	1,450	0.95	0.475	0.5453	-28.072	0.004934

11	1,470	1.05	0.525	0.5826	-27.945	0.033093
12	1,470	1.15	0.575	0.5826	-27.279	0.000057
13	1,490	1.25	0.625	0.6192	-26.466	0.000035
14	1,500	1.35	0.675	0.6371	-25.350	0.001445
15	1,520	1.45	0.725	0.6720	-23.791	0.002821
16	1,580	1.55	0.775	0.7673	-21.334	0.000063
17	1,610	1.65	0.825	0.8084	-18.586	0.000282
18	1,700	1.75	0.875	0.9030	-15.234	0.000771
19	1,710	1.85	0.925	0.9108	-10.709	0.000205
20	1,810	1.95	0.975	0.9656	-4.736	0.000090
					$\sum = -404.74$	$\sum = 0.0345744$

표에서 5열의 A_i 는 다음과 같다.

$$A_i = (2i-1)\ln[F(x_i)] + (2n+1-2i)\ln[1-F(x_i)]$$

$$A_n^2 = -n - \frac{1}{n}\sum_{i=1}^{n} A_i \quad = -20 - \frac{1}{20}(-404.74) = 0.2370$$

$$W_n^2 = \sum_{i=1}^{n}\left(F(x_i) - \frac{i-0.5}{n}\right)^2 + \frac{1}{12n} = 0.0345744 + \frac{1}{12\times 20} = 0.038741$$

이 값들은 모수가 추정되었으므로 식 (11.3.20)과 식 (11.3.21)에 의해 수정되어야 한다.

$$A_n^{2**} = A_n^2\left(1 + \frac{4}{n} - \frac{25}{n^2}\right) = 0.2370\left(1 + \frac{4}{20} - \frac{25}{400}\right) = 0.2696$$

$$W_n^{2**} = W_n^2\left(1 + \frac{0.5}{n}\right) = 0.038741\left(1 + \frac{0.5}{20}\right) = 0.0397096$$

이렇게 구한 수정된 검정통계치와 표 11.3.7의 검정기준치를 비교한다.

$$A_n^{2**} = 0.2696 \ < \ A_{cr}^{2**} = 0.787$$

$$W_n^{2**} = 0.0397096 \ < \ W_{cr}^{2**} = 0.126$$

이 결과는 표본 데이터들이 정규분포라는 가정이 타당하다는 사실을 입증한다.

예제 11.3.4

예제 11.3.2의 데이터를 A-D 검정 방법과 CvM 검정 방법을 써서 다시 한 번 검정해 보자. 이 데이터들은 K-S 검정에 의해 이미 지수분포임이 입증된 것들이다. 유의수준은 0.05로 하자. 계산과정과 결과는 표 11.3.9에 요약하였다.

[표 11.3.9] 지수분포 예제의 A-D 검정과 CvM 검정 계산과정과 결과

m	x_i	$\frac{2i-1}{n}$	$\frac{i-0.5}{n}$	지수분포 $F(x_i)$	A_i	$\left(F(x_i)-\frac{i-0.5}{n}\right)^2$
1	5	0.05	0.025	0.0477	-4.9499	0.0005173
2	21	0.15	0.075	0.1857	-12.6529	0.0122641
3	26	0.25	0.125	0.2246	-16.3708	0.0099243
4	30	0.35	0.175	0.2544	-19.2693	0.0063015
5	44	0.45	0.225	0.3498	-22.7990	0.0155837
6	61	0.55	0.275	0.4495	-26.1058	0.0304388
7	61	0.65	0.325	0.4495	-26.5115	0.0154921
8	66	0.75	0.375	0.4758	-27.2877	0.0101512
9	71	0.85	0.425	0.5007	-27.7353	0.0057432
10	76	0.95	0.475	0.5246	-27.8730	0.0024621
11	97	1.05	0.525	0.6129	-28.3133	0.0077296
12	99	1.15	0.575	0.6204	-27.4470	0.0020629
13	100	1.25	0.625	0.6241	-26.4626	0.0000008
14	101	1.35	0.675	0.6278	-25.4178	0.0022301
15	102	1.45	0.725	0.6314	-24.3131	0.0087610
16	140	1.55	0.775	0.7459	-21.4186	0.0084924
17	180	1.65	0.825	0.8282	--18.5505	0.0000101
18	240	1.75	0.875	0.9045	-15.2558	0.0008686
19	260	1.85	0.925	0.9215	-10.6589	0.0000126
20	264	1.95	0.975	0.9245	-5.6462	0.0025537
					$\sum$= -415.039	$\sum$= 0.133957

$$A_n^2 = -n - \frac{1}{n}\sum_{i=1}^{n} A_i = -20 - \frac{1}{20}(-415.039) = 0.7519$$

$$W_n^2 = \sum_{i=1}^{n}\left(F(x_i) - \frac{i-0.5}{n}\right)^2 + \frac{1}{12n} = 0.133957 + \frac{1}{12 \times 20} = 0.138124$$

이 값들은 모수가 추정되었으므로 식 (11.3.22)와 식 (11.3.23)에 의해 수정되어야 한다.

$$A_n^{2**} = A_n^2\left(1+\frac{4}{n}-\frac{25}{n^2}\right) = 0.7519\left(1+\frac{4}{20}-\frac{25}{400}\right) = 0.8553$$
$$W_n^{2**} = W_n^2\left(1+\frac{0.5}{n}\right) = 0.138124\left(1+\frac{0.5}{20}\right) = 0.141577$$

이렇게 구한 수정된 검정통계치와 표 11.3.7의 검정기준치를 비교한다.

$$A_n^{2**} = 0.8533 < A_{cr}^{2**} = 1.341$$
$$W_n^{2**} = 0.141577 < W_{cr}^{2**} = 0.224$$

이 결과로부터 표본 데이터들은 지수분포라는 가정을 받아들일 수 있다.

실험누적분포에 근거한 검정 방법들은 카이제곱검정 방법보다 우수하다. 특히 표본크기가 작은 경우에는 더욱 그러하다. 모수를 모르는 경우에는 CvM이나 A-D 검정 방법이 K-S 검정 방법보다 더 우수하다. 하지만, 검정하려는 분포마다 검정기준치를 구해야 하는 단점도 있다. 정규분포와 지수분포(Stephens,1974) 이외에 몇 가지 분포들에 대한 수정된 검정기준치는 참고문헌(D'Agostino and M.A. Stephens, 1986; Evans et al., 1989; Woodruff et al., 1984; Stephens, 1977; Littell et al., 1979; Green and Hegazy, 1976)에서 찾을 수 있다.

참고문헌

- Crutcher, H.L., A note on the possible misuse of the Kolmogorov-Smirnov test, J. Applied Meteorology, 14, (1975) 1600-1603
- D'Agostino, R.B. and M.A. Stephens(eds.), Goodness-of-fit techniques, Marcel Dekker, Inc., (1986)
- Durbin, J., Kolmogorov-Smirnov tests when parameters are estimated with applications to tests of exponentiality and tests on spacings, Biometrika, 62, (1975) 5-22
- Evans, J.W., Johnson, R.A. and D.W. Green, Two- and Three-parameters Weibull goodness-of-fit tests, United States Department of Agriculture, Forest product Lab., Research paper FPL-RP-493 (1989)
- Green, J.R. and Y.A.S. Hegazy, Powerful modified-EDF goodness-of-fit, J. Amer. Stat. Assn., 71, (1976) 204-209
- Kececioglu(ed), D., Reliability Engineering Handbok, vol.1, Prentice-Hall, (1991)

- Lawless, J.F.(ed.), Statistical models and methods for lifetime data, John Wiley & Sons, (1982) 431-474
- Lilliefors, H.W., On the Kolmogorov-Smirnov test for Exponential distribution with mean unknown, J. Amer. Stat. Assn., 64, (1969) 387-389
- Lilliefors, H.W., On the Kolmogorov-Smirnov test for normality with mean and variance unknown, J. Amer. Stat. Assn., 62, (1967) 399-402
- Littell, R.C., McClave, J.T. and W.W.O. James, Goodness-of-fit tests for the two parameters Weibull distribution, Commun. Statist. Simul. Comput., B8, (1979) 257-269
- Mann, N.R., Scheuter, E.M. and K.W. Fertig, A new goodness-of-fit test for the two-parameters Weibull or Extreme-value distribution with unknown parameters, Commun. Statist., 2, (1973) 383-400
- Schafer, R.E. and J.M. Finkelstein, J. Collins, On a goodness-of-fit test for the Exponential distribution with mean unknown, Biometrika, 59, (1972) 222-224
- Stephens, M.A., Goodness of fit for the extreme value distribution, Biometrika, 64, (1977) 583-588
- Stephens, M.A., EDF statistics for goodness of fit and some comparisons, J. Amer. Stat. Assn., 69 (1974) 730-737
- Sturges, H.A., The choice of a class interval, J. Amer. Stat. Assoc., 21, (1926) 65-66
- Woodruff, B.W., Moore, A.H., Dunne, E.J. and R. Cortes, A modified Kolmogorov-Smirnov test for Weibull distributions with unknown location and scale parameters, IEEE Trans. Reliability, vol. R-32, (1983) 209-213
- Woodruff, B.W., Viviano, P.J., Moore, A.H. and E.J. Dunne, Modified Kolmogorov-Smirnov test for Gamma distributions with unknown location and shape parameters, IEEE Trans. Reliability, vol. R-33, (1984) 241-245

부록

A 예제 프로그램 운용을 위한 도움말

여기에 제시하는 방법은 이미 C/C++ 언어에 익숙한 독자들을 위한 것이 아니다. 사전 지식이 전혀 없는 사람들도 예제 프로그램을 실행시킬 수 있도록 하기 위한 하나의 방안일 뿐이다.

본문의 거의 모든 장마다 C/C++ 언어로 쓰여진 예제 프로그램이 실려 있다(아래를 읽기 전에 독자의 컴퓨터에는 MS C/C++ 프로그램이 설치되어 있어야 한다). 이 예제 프로그램 중, 대부분은 주함수(main)와 부함수(function)가 동일한 파일 안에 쓰여 있지만, 어떤 것은 부함수만 제시되어 있는 경우가 있다. 특히 확률분포를 가진 난수 발생을 다루는 7장의 예제 프로그램들이 후자의 경우에 해당한다. 이런 경우에는 주함수 파일(main.cpp)과 부함수 프로그램(rand_functions.cpp)을 분리해 놓고, 주함수 파일에서 부함수 파일을 호출(#include)하는 것이 좋다. 아래 그림을 보라.

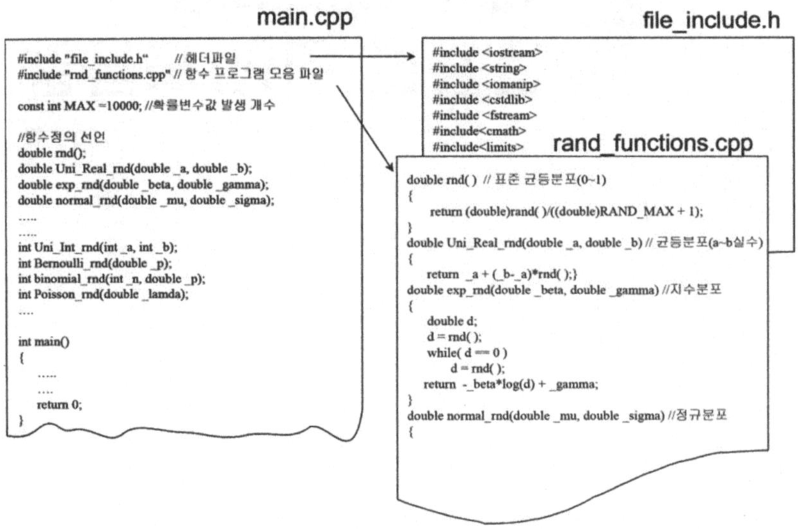

[그림 A.1] 프로그램 구조

어떤 경우이든 주함수 프로그램은 별도의 헤더 파일(file_include.h)을 호출한다. 따라서 호출되는 경로에 헤더 파일이 존재해야 한다. 헤더 파일에는 반복적으로 사용되는 명령어, 상수들, 또는 수의 표현 한계 등이 포함되어 있다. 별도의 파일로 만들어 놓으면 의도치 않게 변경되는 것을 방지할 수 있다. 다음은 헤더 파일과 tools(평균 및 분산 계산) 파일의 내용이다. 필요에 따라 수정해서 사용하기 바란다.

헤더 파일: file_include.h

```
#include <iostream>
#include <string>
#include <iomanip>
#include <cstdlib>
#include <fstream>
#include <cmath>
#include <limits>

using namespace std;

#define PI 3.14159265358979323846
#define MAX_VAL 1.34078079299426e154        //2^512
#define MIN_VAL -1.34078079299426e154

#define MAXNUM 1.7976931348623157081e308
#define MACHEP 1.11022302462515654042e-16
#define MAXLOG 709.782712893383996843       //ln2^1024
#define MINLOG -708.396418532264106224      //ln2^-1022
#define MAXGAM 171.624376956302725
```

tools.cpp

```
//Mean and Variation

//1. randomize
void randomize()
{
         unsigned seed;
         cout<<"Enter a seed number for randomizing:";
         cin>>seed;
         srand(seed);
}

//2. Mean
double Mean(double x[], int n)                  //calculation of Mean
{
         double sumgx=0;
         for(int i=0; i<n; i++)
                  sumgx += x[i];
         return sumgx/n;;
}

//3. Variation
double Var(double x[], int n)                   //calculation of Variance
{
         double sumgx=0, sumgx2=0;
         for(int i=0; i<n; i++)
         {
                  sumgx += x[i];
                  sumgx2 += x[i] * x[i];
         }
         return (sumgx2 - (sumgx*sumgx)/n)/(n - 1);
}
```

부록 B

부동소수점 연산

컴퓨터가 계산한다고 해서 항상 올바른 답이 나오는 것은 아니다. 사용자가 올바른 입력을 했음에도 불구하고 컴퓨터 자체에서 틀린 답을 내놓는 경우가 있다. 다음 두 가지 계산의 예를 보자.

1) $10^{20} + 100 - 10^{20}$
2) $0.3 - 0.2 - 0.1$

우리들이 기대하는 답은 100과 0이다. 그러나 컴퓨터로 계산된 답은 각각 0과 $-2.775558 \times 10^{-17}$ 이다(컴파일러에 따라서 다른 값일수도 있다). 그 이유는 컴퓨터로는 수를 무한히 높은 정밀도로 저장하거나 표현할 수 없을 뿐만 아니라, 아주 작은 수부터 아주 큰 수까지 넓은 범위의 수를 모두 표현하는 데 한계가 있기 때문이다. 따라서 계산에 사용되는 수의 특성과 이들을 사용한 연산결과가 어떤 정확성을 갖는지 알아야 한다. 예와 같이 단순한 계산에서는 무시할만한 아주 작고 사소한 값들도 반복 계산 후에는 결과에 엄청난 영향을 미칠 수 있다[1].

다음과 같은 질문에 대해 생각해 보자. 내가 사용하고 있는 컴퓨터에서 표현할 수 있는 가장 큰 수는 얼마일까? 그 이상의 수가 연산에 포함된다면 컴퓨터는 이를 어떻게 처리할까? 그 반대는 어떨까? 숫자 1 다음에 오는 가장 가까운 수는 무엇일까? 아마도 이런 의문을 가져 본 사람은 별로 없을 것이다. 그 이유는 우리들의 일상생활에서 필요한 계산들 대부분이 단순해서 컴퓨터가 출력해 내는 숫자들을 이용하는 것만으로도 충분했기 때문이다. 그러나 우리들이 시도하려는 시뮬레이션에서는 그 한계를 넘는 아주 큰 수나 반대로 아주 작은 수가 사용될 수도 있다. 대부분의 경우 컴퓨터가 표현할 수 있는 한계 이상의 수가 연산에 포함되면 그 결과는 엉뚱하게 변하기 십상이고 프로그램 실행이 중단될 수도 있다. 이런 한계는 사용하는 컴퓨터 하드웨어나 컴파일러의 특성에 따라 달라지기 때문에 각자의 사용 환경에 따른 표현 한계를 분명히 알아야 한다.

---

1) 컴퓨터는 계산을 빠르게 하기 위한 도구이다. 하지만 그 계산결과가 틀린 것이라면, 틀린 답을 그토록 빨리 만들어 내는 컴퓨터는 재앙이 될 수도 있다.

B.1 부동소수점 표현

수는 간단히 정수와 실수[2]로 구분할 수 있다. 정수는 컴퓨터에서 정확히 표현될 수 있고(표현 가능한 크기의 범주 내에서) 이들끼리의 연산결과도 정확하다—따라서 여기서는 정수를 다루지 않겠다. 하지만 실수의 경우는 그렇지 않다. 실수는 컴퓨터에서 부동소수점(float point)으로 표현되기 때문이다. 여기서 '부동(浮動)'이란 떠 있다는 뜻으로, '고정'과 반대되는 의미이다. 예를 들어, 12.25는 고정소수점 표현이다. 이를 0.1225×10^2 또는 1.2250×10^1과 같이 쓰면 부동소수점 표현이다. 이처럼 어떤 지수를 취하는가에 따라서 소수점의 위치가 변할 수 있기 때문에 부동소수점이라고 한다. 컴퓨터에서 수를 표현하는 방식으로써 이런 부동소수점 표현을 사용하는 것은 제한된 저장 공간에서 넓은 범위의 수를 모두 표현하기 위한 불가피한 선택이지만 이 때문에 부정확한 계산결과들이 생길 수 있다.

개인용이나 대형 컴퓨터는 2진법을, 주머니형 소형 계산기는 10진법을 사용하는 것이 보통이다. 컴퓨터가 수를 저장하는 원리는 유한한 개수의 비트를 쌓아놓는 방식이다. 2진법 체계에서 비트(bit)란 저장 공간의 최소단위로 0 아니면 1 둘 중의 한 상태만 표현할 수 있다. 1바이트(byte)는 8비트로 구성된다. 수의 정밀도는 가용한 비트수에 의존한다. 단정밀도(single precision) 실수는 4바이트(=32비트)에 저장되고, 배정밀도(double precision) 실수는 8바이트(=64비트)에 저장된다. 수의 정밀도는 프로그래머의 선택에 의해 결정된다. 단정밀도 실수는 C/C++ 언어에서 float으로, 배정밀도 실수는 double로 정의된다. 요즘은 컴퓨터 발달로 저장 공간이나 계산시간의 제약이 크게 문제되지 않기 때문에 계산 정확도가 높은 배정밀도 실수를 사용하는 것이 보통이다.

저장 공간의 구조

2진법 컴퓨터에서 실수가 저장되는 방식은 다음과 같다. 12.25의 경우를 예로 들어 보자. 12.25를 2진수로 나타내면 $(1100.01)_2$[3]이다. 이를 지수형식으로 변환하면, 11.0001×2^2 또는 1.10001×2^3 또는 0.110001×2^4처럼 여러 가지 형태로 쓸 수 있다. 하지만 메모리 공간에 저장될 때는 다음과 같이 소수점 왼쪽에 1이 올 때까지 지수를 변화시키는 한 가지 형식만 허용된다. 이를 표준화(normalized)

---

2) 여기서는 단순히 '소수점이 있는 수'로 정의하기로 하자.

3) $(12.25)_{10}=1\times2^3+1\times2^2+0\times2^1+0\times2^0.\ 0\times2^{-1}+1\times2^{-2}=(1100.01)_2$

라고 한다.

$$1.10001 \times 2^3 \text{ (=소수점을 왼쪽으로 3번 이동)}$$

이런 형식으로 표현된 2진 실수는 크게 두 부분으로 즉, '가수부(mantissa 또는 fraction)'와 '지수부'로 나눌 수 있다. '×' 왼쪽의 소수점이 포함된 부분이 가수부이고, 그 오른쪽이 지수부에 해당한다. 가수부의 길이가 길수록 더 정밀한 수이고(유효숫자의 자릿수에 상응한다), 지수부가 클수록 큰 수이다. 이들 각각은 IEEE 754[4]의 규약에 따라 컴퓨터 메모리에 다음 그림 B.1.1과 같은 방식으로 저장된다.

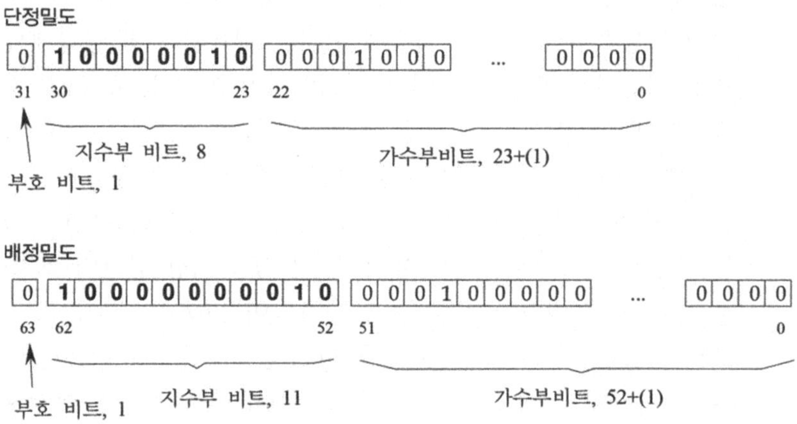

[그림 B.1.1] 부동소수점을 표현하는 저장 공간의 구조

첫 번째 비트는 해당 실수의 부호를 나타낸다. 비트가 0이면 '+'이고, 1이면 '−'이다. 그 다음 8개 비트(배정밀도의 경우는 11개)는 지수부를 위해 할당된다. 나머지 23개 비트들(배정밀도의 경우는 52개)은 가수부에 할당된다. 이런 저장방식은 32개(단정밀도의 경우는 64개)의 0과 1을 조합시켜 넓은 범위의 수를 표현하고 저장하기 위한 선택이다.

그림 B.1.1의 저장구조를 식으로 나타내면 다음과 같다.

$$x = \pm\, m \times 2^E \tag{B.1.1}$$

여기서 m 은 가수부 비트에 해당하는 것으로써 $1 \le m < 2$ 이다. $m = b_0.b_1b_2\cdots$ 으

4) IEEE 754: Standard for Binary Floating-Point Arithmetic, 1985

로 풀어쓸 수 있다. b_i 는 2진법 체계이므로 0 아니면 1이다. 단, b_0 은 앞에서 언급한 표준화 조건에 의해 $b_0 = 1.0$ 이다. 소수점이 붙어 있음을 기억해 두라. E 는 저장 공간에서의 지수부 비트 상태를 나타낸다.

가수부와 표준화

가수부를 표준화시켜 저장하는 이유를 알아보자. 실수 0.1을 단정밀도로 저장하는 경우를 예로 들겠다. 십진수 0.1을 2진수로 표현하면, $(0.0001100110011\cdots)_2 \times 2^0$ 로 어느 단계 이상에서는 무한히 반복되는 수이다. 할당된 저장 공간은 유한하므로 이 수는 어느 단계에서는 잘려져 저장된다. 만약 표준화 조건 $1 \le m < 2$ 이 없는 경우라면 다음과 같이 표현될 것이다.

0	E=0	0.00011001100110011001100110

지수부 비트는 지금 단계에서는 혼동을 피하기 위해 10진수로 표현하였다. 나중에 자세히 다룰 것이다. 이번에는 지수를 조절해서 $(0.00000001100110011\cdots)_2 \times 2^4$ 로 변환한 후 저장 공간에 표현한다면 다음과 같이 나타낼 수 있다.

0	E=4	0.00000001100110011001100110

이는 좋지 않은 선택이다. 선단의 0들 때문에 잘려지는 정보들이 더욱 많아졌기 때문이다. 주어진 가수부 영역을 낭비한 셈이다. 이를 방지하기 위한 조치가 표준화이다. 표준화 조건 $1 \le m < 2$ 에 만족되는 표현은 $(1.1001100110011\cdots)_2 \times 2^{-4}$ 의 한 가지뿐이다.

0	E=-4	1.10011001100110011001100110

가수부 맨 좌측 비트는 표준화에 의해 항상 1이라는 것을 알기 때문에 굳이 저장할 필요가 없어진다. 따라서 1을 뺀 소수만을 가수부 영역에 표현한다. 이런 조작은 가수부 비트가 1개 늘어나는 것과 동일한 효과이다. 즉, 단정밀도의 가수부 비트는 $23+1=24$ 개가 되고, 배정밀도는 $52+1=53$ 개가 된다. 이로 인해 유효자릿수가 늘어나 정밀도가 높아진다. 대신에, 가수부에 어떤 값이 주어지면 항상 "1."이 있다고 생각해야 한다[5]. 예를 들어 가수부 비트가 다음과 같은 상태라면,

5) 숫자 '0'과 반표준화된 부동소수의 경우는 그렇지 않다. 이 특별한 경우는 뒤에서 다룰 것이다.

0	E	10100010000000000000000

생략된 1. 을 감안하여 다음과 같은 의미임을 알아야 한다.

$$(1.1010001000\cdots0)_2 = 2^0 + 2^{-1} + 2^{-3} + 2^{-7}$$
$$= 1 + 0.5 + 0.125 + 0.0078125 = 1.6328125$$

지수부

1.0보다 작은 수를 표현하려면 지수가 '−'의 부호를 가져야 한다. 그러나 지수부 비트에는 이를 위한 공간이 따로 없다. 따라서 다음과 같이 바이어스(bias)를 이용해서 음의 부호를 표현하는 방법을 사용한다.

$$E = e + bias \tag{B.1.2}$$

E는 지수부 비트의 상태를 10진수로 나타낸 것이고, e는 실수를 표준화된 2진수로 고쳤을 때의 지수 값이다. 바이어스는 다음과 같이 정의된다. 지수부에 8개 비트가 할당되어 있기 때문에 $2^8 = 256$가지 크기가 다른 수를 표현할 수 있는데 (배정밀도의 경우는 $2^{11} = 2048$), 특별한 수를 표현하기 위해 예약된 3가지를 빼고 이를 2등분한 중간 값에 해당하는 127(배정밀도의 경우는 1023)을 바이어스로 사용한다. 바이어스를 식으로 나타내면 $bias = 2^{n-1} - 1$이다. 여기서 n은 지수부에 할당된 비트 수이다.

예를 들어 실수 0.1은 $(1.1001100110011\cdots)_2 \times 2^{-4}$인데, 이를 단정밀도로 표현한다면 $e = -4$이고 $bias = 127$이므로 $E = e + bias = -4 + 127 = 123$이 된다. 10진수 123을 다시 2진수로 바꾸면 $(123)_{10} = (1111011)_2$이므로 저장 공간은 다음과 같다.

0	01111011	10011001100110011001100

배정밀도의 경우라면, $E = e + bias = -4 + 1023 = 1019$이다. 이를 다시 2진수로 바꾸면 $(1019)_{10} = (1111111011)_2$이므로 저장 공간은 다음과 같다.

0	01111111011	10011001100110011001100

예제 B.1.1

단정밀도 부동소수의 저장 비트가 다음과 같은 상태라면, 10진수 표현으로는 얼마인가?

1) 0 10010011 101000100…00
2) 1 01101011 101000100…00

풀이 +

1) 첫 번째 비트의 부호가 0이므로 양수이다.
2) 가수부 101000100…00은 생략된 1을 감안하면, $(1.101000100\cdots00)_2$ 이므로 $2^0+2^{-1}+2^{-3}+2^{-7}=1+0.5+0.125+0.0078125=(1.6328125)_{10}$ 이다.
3) 지수부 $E=(10010011)_2=2^7+2^4+2^1+2^0=128+16+2+1=147$ 이다. 여기서 바이어스 127을 빼주면, $e=E-bias=147-127=20$ 이다. 즉, 2^{20} 이다.
4) 결국 $(1.6328125)_{10}\times2^{20}=1.71212800\times10^6$ 이다.

풀이 +

1) 첫 번째 비트의 부호가 1이므로 음수이다.
2) 가수부는 위와 동일하므로 $(1.6328125)_{10}$ 이다.
3) 지수부 $E=(01101011)_2=2^6+2^5+2^3+2^1+2^0=64+32+8+2+1=107$ 이다. 여기서, 바이어스 127을 빼주면, $e=E-bias=107-127=-20$ 이다. 즉, 2^{-20} 이다.
4) 결국 $-(1.6328125)_{10}\times2^{-20}=-1.55717134\times10^{-6}$ 이다.

B.2 컴퓨터에서 처리하는 수의 범위

보통은 수의 크기를 비교할 때 '–' 부호를 가지면 작은 수로 간주한다. 예를 들면, –1000은 0.001보다 작은 수로 친다. 하지만 앞으로의 논의에서는 부호를 상관하지 않고 그 값이 크면 큰 수로 간주한다. 즉, 0.001보다는 –1000를 큰 값으로 본다는 뜻이다. 이와 같이 정의하는 이유는 컴퓨터가 수를 표현하는 방식의 특성 때문이다.

부동소수점 표현에서 수의 크기는 지수에 의해 결정된다. 따라서 지수부에 할당된 비트 개수에 따라 표현할 수 있는 수의 범위가 달라진다. 지수부에 8개 비트가 할당된 단정밀도 부동소수의 경우는 $2^8 = 256$ 가지의 크기가 다른 수를, 11개 비트가 할당된 배정밀도의 경우는 $2^{11} = 2048$ 가지의 크기가 다른 수를 표현할 수 있다. 하지만 특별한 수(0, ±∞, NaN)를 표현하기 위해 예약된 경우를 제외하면 실제 지수 범위는 각각 253개(=−126~127)와 2045개(=−1022~1023)로 줄어든다.

가장 큰 수

가장 큰 수를 표현하려면 지수가 가장 커야 한다. 그러기 위해서는 지수부 비트가 모두 1로 채워져야 한다. 그러나 이 경우는 ±∞와 NaN을 위해 특별히 예약되어 있기 때문에 사용할 수 없다. 따라서 가장 큰 지수 값은 맨 우측 비트가 0이고 나머지는 모두 1로 채워진 상태에서 얻어진다. 가수부 비트의 경우는 모두가 1로 채워진 상태가 가장 큰 값을 갖는다. 결국 표준화된 단정밀도 부동소수의 경우, 가장 큰 수를 표현하는 비트 상태는 다음과 같다.

±	11111110	11111111111111111111111

이는 지수부 2^{127} 와 가수부 $2-2^{-23}$ 를 의미하므로, 표현 가능한 가장 큰 수는 $\pm(2-2^{-23})\times 2^{127} \approx \pm 3.40282347\times 10^{38}$ 이 된다. 만약 배정밀도의 경우라면, 지수부 2^{1023} 와 가수부 $2-2^{-52}$ 이므로, $\pm(2-2^{-52})\times 2^{1023} \approx \pm 1.7976931348623157\times 10^{308}$ 까지 표현할 수 있다. 이 한계를 넘게 되면 더 이상 수를 표현할 수 없는 상태가 된다. 이를 오버플로우라고 한다.

±∞과 NaN

다음 그림과 같이 지수부 비트들이 모두 1인데 가수부 비트들도 모두 1이라면 더 이상 큰 수를 표현할 수 없게 된다.

±	11111111	11111111111111111111111

이런 경우는 ±1.#INF, 즉 ±∞로 정의된다. −∞와 +∞는 표현 형식은 비슷하지만 아주 다른 값이다. 이와는 달리, 지수부 비트들이 모두 1이면서 가수부 비트들이 0이나 1 중의 어느 것으로라도 채워진 상태면 NaN(Not a Number)로 정의된다.

$\pm\infty$ 을 사용하게 되면 $\frac{1}{0}$ 이나 $\frac{-1}{0}$ 처럼 0으로 나누는 연산이 가능해지고, NaN을 사용하면 $\frac{0}{0}$, $\frac{\infty}{\infty}$, $0\times\infty$ 이나 $\sqrt{-1}$ 과 같이 수학적으로 의미없는 경우가 생겨도 프로그램 실행이 중단되지 않는 이점이 있다.

가장 작은 수

가장 작은 수를 표현하려면 지수가 가장 작아야 한다. 이는 지수부 비트 모두가 0으로 채워진 상태를 의미하지만, 이 경우는 숫자 '0'을 위해 특별히 예약되어 있어 사용할 수 없다. 따라서 가장 작은 지수 값은 맨 우측 비트가 1이고 나머지는 0으로 채워진 상태에서 얻어진다. 가수부 비트의 경우는 모두 0으로 채워진 상태가 가장 작은 값을 갖는다. 결국 표준화된 단정밀도 부동소수의 경우, 가장 작은 수를 표현하는 비트 상태는 다음과 같다.

±	00000001	00000000000000000000000

이는 지수부 2^{-126} 와 가수부 1.0 을 의미하므로, 표현 가능한 가장 작은 수는 $\pm1.0\times2^{-126}\approx\pm1.17549435\times10^{-38}$ 이 된다. 만약 배정밀도의 경우라면, 지수부 2^{-1022} 와 가수부 1.0 이므로, $\pm1.0\times2^{-1022}\approx\pm2.2250738585072014\times10^{-308}$ 까지 표현할 수 있다. 이 한계를 넘게 되면 언더플로우가 생긴다. 언더플로우란 수가 너무 작아서 저장 공간에 표현될 수 없는 상태를 말한다.

숫자 '0'

숫자 '0'을 표현하려면 지수부와 가수부 비트 모두가 가장 낮은 상태인 0으로 채워져야 한다. 즉, 비트 상태는 다음과 같아야 한다.

±	00000000	00000000000000000000000

이때 지수 값은 단정밀도의 경우 2^{-126} 으로, 배정밀도의 경우 2^{-1022} 로 간주된다. 따라서 이 표현 방식은 문제가 된다. 가수부의 첫째 비트 앞에 (1.)이 생략되어 있기 때문이다. 달리 약속하지 않는다면, 이 상태의 가수부는 1.0을 의미한다. 따라서 숫자 '0'이 될 수 없다. 이런 이유 때문에 지수부 비트가 모두 0으로 채워져 있으면 가수부에서 생략된 (1.)을 특별히 (0.)으로 정하고 이를 숫자 '0'으로 정의한다. 여기에 부호를 고려하면 ±0 으로 표현된다. –0 과 +0 은 같은 값이지만 부호 비트에 의해 표현이 다른 것뿐이다.

반표준화된 부동소수와 그 범위

반표준화된(denormalize 또는 subnormal) 부동소수란, 지수부 비트가 모두 0이고 가수부 비트들이 0이거나 1인 상태로 표현되는 수를 말한다. 중요한 점은 가수부 비트에서 생략된 수가 (1.0)이 아니고 숫자 '0'의 경우처럼 (0.)이라는 것이다. 단정밀도의 경우를 예로 들어 설명해 보자. 생략된 비트가 (0.)이면서 나머지 비트 상태가 그림과 같다면,

±	00000000	10000000000000000000000

가수부는 2진수 표현으로 $(0.100\cdots00)_2$, 즉 2^{-1}이므로 $2^{-1}\times2^{-126}=2^{-127}$을 표현할 수 있다. 이와 같이 숫자 '0'을 정의하면서 남게 되는 가수부 비트를 이용하면, 앞에서 논의한 표준화된 가장 작은 수보다도 더 작은 수를 표현할 수 있게 된다.

반표준화된 가장 큰 수의 비트 상태는 다음과 같다.

±	00000000	11111111111111111111110

가수부는 $1-2^{-23}$ 이므로 $\pm\left(1-2^{-23}\right)\times2^{-126}=2^{-149}\approx1.17549421\times10^{-38}$ 을 표현할 수 있다(앞서 논의한 표준화된 가장 작은 수와 얼마나 차이가 나는지 비교해 보라). 마찬가지로 반표준화된 가장 작은 수의 비트 상태는 다음과 같다.

±	00000000	00000000000000000000001

가수부는 2^{-23} 이므로 $2^{-23}\times2^{-126}=2^{-149}\approx1.4029846\times2^{-45}$을 표현할 수 있다. 배정밀도 부동소수의 경우에는 반표준화된 가장 큰 수와 작은 수는 각각 다음과 같다.

$$\pm\left(1-2^{-52}\right)\times2^{-1022}\qquad\approx2.2250738585072009\times10^{-308}$$
$$\pm2^{-52}\times2^{-1022}=2^{-1074}\approx4.9406564584124654\times10^{-324}$$

이처럼 반표준화된 부동소수들은 정확성이 표준화된 수에 비해 떨어진다. 그 이유는 가수 비트의 왼쪽에 0이 채워지더라도 이미 지수 비트가 모두 0으로 더 이상 조절이 불가능하므로 주어진 비트 이후의 정보는 잘려지기 때문이다.

이처럼 표현 가능한 가장 작은 수의 범위를 확장하는 것은 이점을 제공한다. 언더플로우란 아주 작은 수끼리 뺄셈을 하거나 아주 작은 수를 어떤 수로 나눴을 때처럼, 결과 값이 너무 작아서 표현이 불가능한 경우를 말한다. 반표준화된

수가 만들어지기 전에는 언더플로우 조건에서는 0을 반환했었다. 그러나 IEEE 규약 이후에는 이런 조치보다는 정밀도가 약간 낮더라도 수학적으로 더 타당한 반표준화된 수를 반환하는 방식으로 확장되었다. 이 한계조차도 넘어서면 0을 반환한다.

표 B.2.1, B.2.2 및 그림 B.2.1은 지금껏 논의한 IEEE 규약에 따른 부동소수점의 표현 범위를 정리한 것이다. 이로부터 컴퓨터의 사용 한계를 알 수 있을 것이다.

[표 B.2.1] 부동소수점의 표현 범위

	단정밀도	배정밀도
0	±0	±0
반표준화된 가장 작은 수	$2^{-23}\times 2^{-126} = 2^{-149}$ $\approx \pm 1.4029846\times 2^{-45}$	$2^{-52}\times 2^{-1022} = 2^{-1074}$ $\approx \pm 4.9406564584124654\times 10^{-324}$
반표준화된 가장 큰 수	$(1-2^{-23})\times 2^{-126} = 2^{-149}$ $\approx \pm 1.17549421\times 10^{-38}$	$(1-2^{-52})\times 2^{-1022}$ $\approx \pm 2.2250738585072009\times 10^{-308}$
표준화된 가장 작은 수	1.0×2^{-126} $\approx \pm 1.17549435\times 10^{-38}$	1.0×2^{-1022} $\approx \pm 2.2250738585072014\times 10^{-308}$
표준화된 가장 큰 수	$(2-2^{-23})\times 2^{127}$ $\approx \pm 3.40282347\times 10^{38}$	$(2-2^{-52})\times 2^{1023}$ $\approx \pm 1.7976931348623157\times 10^{308}$
무한대	±∞ NaN	±∞ NaN

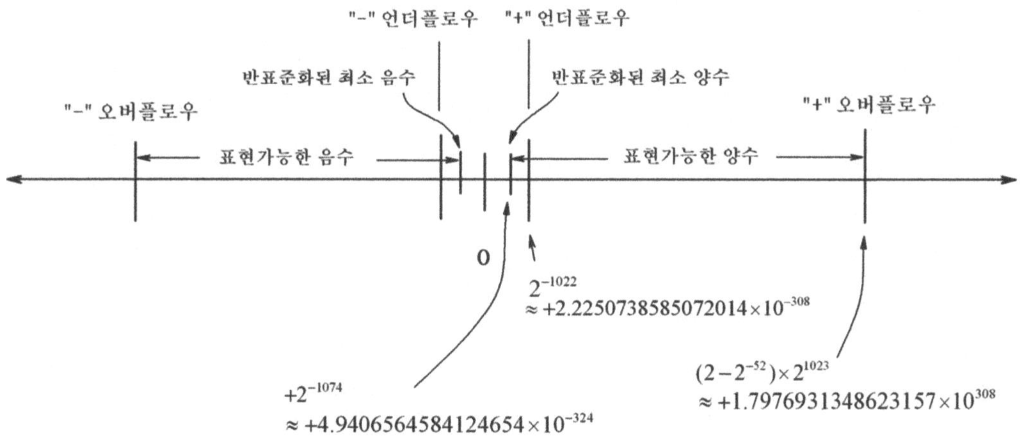

[그림 B.2.1] 배정밀도(double precision) 부동소수점 체계

[표 B.2.2] 부동소수점 표현 범위와 비트 상태

구 분	단정밀도(32 비트, float in C/C++)			배정밀도(64 비트, double in C/C++)			비 고
	지수부 비트	E	표현되는 수	지수부 비트	E	표현되는 수	
±0	00000000	0	$\pm\ 0.0000\cdots00\ \times 2^{-126}$	00000000000	0	$\pm\ 0.0000\cdots00\ \times 2^{-1022}$	
반표준화 된	00000000	0	$\pm\ 0.b_1b_2b_3\cdots b_{23}\times 2^{-126}$	00000000000	0	$\pm\ 0.b_1b_2b_3\cdots b_{52}\times 2^{-1022}$	
표준화 된 부동소수	00000001	1	$\pm\ 1.b_1b_2b_3\cdots b_{23}\times 2^{-126}$	00000000001	1	$\pm\ 1.b_1b_2b_3\cdots b_{52}\times 2^{-1022}$	←언더플로우 경계
	00000010	2	$\pm\ 1.b_1b_2b_3\cdots b_{23}\times 2^{-125}$	00000000010	2	$\pm\ 1.b_1b_2b_3\cdots b_{52}\times 2^{-1021}$	
	00000011	3	$\pm\ 1.b_1b_2b_3\cdots b_{23}\times 2^{-124}$	00000000011	3	$\pm\ 1.b_1b_2b_3\cdots b_{52}\times 2^{-1020}$	
	⋮	⋮	⋮	⋮	⋮	⋮	
	01111111	127	$\pm\ 1.b_1b_2b_3\cdots b_{23}\times 2^{0}$	01111111111	1023	$\pm\ 1.b_1b_2b_3\cdots b_{52}\times 2^{0}$	
	10000000	128	$\pm\ 1.b_1b_2b_3\cdots b_{23}\times 2^{1}$	10000000000	1024	$\pm\ 1.b_1b_2b_3\cdots b_{52}\times 2^{1}$	
	⋮	⋮	⋮	⋮	⋮	⋮	
	11111100	252	$\pm\ 1.b_1b_2b_3\cdots b_{23}\times 2^{125}$	11111111100	2044	$\pm\ 1.b_1b_2b_3\cdots b_{52}\times 2^{1021}$	
	11111101	253	$\pm\ 1.b_1b_2b_3\cdots b_{23}\times 2^{126}$	11111111101	2045	$\pm\ 1.b_1b_2b_3\cdots b_{52}\times 2^{1022}$	
	11111110	254	$\pm\ 1.b_1b_2b_3\cdots b_{23}\times 2^{127}$	11111111110	2046	$\pm\ 1.b_1b_2b_3\cdots b_{52}\times 2^{1023}$	
±∞	11111111	255	$\pm\ 1.0000\cdots00\ \times 2^{127}$	11111111111	2047	$\pm\ 1.0000\cdots00\ \times 2^{1023}$	←오버플로우 경계
NaN	11111111	255	$u\ 1.b_1b_2b_3\cdots b_{23}\times 2^{127}$	11111111111	2047	$u\ 1.b_1b_2b_3\cdots b_{52}\times 2^{1023}$	

※ 맨 마지막 행에서 ± 대신에 사용된 u는, 부호에 상관없다는 의미이다.

※ $b_1b_2b_3\cdots$ 의 표현은 가수부 비트 각각이 0 이나 1, 둘 중 어느 것으로도 채워질 수 있다는 뜻이다.

B.3 실수 표현에 있어서의 오류

컴퓨터는 일상생활에서 사용되는 실수 모두를 정확히 표현하지는 못한다. 일상생활의 실수는 연속적이라 어떤 두 수 사이에는 무한히 많은 수들이 존재한다. 그러나 컴퓨터에서 표현되는 수는 유한한 개수의 부동소수점들의 집합일 뿐만 아니라 두 부동소수점들 사이의 간격도 일정하지 않다. 따라서 실수는 부동소수점과 일치될 수도 있고 그렇지 않을 수도 있다. 실수가 부동소수점과 정확히 대응되지 않는 경우에, 실수는 근사치인 그 실수 주변의 부동소수점으로 간주될 수밖에 없다. 이로 인해서 오차가 생기게 된다. 그 특성을 자세히 이해하기 위해서 아주 작은 부동소수점 체계 하나를 예로 들자. 이 예는 앞 절에서 논의한 부동소수점 체계의 원리를 이해하는 데도 도움이 될 것이다.

가수부가 $m = b_0 . b_1 b_2$ 이고 지수부는 $e = -1, 0, 1, 2$ 뿐인 작은 2진법 부동소수점 체계를 생각해 보자. 이 수 체계는 아래 그림과 같이 모두 16개의 부동소수점들로 이루어진다. 이 수들은 가수부 맨 상위 비트가 1로 표준화된 것이다.

여기서 표현 가능한 가장 큰 수는 $(1.11)_2 \times 2^2 = 7$이고 가장 작은 수는 $(1.00)_2 \times 2^{-1} = 0.5$ 이므로, 연산결과가 7을 넘으면 오버플로우가 생기고 0.5보다 작으면 언더플로우가 생기게 된다.

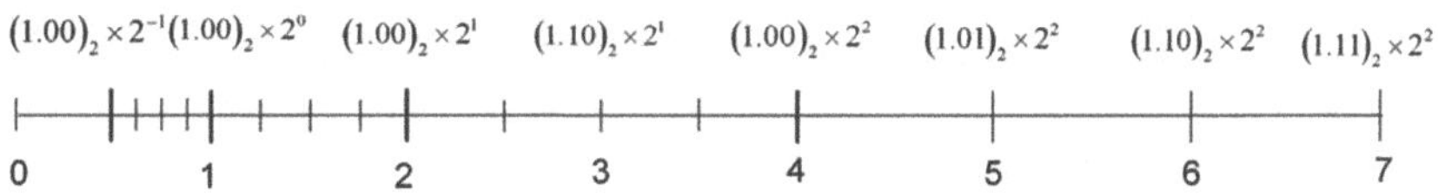

주목할 점은, 수의 크기가 작아질수록 부동소수점끼리의 간격이 작아지고 수가 커지면 그 반대가 된다는 것이다. 지수가 한 자리 증가하면 수끼리의 간격은 두 배로 늘어난다(만약 10진법 체계이면 1/10로). 동일 간격은 지수가 같을 때만 유지된다.

0과 그 다음 수와의 간격($0.5 - 0 = 0.5$)은 가장 작은 수와 그 다음 수와의 간격($0.625 - 0.5 = 0.125$)에 비해 크다. 이 사이에는 언더플로우 조건보다 더 작은 수들이 채워진다. 이를 위해서 가수부에 반표준화를 적용하면, 부동소수점 $(0.01)_2 \times 2^{-1} = 0.125$, $(0.10)_2 \times 2^{-1} = 0.25$, $(0.11)_2 \times 2^{-1} = 0.325$가 더 생기므로 이 수 체계는 다음 그림과 같이 바뀐다.

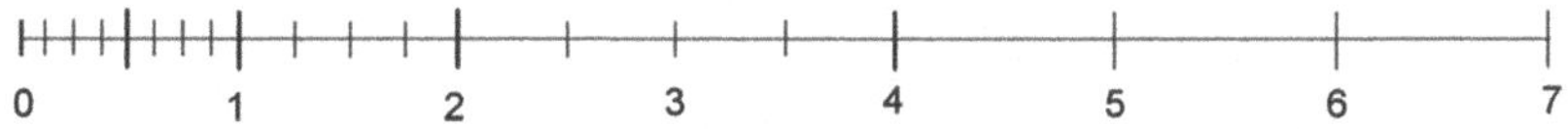

반올림오차

다음 그림을 통해 실수와 부동소수점이 일대일 대응되지 않는 경우에 대해 생각해 보자.

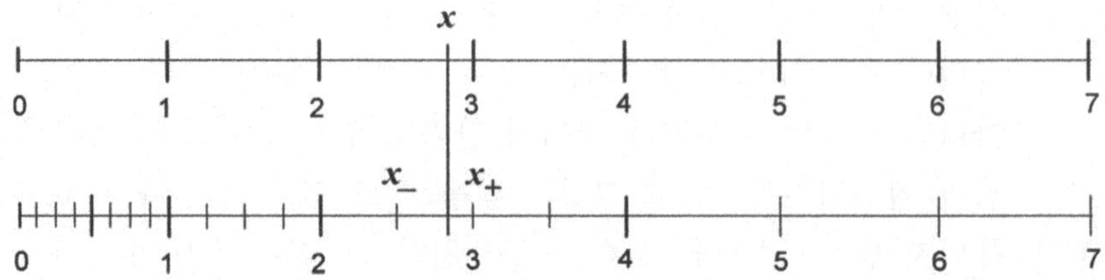

[그림 B.3.1] $m = b_0.b_1b_2$ 이고 $e = -1, 0, 1, 2$ 인 부동소수점 체계와 실수 체계 비교

이 수 체계에서 실수 $x = 2.8$에 대응되는 부동소수점은 없다. 따라서 x에 인접한 부동소수점 $x_- = 2.5$나 $x_+ = 3$ 중에서 하나를 골라 $x \approx round(x)$로 받아들여야 한다. 이를 위한 방법은 '버림(chop)'과 '반올림(round off)'의 두 가지가 있다. 가수부 비트 측면에서 자세히 살펴보자. 실수 2.8은 2진수로 $(1.0110\cdots)_2 \times 2^1$ 이다. 이 수 체계에서 최하위 가수부 비트는 b_2 이다.

$$\text{버림: } (1.0110\cdots)_2 \times 2^1 \rightarrow (1.01)_2 \times 2^1 \rightarrow 2.5$$
$$\text{반올림: } (1.0110\cdots)_2 \times 2^1 \rightarrow (1.10)_2 \times 2^1 \rightarrow 3$$

버림 방식은 표현 가능한 자릿수 이하, 즉 b_2 다음 비트의 정보는 무조건 잘라서 버린다. 이는 0에 가까운 부동소수점을 선택하는 것과 동일하다. 즉, $x \approx round(x) = 2.5$ 이다. 반올림 방식은 $b_2 + 1$ 의 비트, 즉 b_3 비트에 1을 더한 뒤 b_2 비트 다음을 버린다. 이는 해당 실수와 가장 가까운 부동소수점을 선택하는 것과 동일하다. 그림의 예에서 버림 방식이 적용되면 2.5가 되고, 반올림이 적용되면 $x \approx round(x) = 3$ 가 된다[6]. 반올림 방식은 $x \leq \frac{x_- + x_+}{2}$ 일 경우에는 버림 방식과 마찬가지가 된다.

어떤 방식이 적용되었든 선택된 부동소수점은 실수 $x = 2.8$ 과 차이를 보인다. 이와 같은 실수 x 와 그 수를 대표하는 부동소수점 $round(x)$ 와의 차이를 반올림오차라 한다. 반올림오차는 두 가지로 표현할 수 있다.

6) 두 부동소수점과 실수의 차이는 각각 $2.8-2.5=0.3$와 $2.8-3=0.2$이다. 실수 x와의 차이가 작은 3이 선택된다.

$$\text{절대 반올림오차: abserr} = |round(x) - x| \tag{B.3.1}$$

$$\text{상대 반올림오차: relerr} = \left|\frac{round(x) - x}{x}\right| \times 100\% = \left|\frac{\text{abserr}}{x}\right| \times 100\% \tag{B.3.2}$$

만약 버림 방식이 적용되었다면, 절대오차는 $|round(x) - x| = |2.5 - 2.8| = 0.3$ 이고 상대오차는 $\frac{\text{abserr}}{x} = \frac{0.3}{2.8} \times 100\% = 10.7\%$ 이다. 반올림 방식이었다면, 절대 오차는 $|round(x) - x| = |3 - 2.8| = 0.2$ 이고, 상대오차는 $\frac{\text{abserr}}{x} = \frac{0.2}{2.8} \times 100\% = 7.1\%$ 이다. 이처럼 반올림 방식이 오차가 작기 때문에, 대부분의 컴퓨터들은 특별한 조건이 없으면 이 방식을 채택하는 것이 보통이다.

기계정밀도(machine precision 또는 epsilon)

기계정밀도는 반올림오차를 정량화하는 데 사용될 수 있다. 그 정의부터 살펴보자. 우리는 부동소수점 체계에서 1보다 크면서 1에 가장 가까운 부동소수점을 생각해 볼 수 있다. 기계정밀도란 그 수와 1과의 차이를 말한다. 이를 $\varepsilon_{\text{mach}}$ 로 정의하면 다음과 같은 표현이 가능하다.

$$(1 + \varepsilon_{\text{mach}}) > 1 \tag{B.3.3}$$

결국, 기계정밀도란 부동소수점이 달리 표현될 수 있는 최하위 가수부 비트의 단위 변화를 의미한다. 따라서 기계정밀도는 가용한 가수부 비트수에 의존한다. 단정밀도의 경우를 예로 들어 가수부 비트 상태를 비교해 보자. 1 다음의 큰 수는 가수부 맨 하위 비트가 1인 것을 제외하면 나머지는 1과 동일하다.

1	(1.)00000000000000000000000
1 다음의 큰 수	(1.)00000000000000000000001

기계정밀도는 이런 상태의 차이이므로 맨 하위 비트의 지수만 고려하면 구할 수 있다. 이런 관점에서 기계정밀도는 다음과 같이 표현될 수 있다.

$$\varepsilon_{\text{mach}} = 2^{1-P} \tag{B.3.4}$$

여기서 P는 가수부 비트수이다. 그림과 같은 단정밀도는 $b_{23} \to 2^{-23}$ 이고 배정밀도는 $b_{52} \to 2^{-52}$ 이므로 기계정밀도는 다음과 같이 요약된다[7].

단정밀도	$\varepsilon_{\text{mach}} = 2^{-23}$	$\approx 1.192093 \times 10^{-7}$
배정밀도	$\varepsilon_{\text{mach}} = 2^{-52}$	$\approx 2.220446 \times 10^{-16}$

기계정밀도는 부동소수점 선택 방식에 따라 달라질 수 있다. 반올림 방식은 버림 방식에 비해 기계정밀도가 절반으로 즉, $\varepsilon_{\text{mach}} = \frac{1}{2} \times 2^{1-P}$ 로 줄어든다. 그러나 앞서 논의한 것처럼 $x \le \frac{x_- + x_+}{2}$ 인 경우에는 버림 방식과 같아지기 때문에 오차가 큰 버림 방식으로 기계정밀도를 표현하는 것이 타당하다.

기계정밀도는 $x \to round(x)$로 간주하는 데서 생기는 상대 반올림오차보다 클 수는 없다. 이를 달리 표현하면 기계정밀도란 어떤 실수를 부동소수점으로 표현할 때 생길 수 있는 가장 큰 상대오차라는 의미이다.

$$\text{relerr} \le \varepsilon_{\text{mach}} \tag{B.3.5}$$

여기에 식 (B.3.2)를 적용하면 다음과 같이 쓸 수 있다.

$$round(x) \le x(1 + \varepsilon_{\text{mach}}) \tag{B.3.6}$$

이 식으로부터 수가 커질수록 반올림오차가 커지는 것을 알 수 있다. 그 이유는 수가 커질수록 수끼리의 간격도 커져서 실수가 부동소수점에 대응될 가능성이 작아지기 때문이다. 즉, 수가 커질수록 정밀도는 떨어진다. 지수가 한 자리 커지면 반올림오차는 두 배로 커진다. 예로서, 그림 B.3.1의 부동소수점 체계의 기계정밀도는 $\varepsilon_{\text{mach}} = 2^{1-3} = 2^{-2} = 0.25$ 이다[8]. 실수 $x = 2.8$은 $b_0 . b_1 b_2 \times 2^1$ 이고, 실수 $x = 5.6$은 $b_0 . b_1 b_2 \times 2^2$ 이다. 지수가 한 자리 커지면 선택될 수 있는 부동소수점은 $3.5 \to 7$ 로 2배가 된다.

---

7) 생략된 비트까지 고려하면 $P = 24$, $P = 53$이다. 단정밀도의 경우는 $2^{1-P} = 2^{1-24} = 2^{-23}$ 이고 배정밀도의 경우는 $2^{1-P} = 2^{1-53} = 2^{-52}$ 이 된다.

8) 그림에서 1 다음의 수가 1.25이므로 $1.25 - 1 = 0.25$ 임을 생각해 보라.

예제 B.3.1

가수부 6자리인 10진 부동소수점 체계가 있다. 이 수 체계에서 실수 $x=123.4567$ 가 부동소수점 $round(x)=123.457$ 으로 표현되었다. 이때 상대오차를 계산하고 그 양을 기계정밀도로 정량화해 보라.

풀이 + 이 수 체계의 기계정밀도는 식 (B.3.4)에 따라서 $\varepsilon_{\text{mach}}=10^{1-6}=10^{5}$ 이다. 절대오차는 $|123.456-123.4567|=0.0003$ 이고, 상대오차는 $\dfrac{0.0003}{123.4567}\approx 2.43\times 10^{-6}$ 이다. 이는 $0.243\varepsilon_{\text{mach}}$ 에 해당한다.

유효숫자의 자릿수는 가수부 비트수와 같다. 따라서 생략된 비트까지 고려하면 단정밀도는 $2^{24}=\sim 10^{7}$ 이고, 배정밀도는 $2^{53}=\sim 10^{16}$ 가 된다. 예를 들어, 실수 12345678901234567890을 컴퓨터에서 정밀도를 달리해서 표현하면 단정밀도는 $1.23456793955060940000\times 10^{19}$ 로, 배정밀도는 $1.2345678901234567000\times 10^{19}$ 로 나타난다(컴파일러에 따라서 다르게 나타날 수 있다). 단정밀도의 경우 6 ~ 9자리, 배정밀도의 경우 15 ~ 17자리 이후 숫자는 의미가 없다.

참고로, C/C++ 프로그램을 써서 기계정밀도를 확인하는 방법은 간단하다. 여기서 EPS는 $\varepsilon_{\text{mach}}$ 이다[9].

```
double EPS=1;
while( 1+EPS != 1)
      EPS = EPS/2;
cout<<EPS<<endl;
```

B.4 부동소수점 연산의 특성

컴퓨터에서 부동소수점 연산이 수행되는 과정을 살펴보고, 그 특성 때문에 생기는 오차에 대해 알아보자.

9) 각자의 컴퓨터에서 부동소수점 사용의 한계를 알고 싶으면 C/C++ 프로그램의 include 폴더에서 float.h를 보라.

덧셈

두 부동소수점 3.25×10^3과 2.63×10^{-1}의 더하기 연산에서 부정확한 결과가 생기는 과정을 살펴보자. 더하기 연산을 하려면 먼저 소수점 위치가 일치되어야 한다. 큰 수의 소수점을 기준으로 작은 수의 소수점을 이동시키려면 작은 수의 지수를 변화시켜야 한다.

$$\begin{array}{r} 3.25\qquad\ \times10^3 \\ +0.000263\times10^3 \\ \hline 3.250263\times10^3 \end{array}$$

정밀도가 무한히 허용된다면 더하기 연산으로 인해 정확도가 떨어지지는 않겠지만, 만약 가수부가 한정되어 있어 2자리의 정밀도만 허용된다면 소수점 두 자리 이후의 정보는 모두 잘려져 나가기 때문에 결과는 3.25×10^3이 되어 부정확한 결과가 만들어진다. 이런 경우는 두 수의 크기가 아주 차이가 많을 때 생길 수 있다. 이 부록 첫머리 $10^{20}+100-10^{20}\neq100$의 예를 생각해 보라.

뺄셈

뺄셈도 덧셈과 마찬가지 과정을 따르므로 오차가 생길 수 있는 과정만 살펴보자. 크기가 비슷한 두 수를 빼는 경우를 보자.

$$\begin{array}{r} 0.1235 \\ -\,0.1234 \\ \hline 0.0001 \end{array}$$

연산 전에는 4자리의 유효숫자가 있었지만 연산 후에는 1.0000×10^{-4}로 단지 1자리의 유효숫자만 남게 된다. 이처럼 크기가 비슷한 수끼리의 뺄셈은 유효숫자들이 상실되는 오차가 생길 수 있기 때문에 가능한 피해야 한다.

곱셈

가수부끼리는 곱하고 지수부끼리는 더해서 이 결과를 표준화한다.

$$\begin{array}{rr} 3.21 & \times10^1 \\ \times0.54 & \times10^2 \\ \hline (3.21\times0.54=)1.7334 & \times(10^{1+2}=)10^3 \end{array} \quad \rightarrow \quad 1.73\times10^3$$

2자리의 정밀도만 허용되므로, 실제 곱하기 결과는 4자리수의 정밀도를 갖지만 최종 결과는 2자리 정밀도만 갖게 된다.

$$A+(B+C) \neq (A+B)+C$$
$$A\times(B\times C) \neq (A\times B)\times C$$
$$A\times(B+C) \neq (A\times B)+(A\times C)$$

이런 오차들을 줄이려면 다음을 염두에 두고 프로그래밍하는 것이 좋다.

1. 가능한 유효숫자의 자릿수를 크게 갖는다. 요즘은 저장 공간에 크게 제약을 받지 않기 때문에 단정밀도보다는 배정밀도를 사용하는 것이 좋다. 예를 들어, 다음 프로그램을 실행시키면

```
float sum =0;
for(int i=1; i<=10000;i++)
{
        sum = sum + 0.0001;
}
cout<<sum<<endl;
```

float일 때 1.000053525이고, double 1.00000000으로 다른결과가 얻어진다.

2. 가능한 한 연산조작을 줄여야 한다. 이는 다음처럼 공식을 재배열함으로써 가능하다.

$$a_n x^n + a_{n-1} x^{n-1} + \cdots + a_0 \rightarrow \left(\cdots\left(\left(a_n x + a_{n-1}\right) x + a_{n-2}\right) x \cdots + a_0\right)$$

이런 종류의 오차 이외에도 적분구간을 잘게 나누는 문제나 무한급수의 절단 문제 등에서 생기는 오차들도 많이 있지만 여기서는 다루지 않겠다.

B.5 예외 처리

어떤 계산을 수행하는 과정에서 오버플로우가 생겨 ∞값이 반환됐다고 하자. 이런 현상들은 심각한 문제를 일으킬 수 있는데, 각자의 사용 환경과 경우에 따라 다른 반응을 보일 수 있다. 어떤 시스템에서는 프로그램 실행이 중단되기도 하고, 어떤 시스템에서는 무한대(∞)와 같은 특별한 예외값을 반환하거나, 아니

면 틀린 값임도 불구하고 최대로 표현할 수 있는 범위 내에서 엉뚱한 값을 반환하기도 한다. 따라서 시스템이 ∞가 포함된 연산을 수행할 수 없다면 이를 처리해야만 한다.

예외처리 기능이 따로 없는 경우, 이를 처리하는 수단은 실행을 종료시키는 것 말고는 특별한 방법이 없다. 언더플로우의 경우는 오버플로우 경우보다 심각하지는 않다. 대부분의 경우 언더플로우가 발생하면 0으로 처리함으로써 연산을 계속할 수 있다. 하지만 이런 방법으로도 언더플로우가 처리되지 않을 수 있다. 다음의 예를 보자. Δt 가 다음과 같은 형태로 시간 t를 갱신해서 반복 계산하는 구조라고 하자.

$$\Delta t = \Delta t \times (+\text{value})$$
$$t = t + \Delta t$$

이런 경우 Δt 에서 언더플로우가 생겨 이를 0으로 처리하면 무한루프에 빠지게 된다. 따라서 이와 같은 비정상적인 상황이 발생하지 않도록 미리 충분한 검증을 거치고, 에러가 생길 경우 탈출할 수 있는 모드를 만들어 놓아야 한다.

이런 조치들은 기계에 의존하는 경우가 많기 때문에 각자의 사용 환경이나 사용 프로그램에서 확인되어야 한다. 즉, 자신이 사용하는 컴퓨터 환경의 한계, 즉 표현 가능한 최솟값 또는 최댓값 등을 알아야 한다. 이를 점검할 수 있는 프로그램들은 여러 참고문헌에서 찾을 수 있다(Cody, 1988; Press et al., 2002). 아니면, Microsoft C++에서 제공하는 내장함수들을 이용해서도 간단히 조사할 수도 있다.

참고문헌

- Cody, W.J., Algorithm 665 MACHAR: A subroutine to dynamically determine machine parameters, ACM Transactions on Mathematical Software, 34, (1988) 301-311
- Davis, M.E., Computer arithmetic and error control, in Numerical methods and modeling for chemical engineers, John Wiley and Sons, (1984) 229-234
- Goldberg, D., What every computer scientist should know about floating-point arithmetic, ACM Computing Surveys, 23 (1991) 5-48
- IEEE Arithmetic, in Sun's Microsystem Numerical Computation Guide, (2003) Chapter 2
- Kahan, W., IEEE standard 754 for binary floating-point arithmetic, Lecture notes on the status of IEEE-754 (1996) 1-30
- Kalbasi, K., Can you trust your computer?, IEEE potentials (1990) 15-18
- Press, W.H., Teukolsky, S.A., Vetterling, W.T. and B.P. Flannery(eds.), Numerical Recipes in C++, Cambridge University Press, (2002)

찾아보기

|S|

|U|

|V|

|기타|

| 저자 소개 |

이 효 남

· 공학박사
· 국방과학연구소 책임연구원(1990년~현재)
  - 로켓 추진기관 및 부수장치 개발
  - 일회성 부품 신뢰도 연구
· 충남대학교 공과대학 기계공학부 겸임교수(2016년~현재)

몬테칼로 시뮬레이션 및 통계적 결과분석

| 저　　자 | 이효남
| 발 행 인 | 김지영
| 발 행 처 | 자유아카데미
| 주　　소 | 경기도 파주시 회동길 37-42 파주출판도시
| 전　　화 | 031-955-1321
| 팩　　스 | 031-955-1322
| 홈페이지 | www.freeaca.com
| 전자우편 | main@freeaca.com(대표)
editor@freeaca.com(편집)
crm@freeaca.com(영업)
| 등　　록 | 제406-2003-017호, 1980. 7. 12
| 제1판1쇄 | 2017년 1월 5일 발행
| 제1판2쇄 | 2022년 6월 25일 발행
| 정　　가 | 33,000원

저자와의 협의하에 인지생략

ISBN 979-11-5808-105-8 93310